Elektrische Messung mechanischer Größen

Von

Dr.-Ing. Paul M. Pflier
Berlin

Zweite, erweiterte Auflage

Mit 326 Abbildungen im Text

Berlin
Springer-Verlag
1943

ISBN-13:978-3-642-90243-7 e-ISBN-13:978-3-642-92100-1
DOI: 10.1007/978-3-642-92100-1

Softcover reprint of the hardcover 2nd edition 1943

Vorwort zur ersten Auflage.

Die elektrischen Meßgeräte und Meßverfahren dienen nur in beschränktem Umfang der Messung elektrischer Größen als Selbstzweck, weitaus häufiger ist die elektrische Größe nur ein Maßstab für andere, nichtelektrische Werte. Die ungeheure Ausdehnung dieses Gebietes und die großen Vorzüge elektrischer Messung haben mich ermutigt, in einer besonderen Arbeit die Möglichkeiten der Umwandlung mechanischer Größen in elektrische und der mechanischen Beeinflussung elektrischer Stromkreise erschöpfend zu behandeln. Dabei habe ich mich bewußt auf die mechanischen Grundgrößen Weg, Kraft und Zeit sowie ihre Differentialquotienten Geschwindigkeit und Beschleunigung beschränkt und die Sondergebiete der akustischen, hydraulischen, pneumatischen und wärmetechnischen Messungen, der Meteorologie, Ballistik, See- und Luftfahrt außer Betracht gelassen, da die Meßgrößen dieser Sondergebiete auf die fünf mechanischen Grundgrößen zurückgeführt werden können und die Anpassung der Meßwertgeber an besondere Anforderungen im allgemeinen wenig Schwierigkeiten macht. Die in dem Abschnitt der Anwendungsverfahren gezeigten Geräte sind deshalb auch nur als Ausführungsbeispiele zu werten. Die häufigere Erwähnung des Namens Siemens & Halske gegenüber anderen erklärt sich zwanglos aus dem vielseitigen Fertigungsprogramm und meiner Tätigkeit im Meßgerätelaboratorium dieser Firma; man verzeihe mir diese Einseitigkeit. Ich selbst aber möchte der Siemens & Halske AG. sowie allen anderen Firmen, die mir Unterlagen zur Verfügung stellten, für ihre liebenswürdige Unterstützung meinen verbindlichsten Dank aussprechen. Bei der zeichnerischen Darstellung der Geräte und Schaltungen habe ich mich im wesentlichen an die Darstellung in den „Schaltzeichen und Schaltbildern für Starkstromanlagen“ und in den „Schaltzeichen für Fernmeldeanlagen DIN VDE 700 bis 719“ gehalten und nur da, wo mir die Kurzzeichen für den weniger Geübten mißverständlich erschienen, eine ausführlichere Darstellung gewählt.

Berlin, im Januar 1940.

P. M. Pflier.

Vorwort zur zweiten Auflage.

Im vergangenen Jahr wurden mir liebenswürdigerweise eine Reihe von Anregungen und Änderungswünschen übermittelt, und ich möchte an dieser Stelle allen, die auf diese Weise wertvolle Mitarbeit leisteten, meinen verbindlichsten Dank aussprechen. Ein Teil der geäußerten Wünsche konnte erfüllt werden, allen Anregungen nachzukommen, war trotz eifrigen Bemühens nicht möglich. Text und Abbildungen wurden dem letzten Stand entsprechend ergänzt, das Schrifttumsverzeichnis wurde wesentlich erweitert, insbesondere ein großer Teil der Veröffentlichungen über Oszillographen neu aufgenommen, ohne daß freilich eine lückenlose Aufzählung aller Arbeiten erreicht werden konnte. Auch das Namen- und Sachverzeichnis erfuhr durch Ausdehnung auf das Schrifttum eine erhebliche Erweiterung.

Berlin, im Januar 1943.

P. M. Pflier.

Inhaltsverzeichnis.

A. Grundlagen der elektrischen Messung.

I. Vorzüge elektrischer Meßgeräte.

Die mechanischen Größen: Weg, Zeit, Kraft, Geschwindigkeit, Beschleunigung, sind mit den Sinnen des Menschen der Größe nach abschätzbar und lassen sich mit den Erfahrungswerten der Umwelt vergleichen, wovon zahlreiche Redewendungen, wie Schneckentempo, Hahnenschrei, Katzensprung, sowie ursprüngliche Maßeinheiten, Fuß, Tagwerk, Scheffel, Bund, anschaulich zeugen; bei der Abschätzung der elektrischen Größen aber versagen Erfahrung und Sinne. Die Elektrotechnik war deshalb von Anfang an auf Meßgeräte angewiesen, und es entstand als besonderer Zweig eine hochentwickelte elektrische Meßtechnik. Die elektrischen Maßeinheiten beruhen auf dem CGS-System und seinen mit sehr großer Genauigkeit festliegenden Normalien, sie lassen sich demnach als Maßstab für alle in diesem System meßbaren Größen verwenden. Die elektrischen Meßgeräte selbst weisen eine Reihe von Eigenschaften auf, die ihre Anwendung für nichtelektrische Größen wünschenswert erscheinen ließen und ihnen den Weg in fremde Arbeitsgebiete öffneten. Als erstes großes Arbeitsgebiet eroberte sich die elektrische Meßtechnik das Reich der Wärmetechnik und ist nunmehr seit Jahren in ständigem Vordringen in das Gebiet der mechanischen Größen. Die Überlegenheit der elektrischen Verfahren für alle technischen Messungen beruht auf steter Meßbereitschaft, großem Auflösungsvermögen und nahezu unbegrenzter Übertragungsentfernung sowie der Möglichkeit der Verstärkung, Aufzeichnung, Integration und Zählung. Eine wesentliche Rolle spielt ferner die geringe Rückwirkung der Meßeinrichtung auf den aufzunehmenden Vorgang. Auf der einen Seite können schnell veränderliche Vorgänge in ihrem vollen Ablauf messend verfolgt und in allen Einzelheiten sichtbar gemacht, auf der anderen Seite kann der Ablauf des Geschehens regelnd beeinflußt und nach vorgeschriebenen Gesetzen gesteuert werden. Viele gleichartige Messungen lassen sich in kürzester Zeit bewältigen, gleichbleibende Güte und Zeitmaß einer Fertigung dauernd überwachen, und es gibt kaum einen Meßvorgang, der sich nicht mit Hilfe elektrischer Meßgeräte besser oder in kürzerer Zeit ausführen ließe. Dazu kommt die Möglichkeit, Meßergebnisse räumlich getrennter Stellen verzögerungsfrei nach einer Zentrale zu übertragen, aufzuzeichnen, mit anderen Größen zu vergleichen oder in mathematische Beziehungen zu bringen. Die elektrischen Meßgeräte passen sich allen Betriebserfordernissen und Meßbereichen an. Die technischen Geräte überstreichen einen Bereich von etwa 12 Dekaden, Skalenlängen und Gehäuseabmessungen reichen von einigen Millimetern bis zu mehreren Metern; Beruhigungszeit, Eigenfrequenz und Dämpfung sind in weiten Grenzen wählbar. An äußeren Vorzügen treten dazu saubere und bequeme Handhabung, leichte Montage und Auswechslung, geringe Wartung, einfaches Ablesen und Auswerten. Den Erfordernissen der nichtelektrischen Betriebe folgend, wurden überlastungsfähige, schüttelfeste, schlagwetter- und explosionssichere, seewasser-, tropen- und wärmebeständige Ausführungen entwickelt mit dem Ziel, jedem Betrieb das bestgeeignete Gerät mit einem Höchstmaß an Betriebssicherheit und Lebensdauer zur Verfügung zu stellen.

II. Die Maßstabeigenschaften der elektrischen Meßgeräte.

1. Genauigkeit.

Die VDE-Regeln für Meßgeräte, VDE 0410, sowie die internationalen Règles pour les appareils de mesure électriques indicateurs: ampèremètres, voltmètres et wattmètres monophasés der Internationalen Elektrotechnischen Commission (IEC) kennen 5 Genauigkeitsklassen 0,2; 0,5; 1; 1,5; 2,5, denen ebenso große, zulässige Anzeigefehler, in Prozent vom Meßbereichendwert ausgedrückt, entsprechen. Die normale Genauigkeit technischer Geräte ist $\pm 1 \cdots 1{,}5\%$ vom Meßbereichendwert.

Eine Anzeigetoleranz von 1% vom Höchstwert bedeutet bei 50%iger Ausnutzung des Meßbereiches eine Toleranz von 2% vom Sollwert und bei 5%iger Ausnutzung der Skala eine Anzeigetoleranz von 20% vom Sollwert. Diese verhältnismäßig weiten Fehlergrenzen elektrischer Meßgeräte veranlassen zuweilen Erörterungen über die geringe Genauigkeit elektrischer Meßverfahren, doch wird dabei völlig übersehen, daß die Genauigkeit und Empfindlichkeit des Meßgerätes sowie die Genauigkeit und Empfindlichkeit des Meßverfahrens bzw. der Meßschaltung streng getrennt werden müssen. Die Genauigkeit eines Meßgerätes ist durch das angewendete physikalische Prinzip, die konstruktive Durchbildung und die Eichung bestimmt und kann durch eine Empfindlichkeitssteigerung nicht geändert werden. Diese Empfindlichkeitssteigerung bedeutet vielmehr lediglich eine Verkleinerung des Meßbereiches; dagegen kann sowohl eine Empfindlichkeitssteigerung der Schaltung wie eine Empfindlichkeitssteigerung des Verfahrens zu einer Erhöhung der Genauigkeit führen. Einige Beispiele sollen uns diese Verhältnisse deutlicher machen. Betrachten wir zunächst eine Federwaage mit dem Meßbereich 10 kg. Eine Steigerung der Empfindlichkeit der Waage durch Einhängen einer 10mal schwächeren Feder würde den Meßbereich auf 1 kg vermindern. Die prozentuale Genauigkeit, bezogen auf den Meßbereichumfang, wäre aber unverändert geblieben, und die unerwünschten Einflüsse der Temperatur, der Erdbeschleunigung, der Federnachwirkung und der Reibung wären gleich groß oder hätten zugenommen. Ähnlich sind die Verhältnisse bei einem elektrischen Meßgerät nach dem Ausschlagverfahren. Das Gerät habe eine Anzeigetoleranz von 1% und einen Meßbereich von $0 \cdots a = 0 \cdots 100\%$. Eine Steigerung der Empfindlichkeit des Meßgerätes auf das 10fache würde eine Verringerung des Meßbereiches auf $0 \cdots 0{,}1\,a$ bedeuten, und es würden nunmehr die Größen $0 \cdots 0{,}1\,a$ mit derselben Genauigkeitstoleranz von 1% gemessen werden. Die prozentuale Genauigkeit wäre also trotz 10facher Empfindlichkeit des Meßgerätes dieselbe geblieben. Die unerwünschten Störeinflüsse würden in gleicher Größe, möglicherweise sogar in höherem Maße, in Erscheinung treten. Anders liegen die Verhältnisse, wenn das Instrument in einer Brückenschaltung verwendet wird. Die Empfindlichkeit des Brückeninstruments sei zunächst so gewählt, daß es bei einer Brückenverstimmung von 10% seinen Endausschlag erreicht. Nachdem der Abgleich erfolgt ist, möge die Empfindlichkeit der Schaltung etwa durch Verringern des Vorwiderstandes vor dem Meßgerät auf das 10fache und nach neuem Abgleich wiederum auf das 10fache gesteigert werden. Die Empfindlichkeit beträgt nun 0,1% des Widerstandswertes und ließe sich entsprechend der Toleranz des Meßgerätes auf 1% genau feststellen, womit der Widerstand auf 0,001% genau bestimmt wäre. Dieselbe Genauigkeitssteigerung ließe sich auch bei unveränderter Schaltung durch Erhöhung der Brückenspannung auf den 100fachen Wert erreichen. In diesem Fall ist also durch eine Steigerung der Schaltungsempfindlichkeit eine Erhöhung der Meßgenauigkeit möglich. Das mechanische Abbild der Brückenschaltung wäre die Hebelwaage, bei der die prozentuale Genauigkeit mit zunehmendem Meßbereich wächst und die Empfindlichkeit etwa durch Verlängern der Hebelarme gesteigert werden kann.

In der Brückenschaltung haben wir demnach eine Möglichkeit, die Genauigkeit zu erhöhen. Ähnliche Mittel sind Differenz-, Vergleichs- und Kompensationsschaltungen sowie die Meßbereichunterteilung und die Nullpunktunterdrückung. Von allen diesen Mitteln wird in der elektrischen Meßtechnik weitgehend Gebrauch gemacht und häufig werden mehrere Mittel gleichzeitig angewendet, so bei der Brückenschaltung die Meßbereich- und Empfindlichkeitswahl.

Die Nullpunktunterdrückung wendet man an, wenn ein bestimmter, wenig veränderlicher Wert, beispielsweise eine Maschinendrehzahl, mit sehr hoher Genauigkeit ermittelt werden soll. Ein Drehzahlmesser mit dem Meßbereich $0 \cdots 1000$ Umläufe/min und einer Genauigkeitstoleranz von 1% würde beispielsweise eine Erfassung der Drehzahl auf 10 Umdr/min genau ermöglichen. Ein Drehzahlmesser mit unterdrücktem Nullpunkt und dem Meßbereich 980···1000 Umdr/min würde aber bei derselben Genauigkeitstoleranz von 1% die Drehzahl auf 0,2 Umdr/min genau angeben.

Nun läßt sich allerdings weder bei mechanischen noch bei elektrischen Meßgeräten die Empfindlichkeit beliebig steigern. Die praktische Grenze wird durch die unvermeidlichen Störeinflüsse gezogen, und bereits in ihrer Nähe tritt eine erhebliche Genauigkeitsminderung ein; wir müssen uns deshalb bei jeder Messung über die Grenzen der Empfindlichkeit und Genauigkeit sowohl des Meßverfahrens wie des Meßgerätes klarwerden.

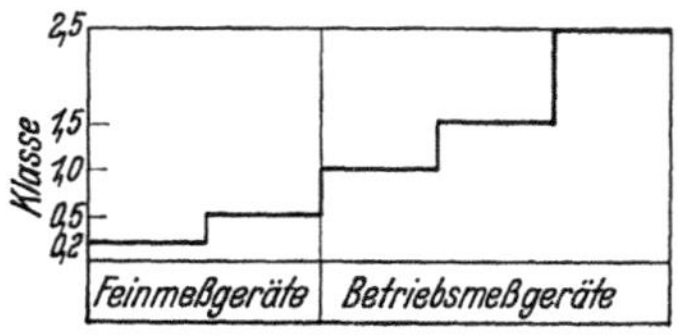

Abb. 1. Klasseneinteilung der elektrischen Meßgeräte VDE 0410 § 3. IEC-Publ. 51—7. [Aus ETZ Bd. 60 (1939) S. 595.] Bestimmungen: Meßgeräte, die allen Bedingungen ihrer Klasse entsprechen, erhalten ein Klassenzeichen.

Die in den VDE-Klassen festgelegten Fehlergrenzen beziehen sich auf den Normalzustand; sie erhöhen sich durch die Einflüsse von Temperatur, Spannung, Frequenz, Gebrauchslage und Fremdfeldern, sofern diese

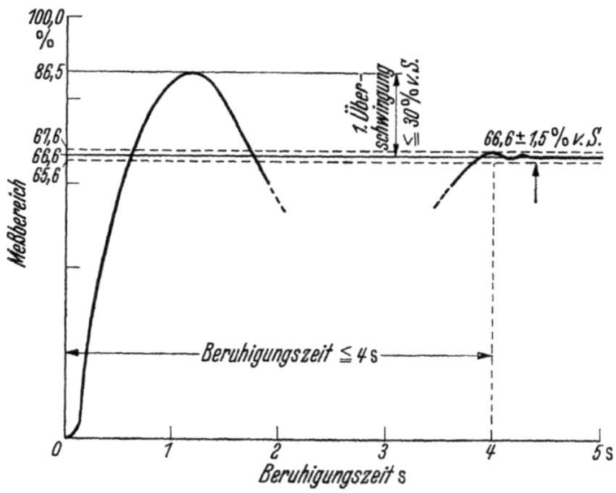

Abb. 2. Dämpfungsvorschriften für elektrische Meßgeräte VDE 0410 § 21. IEC-Publ. 51—5. [Aus ETZ Bd. 60 (1939) S. 595.]

Bestimmungen:
1. Prüfwert gleich ²/₃ Meßbereich-Endwert;
2. Zahl der Überschwingungen: beliebig;
3. Messung der Überschwingungen in Skalenwerten;
4. Typenprüfung.

Ausnahmen:
1. Skalenlänge > 150 mm;
2. Zeigerlänge > 150 mm;
3. thermische Meßgeräte;
4. Vibrationsmeßgeräte;
5. Meßgeräte mit Bandaufhängung.

von den Normalwerten abweichen. Die zulässige Größe dieser Einflüsse richtet sich nach der Genauigkeitsklasse, und die Einflußgrößen wurden so definiert, daß die Größe des zulässigen Fehlers mit der Klassenbezeichnung übereinstimmt, wodurch ein leicht zu behaltendes Schema entsteht. In der Klasse 1 betragen also Anzeigefehler und Einflußwerte je 1%, wobei jedoch die Einflußwerte teils auf den Soll-, teils auf den Höchstwert und teils auf die Skalenlänge bezogen werden. In den Abb. 1 bis 7 sind die wichtigsten VDE- und IEC-Vorschriften für Meßgeräte dargestellt.

Die VDE-Vorschriften gelten zunächst nur für Meßgeräte, die elektrische Größen unmittelbar anzeigen oder aufschreiben, also nicht für

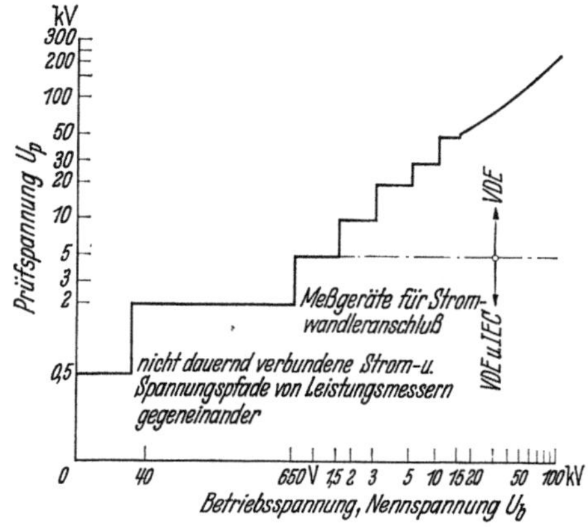

Abb. 3. Spannungsprüfung elektrischer Meßgeräte VDE 0410 § 22. IEC-Publ. 51—6. [Aus ETZ Bd. 60 (1939) S. 595.]

Bestimmungen:

1. Prüfdauer: 1 min.
2. Spannungsverlauf: praktisch sinusförmig.
3. Frequenz: 15 · · · 60 Hz.
4. Ausführung:
   I. Prüfung gegen das Gehäuse.
      A. Metallgehäuse: Stückprüfung zwischen den verbundenen Strom- und Spannungspfaden und dem Gehäuse sowie allen äußeren Metallteilen.
      B. Isolierstoffgehäuse:
         a) Typenprüfung: zwischen den verbundenen Strom- und Spannungspfaden und einer allseitigen Umkleidung aus Metallfolie, die von den Klemmen 2 cm Abstand hat.
         b) Stückprüfung: zwischen den verbundenen Strom- und Spannungspfaden und allen miteinander verbundenen äußeren Metallteilen einschließlich der Nullstellung und der Befestigungsteile.
   II. Prüfung zwischen getrennten Stromkreisen.
      A. Zwischen den getrennten Stromkreisen mit derselben Prüfspannung wie gegen Gehäuse.
      B. Zwischen den nicht dauernd verbundenen Strom- und Spannungspfaden von Leistungs- und Leistungsfaktormessern mit 500 V.
5. Hochspannungspfeil: Meßgeräte, die die vorgeschriebene Prüfspannung nicht aushalten, bekommen einen Hochspannungspfeil.
6. Prüfspannungszeichen: Meßgeräte, die die Prüfung bestanden haben, bekommen ein Prüfspannungszeichen.

Meßgeräte, die in mechanischen Werten geeicht sind, und ebensowenig für Meßgeräte in Verbindung mit Verstärkern, doch wird man zweckmäßig auch diesen Geräten die Regeln für Meßgeräte zugrunde legen. Allerdings vermag in diesen Fällen die Klassengenauigkeit des elektrischen Meßgerätes nichts über die Gesamtgenauigkeit der Meßanlage auszusagen, da sich die Fehler des mechanisch-elektrischen Gebers und der Schaltung günstig oder ungünstig auf die Gesamttoleranz auswirken können. Durch Addition aller ungünstigen Einflüsse können sehr erhebliche Fehler entstehen; man muß deshalb bestrebt sein, die Einflüsse selbst weitgehend auszuschalten und die Beeinflußbarkeit der Meßgeräte unter die VDE-mäßig zulässige Grenze zu bringen oder man muß die Umwelteinflüsse im Meßergebnis rechnerisch berücksichtigen. Den Be-

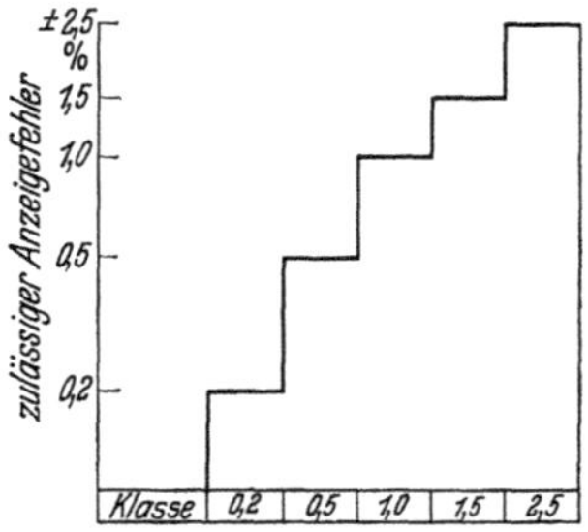

Abb. 4. Fehlergrenzen elektrischer Meßgeräte VDE 0410 §§ 14 und 24. IEC-Publ. 51—8. [Aus ETZ Bd. 60 (1939) S. 595.]

Bestimmungen:

Die Größe des Anzeigefehlers wird angegeben bei Meßgeräten:

1. mit einseitigem Meßbereich	in Prozenten vom Meßbereich-Endwert
2. deren Meßbereich beiderseits vom Nullpunkt liegt	in Prozenten der Summe der Meßbereich-Endwerte
3. mit mechanisch unterdrücktem Nullpunkt	in Prozenten vom Meßbereich-Endwert
4. ohne mechanische Richtkraft	in Prozenten der dem Meßbereich entsprechenden Skalenlänge

Bedingungen für die Einhaltung der Fehlergrenzen:

1. Temperatur	20 ± 1° oder Bezugstemperatur
2. Gebrauchslage	nach Lagezeichen oder, wenn keins vorhanden ist, in senkrechter und waagerechter Lage
3. Kurvenform bei Wechselstrom	praktisch sinusförmig
4. Frequenz	Nennfrequenz oder, wenn keine angegeben ist, 15···60 Hz
5. bei Leistungs-, Leistungsfaktor-, Frequenz- und Quotientenmessern	Nennspannung
6. bei Leistungsmessern	$\cos \varphi = 1$
7. bei Leistungsfaktormessern	20···100% des Nennstromes
8. Fehlertafeln	dürfen bei der Bestimmung der Klassengenauigkeit nicht berücksichtigt werden

	Klasse				
	0,2	0,5	1,0	1,5	2,5
9. Fremdfelder	ausgeschaltet; Drehspul-Meßgeräte in gekennzeichneter Nord-Süd-Richtung aufstellen, sofern ein Nord-Süd-Pfeil vorhanden ist			ausgeschaltet	
10. Strommesser und Spannungsmesser	kurz oder lang dauernde Einschaltung			1 h mit 80% des Meßbereich-Endwertes vorbelasten	
11. Leistungsmesser	kurz oder lang dauernde Einschaltung des Spannungspfades mit Nennspannung sowie kurz oder lang dauernde Einschaltung des Strompfades			1 h mit 100% Nennspannung und 80% Nennstrom vorbelasten	
12. Leistungsfaktormesser	—			1 h mit 100% Nennspannung und 80% Nennstrom vorbelasten	

triebserfordernissen entsprechend, wird von Fall zu Fall der eine oder andere Einfluß auf Kosten anderer Eigenschaften besonders sorgfältig ausgeglichen werden, und es ist für den Instrumentenbauer wichtig, sich beim Entwurf einer Meßeinrichtung von vornherein über alle Betriebsverhältnisse zu unterrichten. Die zeitliche Konstanz elektrischer Meßgeräte ist gut, und man kann bei sachgemäßem Gebrauch mit einer dauernden Einhaltung der zugesagten Genauigkeitswerte rechnen.

Außer den Meßgeräten selbst werden in den Meßschaltungen Widerstände, Induktivitäten, Kapazitäten, Wandler und Stromquellen be-

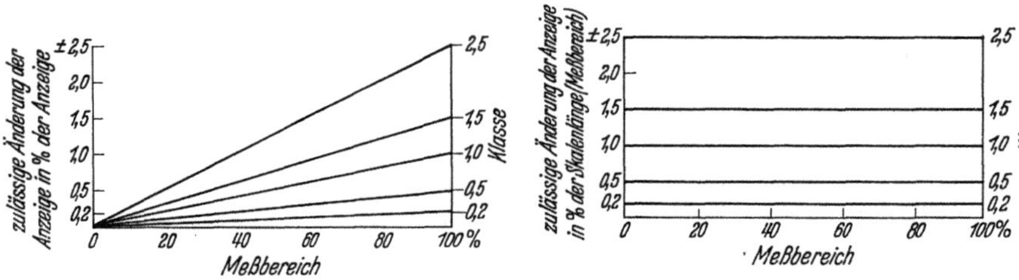

a) Meßgeräte mit mechanischer Richtkraft. b) Meßgeräte ohne mechanische Richtkraft.

Abb. 5a und b. Temperatur-, Frequenz- und Spannungseinfluß elektrischer Meßgeräte VDE 0410 [§§ 9, 10, 13, 25, 26, 27. IEC-Publ. 51—10, 11. [Aus ETZ Bd. 60 (1939) S. 595.]

Bestimmungen:
1. Änderung der Raumtemperatur um ± 10° gegenüber der Bezugstemperatur oder gegenüber 20°;
2. Änderung der Frequenz gegenüber der Nennfrequenz um ± 10 % oder innerhalb des Nennfrequenzbereiches;
3. Änderung der Spannung gegenüber der Nennspannung um ± 20 % oder innerhalb des Nennspannungsbereiches.

Ausnahmen:
1. Bei Meßgeräten der Klasse 0,2 ohne Frequenzangabe darf der Frequenzeinfluß von 15 · · · 60 Hz ± 0,1 % nicht überschreiten;
2. in IEC-Publ. 51 ist kein Spannungseinfluß festgelegt.

nötigt. Mit Ausnahme der Stromquellen sind alle diese Geräte bei sorgfältiger Auswahl des Materials und sachgemäßer Herstellung hinreichend genau und konstant. Ihre Toleranzen sind in den Toleranzen des Meß-

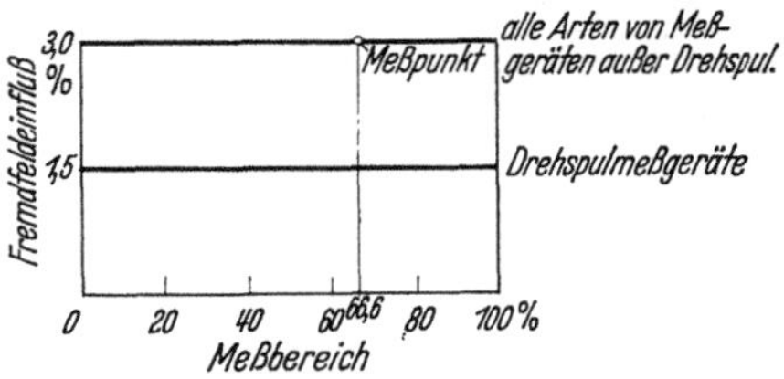

Abb. 6. Einfluß eines Fremdfeldes auf die Anzeige elektrischer Meßgeräte VDE 0410 § 28. IEC-Publ. 51—12. [Aus ETZ Bd. 60 (1939) S. 595.]

Bestimmungen:
1. Fremdfeld von 5 Gauß bei gleicher Stromart, gleicher Frequenz, ungünstigster Phasenlage und ungünstigster räumlicher Lage;
2. Prüfung bei $^2/_3$ vom Skalen-Endwert;
3. bei Leistungsmessern Prüfung bei Nennspannung, $^2/_3$ Nennstrom, $\cos\varphi = 1$;
4. bei Meßgeräten ohne mechanische Richtkraft bezieht sich der Fremdfeldeinfluß auf die dem Meßbereich entsprechende Skalenlänge.

gerätes enthalten, sofern sie einen Bestandteil des Gerätes bilden oder mit ihm zusammen abgeglichen werden. Für austauschbare Vor- und Nebenwiderstände sind in den Regeln für Meßgeräte besondere Genauigkeitsklassen mit den Werten 0,1; 0,2; 0,5 % festgelegt, für Meßwandler sind entsprechende Festlegungen in den Regeln für Wandler VDE 0414 getroffen.

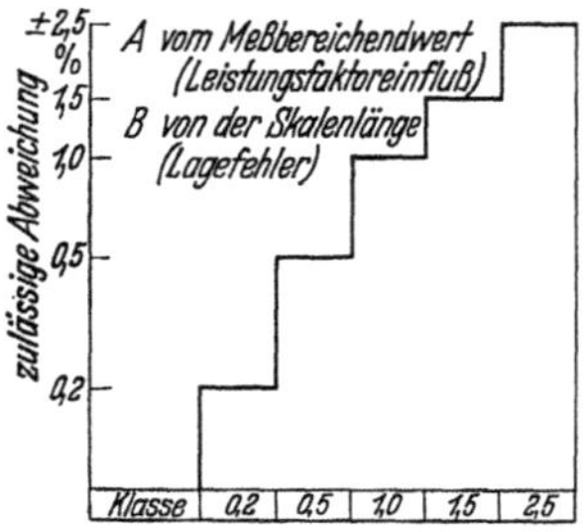

Abb. 7. Einfluß des Leistungsfaktors und der Lage auf die Anzeige elektrischer Meßgeräte VDE 0410 §§ 29, 30. IEC-Publ. 51—13. [Aus ETZ Bd. 60 (1939) S. 595.]

A. Einfluß des Leistungsfaktors bei Leistungsmessern.

Bestimmungen:

1. Nennstrom, Nennspannung, Phasenverschiebung 90° induktiv;
   a) Nennstrom, Nennspannung, $\cos\varphi = 0{,}5$ induktiv und
   b) 0,5 Nennstrom, Nennspannung, $\cos\varphi = 1$.

B. Lagefehler. Bestimmungen:

1. Bei Neigung um ± 5° aus der Gebrauchslage;
2. bei Instrumenten ohne Lagezeichen zwischen senkrechter und waagerechter Lage der Skala;
3. in IEC-Publ. 51 ist kein Lagefehler angegeben.

2. Spannungseinfluß.

Bei der Messung mechanischer Werte kommt den elektrischen Größen Strom, Spannung, Frequenz, Leistung, Widerstand nur die Eigenschaft eines Maßstabes zu, der in sich keinerlei Änderungen aufweisen darf. Die Größe des Meßstromes und die Anzeige des elektrischen Gerätes müssen demnach frei von jeder ungewollten Änderung sein. Dazu sind völlige Konstanz der Instrumente sowie aller Teile des elektrischen Stromkreises und Unabhängigkeit von äußeren Einflüssen notwendig. Wie wir im vorhergehenden Abschnitt sahen, ist dies nur sehr bedingt der Fall, und es sind besondere Maßnahmen zu ergreifen, um die elektrischen Meßgeräte den Erfordernissen mechanischer Messungen anzupassen. Die wichtigste Einflußgröße ist bei allen Ausschlagverfahren der *Spannungseinfluß*. Ausschlagverfahren erfordern völlige Konstanz der Energiequelle oder Ausschaltung der Spannungsänderungen durch Hilfsmaßnahmen, während Änderungen der Meßspannung bei Nullverfahren nur die Empfindlichkeit, nicht aber die Genauigkeit beeinflussen. Für die ohne Stromentnahme arbeitenden Kompensationsverfahren stehen in den Normalelementen hinreichend genaue und konstante Spannungsnormale zur Verfügung, wo jedoch stromverbrauchende Geräte an Batterien oder Maschinen angeschlossen werden, sind besondere Konstanthalter oder spannungsunabhängige Meßgeräte erforderlich.

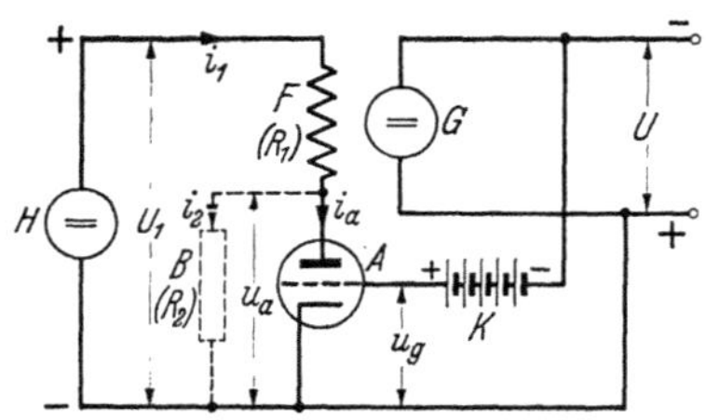

Abb. 8. Grundschaltung der Feinregelung einer fremderregten Gleichspannungs-Hauptmaschine mittels einstufigen Gleichstromröhrenreglers. [Aus BERTHOLD u. v. ENGEL: Neuere Entwicklung der Elektronenröhren-Feinregler und ihre Anwendung. Siemens-Z. Bd. 14 (1934) S. 215.]

G Geregelter Gleichspannungsgenerator; *F* Feldwicklung; *H* Hilfserregermaschine; *A* Elektronenröhre; *B* Widerstand für die Grunderregung; *K* Vergleichsspannung ($U > K$).

a) Spannungsgleichhalter. Unter Konstanthaltern versteht man Einrichtungen, deren Sekundärspannung in gewissen Grenzen unabhängig von Änderungen der Primärspannung und der Belastung ist. Von den Spannungsgleichhaltern wird hohe Genauigkeit und große Regelge-

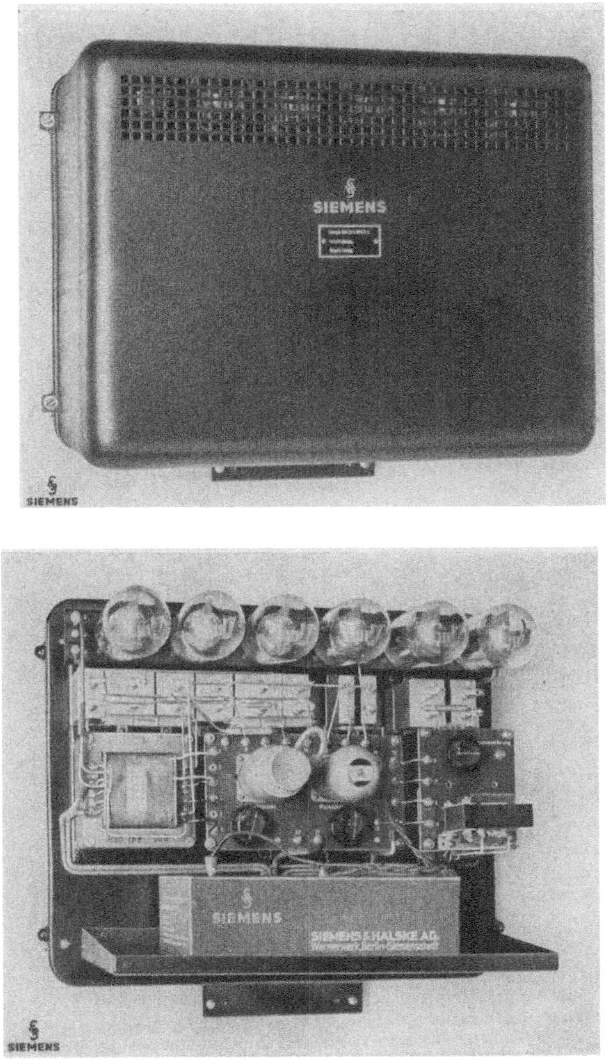

Abb. 9. Elektronenröhren-Feinregler üblicher Ausführung mit und ohne Haube. [Aus LUDWIG: Die neuen Einheits-Röhrenfeinregler mit Elektronenröhren-Endstufe. Siemens-Z. Bd. 21 (1941) S. 66.]

schwindigkeit gefordert. Einige der für Meßzwecke üblichen Methoden werden im folgenden kurz erläutert:

Röhrenregler [*1*] beruhen auf der Änderung des inneren Widerstandes einer Verstärkerröhre in Abhängigkeit von der Gitterspannung.

In einfachster Ausführung wird in Reihe mit der Erregerwicklung des Konstantspannungsgenerators eine Elektronenröhre gelegt und ihr

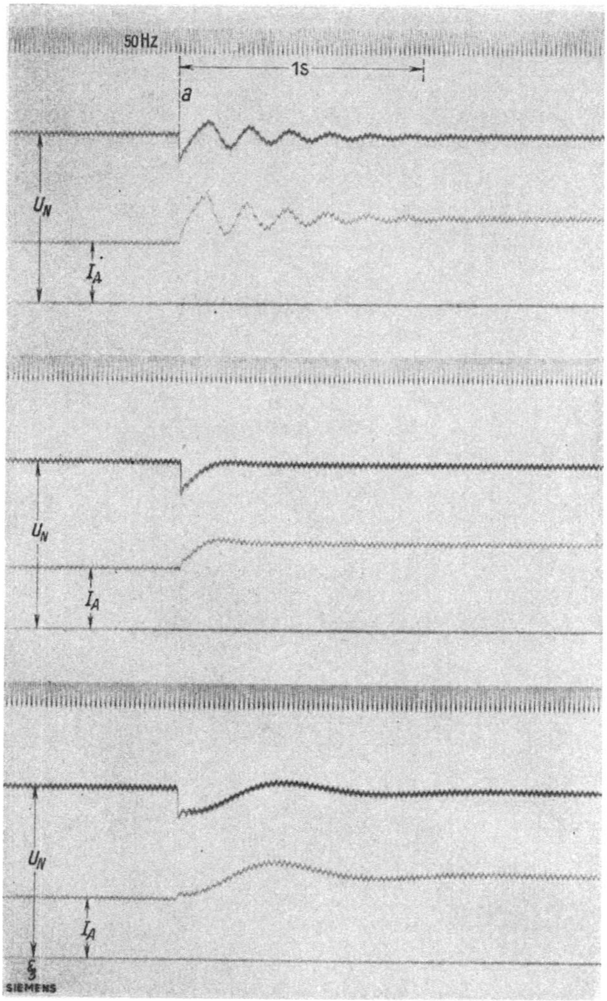

Abb. 10. Oszillogramm eines Regelvorganges mit dem Siemens-Röhrenfeinregler bei stoßweiser Belastung einer Gleichstrommaschine und verschiedenen Einstellungen der Rückführung. [Aus Ludwig: Die neuen Einheits-Röhrenfeinregler mit Elektronenröhren-Endstufe. Siemens-Z. Bd. 21 (1941) S. 65.]
I Rückführung wirkt zu schwach; *II* Rückführung ist richtig eingestellt; *III* Wirkung der Rückführung zu stark; U_N geregelte Gleichspannung; I_A Endröhrenstrom; *a* Einschaltzeitpunkt der Belastung.

Widerstand abhängig von dem Unterschied zwischen Soll- und Ist-Wert der Generatorspannung gesteuert, wie es in Abb. 8 gezeigt ist. Der Generator G, dessen Spannung U konstantgehalten werden soll, wird von einer nicht dargestellten Arbeitsmaschine schwankender Drehzahl angetrieben. Der Spannung U ist die konstante Kompensationsspannung K entgegengeschaltet, die U bis auf den kleinen Restbetrag der negativen Gittervorspannung u_g kompensiert. Steigt die Drehzahl der Kraftmaschine und damit die Generatorspannung, so wird die negative Gittervorspannung größer, der Röhrenwiderstand wächst, der Erregerstrom i_1 wird kleiner und die Spannung U geht wieder auf ihren Sollwert zurück. Der Parallelwiderstand B zur Röhre gestattet, einen nicht regelbaren Grunderregerstrom i_2 einzustellen, dem sich der geregelte Anteil i_a überlagert. Die Erregerleistung wird der Erregermaschine H mit der Spannung U_1 entnommen. Der Regler ist auch für gleichstromerregte Wechselstromgeneratoren brauchbar, wenn die Spannung U vor dem Vergleich mit der Kompensationsspannung K gleichgerichtet und mit einer Siebkette gereinigt wird. Die Empfindlichkeit eines solchen Reglers läßt sich durch entsprechende Verstärkung beliebig steigern, die Regeldauer wird durch die Eigenschaften der geregelten Maschine bestimmt. Mit marktgängigen Geräten, wie Abb. 9 eines zeigt, wird eine Regelgenauigkeit von $\pm$ 0,25‰ und eine Regeldauer von etwa 0,2 s erzielt. Röhrenregler eignen sich besonders für die Speisung größerer Meßanlagen mit konstanter Spannung, sie sind für beliebige Leistung ausführbar. Abb. 10 zeigt den Regelvorgang bei verschiedenen Einstellungen der Rückführung.

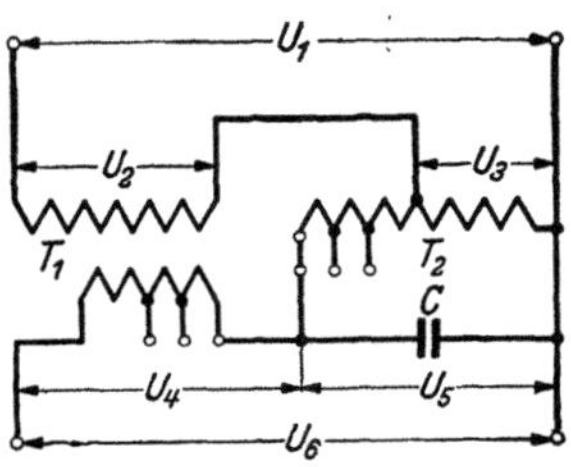

Abb. 11. Magnetischer Spannungsregler von Siemens & Halske. U_1 Eingangsspannung; U_6 Ausgangsspannung; T_1 Wandler mit Luftspalt; T_2 gesättigter Sparwandler; C Glättungskondensator.

Magnetische Gleichhalter [2] arbeiten mit gesättigten Drosselspulen und Kondensatoren. Eine der zahlreichen Ausführungsformen wird an Hand der Abb. 11 näher erläutert. Die schwankende Spannung U_1 liegt an der Reihenschaltung eines mit Luftspalt versehenen ungesättigten Wandlers T_1 und eines gesättigten Sparwandlers T_2. Mit steigender Spannung U_1 wächst die Blindstromaufnahme des Wandlers T_2 stark an, wodurch sich der Spannungsabfall U_2 am ungesättigten Wandler T_1 ebenso stark erhöht, während U_3 und dementsprechend U_5 nur wenig wachsen. Zur Kompensation dieses kleinen Zuwachses wird der Spannung U_5 die mit U_2 verhältnisgleiche Spannung U_4 entgegengeschaltet, so daß die Ausgangsspannung U_6 konstant bleibt. Der Kondensator C kompensiert teilweise die Blindleistungsaufnahme von T_2 und glättet die Kurvenform. Die Höhe der Ausgangsspannung dieses Gleichhalters ist abhängig vom Phasenwinkel der Belastung; sie kann durch die Anzapfungen von T_2 gewählt werden, während die Genauigkeit der Spannungsregelung durch die Anzapfungen an T_1 eingestellt wird. Da die Kurvenform der Ausgangsspannung U_6 sich mit der Größe der Primärspannung und der Belastung ändert, kann der Gleichhalter nicht gleichzeitig auf Konstanz des Effektivwertes und des arithmetischen Mittelwertes eingestellt werden, er ist vielmehr, je nach Art der anzuschließenden Meßgeräte, auf Konstanz eines dieser beiden Werte zu justieren, bei Anschluß von Gleichrichter-Instrumenten also auf den

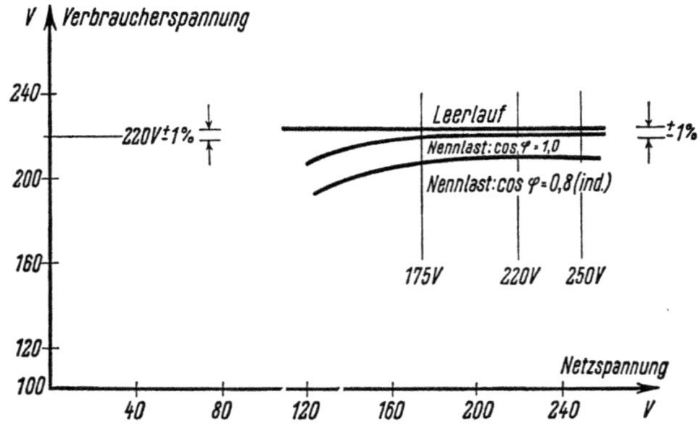

Abb. 12. Regelkennlinien eines magnetischen Spannungsgleichhalters bei reiner Wirklast. (Aus Siemens-Liste ST 5, Magnetischer Spannungsregler, Dez. 1935.)

arithmetischen Mittelwert. Abb. 12 zeigt Regelbereich und Genauigkeit bei reiner Wirklast. Bei Schwankungen der Eingangsspannung um $\pm$ 15% schwankt die Ausgangsspannung um weniger als 1%. Die magnetischen Gleichhalter sind selbstverständlich frequenzabhängig, können also nur in frequenzgeregelten Netzen verwendet werden. 1% Frequenzänderung bewirkt eine Änderung der Ausgangsspannung um 1,5···2%. Die Regelträgheit liegt für den gesamten Regelbereich unter 0,04 s. Die magnetischen Gleichhalter eignen sich besonders für kleine Leistungen von einigen Watt bis etwa 1 kW und annähernd konstante Belastung. Der gesättigte Sparwandler T_2 ist für die Verbraucherleistung zu bemessen, der Luftspaltwandler T_1 kann für kleinere Leistung ausgeführt werden.

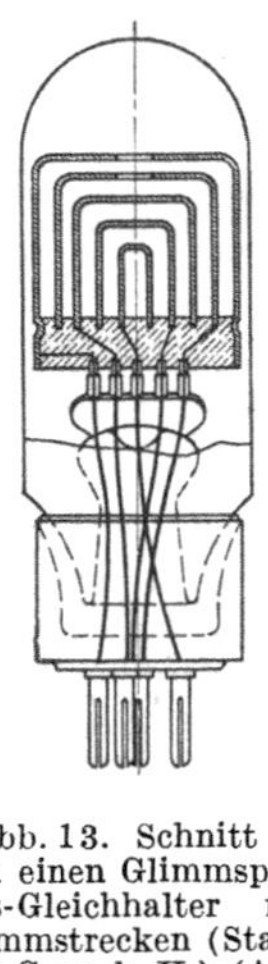

Abb. 13. Schnitt durch einen Glimmspannungs-Gleichhalter mit 4 Glimmstrecken (Stabilovolt G. m. b. H.). (Aus: Glimmteilerröhre „Stabilisator" für selbsttätige Spannungsregelung. Arch. techn. Messen J 062 bis 9.)

Glimmspannungsteiler [3] beruhen auf der Eigenschaft einer Glimmlicht-Entladungsstrecke, ihre Spannung nahezu unabhängig von der Strombelastung konstant zu halten. Sie werden in technischer Ausführung gemäß Abb. 13 mit mehreren hintereinanderliegenden Glimmstrecken hergestellt, deren jede einen Spannungsabfall von 70 V aufweist. Die Elektroden der einzelnen Glimmstrecken sind übereinandergestülpte Metallkappen verschiedener Größe auf einer gemeinsamen Isolierstoff-Grundplatte. Der Glimmspannungsteiler wird nach Abb. 14 mit einem Vorwiderstand, in dem mindestens ⅓ der Speisespannung U_G vernichtet wird, parallel zu der schwankenden Energiequelle geschaltet. Die konstanten Verbraucherspannungen werden an den einzelnen Glimmstrecken abgenommen. An die Stelle des Vorwiderstandes kann zwecks weiterer Verbesserung der Konstanthaltung eine Eisendrahtlampe treten, ferner kann die Eingangsspannung durch eine Siebkette L, C gereinigt werden. Bei Schwankungen der Speisespannung U_G um $\pm 10\%$ ändern sich die geregelten Spannungen um $\pm 0{,}2\%$. Die Änderung des Nutzstromes vom Mindestwert bis zum Höchstwert ändert die Spannung an der betroffenen Glimmstrecke um $1 \cdots 2\%$. Die Spannungsänderung an den anderen Teilstrecken ist vernachlässigbar; die Regelung erfolgt trägheitslos. Das Verhalten der Stabilovolt-Glimmspannungsteiler im Dauerbetrieb sowie ihre Einflußgrößen wurden von H. GOCKEL eingehend untersucht. Dabei wurden zur Erhöhung der Konstanz zwei Röhren in Kaskadenschaltung nach Abb. 15 benutzt und der Konstanthalter über eine Drosselspule betrieben. Die Messungen erstreckten sich über zwei Jahre; die Belastung wurde während der Messung konstantgehalten. Nach Inbetriebnahme der Röhren erhöhte sich die Konstantspannung nach einer Hyperbelfunktion, die nach etwa einem Monat ihren Grenzwert erreichte; auch nach kurzzeitiger Abschaltung trat der Einbrennvorgang von neuem auf, und die Röhren brauchten einige Tage bis zum Erreichen des stabilen Zustandes. Der Endwert selbst ändert sich fast bei jeder Unterbrechung um einige Prozent. In Abb. 16 sind die Spannungsänderungen in Prozent der Festspannung abhängig von der Betriebsdauer aufgetragen. Änderungen der Eingangsspannung um $\pm 10\%$ gaben eine Änderung der geregelten Span-

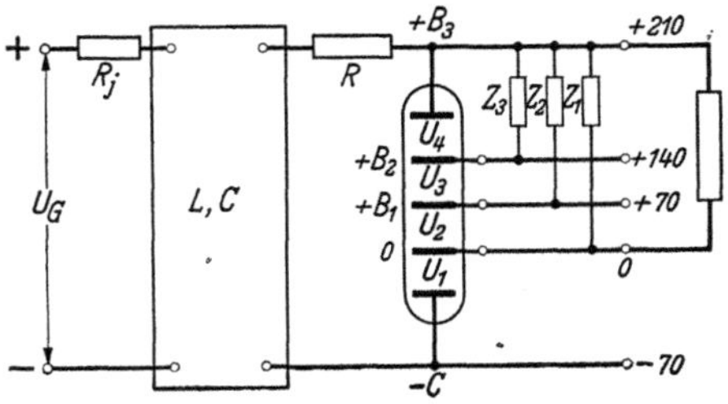

Abb. 14. Grundschaltung einer mit Glimmspannungsteiler stabilisierten Stromquelle. (Aus: Glimmteilerröhre „Stabilisator" für selbsttätige Spannungsregelung. Arch. techn. Messen J 062—9.)

U_G Speisespannung; L, C Siebkette; R_j innerer Widerstand der Stromquelle; R Vorwiderstand; r Nutzlast; $Z_1 \cdots Z_3$ hochohmige Zündwiderstände; $U_1 \cdots U_4$ Teilspannungen des Glimmteilers.

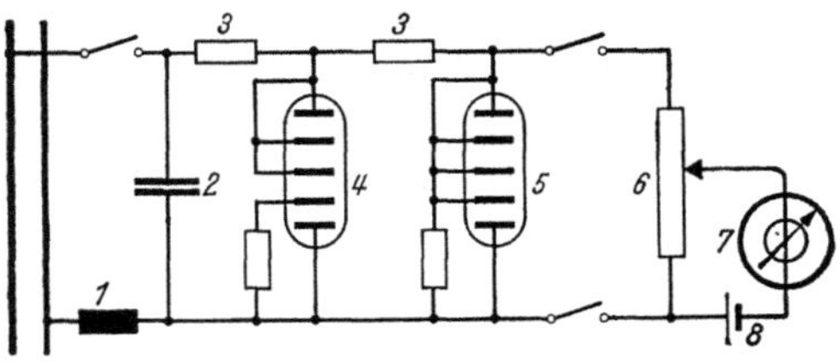

Abb. 15. Kaskadenschaltung zweier Stabilovoltröhren und Messung der geregelten Spannung durch Kompensation. [Aus GOCKEL: Über die Spannungskonstanz von Stabilovoltröhren bei Dauerbelastung. Phys. Z. Bd. 38 (1937) S. 65—67.]

1 Vorschaltdrossel; *2* Beruhigungskondensator; *3* Vorwiderstände; *4* Glimmröhre 1 mit zwei in Betrieb befindlichen Teilstrecken; *5* Glimmröhre 2 mit einer in Betrieb befindlichen Teilstrecke; *6* Belastungswiderstand; *7* Kompensationsstrommesser; *8* Kompensationsbatterie.

nung um $\pm$ 0,08%. Die Kaskadenschaltung ergab also eine sehr gute Spannungsgleichhaltung. Der größte Fehler wird durch Temperaturschwankungen hervorgerufen (Abb. 17). Änderungen der Raumtemperatur um $\pm$ 10° ergaben Spannungsänderungen von $\mp$ 0,43%. Es ist deshalb bei sehr genauen Messungen notwendig, den Stabilisator in einen Thermostat einzubauen und die Belastung konstantzuhalten, da selbstverständlich auch Belastungsänderungen Temperaturänderungen der Röhre zur Folge haben. Glimmspannungsteiler eignen sich nur für Gleichspannung, Leistungen bis etwa 100 W und annähernd konstante Belastung; sie erfordern eine ungeregelte Mindestspannung von 110 V.

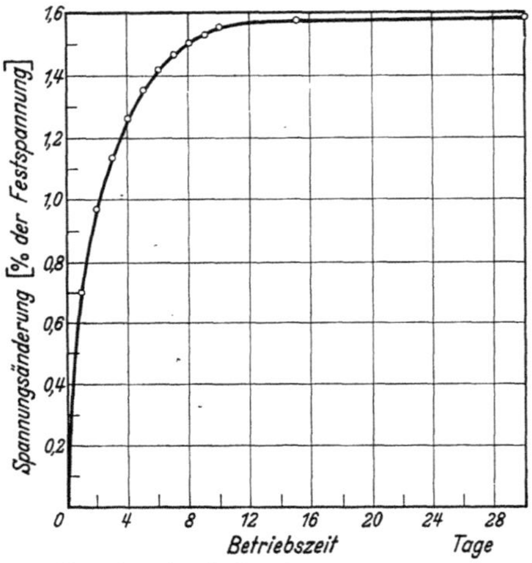

Abb. 16. Abhängigkeit der Konstantspannung einer Stabilovoltröhre von der Betriebsdauer. [Aus GOCKEL: Über die Spannungskonstanz von Stabilovoltröhren bei Dauerbelastung. Phys. Z. Bd. 38 (1937) S. 65—67.]

Thermische Gleichhalter [*4*]. Eine Reihe von Konstanthaltern arbeitet mit temperaturabhängigen Widerständen, besonders mit Eisendrahtwiderständen und Glühlampen, etwa in der Schaltung der Abb. 18. Eine Brückenschaltung enthält zwei konstante und zwei temperatur-

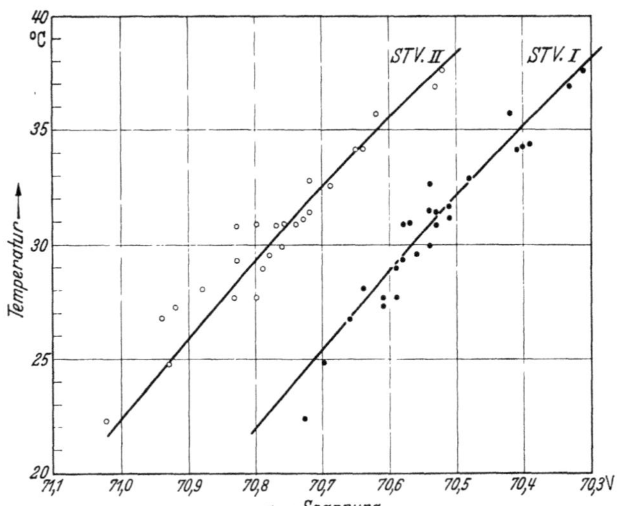

Abb. 17. Temperaturabhängigkeit des Glimmspannungsteilers Stabilovolt. [Aus GOCKEL: Über die Spannungskonstanz von Stabilovoltröhren bei Dauerbelastung. Phys. Z. Bd. 38 (1937) S. 65—67.]

abhängige Widerstände und ist so abgestimmt, daß bei Normalspannung die konstanten Widerstände R größer sind als die Widerstände der Metallfadenlampen L. An den Klemmen des Diagonalzweiges CD liegt demnach eine Spannung U_2. Eine Erhöhung der Brückenspannung U_1 erwärmt die Lampen L_1 und L_2 und vergrößert ihren Widerstand so, daß er sich den Werten der konstanten Widerstände R_1 und R_2 nähert, wodurch die ursprüngliche Brückenverstimmung und die Diagonalspannung vermindert werden. Durch passende Auslegung läßt sich in gewissen Grenzen der Primärspannung U_1 eine solche Widerstandsänderung der Metallfadenlampen erreichen, daß die Diagonalspannung U_2 konstant bleibt. Zur Kompensation von Raumtemperaturschwankungen sind die Widerstände R aus einem konstanten Teil und einem temperaturabhängigen Teil zusammengesetzt. Das Regelverfahren gibt eine Genauigkeit von etwa 0,4% bei 10% primärer Spannungsschwankung und arbeitet infolge der thermischen Trägheit der Metallfadenlampen nicht völlig verzögerungsfrei; es setzt ferner konstante Belastung voraus. Sein Anwendungsgebiet sind Gleichstromleistungen von einigen Watt.

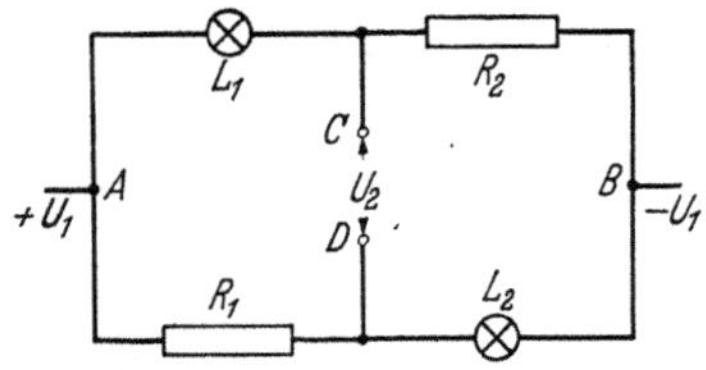

Abb. 18. Glühlampen-Regelbrücke. A, B Stromzuführungen; C, D Ausgangsklemmen; U_1 Eingangsspannung; U_2 Ausgangsspannung; L_1, L_2 Glühlampen; R_1, R_2 konstante Widerstände.

Lichtelektrische Regler [5] beruhen auf der Änderung des inneren Widerstandes einer Photozelle mit der Belichtung. Der in Abb. 19 dargestellte Regler besteht aus einem richtkraftlosen Lichtzeiger-Instrument G mit Projektionsoptik, die in der Nullage die beiden lichtelektrischen Zellen L gleichmäßig ausleuchtet. Steigt die Eingangsspannung U_1, so wird der Spannungsabfall an R_1 größer, und das Galvanometer G schlägt aus, wodurch die Lichtverteilung auf die Photozellen L_1 und L_2 ungleichmäßig wird. Die beiden Photozellen wirken als Spannungsteiler auf das Gitter des Verstärkers V, dessen Potential sich also mit der Lichtverteilung ändert und den inneren Widerstand der Röhre entsprechend steuert. Durch die Änderung des Röhrenwiderstandes wird die Spannung U_2 bei allen Schwankungen von U_1 konstantgehalten, sie ist gegeben durch die Normalspannung e und das Widerstandsverhält-

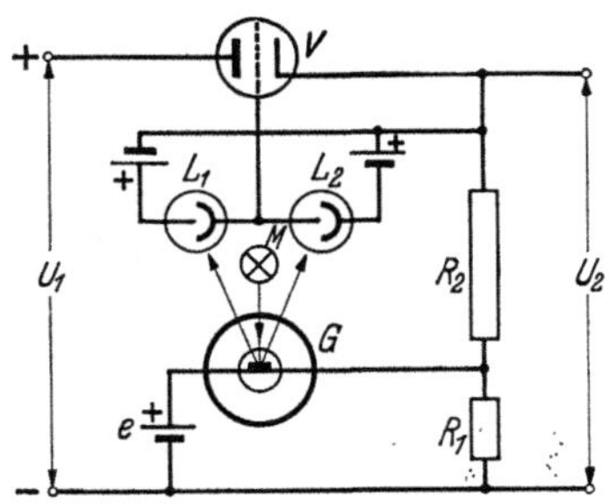

Abb. 19. Grundschaltung des lichtelektrischen Konstanthalters von L. MERZ. U_1 schwankende Eingangsspannung; U_2 konstante Ausgangsspannung; e Normalelement; R_1, R_2 Spannungsteiler; G Galvanometer mit Lichtzeiger; M Beleuchtungseinrichtung; L_1, L_2 lichtelektrische Zellen; V Verstärker.

nis R_1/R_2

$$U_2 = e \cdot \frac{R_1 + R_2}{R_1}. \tag{1}$$

Genauigkeit und Geschwindigkeit der Regelung hängen in erster Linie von den Eigenschaften des Regelgalvanometers ab, das selbstverständlich einer Rückführung bedarf. Da die Regelung so lange erfolgt, bis der Spannungsabfall an R_1 gleich der Normalspannung e geworden ist, haben Änderungen innerhalb des Reglers keinen Einfluß auf die Span-

Abb. 20. Kohledruckregler von SSW. (Druckschrift B 818, 9. Aufl., von SSW., Selbsttätige Kohledruckregler.)
1 Kohlesäulen; *2* Magnetspule; *3* Eisenkern; *4* Übertragungsgestänge; *5* Rückführung.

nungskonstanz. Die Einrichtung eignet sich besonders für kleinere Gleichstromleistungen, wie sie für die Stromversorgung von Meßeinrichtungen benötigt werden.

Kohledruckregler [*6*]. Der Widerstand einer Säule aufeinandergeschichteter Kohleplättchen ist nach dem Gesetz $P \cdot R = \text{const.}$ von dem auf der Säule lastenden Druck abhängig, wenn P den Druck und R den Widerstand der Säule bedeuten und der Widerstand der Kohleplättchen selbst gegen den Übergangswiderstand zwischen den Plättchen vernachlässigt werden kann. Diese Eigenschaft geschichteter Kohlesäulen wird in den Kohledruckreglern nach Abb. 20 zur Spannungsregelung benutzt. Beim Sollwert der Spannung steht die Kohlesäule *1* unter einer bestimmten einstellbaren Federspannung. Spannungserhöhung an der Magnetspule *2* zieht den Eisenkern *3* weiter in die Spule hinein und verringert den Druck, bei Spannungssenkung sinkt der Eisenkern unter gleichzeitiger Druckerhöhung nach unten. Abb. 21 zeigt die Schaltung für die Regelung eines Abzweiges auf konstante Spannung. In der Stellung 0 des Regelschalters *RS* ist der Regler abgeschaltet, in der Stellung 1 ist die Magnetspule eingeschaltet, und der Sollwert kann mit dem Sollwert-Einsteller *SE* gewählt werden; in der Stellung 2 arbeitet der Regler. Die Regler können für Maschinen- und Netzregelung verwendet werden, wenn keine besondere Genauigkeit verlangt wird. Die Regelgenauigkeit ist bei Wechselstrom ± 1,2%, bei Gleichstrom ± 1,5% vom Sollwert.

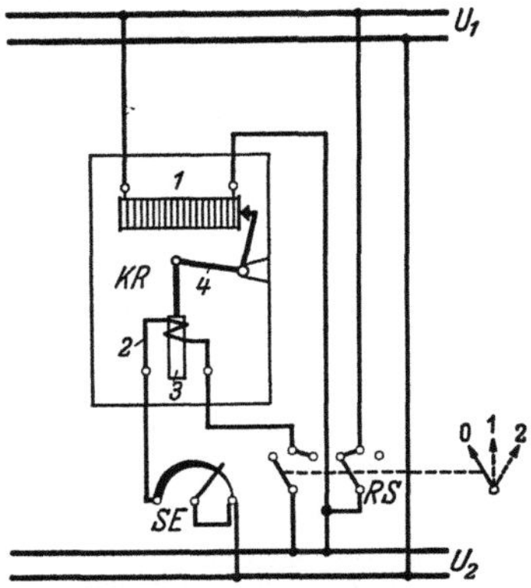

Abb. 21. Schaltung eines SSW-Kohledruckreglers zur Regelung eines Abzweigs auf konstante Spannung. (Druckschrift B 818, 9. Aufl., von SSW., Selbsttätige Kohledruckregler.)
1 Kohlesäule; *2* Magnetspule; *3* Eisenkern; *4* Übertragungsgestänge; U_1 ungeregelte Spannung; U_2 geregelte Spannung; *SE* Sollwert-Einsteller; *RS* Reglerschalter: Stellung 0: aus, Stellung 1: Spule eingeschaltet, Stellung 2: Regler eingeschaltet.

Thoma-Regler. Bei dem von Neufeldt & Kuhnke (Hagenuk) hergestellten Thoma-Regler wird zu der schwankenden Netzspannung eine Zusatzspannung addiert, so daß die Summenspannung konstant bleibt. Die Zusatzspannung wird nach der Anzeige eines Dreheisen-Instruments gesteuert und an einem Ringkernwandler abgegriffen. Das erforderliche Drehmoment für die Verstellung des Ringwandlers liefert ein Öl-Servomotor. Die Ansprechempfindlichkeit des Reglers ist 3‰, die Regeldauer 0,65 s.

b) Spannungsunabhängige Meßgeräte. Nicht überall sind Spannungsgleichhalter wirtschaftlich. Für einzelne Meßstellen ist es zweckmäßiger, spannungsunabhängige Meßgeräte zu verwenden, das sind bei Gleichstrom Kreuzspul- oder Kreuzfeld-Instrumente, bei Wechselstrom Doppelspul-Instrumente, Kreuzspul-Instrumente mit Gleichrichter, Dreheisen- oder Ferraris-Quotientenmesser.

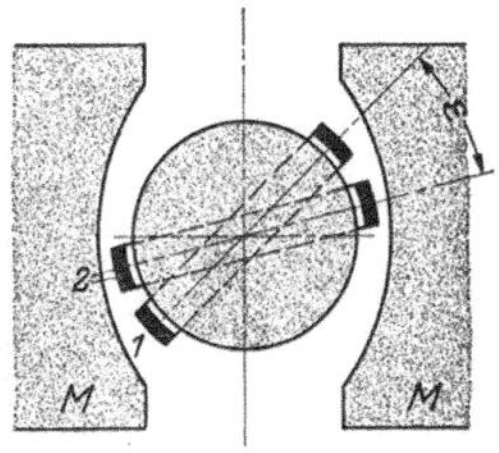

Abb. 22. Grundsätzliche Anordnung des Kreuzspul-Meßwerks.
1, *2* Drehspulen; *ε* Kreuzungswinkel; *M* Polschuhe des Dauermagnets.

Die *Kreuzspul-Instrumente* [7] sind Gleichstrom-Quotientenmesser und können mit Gleichrichtern, vorwiegend Trockengleichrichtern, auch in Wechselstromkreisen Verwendung finden. Sie haben einen Dauermagnet, in dessen Maul ein Weicheisenkern so angeordnet ist, daß zwischen Magnetmaul und Kern ein ungleichmäßiger Feldverlauf entsteht. Dieser ungleichmäßige Verlauf des Feldes wird durch ungleiche Breite des Luftspaltes, also Abweichung des Kerns oder der Polschuhe von der Form konzentrischer Kreise nach Abb. 22 oder durch ungleichmäßige Magnetisierung des Dauermagnets bei konzentrischem Luftspalt erzeugt. In diesem Luftspalt bewegt sich das richtkraftlose, aus zwei um den Winkel ε gekreuzten Spulen bestehende System derart, daß in jeder Lage die Produkte aus örtlicher Feldstärke und AW-Zahl für beide Spulen entgegengesetzt gleich sind. Ist der Feldverlauf durch die Funktion $\mathfrak{B} = f(\alpha)$ gegeben und sind $\mathfrak{B}_1$ und $\mathfrak{B}_2$ die Werte dieser Funktion für die Spulenstellung α_1 bzw. $(\alpha_1 + \varepsilon)$, ferner $i_1 \cdot w_1$ und $i_2 \cdot w_2$ die AW-Zahlen der beiden Drehspulen, so gilt für die Drehmomente $D_1 = k_1 \cdot i_1 \cdot w_1 \cdot \mathfrak{B}_1$; $D_2 = k_2 \cdot i_2 \cdot w_2 \cdot \mathfrak{B}_2$. Für den Gleichgewichtszustand ist

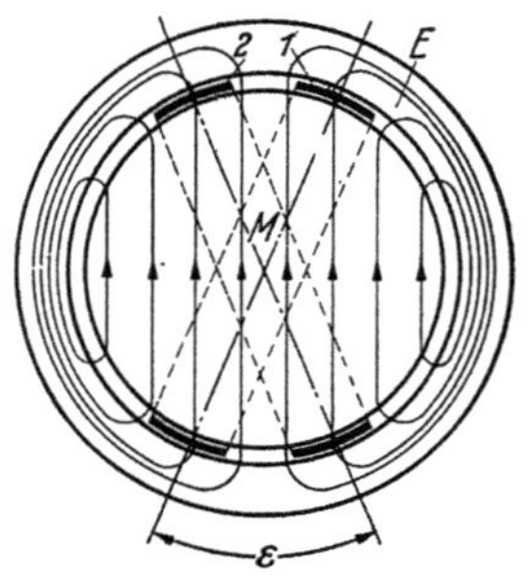

Abb. 23. Grundsätzliche Anordnung des Kernmagnet-Kreuzspulmeßwerks.

1, 2 Drehspulen; *ε* Kreuzungswinkel; *M* Dauermagnet; *E* Eisenrückschluß.

$$\frac{\mathfrak{B}_1}{\mathfrak{B}_2} = k \cdot \frac{i_2 w_2}{i_1 w_1}. \tag{2}$$

Da $\mathfrak{B}_1$ und $\mathfrak{B}_2$ durch die Funktion $\mathfrak{B} = f(\alpha)$ festgelegt sind, ist damit auch der Ausschlagwinkel $\alpha = k \cdot \frac{i_2}{i_1}$ bestimmt. Besonders einfach sind Kreuzspul-Meßwerke mit Kernmagnet, bei denen der Magnet innerhalb der Drehspulen liegt und der magnetische Kreis durch einen äußeren Eisenzylinder ge-

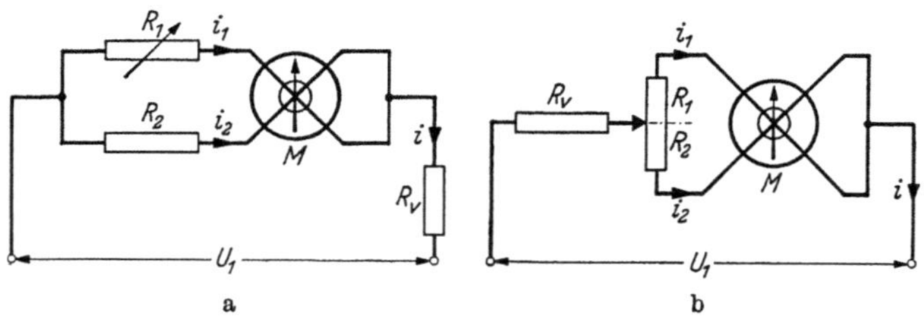

Abb. 24a und b. Schaltungen des Kreuzspul-Instruments. a Widerstandsänderung in einem Zweig; b Widerstandsänderung in beiden Zweigen.

R_v Vorwiderstand; R_1, R_2 Widerstände der Spulenzweige; M Meßgerät; U_1 Meßspannung; i_1, i_2 Spulenströme; i Gesamtstrom.

schlossen wird. Bei dieser Anordnung verläuft das Feld im Luftspalt von vornherein sinusförmig und der Luftspalt kann überall gleich weit sein, was die Herstellung sehr vereinfacht. Voraussetzung für diese Ausführungsform ist die Verwendung hochkoerzitiven Magnetstahls. In den Schaltungen von Abb. 24 liegen beide Spulen an derselben Spannung U_1. Spannungsänderungen vermögen also die Einstellung nicht zu beeinflussen, und der Ausschlag des Instruments ist nur abhängig vom Verhältnis der Widerstände

$$\alpha = k \cdot \frac{R_1}{R_2}, \tag{3}$$

wobei in der Schaltung a) R_1 als veränderbarer, R_2 als konstanter Widerstand, in der Schaltung b) beide Widerstände als veränderbar anzusehen sind. R_1 und R_2 setzen sich in beiden Fällen aus dem konstanten Instrumentenwiderstand und dem veränderbaren Meßwiderstand zusammen. Bei langsamen Änderungen der Meßspannung ändert sich mit der Größe von U_1 lediglich das Einstellmoment, also die Einstellsicherheit, und erst bei sehr großem Spannungsrückgang treten Fehler durch Lagerreibung und das Drehmoment der Stromzuführungen auf. Um auch bei sprunghaften Spannungsänderungen ein Zucken des Zeigers zu vermeiden, müssen die Zeitkonstanten der beiden Spulenkreise gleich groß gemacht werden und, um unabhängig von Schwankungen der Raumtemperatur zu werden, müssen schließlich auch Temperaturkoeffizient und Wärmeträgheit übereinstimmen. Völlige Spannungsunabhängigkeit ließe sich mit einem solchen Instrument erreichen, wenn die Stromzuführungen zum beweglichen System vollkommen richtkraftlos wären. Da dies nicht der Fall ist, addiert sich zu der spannungsabhängigen elektrischen Richtkraft eine konstante mechanische, die so klein sein muß, daß innerhalb der betriebsmäßigen Spannungsschwankungen kein merkbarer Fehler auftritt. Dieses kleine mechanische Drehmoment vermag beim Abschalten der Stromquelle den Zeiger zumeist nicht aus der Skala heraus zu bewegen; er bleibt also an einem beliebigen Skalenpunkt stehen und könnte einen Meßwert vortäuschen. Deshalb wird eine elektrische Zeigerrückstellung eingebaut, die den Zeiger beim Abschalten der Stromquelle in die Nullage oder auf einen außerhalb des Skalenbereiches liegenden Skalenpunkt bringt. In der beschriebenen reinen Ausführungsform nach BRUGER hat das Kreuzspul-Instrument zwei gleichwertige, um einen kleinen Winkel ε gekreuzte Spulen, und das Feld nimmt von der Polschuhmitte nach beiden Seiten gleichmäßig ab. In der Mittellage des beweglichen Systems haben beide Spulen gleiche AW-Zahlen, und bereits geringfügige Abweichungen vom Quotientenwert 1 rufen beträchtliche Ausschläge hervor. Bei Unterbrechung eines der beiden Stromkreise geht das bewegliche System über den Skalenbereich hinaus und legt sich an den einen oder anderen Endanschlag. Der Meßbereich ist also verhältnismäßig eng und auf endliche Werte beschränkt. Änderungen des Meßbereiches sind möglich durch Änderung des Feldverlaufs, des Kreuzungswinkels oder des Windungsverhältnisses w_2/w_1 der beiden Spulen. Bei gegebenem System erfolgt die Meßbereichwahl durch Nebenwiderstände zu den Einzelspulen. Eine besondere Ausführungsform ist das Brücken-Kreuzspul-Instrument der

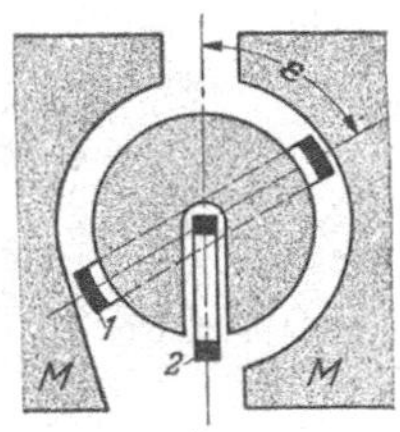

Abb. 25. Grundsätzliche Anordnung des Brücken-Kreuzspul-Meßwerks der Siemens & Halske AG. *1* Ablenkspule; *2* Richtspule; ε Kreuzungswinkel der Spulen; *M* Polschuhe des Dauermagnets.

Siemens & Halske AG., dessen grundsätzliche Anordnung Abb. 25 zeigt. Das Meßwerk dieses Instruments hat eine Haupt- oder Ablenkspule *1*, deren axiale drehmomenterzeugende Seiten sich in dem von konzentrischen Kreisbogen begrenzten Teil des Luftspaltes, also in einem konstanten Feld bewegen, sowie eine Richtspule *2*, deren eine Seite magnetisch geschirmt im Innern des Eisenkerns liegt, während die andere wirksame Seite bei Stromlosigkeit der Ablenkspule in der neutralen Zone steht und mit wachsendem Ausschlag in ein immer stärkeres Feld gelangt. Das Drehmoment der Richtspule wächst also mit dem Ausschlag an und wirkt dem Drehmoment der Ablenkspule entgegen. Im Gegensatz zum reinen Kreuzspul-Instrument ist der Aufbau ausgesprochen unsymmetrisch. Der Strom in der Richtspule ist konstant, der Strom in der Ablenkspule schwankt zwischen 0 und einem Höchstwert. Der Quotientenbereich liegt also ebenfalls zwischen 0 und einem Höchstwert und kann bei ungeänderter Feldverteilung durch

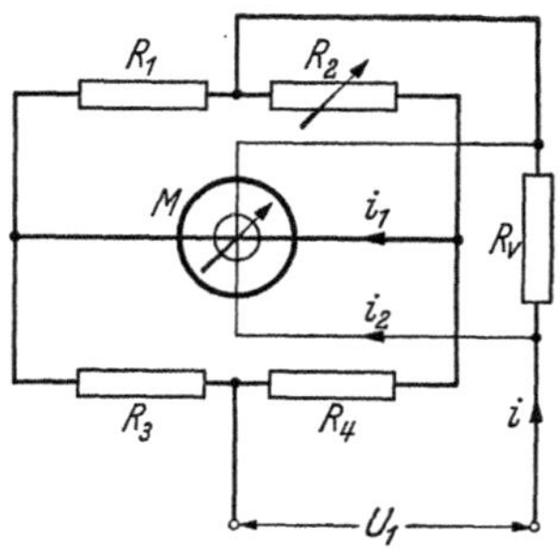

Abb. 26. Schaltung des Brücken-Kreuzspul-Instruments der Siemens & Halske AG.
U_1 Eingangsspannung; R_v Vorwiderstand; $R_1 \cdots R_4$ Brückenwiderstände; R_2 veränderlicher Widerstand; M Meßgerät; i_1 Strom der Ablenkspule *1*; i_2 Strom der Richtspule *2*; i Gesamtstromaufnahme der Brücke.

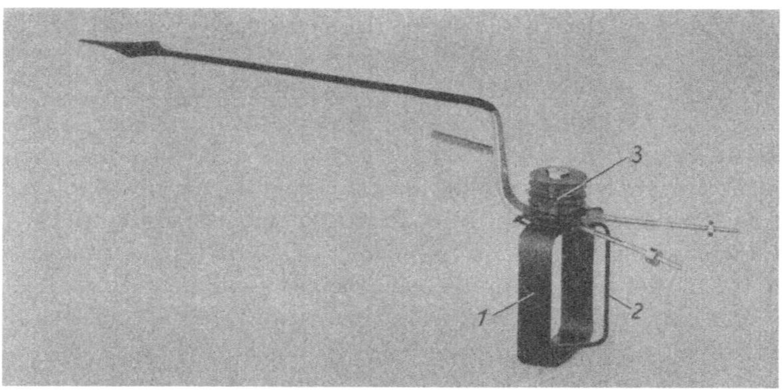

Abb. 27. Bewegliches Organ eines Brücken-Kreuzspul-Instruments (Siemens & Halske AG.). *1* Ablenkspule; *2* Richtspule; *3* richtkraftlose Stromzuführungen.

Änderung des Richtspulenstromes gewählt werden. Bei Unterbrechung der Ablenkspule geht das Instrument in die Nullage, bei Unterbrechung des Richtkreises in die obere Endlage, entsprechend dem Quotienten ∞. Das Instrument wird vorwiegend in Brückenschaltungen nach Abb. 26 benutzt. Die Ablenkspule liegt in der Meßdiagonale, die Richtspule an dem vom Gesamt-Brückenstrom durchflossenen Vorwiderstand R_v. Das Drehmoment der Ablenkspule ist demnach verhältnisgleich dem Diagonalstrom i_1, das Richtmoment dem Gesamt-Brückenstrom i. Da beide

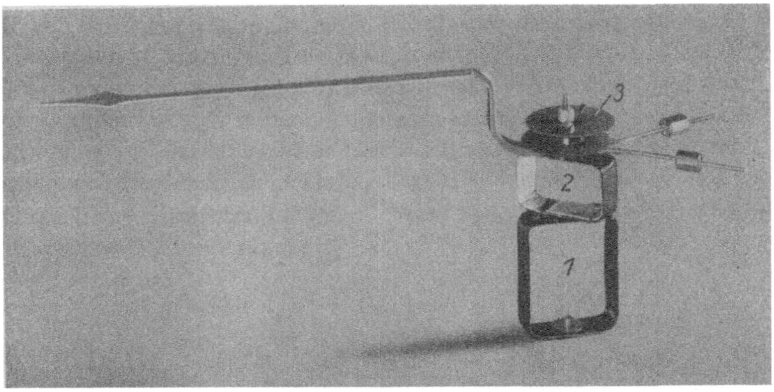

Abb. 28. Bewegliches Organ eines Kreuzspul-Instruments mit übereinanderliegenden Spulen (Siemens & Halske AG.).
1 Ablenkspule; *2* Richtspule; *3* richtkraftlose Stromzuführungen.

der Brückenspannung U_1 proportional sind, ist ihr Verhältnis, also auch der Ausschlag α, unabhängig von den Schwankungen dieser Spannung. Abb. 27 zeigt die Ausführung des beweglichen Systems.

Ordnet man die Spulen nicht ineinander, wie bei Abb. 27, sondern übereinander an, so erhält man die in Abb. 28 gezeigte Ausführungsform. Auch bei diesem Meßwerk bewegt sich die Hauptspule in einem konzentrischen Luftspalt gleichbleibender Feldstärke, die darüberliegende Richtspule in einem mit dem Ausschlag wachsenden Magnetfeld, das durch einen besonderen Magnet oder durch Abzweigung vom Hauptfeld erzeugt wird (Abb. 29). An Stelle der Kreuzung der Drehspulen können bei diesem Instrument auch die Spulen in einer Ebene angeordnet und die Achsen der Magnetfelder um den Winkel ε gekreuzt werden, weshalb diese Ausführung auch den Namen Kreuzfeld-Instrument führt.

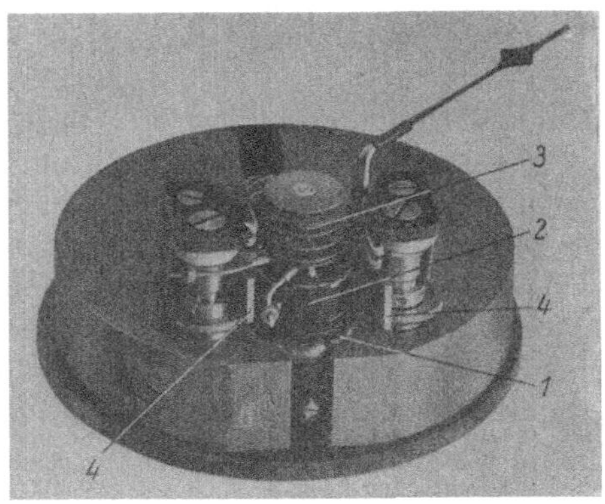

Abb. 29. Meßwerk eines Kreuzspul-Instruments mit übereinanderliegenden Spulen (Siemens & Halke AG.).
1 Ablenkspule; *2* Richtspule; *3* Stromzuführungen; *4* Polschuhe des Richtfeldes.

Doppelspul-Instrumente [*8*] ersetzen das Kreuzspul-Instrument für spannungsunabhängige Anzeige in Wechselstrombrücken. Sie haben an Stelle des Dauermagnets einen Elektromagnet mit zylindrischen Polschuhen und rundem Eisenkern nach Abb. 30, in dessen Luftspalt sich ein richtkraftloses System aus zwei übereinandergewickelten, koaxialen Drehspulen bewegt. Die Ablenkspule liegt im Diagonalzweig der Wechselstrombrücke, die Richtspule ist über einen induktiven Scheinwiderstand kurzgeschlossen. Die Stromzuführung zu beiden Spulen erfolgt durch möglichst richtkraftlose Metallbänder. Die feststehende Feldspule liegt an der Brückenspannung U_1 (Abb. 31). Das Instrument arbeitet folgendermaßen: Die im Erregerfeld liegende stromdurchflossene Ablenkspule

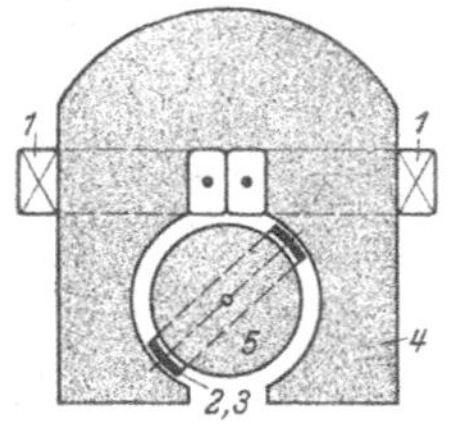

Abb. 30. Anordnung eines elektrodynamischen Doppelspul-Instruments (Siemens & Halke A G.). (Aus Arch. techn. Messen J 741—9.)
1 Feldspule; *2, 3* Ablenk- und Richtspule; *4* Eisenkörper des Elektromagnets; *5* Eisenkern.

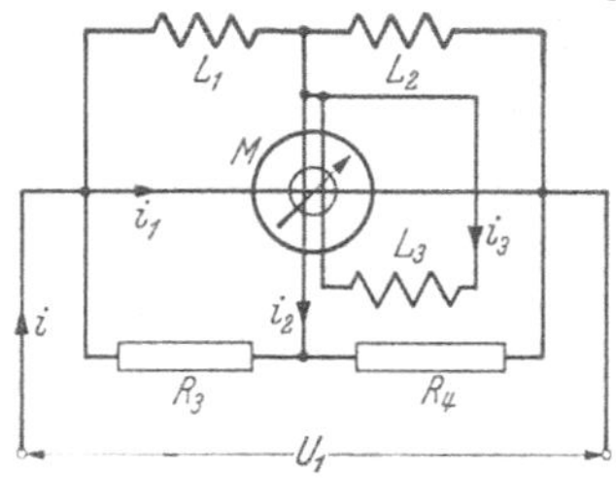

Abb. 31. Wechselstrombrücke mit Doppelspul-Instrument.
U_1 Eingangsspannung; L_1, L_2, R_3, R_4 Brückenwiderstände; M Meßgerät; i Gesamtstromaufnahme der Brücke; i_1 Feldspulenstrom; i_2 Strom in der Ablenkspule; i_3 Strom in der Richtspule; L_3 Drosselspule im Richtkreis.

ruft ein Drehmoment hervor, das je nach Stromrichtung das System in der einen oder anderen Richtung aus der Mittellage ablenkt. Die vom Erregerfeld in der Richtspule induzierte EMK hat in der über den induktiven Widerstand L_3 geschlossenen Wicklung einen Strom zur Folge, der ein entgegengesetztes Drehmoment erzeugt und das bewegliche System in die Mittellage zurückzudrehen versucht. Der Zeiger des Instruments nimmt demnach eine Stellung ein, in der Drehmoment und Richtmoment einander die Waage halten. Es bezeichnet:

$i_1 w_1$ die Amperewindungszahl der Feldspule,
$i_2 w_2$,, ,, ,, Ablenkspule,
$i_3 w_3$,, ,, ,, Richtspule.

Für die Drehmomente der beiden Spulen ergibt sich damit

$$D_a = k_1 \cdot i_1 w_1 \cdot i_2 w_2 \cdot \cos(i_1 \cdot i_2)$$

$$D_r = k_2 \cdot i_1 w_1 \cdot i_3 w_3 \cdot \cos(i_1 \cdot i_3) .$$

Für den zum Gleichgewichtszustand gehörigen Ausschlagwinkel α ist $D_a = D_r$, folglich

$$\alpha = k \cdot \frac{i_2 \cdot \cos(i_1 \cdot i_2)}{i_3 \cdot \cos(i_1 \cdot i_3)} . \tag{4}$$

i_2 ist proportional U_1, i_3 wird durch das vom Strom i_1 erzeugte Feld induziert. Da i_1 proportional der Spannung U_1 ist, muß auch i_3 der Spannung U_1 verhältnisgleich sein, d. h. der Ausschlag α ist unabhängig von Schwankungen der Betriebsspannung; er hängt ab von der Größe und Richtung des Diagonalstromes i_2 und des Kurzschlußstromes i_3. Nun wird vom Feldstrom i_1 auch in der Ablenkspule eine EMK induziert, die sich über die Brückenwiderstände ausgleichen kann und ein zusätzliches Richtmoment hervorruft, das in manchen Fällen allein für eine sichere Einstellung hinreichend ist. Das Instrument erhält dann keine besondere Richtspule und wird als Induktions-Dynamometer bezeichnet. Seine Eigenschaften decken sich im wesentlichen mit denen des Doppelspul-Instruments. Die Doppelspul-Instrumente sind selbstverständlich nicht auf die gezeigte Brückenschaltung beschränkt, sondern können auch in anderen Schaltungen verwendet werden.

Dreheisen-Quotientenmesser [9]. Ein weiteres, in gewissen Grenzen spannungsunabhängiges Instrument, der Dreheisen-Quotientenmesser, wird in Abb. 32 in einer zweckmäßigen Ausführungsform gezeigt. Das ringförmige Dreheisen D ist mit einem unmagnetischen Arm H an der Drehachse A befestigt und wird von den beiden festen Spulen S umfaßt. Der Ausschlag des Instruments ist abhängig von dem Verhältnis der Quadrate der Spulenströme; Skalenverlauf und Meßbereich hängen von der Eisenform und der Schaltung der Spulen ab. Begrenzung des Ringeisens durch konzentrische Kreisbogen gibt große, Begrenzung durch exzentrische Kreisbogen kleine Meßbereiche; gleichläufige Schaltung der Spulen gibt große, gegenläufige Schaltung kleine Quotientenbereiche. Höchste Quotientenempfindlichkeit ergibt sich demnach bei exzentrischem Eisen und gegenläufiger Schaltung der Erregerspulen. Abb. 33 zeigt die Einzelteile des Gerätes.

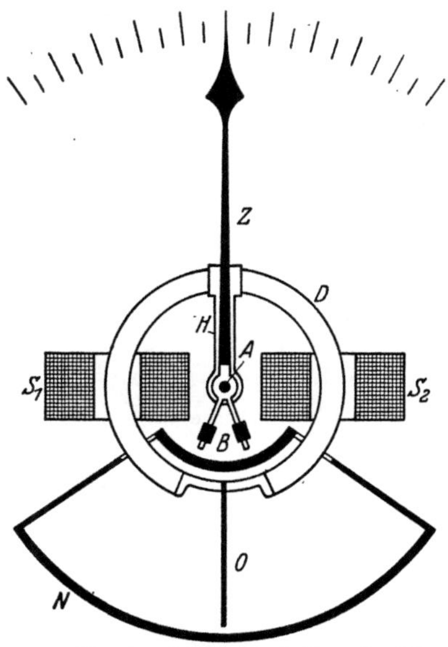

Abb. 32. Grundsätzlicher Aufbau des Ringeisen-Quotientenmessers. [Aus GEYGER: Ein neuer Dreheisen-Quotientenmesser für Wechselstrom und seine Verwendung in wärmetechnischen Überwachungsanlagen. Arch. Elektrotechn. Bd. 25 (1931) S. 3.]

A Drehachse; B Äquilibrierung; D Dreheisen; H unmagnetischer Arm; N Dämpferkammer; O Dämpfungsflügel; S_1, S_2 Erregerspulen; Z Zeiger.

Ferraris-Quotientenmesser. Die AEG stellt zum Anschluß an Wechselstrom-Widerstandssender Ferraris-Quotientenmesser her, deren Meßwerk aus einer exzentrisch gelagerten Zählerscheibe und zwei Zähler-

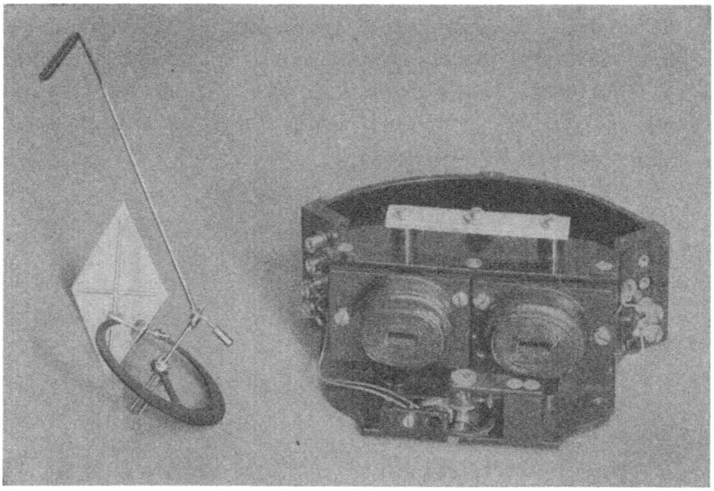

Abb. 33. Ansicht des Ringeisen-Quotientenmessers von GEYGER. (Ausführung H. JOENS, Düsseldorf.)

triebsystemen besteht. Die Drehmomente der beiden Zählersysteme wirken einander entgegen, und die Scheibe ist richtkraftlos, so daß sich

Abb. 34. Ferraris-Quotientenmesser der AEG.

stets ein Gleichgewichtszustand einstellt, der dem Verhältnis der Ströme in den beiden Triebsystemen entspricht (Abb. 34).

3. Frequenz- und Temperatureinfluß.

Die übrigen Einflußgrößen: Frequenz, Kurvenform, Fremdfelder, Gebrauchslage und Temperatur, haben für die mechanisch-elektrischen Messungen nicht die Bedeutung des Spannungseinflusses und außerdem werden die nach den VDE-Regeln zulässigen Toleranzen für diese Einflüsse selten in Anspruch genommen.

Der *Frequenzeinfluß* der in Frage kommenden Meßgeräte ist sehr gering. Drehspul- und Kreuzspul-Instrumente mit Trockengleichrichtern können bis etwa 10 kHz ohne wesentlichen Frequenzgang ausgeführt werden, Doppelspul- und Induktions-Dynamometer sind im Rahmen normaler Frequenzschwankungen von etwa 40···60 Hz praktisch frequenzunabhängig, und nur der Dreheisen-Quotientenmesser weist einen merklichen Frequenzfehler auf. Außerdem schwankt die Frequenz normaler Netze im allgemeinen nicht mehr als $\pm 0{,}2\,\%$, und auch bei Einzelantrieben von Maschinen läßt sich die Frequenz meist recht genau halten.

Wichtiger ist der *Temperatureinfluß*. Die aus Kupfer oder Aluminium bestehenden Wicklungen ändern ihre Widerstandswerte erheblich mit der Temperatur, und auch Federn und Dauermagnete sind nicht völlig temperaturunabhängig, zudem sind häufig gerade die mechanisch-elektrischen Meßeinrichtungen recht erheblichen Temperaturschwankungen ausgesetzt. Man muß sich deshalb von vornherein ein Bild über die zu erwartenden Temperaturfehler machen. Meistens läßt sich der Temperaturgang berechnen und durch besondere Maßnahmen in tragbaren Grenzen halten, beispielsweise durch das Vorschalten temperaturunabhängiger Widerstände (Manganin und Konstantan) oder durch Kombination mit Widerständen, die den gleichen oder einen negativen Temperaturkoeffizienten aufweisen (CuO), ferner durch Verwendung von magnetischen Nebenschlüssen aus Eisenlegierungen, deren Permeabilität temperaturabhängig ist (Thermalloy und Thermoperm).

4. Auflösungsvermögen [*10*].

Unter Auflösungsvermögen versteht man die Fähigkeit eines Meßgeräts, schnellen Schwankungen der Meßgröße zu folgen. Das Auflösungsvermögen ist um so höher, je höher die Eigenfrequenz, je geringer also die Trägheit des Meßwerks ist; es läßt sich unmittelbar in Hertz ausdrücken und bezeichnet dann diejenige Frequenz, der das Meßorgan noch ohne Amplituden- und Phasenfälschung zu folgen vermag. Das Verhältnis der Meßfrequenz zur Eigenfrequenz des Meßwerks

$$\varkappa = \frac{\omega}{\omega_0}$$

kann als Maß für den Amplituden- und Phasenfehler der Aufzeichnung angesehen werden, wenn der Dämpfungsgrad des Meßwerks bekannt ist. Abb. **35**a und b zeigt die Abhängigkeit des Abbildungsmaßstabes M und der Verzögerungszeit $\tau = \omega_0 \cdot t$ vom Frequenzverhältnis $\varkappa$ für verschiedene Dämpfungsgrade, Abb. **36** den Amplitudenfehler einer Oszillo-

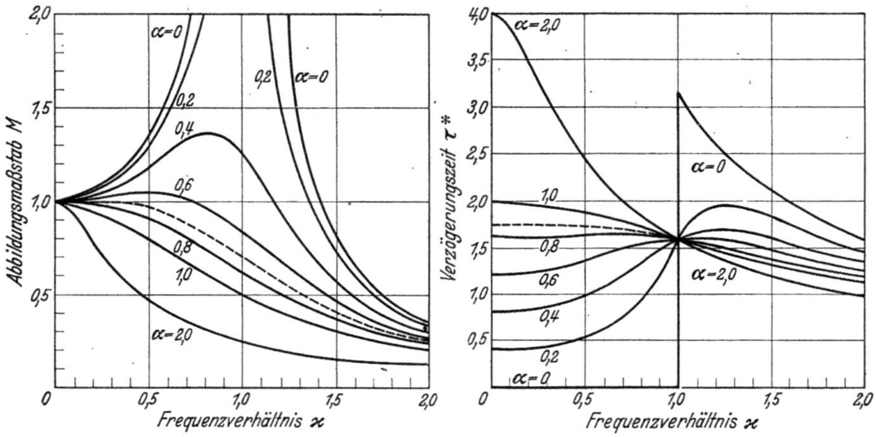

Abb. 35a und b. Verhalten eines schwingungsfähigen Systems von der Eigenfrequenz ω_0 gegenüber einer Erregerschwingung von der Frequenz ω bei verschiedenen Dämpfungszuständen. a Abhängigkeit des Abbildungsmaßstabes M vom Frequenzverhältnis $\varkappa$. b Abhängigkeit der Verzögerungszeit τ vom Frequenzverhältnis $\varkappa$. Frequenzverhältnis $\varkappa = \omega/\omega_0$, Verzögerungszeit $\tau = \omega_0 \cdot t$.

graphenschleife abhängig von der Meßfrequenz. Das Auflösungsvermögen elektrischer Meßgeräte ist im allgemeinen höher als das entsprechender mechanischer Einrichtungen, und gerade in der hohen Eigen-

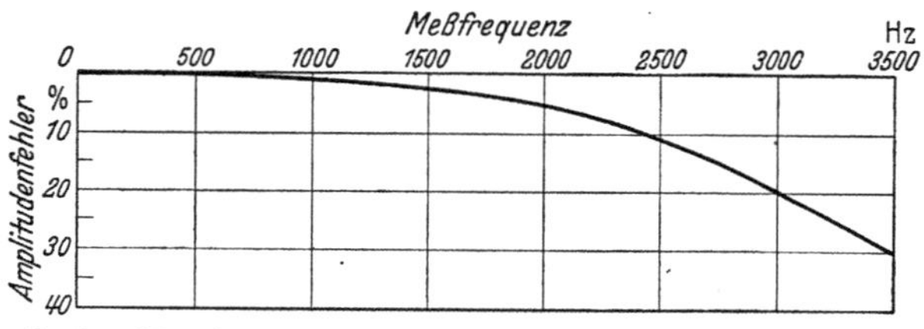

Abb. 36. Amplitudenfehler einer Oszillographenschleife in Abhängigkeit von der Meßfrequenz. Eigenfrequenz der ungedämpften Meßschleife 5500 Hz.

schwingungszahl und der kurzen Einstellzeit ist ein erheblicher Vorzug der elektrischen Meßgeräte zu erblicken. Die elektrischen Geräte eignen sich deswegen besonders für Reihenprüfungen großer Stückzahlen, wo die Zeitdauer für die Einstellung des Meßgerätes bereits eine wesentliche Rolle spielt, sowie für laufende Anzeige und Aufzeichnung schnell ablaufender Vorgänge und schneller Schwankungen der Meßgröße. Für Regelvorgänge ist außer der kurzen Ansprechzeit die Möglichkeit ihrer Veränderung durch elektrische Verzögerungsglieder von entscheidender

Bedeutung. Einfache Anzeige- und Schreibgeräte für Schalttafeln haben ein Auflösungsvermögen von etwa 1 Hz, Schnellschwinger erreichen 50···80 Hz, Oszillographen 20 kHz, und in den Kathodenstrahlröhren steht ein nahezu trägheitsloses Meßgerät zur Verfügung.

5. Übertragungsentfernung [*11*].

Mit elektrischen Meßverfahren lassen sich nahezu beliebige Entfernungen zwischen Meßstelle und Anzeigeort überbrücken. Es ist also möglich, die Meßwerte von unzugänglichen oder für den Aufenthalt von Menschen ungeeigneten Meßstellen in eine Meßzentrale zu übertragen und dort mit den Meßwerten anderer, örtlich getrennter Meßstellen zu vergleichen oder auch auf demselben Gerät aufzuzeichnen. Für die Übertragung sind im allgemeinen dünndrähtige und leicht verlegbare Meßleitungen hinreichend; wo es notwendig erscheint, können sie mehrfach ausgenutzt oder durch eine drahtlose Übertragung abgelöst werden, in diesem Fall ist allerdings an der Empfangsstelle ein Meßverstärker notwendig. Abgesehen von den Fernmeßverfahren, bei denen die Leitungsdaten keinen Einfluß auf die Anzeigegenauigkeit haben, wird die Übertragungsentfernung durch die Sendeleistung, die Leitungseigenschaften und den Verbrauch der angeschlossenen Meßgeräte begrenzt, wobei unter Leitungseigenschaften Widerstand, Kapazität, Induktivität, Isolationszustand, zulässige Spannungs- und Leistungsbeanspruchung verstanden werden sollen. Diese Vielzahl von Einflußgrößen macht es unmöglich, allgemein gültige Zahlenwerte für die Übertragungsentfernung anzugeben, da die größtmögliche Weite zwischen einigen Metern und mehreren 100 km schwankt und je nach den besonderen Verhältnissen die eine oder die andere Größe die Grenze bestimmt. Sieht man einmal von den Störungseinflüssen auf die Leitung ab und betrachtet nur ihre Widerstandsverhältnisse, so ergibt sich mit den Bezeichnungen von Abb. 37 der Scheinwiderstand der Leitung zu

$$Z = R_v + \frac{Z_1}{2} + \frac{\left(\frac{Z_1}{2} + Z_2\right) \cdot Z_3}{\frac{Z_1}{2} + Z_2 + Z_3}, \tag{5}$$

wobei der Einfachheit halber der gesamte Ableitungswiderstand Z_3 in der Leitungsmitte vereinigt gedacht ist. Es sollen nun die durch den Temperaturfehler Δt, d. h. die durch die Wärmeschwankungen der Leitung gezogenen Grenzen gesucht werden. Es seien die Temperaturkoeffizienten von $Z_1 = \alpha_1$, von $Z_2 = \alpha_2$, von $R_v = 0$. Ferner kann für die Berechnung des Temperaturfehlers $Z_3 = \infty$ gesetzt werden. Dann wird der Temperaturfehler

$$\Delta t = -\frac{(Z_1 \cdot \alpha_1 + Z_2 \cdot \alpha_2) \cdot t}{R_v + Z_1 + Z_2} \cdot 100\,\% \tag{6}$$

und die Übertragungsentfernung mit Rücksicht auf Δt

$$n_t = -\frac{e \cdot \Delta t}{\alpha_1 \cdot t \cdot Z_0 \cdot i \cdot 10^2} - \frac{\alpha_2}{\alpha^1} \cdot \frac{Z_2}{Z_0}. \tag{7}$$

Mangelhafter Isolationszustand der Leitung kann ebenfalls die Übertragungsentfernung begrenzen. Der von ihm herrührende Ableitungsfehler beträgt

$$\Delta f = -\frac{\left(Z_2 + n\frac{Z_0}{2}\right) \cdot (1 + R_\alpha \cdot j\omega C_0) \cdot n}{R_\alpha} \cdot 100\,\% \tag{8}$$

und die mit Rücksicht auf Δf zulässige Übertragungsentfernung

$$n_f = -\frac{Z_2}{Z_0} + \sqrt{\left(\frac{Z_2}{Z_0}\right)^2 - \frac{\Delta f \cdot R_\alpha}{50 \cdot Z_0 \cdot (1 + R_\alpha \cdot j\omega C_0)}}. \tag{9}$$

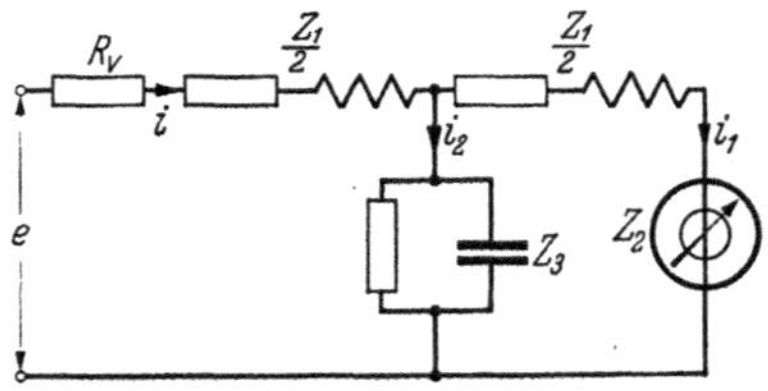

Abb. 37. Ersatzschaltung einer Meßwert-Fernübertragung. [Aus PFLIER: Begrenzung der Übertragungsentfernung durch den Leitungswiderstand. Arch. techn. Messen V 381—1.]

e Meßspannung, V; i Gesamtstrom, A; i_1 Strom für Endausschlag des Instruments, A; i_2 Fehlerstrom, A; $Z_2 = R_2 + j\omega L_2$ = Instrumenten-Widerstand, Ω; N_2 Scheinverbrauch des Instruments, VA; R_v Vorwiderstand zur Temperaturkompensation, Ω; R_0 spez. Wirkwiderstand der Leitung Ω/km Doppelleitung; ωL_0 spez. Blindwiderstand der Leitung Ω/km Doppelleitung; n Übertragungsentfernung, km; $Z_1 = n \cdot Z_0 = (R_1 + j\omega L_1) = n \cdot (R_0 + j\omega L_0)$ = Scheinwiderstand der Leitung; R_a spez. Ableitungswiderstand $\Omega \cdot$km Doppelleitung; C_0 spez. Leitungskapazität μF/km Doppelleitung; $R_f = R_a/n$ = Ableitungswiderstand Ω; $C = n \cdot C_0$ = Leitungskapazität μF; $Z_3 = \frac{R_f}{1 + R_f \cdot j\omega C} = \frac{R_a}{n \cdot (1 + R_a j\omega C_0)}$ Scheinwiderstand der Ableitung Ω; Δt Temperaturfehler, %; Δf Ableitungsfehler, %; α_1, α_2 Temperaturkoeffizienten.

Aus diesen Gleichungen lassen sich die Übertragungsentfernungen und die auftretenden Fehler ermitteln, wenn die Leistung des Gebers, die Leitungsdaten und der Verbrauch des Empfangsgerätes bekannt sind. Auf die Angabe von Beispielen wird verzichtet, weil die Fülle der Veränderlichen einem Einzelbeispiel jeglichen praktischen Wert nimmt und, wie bereits gesagt, jede Entfernung überwunden werden kann.

6. Ausführung von Rechenoperationen [*12*].

Die Ausführung von Rechenoperationen kann unmittelbar mit Strömen und Spannungen und dem elektrischen Meßwerk vorgenommen werden. Das Drehspul-Instrument eignet sich zur Summen- und Differenzbildung, das Kreuzspul-Instrument zur Division, das Dynamometer zur Multiplikation von Meßgrößen.

S u m m e n - u n d D i f f e r e n z b i l d u n g m i t d e m D r e h s p u l - M e ß w e r k. Das Drehspul-Instrument hat eine bewegliche, stromdurchflossene Spule in dem ringförmigen Luftspalt eines Dauermagnets, in dem an jeder Stelle die gleiche Feldstärke herrscht. Dem elektrischen Drehmoment wirkt das linear mit dem Ausschlag ansteigende Richtmoment einer Feder entgegen. Das Drehmoment des Drehspul-Instruments beträgt

$$D = \frac{1}{10} \cdot \frac{1}{981} \cdot l \cdot d \cdot i \cdot w \cdot \mathfrak{B} = K \cdot i \cdot w \quad \text{cmg}. \tag{10}$$

Darin bedeuten:

D = Drehmoment, cmg;
l = wirksame Höhe der Drehspule, cm;
d = Durchmesser der Drehspule, cm;
i = Stromstärke in der Drehspule, A;
w = Windungszahl der Drehspule;
$\mathfrak{B}$ = Induktion im Luftspalt, Oersted;
K = Konstante.

Man erhält demnach in einfachster Weise die Summe mehrerer Ströme durch mechanische Kupplung von Drehspul-Meßwerken oder durch Aufbringen mehrerer Drehspulen auf eine gemeinsame Achse; wobei die Drehspulen im gleichen Feld schwingen müssen. Je nach der Stromrichtung in den Einzelspulen ergibt sich dann für das Drehmoment und den Ausschlag α

$$D = K_1 (i_1 w_1 \pm i_2 w_2)\,. \tag{11}$$

Für $w_1 = w_2$ ergibt sich daraus

$$D = K_2 \cdot (i_1 \pm i_2)\,. \tag{12}$$

Wählt man für beide Drehspulen verschiedene Windungszahlen und setzt das Verhältnis $w_2 : w_1 = \gamma$, so hat man weiterhin die Möglichkeit, bei der Addition einen Proportionalitätsfaktor zu berücksichtigen

$$D_2 = K_3 (i_1 \pm \gamma \cdot i_2)\,. \tag{13}$$

P r o d u k t b i l d u n g m i t d e m e l e k t r o d y n a m i s c h e n M e ß w e r k. Erzeugt man beim Drehspulmeßwerk das Feld im Luftspalt nicht durch einen Dauermagnet, sondern durch einen Elektromagnet, so erhält man ein eisengeschlossenes Dynamometer nach Abb. 30 und eine Produktbildung zwischen den Strömen der Erregerspule und der Drehspule. Für das Drehmoment des eisengeschlossenen Dynamometers ergibt sich

$$D = \frac{4\pi}{10} \cdot \frac{1}{10} \cdot \frac{1}{981} \cdot \frac{l \cdot d}{2\delta} \cdot i_1 w_1 \cdot i_2 w_2 \cdot \text{cmg} \tag{14}$$

oder

$$D = K \cdot i_1 w_1 \cdot i_2 w_2\,. \tag{15}$$

Darin sind:

l = die wirksame Höhe der Drehspule, cm;
d = der Durchmesser der Drehspule, cm;
δ = der einseitige Luftspalt zwischen Kern und Polschuh, cm;
i_1 = Strom in der Drehspule, A;
i_2 = Strom in der festen Feldspule, A;
w_1 = Windungszahl der Drehspule;
w_2 = Windungszahl der Feldspule.

Dabei ist die AW-Zahl für den Eisenweg vernachlässigt, was fast stets zulässig ist. Bei Wechselstrom ist ferner Frequenz- und Phasengleichheit der Felder bzw. der zu multiplizierenden Ströme vorausgesetzt. Sind die Ströme i_1 und i_2 phasenverschoben, so ergibt sich für das Drehmoment

$$D = K \cdot i_1 w_1 \cdot i_2 w_2 \cdot \cos(i_1 i_2)\,. \tag{16}$$

Quotientenbildung mit dem Kreuzspul-Meßwerk. Verdreht man beim Drehspul-Summenmeßwerk die beiden koaxialen Drehspulen um einen Winkel ε gegeneinander, macht gleichzeitig den ringförmigen Luftspalt zwischen Kern und Polschuhen verschieden weit und ersetzt die Richtfeder durch richtkraftlose Stromzuführungen, so entsteht ein Kreuzspul-Meßwerk nach Abb. 22, das an Stelle der Summe den Quotienten der Spulenströme anzeigt. Es werden nämlich die Drehmomente der beiden Spulen

$$D_1 = k_1 \cdot i_1 \cdot w_1 \cdot \mathfrak{B}_1\,,$$
$$D_2 = k_2 \cdot i_2 \cdot w_2 \cdot \mathfrak{B}_2\,,$$

wobei $\mathfrak{B}_1$ und $\mathfrak{B}_2$ die für die Spulenstellungen α und $(\alpha + \varepsilon)$ geltenden Werte der Funktion $\mathfrak{B} = f(\alpha)$ sind. Die Drehmomente wirken einander entgegen, und der Zeiger spielt auf den Gleichgewichtspunkt ein, für den

$$\alpha = k \cdot \frac{i_2}{i_1} \tag{17}$$

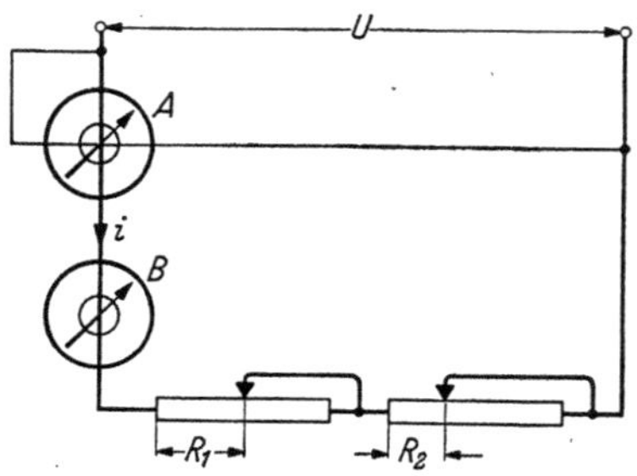

Abb. 38. Addition zweier Werte mit Hilfe von Widerständen. $R = R_1 + R_2$; $R_1 = k_1 x$; $R_2 = k_2 y$; A Kreuzspul-Widerstandsmesser; B Drehspul-Strommesser.

gilt. Bei den bisher betrachteten Verfahren erfolgte die Ausführung der Rechenoperationen mit den Meßströmen unmittelbar durch das Meßwerk; ebensogut kann aber auch eine mathematische Beziehung durch eine Schaltung hergestellt werden.

Addition mit Hilfe von Widerständen. Schaltet man nach Abb. 38 mehrere in Abhängigkeit von den Meßgrößen x und y linear veränderbare Widerstände $R_1 = k_1 x$ und $R_2 = k_2 y$ in Reihe, so erhält man als Anzeige α eines Kreuzspul-Instruments A den Summenwert

$$R = \frac{U}{i} = k_1 \cdot x + k_2 \cdot y\,, \tag{18}$$

woraus für $k_1 = k_2$ folgt

$$\alpha = k \cdot (x + y)\,. \tag{19}$$

Sind die Widerstände nicht linear, sondern logarithmisch gewickelt, so ergibt sich, genau wie beim Rechenschieber, an Stelle der Summe das Produkt der Größen x und y

$$\alpha' = \frac{U}{i} = k_1 \cdot \log x + k_2 \cdot \log y = \log(x^{k_1} \cdot y^{k_2})\,, \tag{20}$$

woraus für $k_1 = k_2 = 1$ folgt

$$\alpha' = \log(x \cdot y)\,. \tag{21}$$

Da die logarithmische Skala des Instruments in den entsprechenden Grundzahlen beschriftet werden kann, erhält man somit eine Produktbildung. Die Fortsetzung dieses Gedankens führt zwangsläufig zum elektrischen Rechenschieber. Auch zur Ausführung einer Division eignet sich diese Schaltung, wenn man an Stelle des Widerstandes die Stromaufnahme mißt. Es ist

$$i = \frac{U}{R_1 + R_2}\,. \tag{22}$$

Für $R_1 = k_1 x$, $R_2 = k_2 y$ und $U = k_3 z$ folgt daraus

$$i = \frac{k_3 z}{k_1 x + k_2 y}\,, \tag{23}$$

ferner für $R_1 = 0$

$$i = k_4 \cdot \frac{z}{y}\,, \tag{24}$$

für $U = \text{const}$

$$i = k_5 \cdot \frac{1}{y}\,. \tag{25}$$

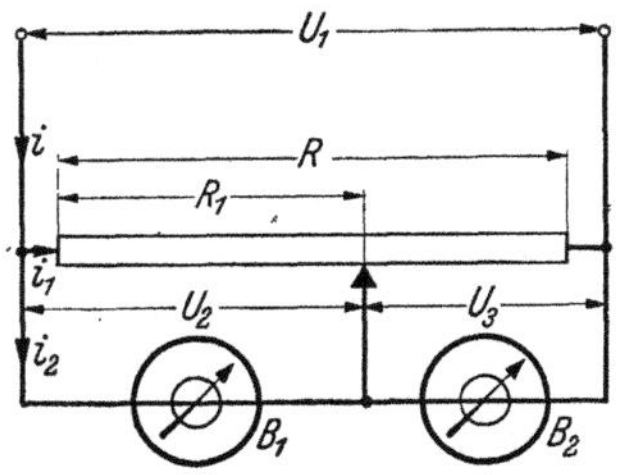

Abb. 39. Produktbildung mittels eines Spannungsteilers.
U_1 Eingangsspannung; U_2, U_3 abgegriffene Spannungen; B_1, B_2 Spannungsmesser; R Gesamtwiderstand; $U_1 = k_1 x$; $R_1 = k_2 y$.

Multiplikation mittels Spannungsteilers. Wird an einen linearen Spannungsteiler nach Abb. 39 von der Größe R eine Spannung U_1 gelegt und an der Stelle R_1 mittels eines veränderbaren Läufers die Spannung U_2 abgegriffen, so ist

$$U_2 = \frac{R_1}{R} \cdot U_1\,. \tag{26}$$

Ist nun die angelegte Spannung U_1 eine lineare Funktion der Meßgröße x, $U_1 = k_1 \cdot x$ und der Schieberweg eine lineare Funktion der Meßgröße y, $R_1 = k_2 \cdot y$, so ist die abgegriffene Spannung U_2 dem Produkt xy verhältnisgleich

$$U_2 = \frac{k_1 \cdot x}{R} \cdot k_2 y = k \cdot xy\,. \tag{27}$$

Für die Spannung $U_3 = U_1 - U_2$ ergibt sich

$$U_3 = k_1 x \cdot (1 - k_3 \cdot y)\,. \tag{28}$$

Dabei ist vorausgesetzt, daß die der Spannungsmessung dienenden Instrumente keinen Strom verbrauchen oder der Instrumentenstrom vernachlässigbar klein gegenüber dem Spannungsteilerstrom ist. Trifft das nicht zu, so wird

$$U_2 = \frac{U_1 \cdot R_1}{R\left(\frac{R_1}{R_2} + 1\right) - \frac{R_1^2}{R_2}}\,. \tag{29}$$

Multiplikation mit zwei Widerständen. Die konstante Spannung U liege über einen Vorwiderstand R in der Schaltung von Abb. 40 an zwei Widerständen $(R_1 + R_2)$ und $(R_3 + R_4)$ und die Spannung U_2 werde mit einem Drehspul-Instrument vernachlässigbaren Stromverbrauchs oder einem elektrostatischen Instrument gemessen. Dann ist

$$U_2 = \frac{U \cdot R_1 \cdot R_3}{(R + R_2)(R_1 + R_3 + R_4) + R_1 (R_3 + R_4)}, \tag{30}$$

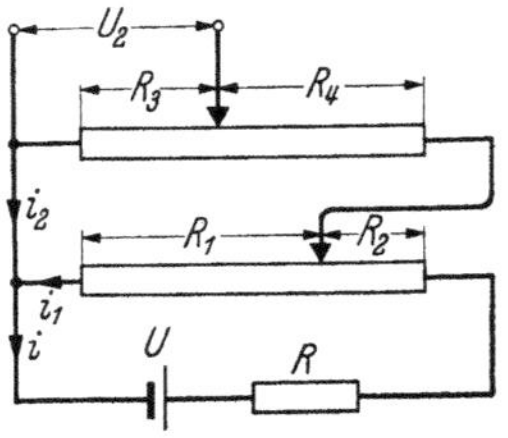

Abb. 40. Multiplikation mit zwei Widerständen.
U Eingangsspannung; U_2 Ausgangsspannung; $R_1 = f(x)$; $R_3 = f(y)$; R Vorwiderstand.

woraus für $R_3 + R_4 \gg R_1 + R_2$ und

$$R \gg R_1 + R_2$$

folgt

$$U_2 = \frac{U \cdot R_1 \cdot R_3}{R(R_3 + R_4)}. \tag{31}$$

U, R, $(R_3 + R_4)$ sind Konstanten. Somit ergibt sich für $R_1 = f(x)$ und $R_3 = f(y)$

$$U_2 = K \cdot f(x \cdot y). \tag{32}$$

In ähnlicher Weise läßt sich die Division zweier Funktionen durchführen. In der Schaltung der Abb. 41 ergibt sich

$$i_2 = \frac{U \cdot R_1}{(R + R_2)(R_1 + R_3) + R_1 \cdot R_3}, \tag{33}$$

daraus folgt für $R_3 \gg R_1$

$$i_2 = \frac{U \cdot R_1}{R_3 (R + R_1 + R_2)}. \tag{34}$$

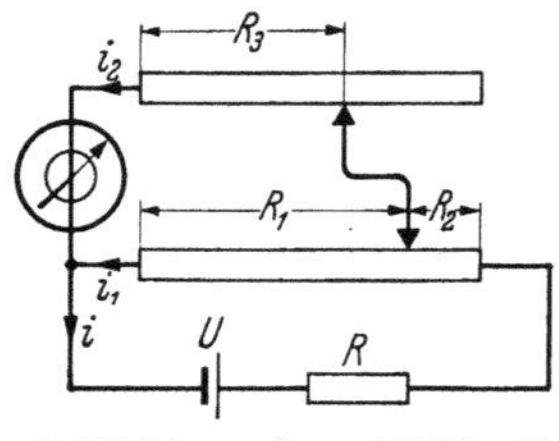

Abb. 41. Division mit zwei Widerständen.
U Eingangsspannung; i_2 Meßstrom; $R_1 = f(x)$; $R_3 = f(y)$; R Vorwiderstand.

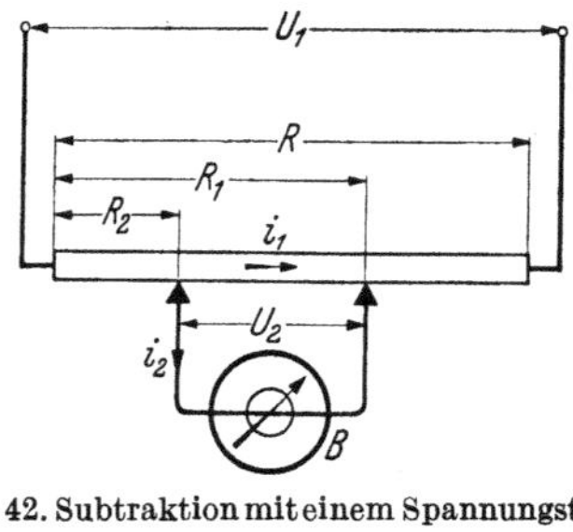

Abb. 42. Subtraktion mit einem Spannungsteiler.
U_1 Eingangsspannung; R Gesamtwiderstand; $R_1 = k_1 x$; $R_2 = k_2 y$; U_2 abgegriffene Spannung; B Spannungsmesser.

Da U, R und $(R_1 + R_2)$ Konstanten sind, ergibt sich mit $R_1 = f(x)$ und $R_3 = f(y)$

$$i_2 = K \cdot f\left(\frac{x}{y}\right). \tag{35}$$

Subtraktion mit einem Spannungsteiler. Gleiten auf einem linearen Spannungsteiler vom Gesamtwert R zwei Schieber nach Abb. 42

und wird an den Spannungsteiler eine Spannung U_1 gelegt, so ergibt sich für die zwischen den Schiebern abgegriffene Spannung U_2 unter der Voraussetzung, daß i_1 sehr viel größer ist als i_2,

$$U_2 = \left(\frac{R_1}{R} \cdot U_1 - \frac{R_2}{R} \cdot U_1\right) = \frac{U_1}{R}(R_1 - R_2). \tag{36}$$

Sind R_1 und R_2 lineare Funktionen von x und y; $R_1 = k_1 x$; $R_2 = k_2 y$, so folgt

$$U_2 = \frac{U_1}{R} \cdot (k_1 x - k_2 y). \tag{37}$$

Wird außerdem U_1 eine lineare Funktion von z

$$U_1 = k_3 \cdot z \quad \text{und} \quad \frac{k_3}{R} = k_4,$$

so wird

$$U_2 = k_4 \cdot z (k_1 x - k_2 y) \tag{38}$$

oder für $k_1 = k_2 = k_4 = 1$

$$U_2 = z(x - y). \tag{39}$$

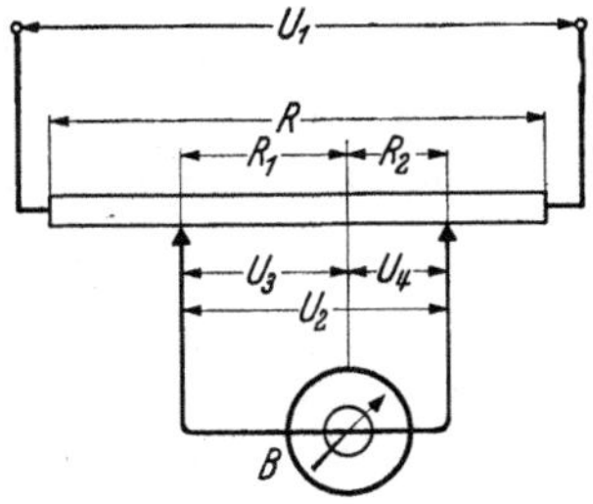

Abb. 43. Addition mit einem Spannungsteiler.
U_1 Eingangsspannung; U_2 abgegriffene Spannung; R Gesamtwiderstand; $R_1 = k_1 x$; $R_2 = k_2 y$; B Spannungsmesser.

Läßt man bei dieser Schaltung die Funktionenschieber anstatt vom Anfang des Spannungsteilers von einem festen Anzapfpunkt aus gemäß Abb. 43 nach links und rechts wandern, so erhält man an Stelle der Subtraktion eine Addition

$$U_3 = \frac{R_1}{R} \cdot U_1; \quad U_4 = \frac{R_2}{R} \cdot U_1$$

$$U_2 = \frac{U_1}{R}(R_1 + R_2) = \frac{U_1}{R}(k_1 x + k_2 y). \tag{40}$$

Brückenschaltungen. Auch mit Brückenschaltungen können Rechenoperationen ausgeführt werden, wie am Beispiel einer Multiplikation oder Division mit der Wheatstone-Brücke gezeigt werden soll (Abb. 44). Für Brückengleichgewicht ist

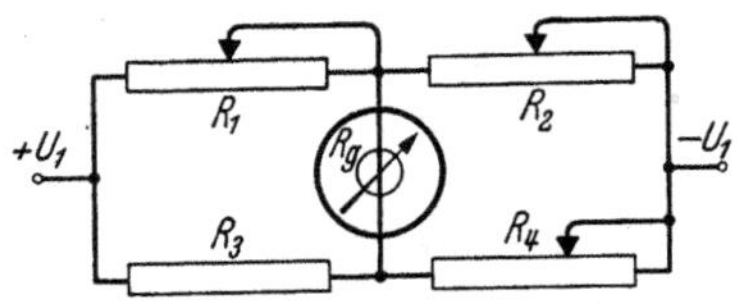

Abb. 44. Multiplikation und Division mit einer Wheatstone-Brücke.
$R_1 \cdots R_4$ Brückenwiderstände; R_g Diagonalwiderstand; U_1 Brückenspannung.

$$R_1 \cdot R_4 = R_2 \cdot R_3 \tag{41}$$

und für $R_3 = \text{const}$

$$R_2 = k_1 \cdot R_1 \cdot R_4 \tag{42}$$

oder, wenn als Abgleichglied R_4 gewählt wird,

$$R_4 = k_2 \cdot \frac{R_2}{R_1}. \tag{43}$$

Erfolgt der Brückenabgleich durch einen selbsttätigen Kompensator, so ist die Stellung des Kompensationsgliedes ein Maß für die gesuchte Funktion. Durch Kombination von Vorwiderständen, Spannungsteilern und Brücken lassen sich nahezu beliebige Gleichungen elektrisch darstellen, ein Verfahren, das besonders in der Regeltechnik weitgehend gebraucht wird.

Differentiation und Integration. Elektrische Differentiation kann mit Induktivitäten oder Kapazitäten vorgenommen werden; beispielsweise gilt für die Induktionsspannung e eines vom Strom i durchflossenen Stromkreises von der Induktivität L

$$e = -L \cdot \frac{di}{dt} \tag{44}$$

und für den Ladestrom i eines an der Spannung e liegenden Kondensators von der Kapazität C

$$i = C \cdot \frac{de}{dt}. \tag{45}$$

Beide Verfahren ermöglichen also die unmittelbare Anzeige des Differentialquotienten einer als Strom oder Spannung darstellbaren Größe, während Integrationen mit summierenden Meßgeräten, etwa mit Zählern, ausgeführt werden können. Die ausgeführten Schaltungen bauen auf diesen Grundschaltungen auf, benutzen jedoch vorzugsweise Verstärkerröhren, um leistungslos messen zu können und dadurch die Meßfehler klein zu halten.

B. Umwandlung mechanischer in elektrische Größen.

Der Zusammenhang zwischen den mechanischen und elektrischen Größen kann auf mancherlei Art gegeben sein oder geschaffen werden. Am einfachsten gestaltet sich die Messung, wenn ein natürliches Gesetz die mechanischen und elektrischen Werte verbindet, wie etwa Werkstoff, Querschnitt, Länge und Temperatur eines Leiters seinen Widerstand bestimmen. In diesem Fall ergibt sich die mechanische Größe ohne weiteres aus der Messung der elektrischen Werte. Ein natürlicher gesetzmäßiger Zusammenhang besteht auch bei den Umformern, bei denen der mechanische Vorgang eine entsprechende elektrische Größe erzeugt, wofür der Drehzahlgeber als bekanntestes Beispiel genannt sein möge. Bei der dritten Art mechanisch-elektrischer Umwandlung besteht kein unmittelbarer natürlicher Zusammenhang zwischen der zu messenden mechanischen und der gemessenen elektrischen Größe, vielmehr wird von der mechanischen Größe künstlich, mittels eines Umwandlers oder Senders, ein elektrischer Stromkreis beeinflußt, wie es beim Widerstandssender geschieht.

I. Physikalischer Zusammenhang zwischen mechanischen und elektrischen Eigenschaften.

1. Abmessungen und Widerstand eines Leiters.

Der Widerstand R eines metallischen Leiters von der Temperatur t errechnet sich aus seinen Abmessungen

$$R_t = c\,[1 + \alpha\,(t - t_0)] \cdot \frac{l}{q}\,. \tag{46}$$

Darin bedeuten

R_t = Widerstand des Leiters bei der Temperatur t,
c = spezifischer Widerstand des Leiters bei der Temperatur t_0,
α = Temperaturkoeffizient,
t_0 = Bezugstemperatur,
l = Leiterlänge,
q = Leiterquerschnitt.

Da spezifischer Widerstand und Temperaturkoeffizient Werkstoffkonstanten sind und die Temperatur des Leiters bestimmt werden kann, läßt sich aus der Größe des Widerstandes auf eine der beiden Größen l oder q schließen, wenn die andere bekannt ist. Die Ermittlung des Widerstandes erfolgt nach einem der bekannten Meßverfahren, wobei die Temperaturabhängigkeit als lästige Störungsfunktion zu berücksichtigen ist. Temperaturunabhängigkeit der Messung erreicht man dadurch, daß man dem Meßgerät denselben Temperaturkoeffizienten gibt, den der Leiterwerkstoff aufweist, und dafür sorgt, daß beide die gleiche Temperatur annehmen und die Temperaturfehler sich aufheben.

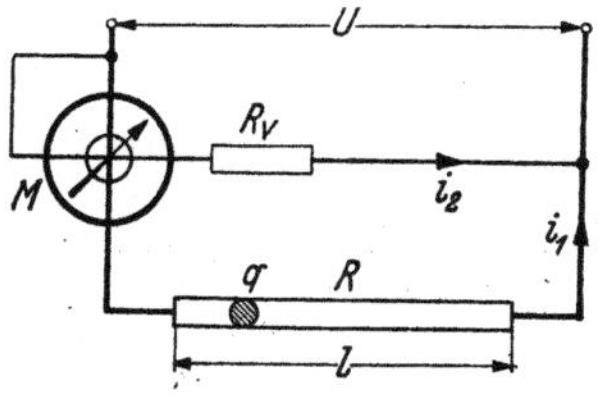

Abb. 45. Messung von Länge oder Querschnitt eines Leiters durch Widerstandsbestimmung.
U Meßspannung; R Meßwiderstand, dessen Länge l oder Querschnitt q bestimmt werden soll; i_1 Meßstrom; R_v Vorwiderstand des Richtkreises; i_2 Richtstrom.

Erfolgt die Messung beispielsweise mit einem Kreuzspul-Instrument (S. 17), so erreicht man die Temperaturunabhängigkeit durch Vorschalten eines aus dem Leitermaterial bestehenden Vorwiderstandes passender Größe vor den Richtkreis. Mit den Bezeichnungen der Abb. 45 und unter Vernachlässigung des Spulenwiderstandes des Instruments, also des Instrumentenverbrauchs, ergibt sich

$$i_1 = \frac{U}{c\,[1 + \alpha_1\,(t_1 - t_0)] \cdot \frac{l}{q}}\,, \tag{47}$$

$$i_2 = \frac{U}{R_v\,[1 + \alpha_2\,(t_2 - t_0)]} \tag{48}$$

und für $\alpha_1 = \alpha_2$ und $t_1 = t_2$ wird der Ausschlag

$$a = \frac{i_2}{i_1} = \frac{c \cdot l}{R_v \cdot q} = k \cdot \frac{l}{q}. \tag{49}$$

Die Messung ist also unabhängig von der Spannung U und dem Temperaturkoeffizienten α. Dabei ist selbstverständlich nicht notwendig, daß R und R_v aus demselben Material bestehen, notwendig ist nur, daß der Gesamttemperaturgang von Richt- und Ablenkungskreis übereinstimmt. Dasselbe Ziel erreicht man bei konstanter Spannung durch einfache Messung der Stromaufnahme mit einem Drehspul-Instrument, wenn man der Feldstärke des Drehspul-Instruments durch einen temperaturabhängigen magnetischen Nebenschluß denselben Temperaturkoeffizienten verleiht, wie ihn der zu untersuchende Leiter aufweist. Es wird dann der Ausschlag des Drehspul-Strommessers

$$a = k_1 \cdot i \cdot \mathfrak{B}\,[1 + \beta\,(t_1 - t_0)] \tag{50}$$

und der Meßstrom

$$i = \frac{U}{R} = \frac{U}{c \cdot [1 + \alpha\,(t_2 - t_0)] \cdot \frac{l}{q}}. \tag{51}$$

oder der Ausschlag

$$a = \frac{k_1 \cdot U \cdot q \cdot \mathfrak{B}}{l \cdot c} \cdot \frac{[1 + \beta\,(t_1 - t_0)]}{[1 + \alpha\,(t_2 - t_0)]}, \tag{52}$$

woraus für konstantgehaltene Spannung U, Gleichheit der Temperaturen t_1 und t_2 und der Temperaturkoeffizienten α und β ebenfalls folgt

$$a = K \cdot \frac{q}{l}. \tag{53}$$

Die Skala des Instruments kann also in q oder l beziffert werden. Der temperaturabhängige magnetische Nebenschluß läßt sich durch einen mittels einer Bimetallfeder verstellbaren Nebenschluß aus weichem Eisen oder durch einen festen magnetischen Nebenschluß aus Material mit temperaturabhängiger Permeabilität verwirklichen.

2. Elastischer Spannungszustand und spezifischer Widerstand [*13*].

Wird ein metallischer Leiter einem allseitigen Druck ausgesetzt oder in bestimmten Richtungen elastisch beansprucht, so ändert sich sein spezifischer Widerstand. Daneben tritt eine weitere Widerstandsänderung durch die elastische Verformung des Leiters auf. Bei allseitigem Druck gilt für den Widerstandskoeffizienten

$$\frac{1}{R} \cdot \frac{\partial R}{\partial p} = \frac{1}{\varrho} \cdot \frac{\partial \varrho}{\partial p} + \frac{1}{l} \cdot \frac{\partial l}{\partial p} - \frac{1}{q} \cdot \frac{\partial q}{\partial p}. \tag{54}$$

Bei einseitigem Druck ergibt sich für den longitudinalen Koeffizienten des Widerstandes

$$\frac{\Delta R}{R} \cdot \frac{1}{S} = \frac{\Delta \varrho}{\varrho} \cdot \frac{1}{S} + \frac{\Delta l}{l} \cdot \frac{1}{S} - \frac{\Delta q}{q} \cdot \frac{1}{S} = \frac{\Delta \varrho}{\varrho} \cdot \frac{1}{S} + \frac{1 + 2\sigma}{E}. \quad (55)$$

Darin bedeuten:

R = Widerstand des Leiters,
ϱ = spezifischer Widerstand,
l = Länge,
q = Querschnitt,
S = Zugkraft,
p = Druck,
E = Elastizitätsmodul,
σ = Poissonzahl = $\frac{\text{Querzusammenziehung}}{\text{Längsdehnung}}$.

Die gesamte Widerstandsänderung in der Spannungsrichtung setzt sich also aus drei Anteilen zusammen: der Änderung des spezifischen Widerstandes, des Leiterquerschnittes und der Leiterlänge. Die longitudinalen Koeffizienten des Widerstandes für einige Metalle und die Spannungseinheit kg·cm^{-2} betragen:

Werkstoff	$\frac{1}{S} \cdot \frac{\Delta R}{R}$	Werkstoff	$\frac{1}{S} \cdot \frac{\Delta R}{R}$
Silber. . . .	$+5{,}3 \cdot 10^{-6}$	Nickel . . .	$+2{,}5 \cdot 10^{-6}$
Kupfer . . .	$+2{,}9 \cdot 10^{-6}$	Platin . . .	$+2{,}65 \cdot 10^{-6}$
Eisen. . . .	$+2{,}6 \cdot 10^{-6}$		

Der Effekt wurde trotz seiner geringen Größe zur Messung von Zugkraft, Druck und Beschleunigung herangezogen, doch ist das Anwendungsgebiet auf wenige Sonderfälle beschränkt.

3. Elastischer Spannungszustand und Permeabilität [*14*].

Der Verlauf der Magnetisierungsschleife ferromagnetischer Werkstoffe ist in hohem Maße von den elastischen Spannungen abhängig; er wurde im Zusammenhang mit dem Barkhausen-Effekt an Nickel und Nickel-Eisen-Legierungen von verschiedenen Seiten eingehend untersucht. Abb. 46 zeigt als Beispiel die Magnetisierungskurven eines kaltgereckten Nickel-Eisen-Drahtes bei verschiedener Zugbeanspruchung. Die Permeabilitätsänderung ist besonders ausgeprägt bei den Nickel-Eisen-Legierungen der Permalloy-Reihe; sie wird als Magnetoelastizität bezeichnet und kann infolge ihres gesetzmäßigen und umkehrbaren Verlaufes zur Messung des elastischen Spannungszustandes herangezogen werden. Abb. 47 zeigt den Verlauf der Permeabilitätsänderung abhängig von der Zugspannung für eine Nickel-Eisen-Legierung. Zur Messung der

Permeabilitätsänderung werden fugenlose Meßkörper mit einer eingefädelten Magnetisierungswicklung versehen oder mehrteilige Meßkörper mit einer eingelegten Magnetisierungswicklung und aufeinander ge-

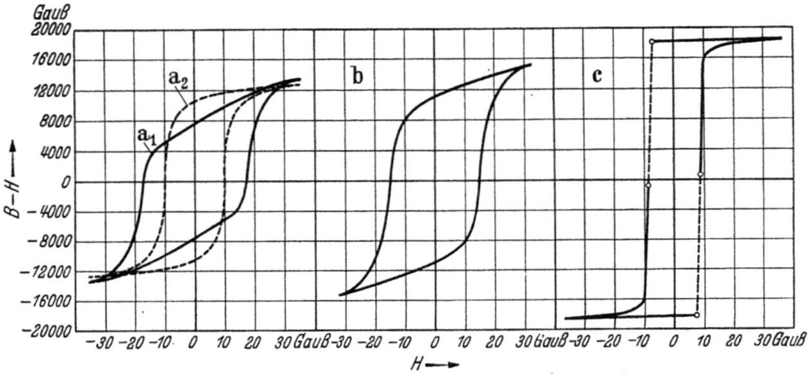

Abb. 46. Magnetisierungskurven einer Nickel-Eisen-Legierung mit 8% Nickelgehalt bei verschiedener Zugspannung. [Aus PREISACH: Untersuchungen über den Barkhausen-Effekt. Ann. Physik Bd. 395 (1929) S. 757.]

a_1: $\sigma = 0$, kalt bearbeitetes Material; a_2: $\sigma = 0$, Material ausgeglüht; b: $\sigma = 600\ \mathrm{kg\cdot cm^{-2}}$; c: $\sigma = 6000\ \mathrm{kg\cdot cm^{-2}}$.

schliffenen Trennflächen fugenlos verschweißt (Abb. 48). Luftspalte an den Trennflächen, die sich bei Belastung ändern können, vermögen das Meßergebnis erheblich zu fälschen und sind auf jeden Fall zu vermeiden, ebenso ist für eine möglichst gleichmäßige Belastung des Materials zu sorgen. Die spezifische Belastung ist so niedrig zu wählen, daß auch bei den zu erwartenden Überlastungen keine dauernde Verformung des Meßkörpers eintritt. Die Messung erfolgt mit Wechselstrom technischer Frequenz in einer Brückenschaltung nach Abb. 49. Die Gesamtanordnung besteht aus einer Spannungsgleichhaltung, einer Meßbrücke, einer Anzeigebrücke und einem Tiefpaß zwischen beiden. Die magnetoelastische Meßdose R_1, L_1 bildet den einen Zweig einer über den Spannungsgleichhalter K gespeisten Maxwell-Wien-Brücke, die anderen Zweige werden von den Widerständen $R_2 \cdots R_5$ und dem Kondensator C_4 gebildet, mit dem der Brückenabgleich erfolgt. Für Brückengleichgewicht gilt:

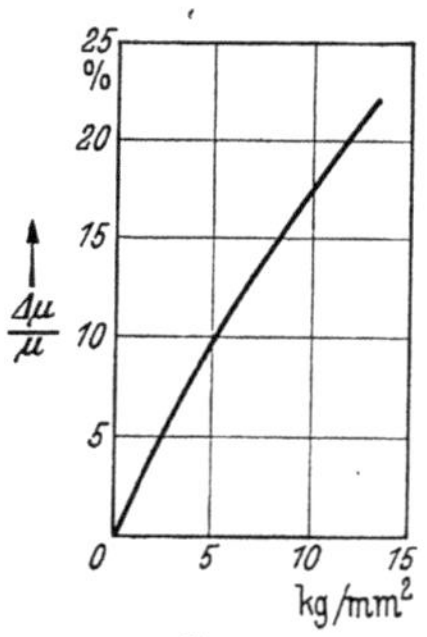

Abb. 47. Änderung der Permeabilität einer Nickel-Eisen-Legierung mit dem elastischen Spannungszustand. [Aus JANOVSKY: Über die magnetoelastische Messung von Druck-, Zug- und Torsionskräften. Z. techn. Phys. Bd. 14 (1933) S. 467.]

$$R_1 = \frac{R_2 \cdot R_3}{R_4}; \qquad L_1 = R_2 \cdot R_3 \cdot C_4\,. \tag{56}$$

Zwischen der Meßbrücke und der Anzeigebrücke glättet der Siebkreis

L_5, C_5 die durch die Meßdose verzerrte Stromkurve. In der Anzeigebrücke sind zwei Widerstände R_6, R_7 mit zwei fremderregten Schwingkontakt-Gleichrichtern Gl_1, Gl_2 und dem Drehspul-Anzeigegerät M zu-

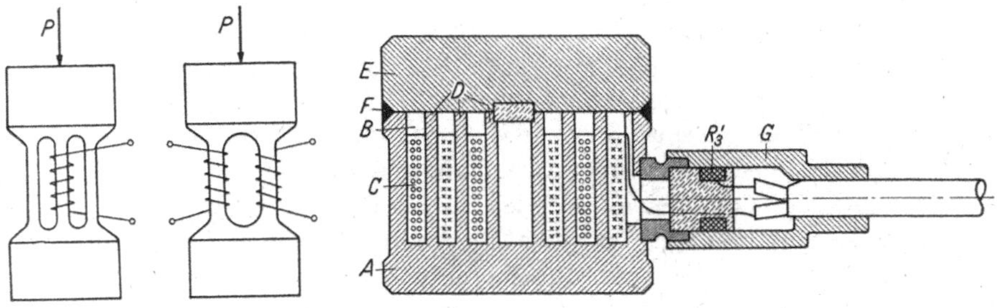

Abb. 48a und b. Aufbau magnetoelastischer Druckmeßdosen. [Aus MERZ und SCHARWÄCHTER: Magnetoelastische Druckmessung. Arch. techn. Messen V 132—15.]

a Luftspaltlose magnetoelastische Druckmeßdosen; b Schnitt durch geschweißte magnetoelastische Druckmeßdose. *A* Druckkörper; *B* Nuten; *C* Wicklungen; *D* Druckfläche; *E* Dosendeckel; *F* Schweißnaht; *G* Kabelanschluß; R_3' Temperaturkompensationswiderstand.

sammengeschaltet. Mit dem Kondensator C_6 wird die Schaltphase der Gleichrichter auf den günstigsten Wert eingestellt.

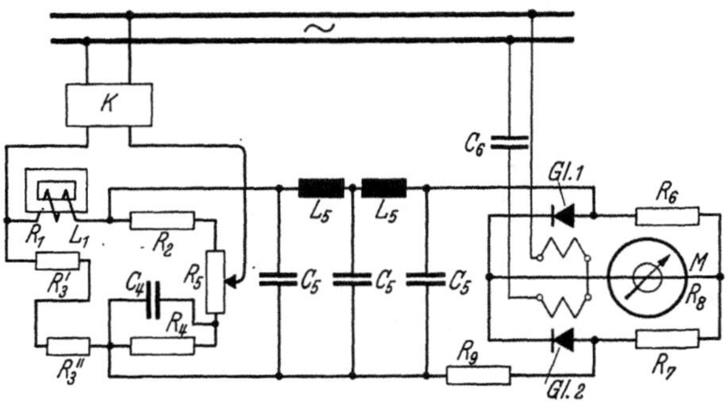

Abb. 49. Maxwell-Wien-Brücke für magnetoelastische Kraftmessung. [Aus MERZ und SCHARWÄCHTER: Magnetoelastische Druckmessung. Arch. Techn. Messen V 132—15 (1938).]

R_1, L_1 Magnetoelastische Druckmeßdose; $R_2 \cdots R_5$ Widerstände der Meßbrücke; C_4 Abgleichkondensator; L_5, C_5 Siebkreis; $R_6 \cdots R_9$ Widerstände der Anzeigebrücke; Gl_1, Gl_2 fremderregte Schwinggleichrichter; *M* Drehspul-Anzeigeinstrument; *K* Spannungsgleichhalter.

Da die Induktivität der Meßdose außer vom elastischen Spannungszustand auch von Feldstärke, Temperatur und Frequenz abhängt, müssen besondere Mittel zur Beseitigung dieser Einflüsse vorgesehen werden.

Der Spannungseinfluß auf den Nullpunkt rührt von der Änderung des Scheinwiderstandes Z der Meßdose mit dem Magnetisierungsstrom i her, er verschwindet, wenn die Dose auf Permeabilitätsmaximum ausgesteuert ist, also für $dZ/di = 0$. Diese Aussteuerung ist außerdem deshalb günstig, weil auch das Maximum der Empfindlichkeit, also der

Scheinwiderstandsänderung mit der elastischen Spannung, in der Nähe dieses Punktes liegt.

Der Spannungseinfluß bei Belastung, also auf die Anzeige, ist schwer zu beseitigen, und es muß deshalb ein Spannungsgleichhalter K mit sinusförmiger Ausgangsspannung vorgesehen werden. Der Spannungseinfluß auf den Nullpunkt beträgt 2···3%, der auf die Empfindlichkeit 10% je 10% Spannungsänderung.

Der Temperatureinfluß ist 10% je 10°, er wird durch den in die Meßdose eingebauten temperaturabhängigen Widerstand R_3' ausgeglichen, dessen Vergrößerung auf den Diagonalzweig der Brücke in entgegengesetzter Richtung wie eine Temperatursteigerung einwirkt. Nach dem Abgleich verbleibt ein Restfehler von 0,2···0,5%/10°.

Der Frequenzeinfluß ist 10% je 10% Frequenzänderung. Er wird nicht besonders kompensiert, da die Meßfrequenz im allgemeinen genügend konstantgehalten werden kann; den mit dem Frequenzeinfluß parallellaufenden Oberwelleneinfluß gleicht der Siebkreis L_5, C_5 hinreichend aus.

Marktgängige Einrichtungen dieser Art nehmen etwa 6···10 VA auf und geben an das Meßgerät je nach Meßbereich 0,5···25 μW ab. Die Genauigkeit beträgt bei Spannungs- und Frequenzkonstanz $\pm$ 2% vom Meßbereich-Endwert. Der Fehler durch mechanische Hysterese ist <1%. Für die Messung langsam verlaufender elastischer Spannungsänderungen wird die Einrichtung mit technischem Wechselstrom gespeist, für rasch verlaufende Vorgänge kann eine höhere Trägerfrequenz und oszillographische Aufzeichnung gewählt werden. Die Eigenfrequenz der Meßkörper läßt sich infolge ihres einfachen Aufbaues nahezu beliebig hoch machen.

4. Änderung der Thermokräfte durch mechanische Beanspruchung [*15*].

Elastische Beanspruchungen verändern die thermoelektrischen Eigenschaften der Kristalle, und es treten zwischen elastisch beanspruchtem und nicht beanspruchtem Material Thermokräfte auf. Die Änderung der Thermospannung bei Einwirkung eines Druckes von 1 kg·cm^{-2} liegt in der Größenordnung von $10^{-11}\cdots10^{-12}$ V und hat bei den meisten Metallen positives Vorzeichen.

Diese Veränderung der Thermokraft kann man benutzen, um die Größe der elastischen Beanspruchung von Metallen zu messen. Zur Ausführung des Verfahrens werden an den betreffenden Teil zwei Elektroden aus gleichem Material angelötet oder angeschweißt und eine davon auf konstante Temperatur geheizt. Die Heiztemperatur wird gemessen. Die entstehenden Thermokräfte werden über einen Übertrager, der einen etwa vorhandenen Gleichspannungsanteil ausscheidet, einem

Meßverstärker mit nachgeschaltetem Oszillographen zugeführt. Eine praktische Anwendung des Verfahrens wurde bisher nicht bekannt.

5. Absorption von Röntgenstrahlen [*16*].

Röntgenstrahlen werden beim Durchgang durch einen Werkstoff teilweise absorbiert. Die Strahlschwächung hängt von der Wellenlänge der verwendeten Strahlen, der Dicke und den Eigenschaften des durchstrahlten Werkstoffes ab. Für Strahlen einer bestimmten Wellenlänge, also eine homogene Strahlung, gilt

$$J_1 = J_0 \cdot e^{-\mu d}. \tag{57}$$

Darin bedeutet:

J_0 = die ungeschwächte Strahlung,
J_1 = die geschwächte Strahlung,
μ = den Schwächungskoeffizienten,
d = die Werkstoffdicke,
e = die Basis des natürlichen Logarithmus.

Der Schwächungskoeffizient setzt sich aus dem Absorptions- und dem Streuungskoeffizienten zusammen. Der Absorptionskoeffizient wächst ungefähr mit der 3. Potenz der Ordnungszahl des durchstrahlten Elements, der Streuungskoeffizient ist unabhängig von ihr; beide ändern sich proportional der Dichte des durchstrahlten Stoffes. Der Absorptionskoeffizient nimmt außerdem mit der 3. Potenz der Wellenlänge der Strahlung zu, langwellige weiche Röntgenstrahlen haben also ein kleines Durchdringungsvermögen. Nun liefern Röntgenröhren keineswegs einwellige homogene Strahlung, sondern ein vielwelliges heterogenes Strahlengemisch, dessen kurzwelliger Anteil mit der Röhrenspannung zunimmt. Da der kurzwellige Teil der Strahlung ein größeres Durchdringungsvermögen aufweist, ist es zweckmäßig, für Werkstoffprüfung Röntgenröhren hoher Spannung zu verwenden. Infolge der Abhängigkeit der Absorption von der Wellenlänge ist die Exponentialfunktion $J_1 = J_0 \cdot e^{-\mu d}$ für die zumeist vorliegende heterogene Strahlung durch eine wesentlich kompliziertere Funktion zu ersetzen, wie das Beispiel der Durchstrahlung von Kupferplatten verschiedener Dicke mit Strahlen verschiedener Härte (Abb. 50) zeigt. Die Verfahren wurden von der Reichsröntgenstelle in Zusammenarbeit mit der Industrie entwickelt, sie eignen sich besonders für laufende Prüfung von Röhren und Hohlkörpern, doch liegt ihre Bedeutung in erster Linie in der Ermittlung von Fehlern. Die Eichung erfolgt durch Normalplatten. Zur Anzeige werden Ionisationskammern oder Zählröhren in geeigneter Schaltung verwendet. Die Ionisationskammer enthält zwei Elektroden in einem gasgefüllten Raum, in dem durch die Strahlung Ionen und Elektronen erzeugt werden, die unter dem Einfluß einer Beschleunigungsspannung zu den Elektroden wandern. Bei genügend hoher Spannung erreichen alle Ionen die Elektroden, und der Ionenstrom ist unabhängig von weiterer Spannungssteigerung. Die Größe des Ionisationstromes wächst linear mit der Größe des bestrahlten Raumes zwischen den Elektroden; ferner steigt der Sättigungsstrom linear mit der Gasdichte in der Kammer und etwa mit der 3. Potenz der Ordnungszahl des Füllgases, er ist weiterhin abhängig von Werkstoff und Dicke der Kammerwand. Die Größe des Ionisationsstromes kann aus der Zeit ermittelt werden, innerhalb deren er einen bekannten Kondensator um einen bestimmten Betrag auflädt

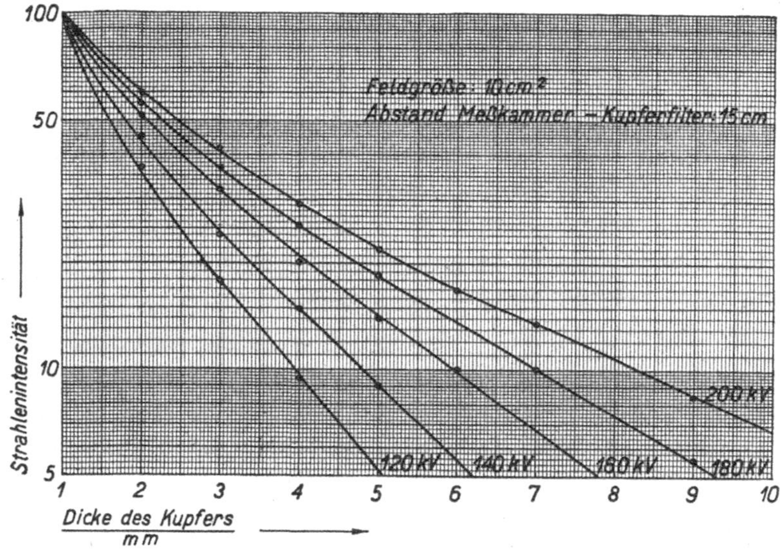

Abb. 50. Verlauf der Röntgenstrahlen-Intensität beim Durchgang durch Kupfer unter Ausschaltung der Streustrahlen ionometrisch gemessen. (Aus BERTHOLD: Grundlagen der technischen Röntgendurchstrahlung. Leipzig: Joh. Ambr. Barth 1930.)

oder entlädt. Diese Art der Messung gibt jedoch keine unmittelbare Anzeige. Bei dem unmittelbar anzeigenden Gerät der Siemens & Halske AG. wird der vom Ionisationsstrom an einem sehr hohen Widerstand hervorgerufene Spannungsabfall mit einem elektrostatischen Instrument gemessen. Die Empfindlichkeit einer Ionisationskammer läßt sich steigern durch Vergrößerung der Abmessungen, durch Einsetzen von Zwischenwänden aus Schwermetallen und durch Verwendung hochatomigen Füllgases bei hohem Gasdruck. Der Vorzug der Ionisationskammer gegenüber der Zählröhre ist ihre gute zeitliche Konstanz infolge der weitgehenden Unabhängigkeit des Ionisationsstromes von der Kammerspannung, ihr Nachteil ist in der geringeren Empfindlichkeit und deshalb längeren Meßdauer zu suchen.

Die Zählröhre enthält ebenfalls zwei Elektroden in einem gasgefüllten

Raum, von denen die Anode als Draht in der Achse der zylinderförmigen Kathode ausgespannt ist. Zwischen beiden Elektroden liegt eine Spannung von etwa 1000 V. Die von der Strahlung ausgelösten Elektronen wandern unter dem Einfluß des Feldes zur drahtförmigen Anode und werden durch das starke Feld in ihrer Nähe so beschleunigt, daß sie durch Stoßionisation eine Elektronenlawine von etwa $1 \cdot 10^{-4}$ s Dauer erzeugen. Der aus vielen solchen Elektronenlawinen bestehende Zählröhrenstrom fließt über einen Widerstand mit parallelgeschaltetem Glättungskondensator, und der Spannungsabfall an diesem Widerstand wird nach entsprechender Verstärkung mit einem Drehspul-Instrument angezeigt (Abb. 51). Der Vorzug der Zählröhre liegt in ihrer hohen und in weiten Grenzen veränderbaren Empfindlichkeit, von Nachteil ist ihre geringe Konstanz.

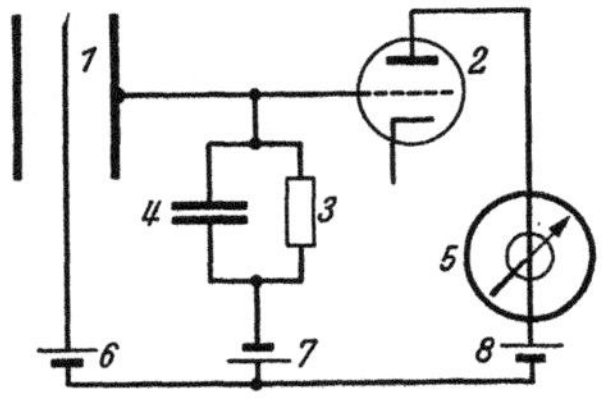

Abb. 51. Schaltung einer Zählröhre.
1 Zählröhre, *2* Verstärker, *3* Gitterwiderstand, *4* Glättungskondensator, *5* Anzeigegerät, *6* Zählröhrenspannung, *7* Gitterspannung, *8* Anodenspannung.

II. Erzeugung einer elektrischen Größe durch eine mechanische.

1. Induktionsgesetz.

a) Spannungsgeber. Zeitlich unveränderliches Magnetfeld. Bewegt sich eine Leiterschleife von w Windungen und der Länge l cm in einem zeitlich unveränderlichen Magnetfeld, das an der Stelle der Spulenseiten die Größe $\mathfrak{B}_1$ bzw. $\mathfrak{B}_2$ habe, mit der relativen Geschwindigkeit v cm$\cdot$s^{-1} senkrecht zum Feld und zur Spulenachse, so wird in ihr eine EMK von der Größe $e = -w(\mathfrak{B}_2 - \mathfrak{B}_1) \cdot v \cdot l \cdot 10^{-8}$ V induziert. Da Länge und Anzahl der Leiter Konstanten der Meßeinrichtung sind und die Feldstärke eines Dauermagnets hinreichend unveränderlich ist, gibt dieses Gesetz die Mittel zur Umwandlung einer Geschwindigkeit in eine EMK. Die bekanntesten Geräte dieser Art sind die Drehzahlgeber, die entweder mit feststehenden Magneten und umlaufendem Anker als Gleichstrommaschinen oder mit umlaufenden Magneten und feststehenden Spulen als Wechselstromerzeuger ausgeführt werden. Tritt an Stelle der Drehbewegung eine hin- und hergehende Bewegung der induzierten Spule, so erhält man einen Schwingungsgeber in der Art eines umgekehrt betriebenen Lautsprechersystems, wie in Abb. 52 einer gezeigt ist. Die runde Schwingspule ist im ringförmigen Luftspalt eines Topfmagnets an einer Membran oder an Spannbändern leicht beweglich aufgehängt und wird durch die zu untersuchende Schwingung senkrecht zu den radial verlaufenden Kraftlinien bewegt. Da das Feld im Bereich der Bewegung der Schwingspule als homogen angesehen werden kann und der ganze Spulenumfang gleichsinnig induziert wird, gilt in diesem Fall für die induzierte EMK $e = -w \cdot \mathfrak{B} \cdot v \cdot l \cdot 10^{-8}$ V, wobei l den Spulenumfang bedeutet.

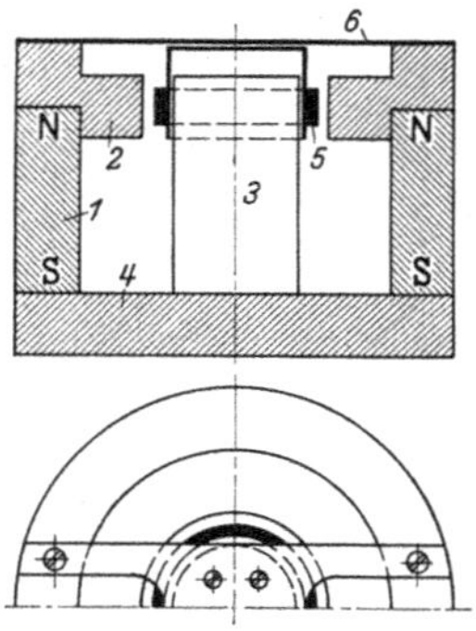

Abb. 52. Schwingungsgeber. *1* Ringmagnet, *2* Polschuh, *3* Eisenkern, *4* Grundplatte, *5* Schwingspule, *6* Aufhängung der Schwingspule.

Zeitlich veränderliches Magnetfeld. Bei der zweiten Ausführungsform stehen Erregerfeld und Induktionsspule still, und ein

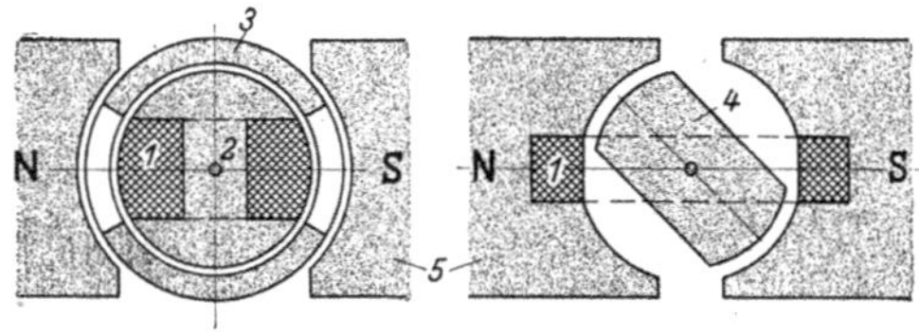

Abb. 53. Drehzahlgeber mit feststehenden Spulen und Magneten und umlaufendem Kraftlinienleitstück. *1* Induktionsspule, *2* feststehender Anker, *3* umlaufender Eisenschirm, *4* umlaufender Eisenanker, *5* Polschuhe.

beweglicher Eisenschirm oder Eisenanker ruft durch Änderung der magnetischen Leitfähigkeit Flußschwankungen hervor, durch die in der Spule eine transformatorische EMK von der Größe

$$e = -w \cdot \frac{d\Phi}{dt} \cdot 10^{-8}\,\text{V} \qquad (58)$$

induziert wird, wenn w wieder die Windungszahl der Spule, Φ den Gesamtfluß und $d\Phi/dt$ die zeitliche Änderung des Flusses bedeuten. Abb. 53 zeigt zwei Ausführungen solcher Geber für Drehbewegung. Sowohl bei der Ausführung mit konstantem Magnetfeld wie bei der mit veränderlichem Fluß ist die EMK der Drehgeschwindigkeit proportional. Die Skala des Anzeigeinstruments wird linear, und Rechenoperationen lassen sich leicht ausführen. Das gilt jedoch nur, solange die Stromentnahme so gering ist, daß die Ankerrückwirkung keine wesentliche Feldänderung hervorruft, worauf beim Entwurf und beim Anschluß

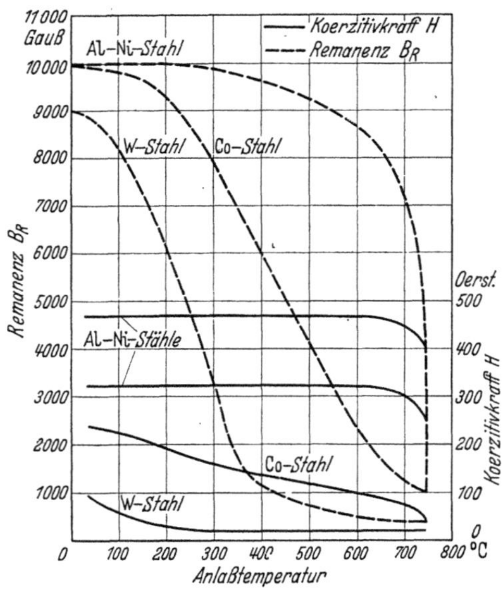

Abb. 54. Temperaturabhängigkeit von Remanenz und Koerzitivkraft verschiedener Magnetstähle. [Aus KUSSMANN: Neue Werkstoffe für Dauermagnete. Z. VDI Bd. 79 (1935) S. 1171—1173.]

mehrerer Empfänger geachtet werden muß. Zur Erzeugung des Magnetfeldes können konstante Gleichstromquellen oder Dauermagnete [*17*] herangezogen werden. Bei Verwendung von Dauermagneten ist eine besondere Temperaturkompensation notwendig, da Remanenz und Koerzitivkraft mit steigender Temperatur abnehmen, wie Abb. 54 für einige Magnetstahlsorten zeigt. Am günstigsten verhalten sich Al-Ni-Stähle. Die Temperaturabhängigkeit der Feldstärke läßt sich durch eine Gleichung von der Form

$$H_t = H_0 (1 + \alpha t + \beta t^2) \tag{59}$$

darstellen, worin H_0 und H_t die Feldstärken bei 0 bzw. $t°$, t die Tempe-

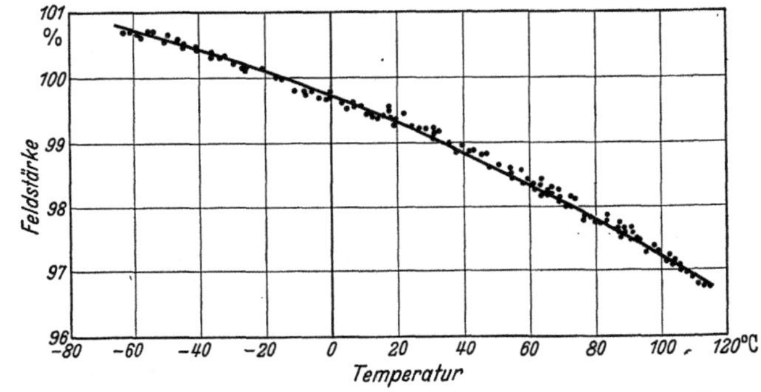

Abb. 55. Abhängigkeit der Feldstärke eines Kobalt-Chrom-Magnets von der Temperatur. [Aus WHIFFIN: The effect of changes of temperature on the strength of permanent magnets with special reference to modern magnet steels. J. Instn. electr. Engrs. Bd. 81 (1937) S. 734.]
Temperaturkoeffizienten: $\alpha = -1{,}975 \cdot 10^{-4}$; $\beta = -5{,}33 \cdot 10^{-7}$. Zusammensetzung des Magnetstahls: 9% Co, 9% Cr, 1% C, 0,2% Si, 0,2···0,4% Mn.

raturänderung, α und β Konstanten des Magnetmaterials bedeuten. Zumeist sind α und β negativ und hängen außer von der chemischen Zusammensetzung vom Längenverhältnis, der Magnetisierungstemperatur und von der absoluten Temperatur ab. In Abb. 55 ist der Feldstärkenverlauf abhängig von der Temperatur für einen 9%igen Kobalt-Chrom-Hufeisenmagnet wiedergegeben. Der Temperatureinfluß wird entweder durch Kunstschaltungen mit Widerständen verschiedener Temperaturkoeffizienten im elektrischen Kreis oder durch veränderliche magnetische Nebenschlüsse im magnetischen Kreis kompensiert.

b) Frequenzgeber. Völlige Unabhängigkeit von allen ungewollten Änderungen erreicht man bei diesen Gebern, wenn man die Spannungsmessung durch eine Frequenzmessung ersetzt. Während man den Spannungsgeber auf eine möglichst lineare Drehzahl-Charakteristik züchtet, soll jedoch der Frequenzgeber möglichst bei allen Drehzahlen konstante Spannung abgeben, wozu eine völlig andere Auslegung erforderlich ist. Für die Spannungskonstanthaltung stehen alle Mittel zur Verfügung, die beim Generatorantrieb von Kraftmaschinen stark schwankender Drehzahl, z. B. bei Autolichtmaschinen, erprobt sind, sowie die Spannungsregler und frequenzabhängigen Vorwiderstände aller Arten. Von den Frequenzanzeigern sind nur die Zungen- und Impulsfrequenzmesser weitgehend spannungsunabhängig, alle Zeigerfrequenzmesser sind mehr oder weniger empfindlich gegen Spannungsänderungen.

2. Piezoelektrizität [*18*].

Wird ein piezoelektrischer Kristall parallel zu seiner elektrischen Achse oder senkrecht zur elektrischen und optischen Achse elastischen Spannungen unterworfen, so treten auf den senkrecht zur elektrischen Achse liegenden Schnittflächen elektrische Ladungen auf. Diese Ladungen sind nach Größe und Vorzeichen der elastischen Spannung verhältnisgleich und unabhängig von der Größe der gedrückten Kristallfläche. Wann die elektrische, wann die neutrale Achse als Druckrichtung vorzuziehen ist, hängt von der Konstruktion des Piezogebers ab. Die Beanspruchung in der elektrischen Achse hat den Nachteil, daß die Druckkräfte über die Elektroden übertragen werden müssen. Nach LANGEVIN ist die Beanspruchung in der elektrischen Achse bei großen, in der neutralen Achse bei kleinen Druckänderungen vorzuziehen. Als piezoelektrische Kristalle kommen Turmalin, Quarz und Seignettesalz in Betracht. Turmalin und Quarz haben gleich gute elektrische und mechanische Eigenschaften und unterscheiden sich nur durch den Preis. Seignettesalz ($C_4H_4O_6NaK \cdot 4\,H_2O$) hat den größten bekannten Piezomodul ($\delta_e = 300$ elektrostat. CGS-Einheiten/kg), ist jedoch temperatur- und feuchteabhängig und schwieriger anzuwenden, da es geringe mechanische Festigkeit hat und der Piezoeffekt nur bei Biegung und Torsion auftritt. Bei trockener Luft gibt es Kristallwasser ab, wodurch es oberflächlich verwittert und seine Empfindlichkeit verändert. Es muß deshalb durch Lacküberzug geschützt werden. Der meist verwendete Piezokristall Quarz hat einen Piezomodul $\delta_e = 0{,}0614 \cdots 0{,}0681$ elektrostatische CGS-Einheiten/kg, sein Elastizitätsmodul ist etwa $0{,}8 \cdot 10^6\,\mathrm{kg \cdot cm^{-2}}$, d. h. ein Quarzstück von $1\,\mathrm{cm}^2$ Querschnitt und 1 cm Länge wird durch eine Kraft von 1 kg um $0{,}8 \cdot 10^{-6}$ cm zusammengedrückt; die Kraftmessung erfolgt also nahezu weglos. Die Beanspruchung kann infolge der hohen mechanischen Festigkeit des Quarzes bis $800\,\mathrm{kg \cdot cm^{-2}}$ getrieben werden. Der piezoelektrische Modul des Quarzes ist in geringem Maße temperaturabhängig und hat offenbar in der Nähe von 10° seinen Höchstwert. Die Größe des Temperaturkoeffizienten hängt vom Orientierungswinkel ab und kann Null sein; auf jeden Fall läßt er sich innerhalb der praktisch wichtigen Temperaturgrenzen unter 10^{-4} halten.

Bezeichnet

Q die Ladungsmenge [Coulomb],
δ_e den piezoelektrischen Modul [elektrostatische CGS-Einheiten/kg],
P die Gesamtkraft [kg],

so gilt

$$Q = \frac{\delta_e \cdot P}{3 \cdot 10^9} \text{ (Coulomb)}\,. \tag{60}$$

Diese Ladung erzeugt zwischen den Elektroden eine Spannung

$$U = \frac{1}{3 \cdot 109} \cdot \frac{\delta_e \cdot P}{C + C_0} \left[\frac{\text{Coulomb}}{\text{Farad}} = \text{V}\right], \tag{61}$$

wenn C die Kapazität des durch die Elektroden und den Kristall gebildeten Kondensators und C_0 die Kapazität der Meßeinrichtung bezeichnet. Die Empfindlichkeit der Einrichtung wird gesteigert durch Anordnung mehrerer, mechanisch hintereinander, elektrisch parallelgeschalteter Kristalle. Es ist dann

$$U = \frac{n \cdot \delta_e \cdot P}{n \cdot C + C_0} \tag{62}$$

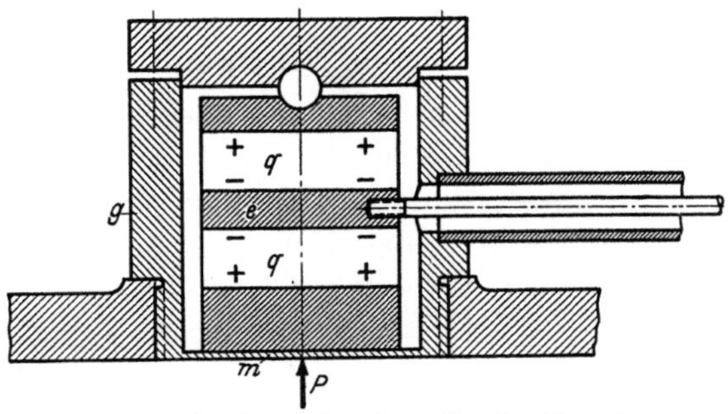

Abb. 56. Schnitt durch eine Quarz-Druckmeßkammer. [Aus FAHRENTHOLZ, KLUGE, LINCKH: Über neue Quarz-Druckmeßkammern für das piezoelektrische Meßverfahren. Phys. Z. Bd. 38 (1937) S. 73—78.]

e Mittelelektrode; *g* Gehäuse; *m* Membran; *q* Quarz; *P* Meßdruck.

d. h. die Empfindlichkeitsminderung durch die Schaltungskapazität wird verkleinert. Da δ_e, n, C und C_0 Konstanten der Meßeinrichtung sind, kann der piezoelektrische Kristall zur Messung von Kräften verwendet werden.

Das piezoelektrische Verfahren eignet sich infolge der hohen Eigenfrequenz des Piezokristalls zum Messen rasch verlaufender Kraftänderungen; es wird angewendet zur Dehnungs-, Kraft-, Druck-, Schwingungs-, Beschleunigungs- und Erschütterungsmessung. Abb. 56 ist ein Schnitt durch eine einfache Druckmeßdose mit zwei Quarzplättchen.

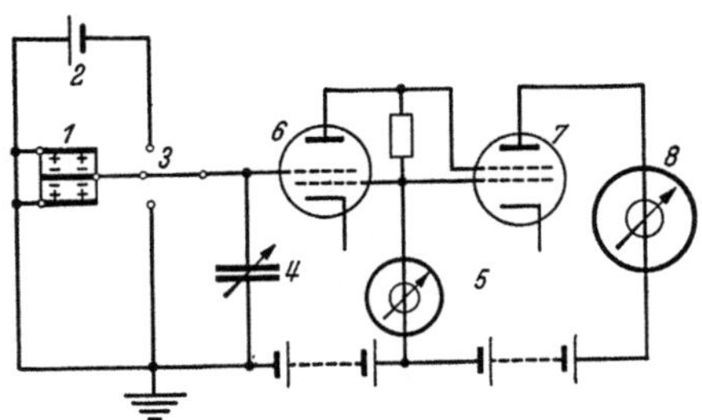

Abb. 57. Schaltung einer piezoelektrischen Meßeinrichtung.

1 Piezoquarz; *2* Eichspannung; *3* Umschalter: Eichen — Messen — Erden; *4* Justierkondensator; *5* Röhrenspannungsmesser; *6* hochisolierte Eingangsröhre; *7* zweite Verstärkerstufe; *8* Oszillograph.

Die piezoelektrische Spannung wird mit einem Röhrenspannungsmesser gemessen und zumeist mit Schleifen- oder Kathodenoszillographen angezeigt; ein Schaltungsbeispiel zeigt Abb. 57.

III. Mechanische Beeinflussung eines elektrischen Stromkreises.

Bei diesen Meßverfahren wird der Gleich- oder Wechselstromwiderstand eines elektrischen Stromkreises oder die Kopplung zwischen zwei Stromkreisen mit besonderen Gebern durch die mechanische Größe verändert.

1. Impulssender [*19*].

Die einfachste Art, einen Gleich- oder Wechselstromkreis durch eine mechanische Größe zu beeinflussen, ist die sprunghafte Veränderung seines Widerstandswertes durch teilweise oder völlige Überbrückung und Unterbrechung. Zur Anzeige der Meßgröße dienen Häufigkeit, Dauer oder Verhältnis der Stromschwankungen, keinesfalls aber die

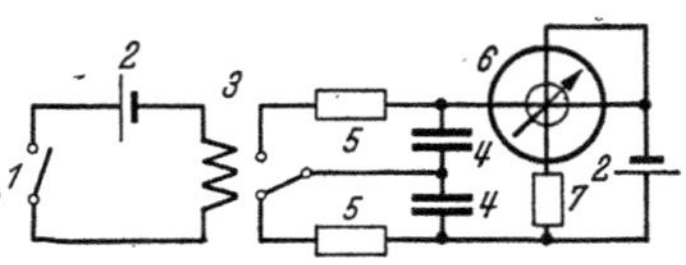

1 Impulssender;
2 Stromquelle;
3 Empfangsrelais;
4 Meßkondensatoren;
5 Schutzwiderstände;
6 Kreuzspul-Anzeigeinstrument;
7 Vorwiderstand im Richtkreis des Instruments.

Abb. 58. Schaltbild einer Impulsfrequenzmessung mit Kreuzspul-Instrument.

Stromstärke. Die Verfahren sind somit in sehr weiten Grenzen unabhängig von der Höhe der Hilfsspannung.

Impulszahl- und Impulsfrequenzverfahren. Beim Impulszahl- und Impulsfrequenzverfahren wird an der Sendestelle die mechanische Meßgröße lichtelektrisch, magnetisch oder mechanisch in eine verhältnisgleiche Impulshäufigkeit umgewandelt und an der Empfangsstelle die Impulszahl je Zeiteinheit gemessen. Soll der Mittelwert der mechanischen Größe während einer bestimmten Zeit gemessen werden, so genügt als Impulsempfänger ein einfaches Zählwerk in Verbindung mit einer Uhr. Für die Anzeige des Augenblickswertes werden von den auf der Empfangsseite ankommenden Impulsen zwei Meßkondensatoren taktmäßig geladen und entladen und der Mittelwert des Ladestromes mit einem stark gedämpften Kreuzspul-Instrument gemessen (Abb. 58). Durch die Kondensatorschaltung wird Unabhängigkeit von der veränderlichen Impulsdauer, durch das Kreuzspul-Instrument Spannungsunabhängigkeit erreicht. Bei niedriger Impulsfrequenz wird die Kondensatorumladung mechanisch von einem Umschaltrelais, bei hohen Impulsfrequenzen trägheitslos von Ionenröhren gesteuert. Der Hauptstrom des Kreuzspul-Instruments ist

$$i_1 = 2 \cdot f \cdot c \cdot U \text{ A}, \tag{63}$$

der Richtstrom

$$i_2 = k_1 \cdot U \tag{64}$$

und seine Anzeige $\alpha = K \cdot f$; sie ist also nur von der Anzahl der Stromstöße je Sekunde abhängig. In der Gleichung bedeutet

f die Impulsfrequenz in Hertz,
C die Kapazität jedes Meßkondensators in Farad,
U die Meßspannung in Volt.

Die Kondensatorschaltung zur Umwandlung der Impulse in einen Meßstrom ist nur ein Beispiel. Beim Impulskompensationsverfahren steuern die Impulse die Drehgeschwindigkeit einer Welle, und es wird die zur mechanischen Kompensation dieser Geschwindigkeit erforderliche Stromstärke gemessen. Eine weitere Möglichkeit ist die Messung der Impulsfrequenz mit einem Zungenfrequenzmesser, sie wird bei der Prüfung von Nummernschaltern in der Wählertechnik angewendet. Die Impulsfrequenzverfahren eignen sich besonders für Drehzahlmessung von Wellen mit geringem Drehmoment; die Impulshäufigkeit beträgt $1 \cdots 50$ J/s.

Impulsverhältnisverfahren. Bei den Impulsverhältnissendern werden durch die mechanische Meßgröße das Verhältnis von Impulsdauer zu Impulspause oder das Verhältnis der Dauer zweier Impulse durch Verdrehen einer Kontaktscheibe oder eines Kontaktarmes verändert und der Strommittelwert bzw. der Stromquotient gemessen. Die sekundliche Impulszahl kann konstantgehalten werden oder mit der Meßgröße schwanken, sie spielt nur insofern eine Rolle, als die Dämpfung des Anzeigeinstruments entsprechend angepaßt und bei niedrigen Impulszahlen ein Mittelwert-Instrument verwendet werden muß. Das Verfahren eignet sich für Drehbewegungen, Stellungsanzeige und Geschwindigkeitsmessungen und wird ebenfalls zur Nummernschalterprüfung verwendet.

Impulszeitverfahren. Bei den Impulszeitverfahren wird von der mechanischen Größe die Dauer eines oder der Abstand mehrerer Impulse gesteuert. Auf der Empfangsseite werden Zeitschreiber, Oszillographen oder Kurzzeitmesser eingesetzt. Die Verfahren eignen sich für Stellungs- und Geschwindigkeitsanzeige, insbesondere bei rasch ablaufenden einmaligen Vorgängen.

2. Widerstandssender [*20*].

Im Gegensatz zu den Impulssendern wird bei den Widerstandsgebern, ebenso wie bei allen folgenden Sendeeinrichtungen, der Widerstand des Stromkreises von der mechanischen Größe stetig oder in sehr kleinen Stufen verändert. Die Verfahren beruhen auf einer Intensitätsmessung und setzen deshalb spannungsunabhängige Anzeigeinstrumente oder konstante Meßspannung voraus. Wir unterscheiden feste Widerstände mit kleinem Temperaturkoeffizienten und mechanischer Steuerung durch

Verdrehen oder Verschieben eines Abgriffes oder durch Eintauchen in Quecksilber, ferner feste Widerstände mit großem Temperaturkoeffizienten und thermischer Steuerung, Halbleiterwiderstände mit Drucksteuerung, Elektrolytwiderstände mit mechanischer Steuerung und lichtelektrische Widerstandssender.

Mechanisch gesteuerte feste Widerstände. Zu den Widerstandssendern mit kleinem Temperaturkoeffizienten und mechanischer Steuerung zählen alle Dreh- und Schiebewiderstände. Der Widerstandsdraht kann geradlinig ausgespannt oder in Form einer Raupe oder Wendel auf einen Isolierkörper aufgebracht sein. Zuweilen werden auch dünne, leitende Kohle- oder Metallschichten auf keramischen Trägern verwendet. Neben den Ausführungen mit linearem Widerstandsverlauf spielen Widerstände besonderer Stufung, beispielsweise logarithmisch zunehmende Widerstände, eine gewisse Rolle. Besonderer Sorgfalt bedürfen in jedem Fall die Stromabnehmer, zumal bei niedrigem Widerstandsbereich, geringem Drehmoment, aggressiver Atmosphäre oder erschütterungsreichem Betrieb. Anwendungsgebiet und Ausführungsformen der Widerstandssender sind nahezu unübersehbar, und dementsprechend schwankt das erforderliche Antriebsdrehmoment von wenigen mgcm bis zu einigen mkg. Abb. 59 zeigt als Beispiel einen Widerstandssender für große geradlinige Wege und große Verstellkraft, er besteht aus vier parallelen Schleifdrähten, auf denen ein Schleifer mit vier Abgriffen gleitet. Zwei der Drähte bestehen aus Widerstandsmaterial, die beiden anderen sind aus Bronze und dienen nur der Stromzuführung. In der Schaltung der Abb. 60 liegt in der Mittelstellung des Schleifers keine Spannung am Anzeigeinstrument, in den beiden Endstellungen wird positive oder negative Höchstspannung erreicht. Die Abb. 61 ist ein Drehwiderstandsgeber für einen Winkelweg von 270°. Als Widerstandsmaterial wurde Silber-Palladium-Draht, als Stromabnehmer eine Bronzebürste mit Platin-Iridium-Kontakt verwendet. Das Gerät hat 55 mm Durchmesser, ist 35 mm hoch, wiegt 125 g und ist staubdicht geschlossen. Die größte Abweichung

Abb. 59. Widerstandssender für geradlinige Bewegung und große Wege. (Ausführung Siemens & Halske AG.)

vom linearen Widerstandsverlauf ist ± 0,5%, die Genauigkeit 1% und das erforderliche Drehmoment 2 gcm. Der Gesamtwiderstand beträgt 100 Ω, der Widerstand der Zuführungsfeder 0,5 Ω.

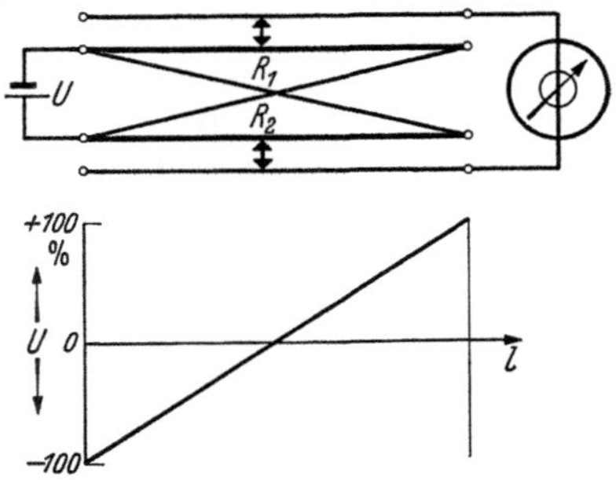

Abb. 60. Schaltung des Widerstandssenders für geradlinige Bewegung.

Widerstandssender für sehr kleine Wege werden als Halbleiterwiderstände hergestellt. Diese sogenannten Streifengeber bestehen aus einem dünnen Isolierstoffband, auf das in einem Abstand von etwa 10 mm Elektroden aufgebracht sind. Der Zwischenraum zwischen den Elektroden wird mit einer Lösung kolloidalen Graphits in Alkohol ausgestrichen. Je nach der Breite des Graphitstriches erhält man Widerstände von 5···40 kΩ. Der Widerstand eines solchen Streifens ändert sich bei mechanischer Beanspruchung um etwa 2% je 1‰ Längenänderung. Der Zusammenhang zwischen

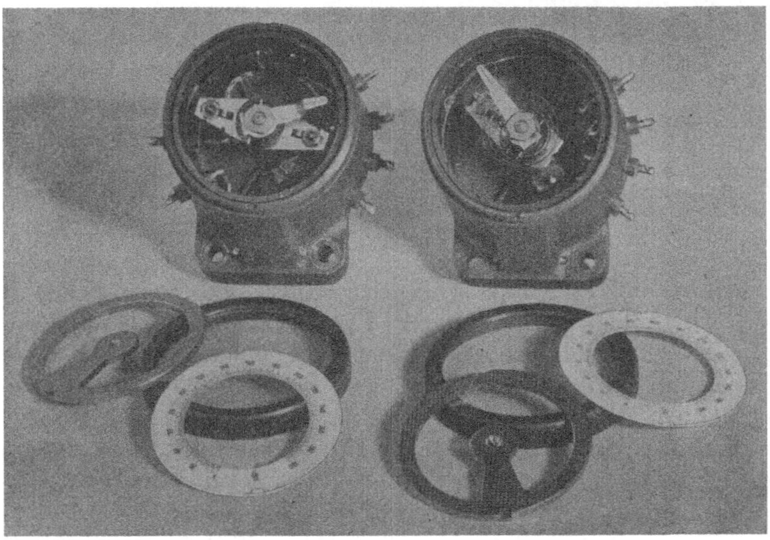

Abb. 61. Widerstandsgeber für Drehbewegung. (Ausführung Siemens & Halske AG.)

Dehnung und Widerstandsänderung ist linear. Der Streifengeber der AEG (Abb. 62) ist 0,3 × 8 × 25 mm groß, wiegt 0,2 g und hat einen Widerstand von 10···15 kΩ. Infolge seines geringen Gewichts ändert sein Einbau die ursprünglichen Verhältnisse nur wenig, und er kann ohne Schwierigkeit auf umlaufenden oder schwingenden Teilen auch kleiner Abmessungen angebracht werden. Um ihn mehrfach verwen-

4*

den zu können, ist er auf einem Stahlplättchen von einigen hundertstel Millimeter Dicke befestigt. Die Streifengeber eignen sich besonders zum Aufzeichnen des Verlaufs von Schwingungen bis zu Frequenzen von einigen Kilohertz. Für absolute Messungen sind sie infolge ihrer geringen Genauigkeit und Konstanz weniger geeignet. Bei Messungen längerer Zeitdauer macht sich insbesondere die Alterung der Geber durch Abwandern des Nullpunkts unangenehm bemerkbar. Der Temperatureinfluß ist negativ und beträgt 1% Widerstandsänderung je 10° Temperaturänderung.

Ferner nimmt nach dem Einschalten des Stromes der Widerstand ab und erreicht nach 2···3 Std. seinen Endwert von 98% des Anfangswertes. Der Widerstand ist also auch von der Größe des Meßstromes abhängig.

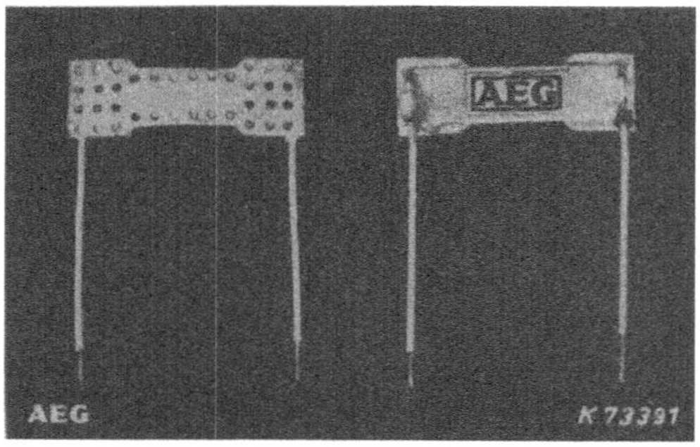

Abb. 62. Streifengeber der AEG. [Aus THEIS: Bestimmung von Materialbeanspruchung und Untersuchung mechanischer Schwingungsvorgänge mit Streifen- und Ringgebern. Z. techn. Phys. Bd. 22 (1941) S. 274.]

Diese Fehler lassen sich durch eine Brückenschaltung mit einem zweiten, mechanisch nicht beanspruchten Geber im benachbarten Brückenzweig vermeiden. Bei Schwingungen hoher Frequenz und stoßweiser Beanspruchung tritt eine zusätzliche Widerstandszunahme auf, und der Nullpunkt kehrt nach der Entlastung nicht mehr auf den alten Wert zurück. Durch diese nach einigen Minuten abklingende Widerstandszunahme entsteht bei Dehnung ein positiver, bei Stauchung ein negativer Fehler. Den richtigen Wert erhält man, wenn man den sofort nach der Entlastung sich einstellenden Anzeigewert als Nullpunkt ansieht. Nach Nullpunktskorrektur und Berücksichtigung aller Einflüsse kann man eine Genauigkeit von etwa 5% bei Dehnungen in der Größenordnung von 1‰ erreichen.

Um die gegenseitigen Verschiebungen zweier Teile zu messen, kann man diese beiden Teile durch einen elastischen Stahlring verbinden, in den vier Widerstandsstreifengeber eingeklebt und in eine Brücke geschaltet sind. Bei der Verformung des Kreisringes zu einer Ellipse werden zwei der Streifen gedehnt, die beiden anderen verkürzt. Bei diesem Ringgeber heben sich alle von Temperaturänderungen, Belastungsstrom, Alterung und Nachwirkung herrührenden Störeinflüsse auf.

Quecksilbergesteuerte Widerstandssender. Kontakt- und Korrosionsschwierigkeiten werden bei Widerstandssendern mit Quecksilbersteuerung völlig vermieden, bei denen der Widerstand durch Eintauchen in Quecksilber kurzgeschlossen wird und deren bekannteste Ausführungsform der in Abb. 63 gezeigte Ringrohrfernsender ist. Der Geber besteht aus einem kreisförmig gebogenen und zur Hälfte mit Quecksilber gefüllten Glasrohr, in dem ein kalibrierter Platin-Iridium-Draht ausgespannt ist. Der Widerstandsdraht kann als Einfachwiderstand die eine Ringrohrhälfte oder als Potentiometer mit Mittelanzapfung beide Ringrohrhälften umfassen. Das Ringrohr eignet sich besonders für die Übertragung großer Drehwinkel. Der Kraftbedarf ist einige cmg, das Gewicht einschließlich der Quecksilberfüllung 20 g. Der Temperaturfehler ist 0,5%/10° und der durch die Oberflächenspannung des Quecksilbers hervorgerufene Meniskusfehler ±1%. Dieser Fehler läßt sich durch Mittel zur Beseitigung der Oberflächenspannung weitgehend vermindern.

Abb. 63. Ringrohr-Widerstandssender in Potentiometerschaltung. (Ausführung Siemens & Halske AG.)

Bei der zweiten Ausführungsform werden kalibrierte Quecksilberkapillaren verwendet, in die in gleichmäßigen Abständen Kontaktdrähte eingeschmolzen sind, zwischen deren Anschlußenden die Meßwiderstände liegen (Abb. 64). Zur Kompensation der Wärmedehnung des Quecksilbers ist eine in den Vorratsbehälter ragende Einstellschraube vorgesehen.

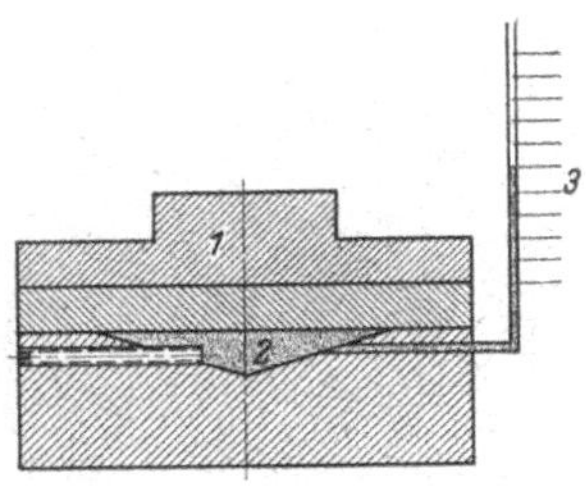

Abb. 64. Schnitt durch eine Quecksilber-Druckmeßdose. *1* Druckplatte; *2* Quecksilberbehälter; *3* Meßkapillare mit Kontaktdrähten.

T h e r m i s c h   g e s t e u e r t e   W i d e r s t a n d s s e n d e r [*21*]. Widerstandssender mit thermischer Steuerung haben mit konstantem Strom beheizte Widerstände mit hohem Temperaturkoeffizienten, deren Abkühlungsverhältnisse durch die Meßgröße gesteuert werden. Die Steuerleistung ist bei diesen Gebern außerordentlich gering. Das mechanisch gesteuerte Düsenbolometer (Abb. 65) besteht aus vier Nickeldrahtwendeln *1*, von denen je zwei in Reihe geschaltet zwei Zweige einer Wheatstone-Brücke bilden, deren beide andere Zweige aus unveränderlichen Widerständen bestehen. Die beiden beheizten Wendeln liegen über den beiden Schlitzdüsen 2 eines Membrangebläses (Abb. 66), das einen scharf begrenzten Luftstrom gegen die stromdurchflossenen Nickelwendeln richtet. An dem blattfedergelagerten Gestänge 4 sitzt eine leichte Steuerfahne 3 aus Glimmer. In der Ruhestellung des Gebers steht das Glimmerplättchen zwischen beiden Düsen, die beiden Wendeln werden vom Luftstrom gleichmäßig gekühlt und haben gleiche Temperaturen und Widerstände. Bei jeder Bewegung des Gestänges wird einer der beiden Luftströme durch die Glimmerfahne abgeschirmt, und die zugehörige Nickelwendel erhitzt sich unter entsprechender Widerstandszunahme von etwa 200 auf etwa 400°. Durch die Lage der Abdeckfahne relativ zu den Schlitzen oder durch ihre Formgebung kann der Verlauf der Widerstandsänderung beeinflußt werden. Die thermische Trägheit der Wendeln bringt eine Verzögerung von 0,2···0,5 s. Die Gesamteinrichtung wird zweckmäßig über einen Konstanthalter mit Gleichrichtern aus dem 50-Hz-Netz gespeist, da Spannungsschwankungen sowohl das Gebläse wie die Brücke beeinflussen. Die Welligkeit des gleichgerichteten Stromes genügt für die Erregung des Gebläses. Frequenzänderungen von ±10% haben keinen meßbaren Einfluß, dagegen zeigt der Geber eine gewisse Temperaturabhängigkeit. Der Bolometersender eignet sich besonders für die Übertragung sehr kleiner Bewegungen und geringer Kräfte. Eine Verschiebung der Fahne um 30···50 μ genügt bereits zur vollen Aussteuerung der Brücke und für die Betätigung eines Tintenschreibers. Die Vergrößerung der Bewegung ist etwa 1 : 3000, die höchste abgebbare Leistung etwa 50 mW.

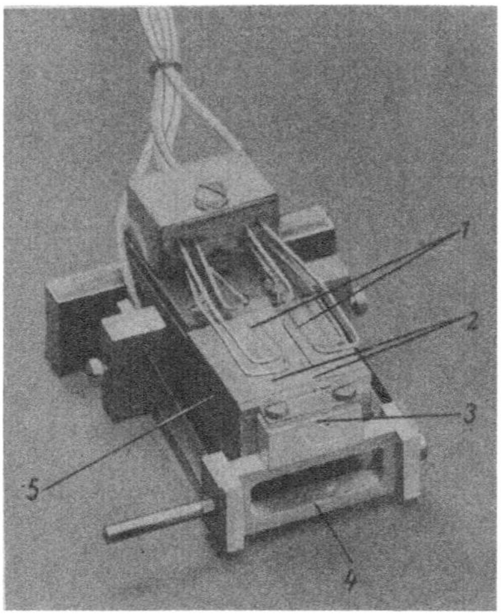

Abb. 65. Thermisch gesteuerter Widerstandssender (Bolometer). (Ausführung Siemens & Halske AG.)
1 Bolometerwendeln; *2* Schlitzdüsen; *3* Glimmerfahne; *4* Übertragungsgestänge; *5* Membrangebläse.

Abb. 66. Membrangebläse des Bolometergebers.
1 Erregerspule; *2* Schwingmembran.

Bei einer zweiten Ausführungsform des bolometrischen Widerstandssenders steht der geheizte Bolometerdraht in natürlichem Wärmeaustausch mit seiner Umgebung unter Verzicht auf eine künstliche

Belüftung. Den Hauptanteil des vom Bolometerdraht ausgehenden Wärmestromes übernimmt eine in geringem Abstand parallel zu ihm verlaufende kalte Metallschneide. Die Temperatur des Bändchens ist in hohem Maße vom Abstand dieser Schneide abhängig. Abstandsänderungen von 0,1 mm haben bereits in einer Brücke meßbare Widerstandsänderungen zur Folge. Für kleine Verschiebungswege ist der Skalenverlauf linear. Das Widerstandsbändchen besteht aus Platin, ist 20 mm lang und $50 \times 5\,\mu$ dick. Die Einrichtung eignet sich zur Messung kleiner Wege, beispielsweise bei elektrischen Waagen. Nach ähnlichen Grundsätzen arbeitet das Hitzdraht-Mikrometer der Cambridge Instrument Co., bei dem vier Drahtspiralen in Brückenschaltung verwendet werden, von denen zwei fest angeordnet sind, während am äußersten Gang der beiden anderen die mechanische Größe angreift und die Spiralen um einen geringen Betrag auf- oder zudreht. Die Abkühlungsverhältnisse einer solchen Spirale hängen sehr stark vom Gangabstand ab, und man erhält auf diese Weise ebenfalls ein empfindliches Mikrometer.

Druckabhängige Halbleiterwiderstände [*22*]. Der Widerstand von Halbleitern setzt sich, wie wir bereits bei der Besprechung der Kohledruckregler erfuhren, aus einem konstanten inneren Widerstand und einem druckabhängigen Übergangswiderstand zusammen

$$R = R_i + \frac{K}{p}. \tag{65}$$

Bei der üblichen Ausführung in Form dünner Plättchen ist der innere Widerstand klein gegen die Übergangswiderstände, so daß man den rein hyperbolischen Zusammenhang $K = R \cdot p$ erhält. Das Halbleitermaterial soll große mechanische Festigkeit und geringen Temperaturkoeffizienten aufweisen und frei von elastischen Nachwirkungen und Hystereseerscheinungen sein. Bei guten Ausführungen liegt die mechanische Hysterese, d. h. der Unterschied der Widerstandswerte bei steigendem und fallendem Druck unter 2%. Als Halbleiterwerkstoff wird fast ausschließlich künstliche Kohle in Form von Tabletten verwendet, von denen mindestens zwei zu einer Kohlesäule vereinigt sind. Vorzugsweise ordnet man zwei solcher Kohlesäulen zu beiden Seiten des Kraftangriffspunktes mit hinreichender Vorspannung an, so daß sich bei Kraftänderungen der Druck auf die eine Säule vermehrt, auf die andere vermindert. Die Längenänderung beträgt nur einige hundertstel Millimeter, weshalb die Temperaturdehnungen der Einspannteile sorgfältig kompensiert werden müssen. Die Temperaturabhängigkeit der Kohle selbst ist bis 50° vernachlässigbar klein, die erreichbare Gesamtgenauigkeit beträgt $1 \cdots 3\%$. Kohledruckgeber werden wegen ihrer geringen Längenänderung hauptsächlich zum Messen größerer Kräfte in

Druck-, Beschleunigungs-, Erschütterungs- und Dehnungsmessern verwendet, sie sind infolge ihrer hohen Eigenfrequenz für die Aufnahme rasch verlaufender Vorgänge und für oszillographische Wiedergabe geeignet, wenn sie auch nicht die hohe Eigenfrequenz der piezoelektrischen Geber erreichen. Die Eichung kann im Gegensatz zu den piezoelektrischen Gebern statisch erfolgen; eine etwa notwendige künstliche Alterung wird durch Wechselbelastung mit dem mehrfachen Meßbereich-Endwert erzielt, trotzdem muß man auch weiterhin mit Alterungserscheinungen und Empfindlichkeitsänderungen rechnen und von Zeit zu Zeit eine Eichkontrolle vornehmen. Auch der Nullpunkt ist ab und zu nachzuprüfen, besonders nach starken stoßweisen Beanspruchungen. Eine besondere Form des Halbleitergebers ist der Streifengeber (S. 51).

Elektrolytische Widerstandssender. Die elektrolytischen Widerstandssender beruhen auf der Veränderung des Querschnittes oder der Länge der Strombahn durch die mechanische Meßgröße. Der Einfachsender hat zwei Flüssigkeitskammern mit einem Verbindungskanal, dessen Querschnitt durch die mechanische Größe verändert wird. Der Potentiometergeber enthält in einem Flüssigkeitsgefäß zwei feste und eine bewegliche Elektrode, durch deren Lage das Verhältnis der beiden Teilwiderstände bestimmt ist. Die Elektrolytsender sind stark temperaturabhängig und werden deshalb meist in Verhältnisschaltung betrieben. Elektrolytische Einfachsender dienen der Druckmessung bei großen verfügbaren Kräften, Potentiometersender zur Stellungsanzeige und Dehnungsmessung bei sehr kleinen Kräften.

Röhrenmikrometer [*20*]. Das Röhrenmikrometer beruht auf der Veränderung der Stromverteilung einer Doppeldiode durch Verändern des Abstandes zwischen Kathode und den beiden Anoden (Abb. 67). Die zwei Anoden sind gegeneinander isoliert auf einem durch die mechanische Größe von außen verstellbaren Pimpel befestigt. Die beiden Elektronenstrecken zwischen Kathode und Anode liegen mit zwei festen, justierbaren Widerständen in einer Wheatstone-Brücke, deren Diagonale das Anzeigeinstrument enthält. In der Nullage haben beide Anoden gleichen Abstand von der Kathode, und der Anodenstrom verteilt sich gleichmäßig nach beiden Seiten, so daß die Brücke im Gleichgewicht ist. Bei Änderungen der mechanischen Meßgröße nähert sich die eine Anode der Kathode, die andere entfernt sich von ihr. Die Stromverteilung auf die beiden Anoden ändert sich, und die Anzeige des Brückeninstruments ist ein Maß für die Anodenverschiebung. Die Daten eines ausgeführten Geräts werden von GUNN [*20*] wie folgt angegeben: Der Widerstand der beiden Elektronenstrecken sowie der Widerstand der äußeren Brückenzweige ist je 10 kΩ. Der Zusammenhang zwischen Anodenverschiebung und Diagonalstrom der Brücke ist bis auf 1% linear, solange die Anodenverschiebung 10% des Gesamtabstandes Anode Kathode nicht überschreitet. Bei Verwendung eines gewöhnlichen, tragbaren Mikroamperemeters als Anzeigeinstrument ist das Übersetzungsverhältnis zwischen der Bewegung der Zeigerspitze und der zu messenden Längenänderung 10^4. Die Konstante eines ausgeführten Gebers betrug 6 mA/mm, die obere Grenze der Meßfrequenz 65 Hz. Die mechanische Hysterese lag unter 0,5%, die Konstanz während mehrerer Wochen innerhalb von $\pm 1\%$. Der Nullpunkt mußte täglich einmal nachgestellt werden. Der Verfasser glaubt, die Eigenfrequenz des Gebers unschwer auf 1000 Hz steigern zu können, und in dieser hohen Eigenfrequenz scheint der Vorzug des Geräts gegenüber anderen Widerstandssendern zu liegen.

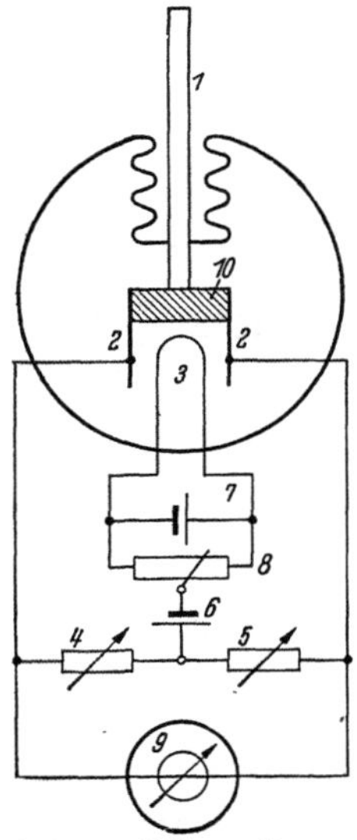

Abb. 67. Röhrenmikrometer. [Aus GUNN: A conveniant electrical micrometer and its use in mechanical measurements. J. appl. mech. Bd. 7 (1940) Heft 2, S. A 49···52.] *1* beweglicher Pimpel; *2* verstellbare Anoden; *3* Kathode; *4*, *5* Brückenwiderstände; *6* Anodenbatterie; *7* Heizbatterie; *8* Potentiometer; *9* Anzeigeinstrument; *10* Isolierung der Anoden gegeneinander.

Die Schaltung der Widerstandssender. Die Bestimmung des Widerstandes erfolgt ursprünglich aus Strom und Spannung mit zwei Meßgeräten, ab und zu auf der Flächenskala eines aus Strom- und Spannungsmesser bestehenden Kreuzzeiger-Instruments, weitaus am häufigsten aber mit dem Kreuzspul-Instrument. Einige gebräuchliche Kreuzspul-Schaltungen sind in Abb. 68a bis f dargestellt. Die Anzeige ist bei allen Schaltungen unabhängig von den Schwankungen der Meßspannung U.

Schaltung a: Der zu messende Widerstand R_x liegt in Reihe mit der Ablenkspule des Kreuzspul-Instruments, der Ausschlag α wird also mit zunehmendem Widerstand kleiner. Die Schaltung eignet sich für große Widerstände und große Widerstandsänderungen. Der Widerstand der Zuleitungen zum Widerstand R_x wird mitgemessen. Es gilt:

$$i_1 = \frac{U}{R_i + R_x}, \tag{66}$$

$$i_2 = \frac{U}{R}, \tag{67}$$

$$\alpha = K \cdot \frac{i_1}{i_2} = K \cdot \frac{R}{R_i + R_x}. \tag{68}$$

Schaltung b: Der zu messende Widerstand R_x liegt parallel zu der Ablenkspule des Kreuzspul-Instruments, der Ausschlag α wird also mit zunehmendem Widerstand R_x größer. Die Schaltung eignet sich für kleine Widerstände und große Widerstandsänderungen. Der Widerstand der Zuleitungen zum Widerstand R_x wird mitgemessen. Es gilt:

$$i_1 = \frac{U}{R_i + R_v \cdot \left(1 + \frac{R_i}{R_x}\right)}, \tag{69}$$

$$i_3 = \frac{U}{R}, \tag{70}$$

$$\alpha = K \cdot \frac{i_1}{i_3} = K \cdot \frac{R}{R_i + R_v \cdot \left(1 + \frac{R_i}{R_x}\right)}. \tag{71}$$

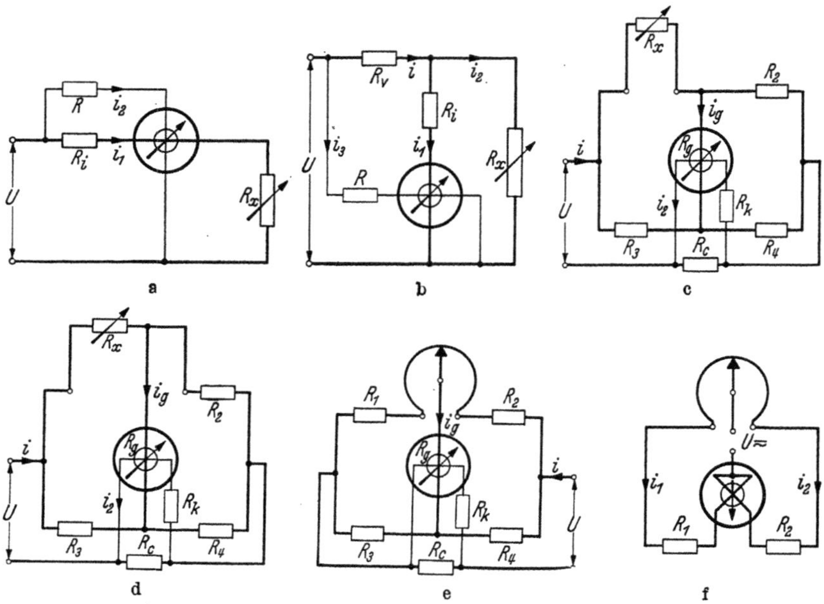

Abb. 68a bis f. Widerstandsmessung mit Kreuzspul-Instrument.

a Serienschaltung; b Parallelschaltung. R_x Meßwiderstand; R_v Vorwiderstand; R_i Widerstand im Ablenkkreis; R Widerstand im Richtkreis; U Meßspannung. c Zweileiter-Brückenschaltung; d Dreileiter-Brückenschaltung. R_x Meßwiderstand; $R_2 \cdots R_4$ Brückenwiderstände; R_g Widerstand des Ablenkkreises; R_k Widerstand im Richtkreis; R_c Nebenwiderstand des Richtkreises; U Meßspannung. e Brückenschaltung mit Potentiometergeber. $R_1 \cdots R_4$ Brückenwiderstände; R_g Widerstand des Ablenkkreises; R_k Widerstand des Richtkreises; R_c Nebenwiderstand des Richtkreises; U Meßspannung. f Differenzschaltung mit Potentiometergeber und Kreuzspul-Ringeisen- oder Ferraris-Quotientenmesser; R_1, R_2 Zweigwiderstände; U Meßspannung.

Schaltung c und d: Der Widerstand R_x liegt in einer Wheatstone-Brücke. Die Schaltung eignet sich für kleine Änderungen des Meßwiderstandes R_x. Es gilt:

$$i_g = i \cdot \frac{R_2 \cdot R_3 - R_x \cdot R_4}{\Delta}, \tag{72}$$

$$\Delta = R_g\,(R_x + R_2 + R_3 + R_4) + (R_x + R_3)\,(R_2 + R_4), \tag{73}$$

$$i_2 = i \cdot \frac{R_c}{R_K}, \tag{74}$$

$$\alpha = K \frac{i_g}{i_2} = K \cdot \frac{(R_2 \cdot R_3 - R_x \cdot R_4)\,R_K}{\Delta \cdot R_c}. \tag{75}$$

Bei der Zweileiter-Brückenschaltung gehen Änderungen der Zuleitungswiderstände in die Messung ein, während bei der Dreileiterschaltung nach d gleichmäßige Änderungen der Zuleitungswiderstände die Messung nicht beeinflussen, da die Zuleitungen in zwei benachbarten Brückenzweigen liegen.

Schaltung e zeigt einen Potentiometergeber in Brückenschaltung. Die Brückenwiderstände betragen bei Mittelstellung des Potentiometers $R_1 \cdots R_4$, die Potentiometerverschiebung ΔR. Dann ist

$$\dot{i}_g = \dot{i} \cdot \frac{R_2 \cdot R_3 - R_1 \cdot R_4 - \Delta R (R_1 + R_2)}{\Delta_1}, \tag{76}$$

$$\left.\begin{aligned} \Delta_1 = R_g (R_1 + R_2 + R_3 + R_4) + (R_1 + R_3)(R_2 + R_4) - \\ - \Delta R (R_1 - R_2 + R_3 - R_4) - \Delta R^2 . \end{aligned}\right\} \tag{77}$$

Schaltung f ist eine Differenzschaltung. Bei Mittelstellung des Potentiometers seien R_1 und R_2 die Widerstände der beiden Zweige, ΔR die Potentiometerverschiebung.

$$\dot{i}_1 = \frac{U}{R_1 + \Delta R}, \tag{78}$$

$$\dot{i}_2 = \frac{U}{R_2 - \Delta R}, \tag{79}$$

$$\alpha_1 = \frac{\dot{i}_1}{\dot{i}_2} = \frac{U}{R_1 + \Delta R} \cdot \frac{R_2 - \Delta R}{U} = \frac{R_2 - \Delta R}{R_1 + \Delta R}. \tag{80}$$

Die gezeigten Schaltungen stellen selbstverständlich nur einige einfache Fälle aus der großen Zahl der Widerstands-Meßschaltungen dar.

3. Lichtelektrische Sender [*23*].

Photozellen [*23b*]. Alle Metalle, insbesondere die Alkali- und Erdalkalimetalle und einige Metalloxyde, entsenden beim Auftreffen von Lichtwellen genügend hoher Frequenz Elektronen, deren Zahl der absorbierten Lichtenergie proportional ist. Die lichtelektrische Empfindlichkeit hängt von der Wellenlänge des auftreffenden Lichtes ab und weist ein oder mehrere ausgeprägte Maxima auf (Abb. 69). Wenn die Saugspannung hoch genug über der Sättigungsspannung liegt, geht die photoelektrische Umwandlung im Vakuum streng proportional vor sich, sie ist trägheitsfrei, nahezu temperaturunabhängig und sehr gut reproduzierbar, die Ausbeute beträgt etwa $1 \cdot 10^{-4}$ C/Cal. Durch eine Gasfüllung von einigen Millimetern Quecksilberdruck kann sie infolge Stoßionisation bis zum Tausendfachen gesteigert werden, doch ist dann die Proportionalität zwischen Lichtintensität und Elektronenstrom auf einen verhältnismäßig kleinen Intensitätsbereich sowie Werte der Saugspannung weit unterhalb der Glimmentladungs-Zündspannung beschränkt und die Umwandlung nicht mehr völlig trägheitsfrei. Die Elektronen treten unter dem Einfluß der Lichtenergie aus der Alkalikathode aus und werden durch eine Beschleunigungsspannung zur Metallanode befördert. Oberhalb der Sättigungsspannung, bei der alle freigewordenen Elektronen die Anode erreichen, ist der Strom der Vakuumphotozellen von der Beschleunigungsspannung unabhängig, während er bei Gaszellen durch Bildung von Sekundärelektronen infolge Stoßionisation mit der Beschleunigungsspannung wächst (Abb. 70). Für genaue Messungen über längere Zeiträume wird die Vakuumphotozelle wegen ihrer größeren Konstanz, für schwache Lichteindrücke die gasgefüllte Zelle wegen ihrer größeren Ausbeute

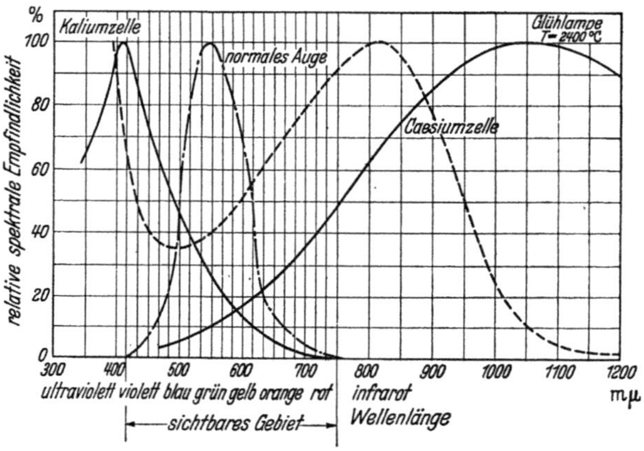

Abb. 69. Relative spektrale Empfindlichkeit der AEG-Photozellen. (Aus AEG: Technische Photozellen. Arch. techn. Messen J 391—2.)

vorgezogen, doch hat diese geringere Lebensdauer als die Vakuumzelle. Ultraviolettzellen sind wegen ihrer geringen Empfindlichkeit meist gasgefüllt und in Gefäße aus Quarz oder ultraviolettdurchlässigem Glas eingeschmolzen. Wegen ihrer hohen, bis ins Ultrarot reichenden Empfindlichkeit und hohen Konstanz haben sich die Zäsiumzellen mit Mischkathoden (Ag-Cs_2O-Cs) besonders bewährt. Statt durch Ionisation kann der Photoeffekt auch durch Bildung von Sekundärelektronen gesteigert werden. Ein auf eine Metallplatte auftreffendes Elektron löst je nach Geschwindigkeit, Aufschlagwinkel und Oberflächenbeschaffenheit der Platte eine größere oder kleinere Zahl von Sekundärelektronen aus. Läßt man also ein Elektron mit Hilfe eines äußeren hochfrequenten Steuerfeldes zwischen der Kathode und einer Hilfskathode mehrmals hin und her pendeln oder ordnet man eine Reihe von Elektroden hintereinander an und sorgt durch eine Steuerung dafür, daß die Elektronen von Platte zu Platte bis zu einer Auffangelektrode weiterfliegen, so erhält man ebenfalls eine Elektronenvervielfachung, bei der gegenüber der Stoßionisation Proportionalität zwischen Strahlungsintensität und Photostrom weitgehend gewahrt bleibt und die keine Trägheit aufweist. An Stelle des an die Photozelle angeschlossenen Verstärkers ist also ein mit der Alkalizelle zusammengebauter Sekundärelektronen-Vervielfacher getreten.

Im Gegensatz zu den Alkaliphotozellen arbeiten die Sperrschicht-Photoelemente [*23c*] bei Atmosphärendruck und ohne Beschleunigungsspannung. Die Elektronen werden in einem Halbleiter ausgelöst und wandern durch die Sperrschicht in die aufgewachsene metallische Gegenelektrode. Proportionalität zwischen Photostrom und Lichtintensität ist nur bei Kurzschluß des äußeren Stromkreises gewahrt; bei endlichem äußerem Widerstand tritt eine merkliche Krümmung der Charakteristik ein. Die Sperrschicht-Photoelemente, deren bekannteste Vertreter das Kupferoxydul- und das Selenelement sind, weisen infolge der temperaturabhängigen Leitfähigkeit der Halbleiter einen erheblichen Temperaturgang auf und arbeiten infolge ihrer Kapazität nicht völlig trägheitsfrei. BERGMANN und PELZ untersuchten zwei verschiedene Typen von Selenphotoelementen der Süddeutschen Apparatefabrik, Nürnberg, die sich durch die verschiedene Wärmebehandlung unterschieden und von denen der eine Typ höheren Eigenwiderstand, der andere geringeren Eigenwiderstand und geringere Empfindlichkeit hatte. Die Elemente bestehen aus einer Eisenplatte mit einer aufgeschmolzenen und durch Wärmebehandlung lichtempfindlich gemachten Selenschicht, auf die durch Kathodenzerstäubung eine dünne lichtdurchlässige Platinschicht aufgebracht ist. Die Stromabnahme erfolgt einerseits an der Eisenplatte, andererseits an einem aufgespritzten Bleiring, der die Platinschicht am Rande umgibt. Die Sperrschicht liegt zwischen der Platinhaut und dem Selen. Die Sperrichtung ist von Selen zu Platin. Zunächst zeigte sich durch Dauerbelichtung mit allmählich steigender Lichtstärke im Laufe von 25 Tagen eine Alterung, durch die der Kurzschluß-Photostrom um

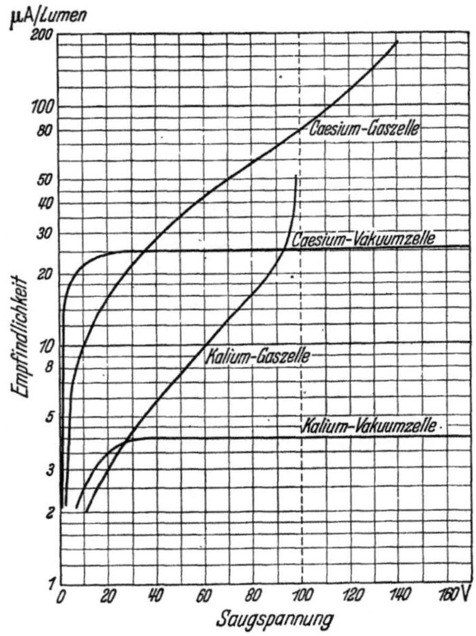

Abb. 70. Strom- und Spannungscharakteristik für verschiedene Photozellen. Der Lichtstrom bezieht sich auf eine Glühlampe mit 2400° Fadentemperatur. (Aus AEG: Technische Photozellen. Arch. techn. Messen J 391—2.)

2···4%, die EMK um 10···20% anstiegen. Die Photoelemente wurden also durch Dauerbelichtung empfindlicher unter gleichzeitiger Steigerung ihres inneren Widerstandes. Der mittlere Temperaturkoeffizient wurde im Bereich von — 20° bis + 30° zu — 0,003 für die EMK und + 0,001 für den Kurzschlußstrom ermittelt. Die Werte wurden bei einer Beleuchtung von 250 Lux gemessen und nehmen bei steigender Beleuchtungsstärke noch ab. Der Temperaturkoeffizient der Photo-EMK wies bei — 25 bzw. — 50° ein flaches Maximum auf, der des Photostromes war dagegen ständig positiv. Mehrmalige Abkühlung auf — 180° änderte die lichtelektrischen Eigenschaften der Selenelemente nicht, dagegen brachte jede Erwärmung auf 50···100° eine Minderung der Empfindlichkeit um 7···10%. Als obere Temperaturgrenze für die praktische Anwendung muß deshalb 40° angesehen werden. Weiterhin ist der Photoeffekt abhängig von der Lichtdichte, d. h. er ändert sich bei gleichbleibender Gesamtlichtenergie mit der Veränderung der Oberflächenhelligkeit. Die Veränderung hängt sehr stark von der Wellenlänge des verwendeten Lichtes ab und kann positiv oder negativ sein, d. h. die spektrale Empfindlichkeit des Selenphotoelementes ist verschieden, je nachdem seine ganze Oberfläche ausgeleuchtet oder bei gleicher Lichtintensität nur ein kleiner Teil der Oberfläche beleuchtet ist. Die Selenphotoelemente weisen eine merkbare Trägheit auf, d. h. bei plötzlicher Belichtung steigt der Strom nicht sofort auf seinen Endwert an. Die Größe dieser Trägheit hängt von der Wellenlänge des Lichtes, der Lichtstärke und der Temperatur ab und wurde zu 0,25···3,5 s bestimmt. Je nach Lage der Sperrschicht unterscheidet man Vorderwand- oder Hinterwandzellen. Selenzellen sind stets Vorderwandzellen. Kupferoxydul-Hinterwandzellen eignen sich besonders für rotes und ultrarotes Licht, Vorderwandzellen für das ganze sichtbare Spektrum.

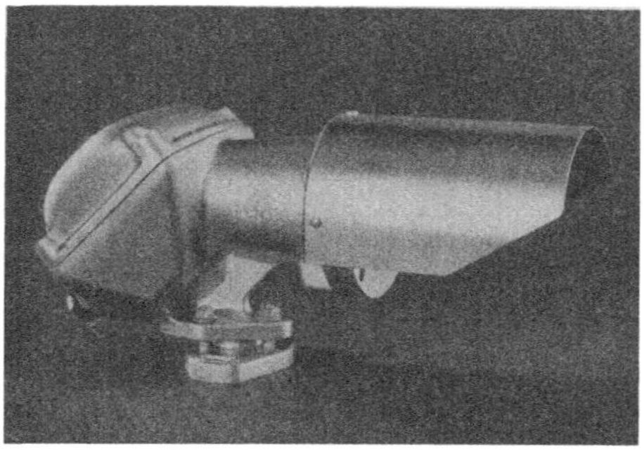

a

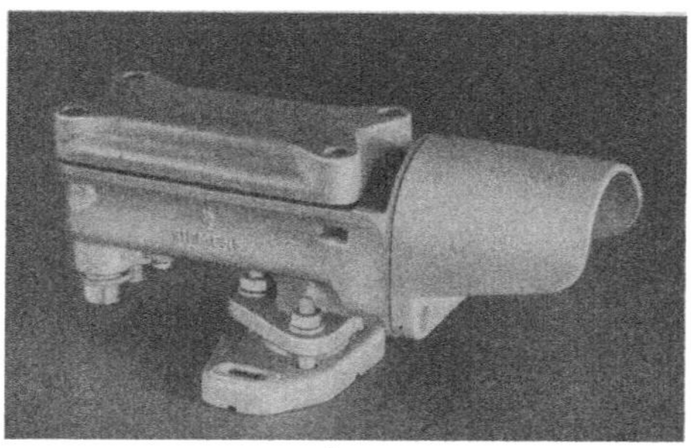

b

Abb. 71a und b. Wasserdichter Lichtsender und Zellenhalter mit Störlichtschutz. (Ausführung Siemens & Halske AG.) [Aus: Zellen und Optik für lichtelektrische Steuerungen. Siemens-Z. Bd. 19 (1939) S. 235.]

Lichtabhängige Widerstandssender [*23d*]. Eine bestimmte Modifikation des Selens ändert ihren spezifischen Widerstand mit der Belichtung und kann deshalb zu einem lichtelektrischen Widerstandssender verwendet werden. Die Selenwiderstände bestehen aus einer dünnen Selenschicht auf einem Isolierkörper, auf den von zwei Seiten her kammartig ineinandergreifende Elektroden aufgebracht wurden, so daß ein möglichst großer Querschnitt bei geringer Länge entsteht. Diese Halbleiterwiderstände haben keine lineare Charakteristik und eine erhebliche Trägheit. Infolge geringer Konstanz und Abhängigkeit von Spannung, Temperatur und Vorgeschichte haben sie gegenüber den Photoelementen nur sehr geringe Bedeutung.

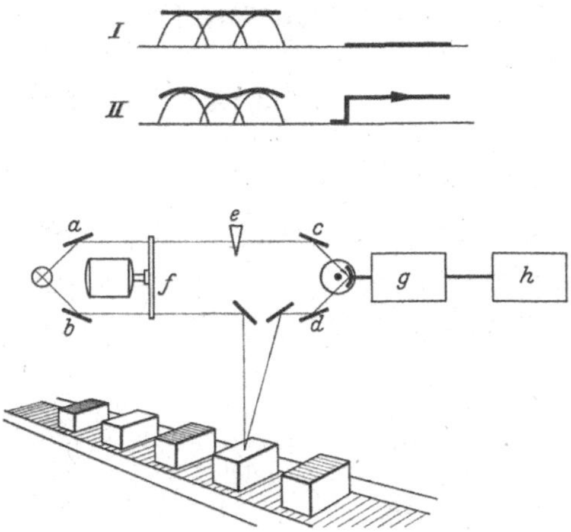

Abb. 72. Grundsätzliche Darstellung des optischen Gegentaktverfahrens. *I* Der Prüfling entspricht dem Normal. *II* Der Prüfling entspricht nicht dem Normal. [Aus: Zellen und Optik für lichtelektrische Steuerungen. Siemens-Z. Bd. 19 (1939) S. 236.]

a···*c* Vergleichslichtweg; *b*···*d* Prüflichtweg; *e* Graukeil; *f* Zahnscheibe; *g* Wechselstromverstärker; *h* Anzeigeinstrument.

Die lichtelektrischen Sender bestehen grundsätzlich aus einer Lichtquelle und einem lichtelektrischen Element (Abb. 71), zwischen denen von der mechanischen Meßgröße eine Blende oder ein Spiegel verstellt wird. Die Empfindlichkeit dieser Einrichtungen läßt sich mit optischen Mitteln nahezu beliebig steigern. Die Zellen sind vor jedem Fremdlicht sorgfältig zu schützen, am besten durch eine besondere Optik im Zellenhalter, die nur das Bild der leuchtenden Fläche des Lichtsenders auf der Zelle entwirft. Voraussetzung für linearen Zusammenhang zwischen dem Weg des Steuergliedes und dem Photostrom ist gleichmäßige Empfindlichkeit der lichtelektrischen Zelle innerhalb des Aussteuerungsbereiches. Die Helligkeitsschwankungen der Lichtquelle können durch Differenzschaltung zweier Photozellen gleicher Empfindlichkeit oder ein Gegentaktverfahren unwirksam gemacht werden. Bei diesem Verfahren wird der Lichtstrom der Lichtquelle in zwei getrennte Strahlengänge aufgespalten, von denen der eine über den Prüfling, der andere über einen Graukeil zur lichtempfindlichen Zelle führt, wo sie sich wieder vereinigen. Beide Wege werden nacheinander in raschem Wechsel so unterbrochen und geschlossen, daß die Summe der Lichtströme in jedem Augenblick konstant, die Zelle also stets gleichmäßig ausgeleuchtet ist. Der Vergleichslichtstrom wird mit dem

Graukeil auf den einem Normalprüfling entsprechenden Lichtstrom eingestellt. Weicht nun ein Prüfling von diesem Normalwert ab, so erhält die Zelle eine mit der Zerhackerfrequenz schwankende Wechselbeleuchtung, und die entsprechenden Schwankungen des Zellenstromes steuern einen Wechselstromverstärker (Abb. 72). Das lichtelektrische Verfahren eignet sich besonders für rasch verlaufende Vorgänge und für Meßeinrichtungen, bei denen nur geringe Kräfte zur Verfügung stehen. Es wird angewendet zur Behälterstandanzeige, für selbsttätige Wägung und als elektrisches Mikrometer, ferner zur Anzeige von Bewegungsvorgängen.

4. Kapazitive Sender [*24*].

Die Kapazität eines Plattenkondensators ist gegeben durch die Beziehung

$$C = \varepsilon \cdot \frac{F}{4\pi a} \cdot \frac{1}{9 \cdot 10^5} \mu\text{F}\,, \tag{81}$$

worin F die Fläche der Kondensatorplatten in cm^2, a ihren Abstand in cm und ε die Dielektrizitätskonstante des Zwischenmediums bedeuten.

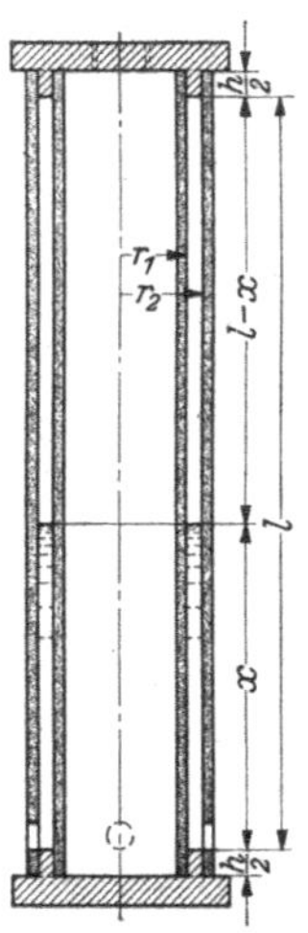

Abb. 73. Zylinderkondensator als kapazitive Sonde für Flüssigkeitsstand-Messung.
r_1 Außenradius des Innenzylinders; r_2 Innenradius des Außenzylinders; l Meßlänge; x Füllhöhe; h Verlustlänge.

Die Kapazität des Kondensators kann demnach durch die zu messende mechanische Größe durch Verändern des Plattenabstandes, der Plattengröße oder der Dielektrizitätskonstante beeinflußt werden.

Kapazitive Sender mit veränderbarem Dielektrikum. Diese Sender werden in zwei Ausführungsformen, als Zylinder- und als Plattenkondensatoren hergestellt. Der Zylinderkondensator ist als kapazitive Sonde zum Eintauchen in Flüssigkeitsbehälter, meist in Form zweier konzentrischer Rohre nach Abb. 73 ausgeführt. Am unteren Ende des Außenzylinders sind Durchlaßöffnungen, deren geringer Querschnitt eine wirksame Dämpfung der Oberflächenbewegung der Flüssigkeit herbeiführt. Die Kapazität eines konzentrischen Zylinderkondensators von der Länge l cm, der Dielektrizitätskonstante ε und den Radien r_1 und r_2 für den Außenmantel des Innenzylinders bzw. den Innenmantel des Außenzylinders ist:

$$C = \frac{\varepsilon \cdot l}{2 \ln \frac{r_2}{r_1}} \cdot \frac{1}{9 \cdot 10^5} \mu\text{F}\,. \tag{82}$$

Die Gesamtkapazität der kapazitiven Meßsonde kann als Summe dreier parallelgeschalteter Einzelkapazitäten aufgefaßt werden, der Grundkapazität C_0, der Kapazität des mit Flüssigkeit gefüllten Teiles C_x und der Kapazität des mit Luft und Flüssigkeitsdampf gefüllten Teiles C_l

$$C = C_0 + C_x + C_l. \tag{83}$$

Sind ε_0, ε_x und ε_l die zugehörigen Dielektrizitätskonstanten, so wird

$$C = \frac{K}{2 \cdot \ln \frac{r_2}{r_1}} [\varepsilon_0 \cdot h + \varepsilon_l \cdot l + x \cdot (\varepsilon_x - \varepsilon_l)]. \tag{84}$$

$$C = K_1 \cdot [K_2 + K_3 \cdot x]. \tag{85}$$

Der Plattenkondensator wird meist als Durchlaufkondensator zur laufenden Überwachung der Dicke oder Zusammensetzung bandförmiger Güter verwendet. Er kann nach Abb. 74 als Reihenschaltung zweier Kondensatoren mit den Dielektrizitätskonstanten ε_x und ε_l und den Plattenabständen x bzw. $a - x$ aufgefaßt werden, wobei x die zu messende Dicke der Stoffbahn ist.

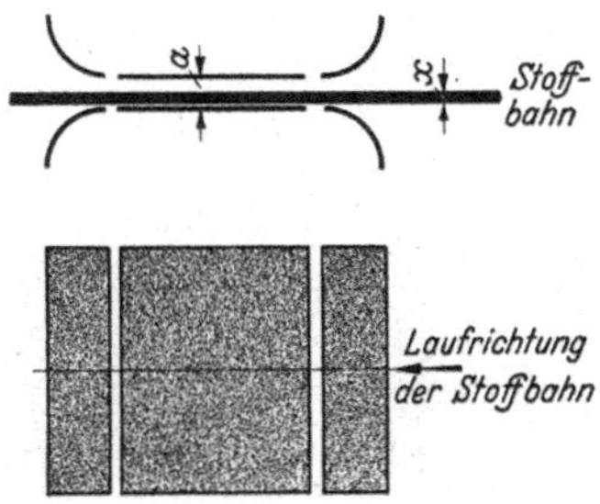

Abb. 74. Plattenkondensator als kapazitiver Geber für Durchlaufmessung. a Plattenabstand; x Dicke der Stoffbahn.

$$\frac{1}{C} = \frac{1}{C_1} + \frac{1}{C_2} \tag{86}$$

$$C = \frac{\varepsilon_x \cdot \varepsilon_l \cdot F}{4\pi [a \varepsilon_x - x(\varepsilon_x - \varepsilon_l)]} \tag{87}$$

$$C = \frac{K_1}{K_2 - K_3 \cdot x}. \tag{88}$$

Kapazitive Sender mit veränderbarer Plattengröße. Sender mit veränderbarer Plattengröße sind die bekannten Drehkondensatoren, die zweckmäßig so gestaltet werden, daß gleichen Winkelwegen gleiche prozentuale Kapazitätsänderungen entsprechen; sie dienen der Messung von Drehbewegungen.

Kapazitive Sender mit veränderbarem Elektrodenabstand. Die kapazitiven Sender mit veränderbarem Elektrodenabstand werden als Platten- oder Zylinderkondensatoren ausgeführt. Beim einfachen Plattenkondensator entspricht der Abstandsänderung Δa eine Kapazitätsänderung

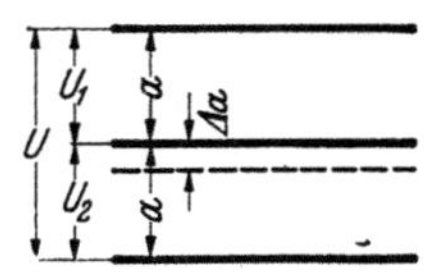

Abb. 75. Kapazitiver Spannungsteiler. U Gesamtspannung; U_1, U_2 Teilspannungen; a Plattenabstände.

$$\Delta C = -\frac{\varepsilon \cdot F \cdot \Delta a}{4\pi a (a + \Delta a)}, \tag{89}$$

d. h. solange Δa klein gegen a ist, bleibt die Kapazitätsänderung der Abstandsänderung proportional und der Skalenverlauf linear

$$\Delta C = K \cdot \Delta a. \tag{90}$$

Für den als kapazitiver Spannungsteiler nach Abb. 75 ausgebildeten

Dreiplattenkondensator mit einer beweglichen und zwei festen Platten gilt

$$\Delta U = U_1 - U_2 = U \cdot \frac{\Delta a}{a}, \tag{91}$$

wenn U die Gesamtspannung, U_1 und U_2 die Teilspannungen und a die Plattenabstände in der Mittellage bedeuten. Einrichtungen dieser Art haben einen geringen Temperaturfehler, da Abstandsänderungen der festen Platten durch Temperatureinflüsse nur als Fehler zweiter Ordnung in die Messung eingehen. Um eine lineare Eichkurve zu erhalten, muß auch hier der Weg Δa klein sein gegen den Plattenabstand a und die Schaltungskapazität klein gegen die Meßkapazität. Die Spannungsdifferenz an beiden Teilkapazitäten wird mit einem Röhrenspannungsmesser gemessen. Die kleinste meßbare relative Kapazitätsänderung ist

$$\frac{\Delta C}{C} = 1{,}25 \cdot 10^{-5},$$

die kleinste meßbare Verschiebung

$$\Delta a = 2{,}5 \cdot 10^{-7}\,\text{cm}.$$

Eine ausgeführte Dreielektroden-Druckdose zeigt Abb. 76, die Ausführung eines kapazitiven Mikrometers für Drahtdickenmessung Abb. 77.

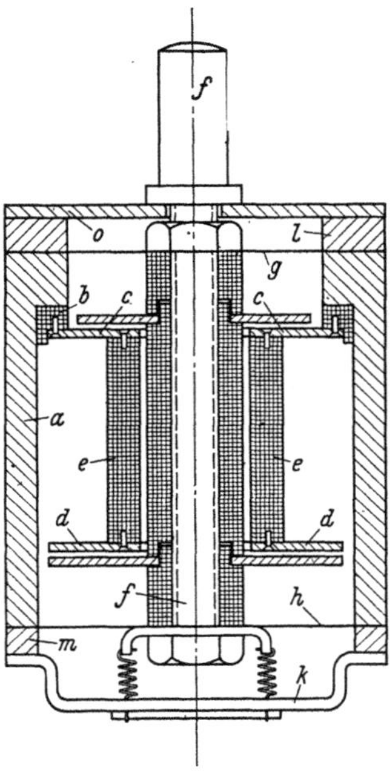

Abb. 76. Kapazitiver Geber mit zwei festen und einer beweglichen Elektrode. [Aus DE LA CHARD: Ein schreibender Dehnungsmesser. ETZ Bd. 55 (1934) S. 1276.]

a Gehäuse; *b*, *e* Isolation der festen Elektroden; *f* Druckbolzen mit beweglicher Elektrode; *g* und *h* Aufhängung des Druckbolzens; *k*, *l*, *m*, *o* Gehäuseteile.

Bei einer Sonderausführung für Flughöhenmessung wird die feste Platte von der Erdoberfläche, die bewegliche vom Flugzeug oder einem Teil des Flugzeuges gebildet, bei einer anderen zur Lagerstättenforschung ruht die feste Platte auf der Erdoberfläche, während die bewegliche von einer in der Erde liegenden leitenden Schicht gebildet wird.

Beim Zylinderkondensator nach Abb. 78 wird der Luftspalt durch Stauchen des Innenzylinders verändert. Bezeichnet a den Elektrodenabstand und F die wirksame Kondensatoroberfläche, so gelten für die Kapazitätsänderung dieselben Gleichungen wie für den Plattenkondensator. Bei allen Ausführungen kann das Dielektrikum ein Gas oder eine Flüssigkeit sein, doch werden auch feste Dielektrika angewendet, die den Luftspalt teilweise oder völlig ausfüllen, in letzterem Fall allerdings elastisch deformierbar sein müssen. Eine feste dielektrische Schicht, beispielsweise ein Zaponlacküberzug der Elektroden, hat den großen

Vorzug, auch bei sehr kleinen Elektrodenabständen Kurzschlüsse zu verhindern. Die Kapazität dieser Sender liegt in der Größenordnung von einigen 100 pF.

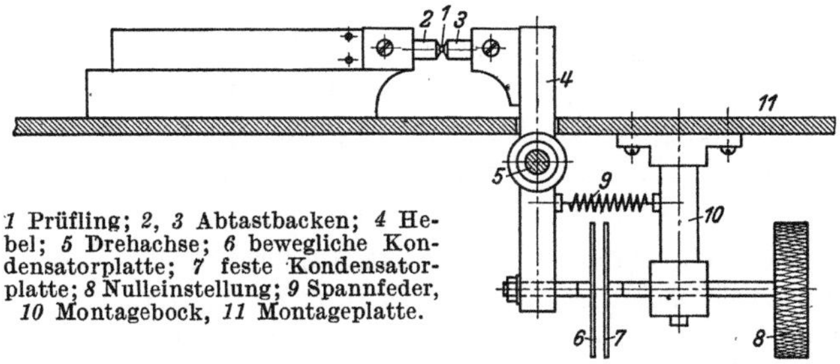

1 Prüfling; *2*, *3* Abtastbacken; *4* Hebel; *5* Drehachse; *6* bewegliche Kondensatorplatte; *7* feste Kondensatorplatte; *8* Nulleinstellung; *9* Spannfeder, *10* Montagebock, *11* Montageplatte.

Abb. 77. Kapazitives Mikrometer. [Aus LOEBE-SAMSON: Beobachtung und Registrierung von Durchmesserschwankungen dünner Drähte. Z. techn. Phys. Bd. 9 (1928) S. 415.]

Die kapazitiven Sender mit veränderbarem Luftspalt sind weit verbreitet und werden in den verschiedensten Ausführungsformen für kleine und große Verstellkräfte, Eigenfrequenzen und Plattenbewegungen zur

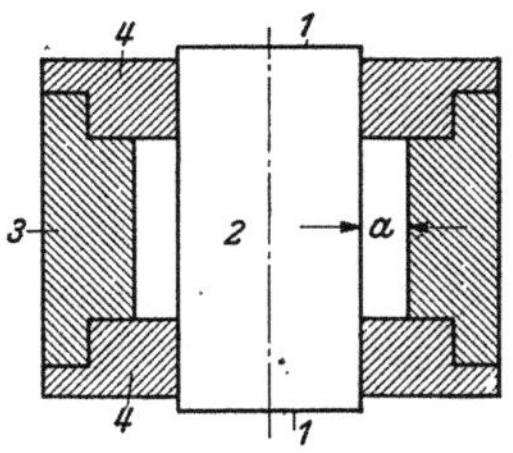

Abb. 78. Zylinderkondensator.
1 Druckflächen; *2* Stauchzylinder; *3* Mantelelektrode; *4* Isolation.

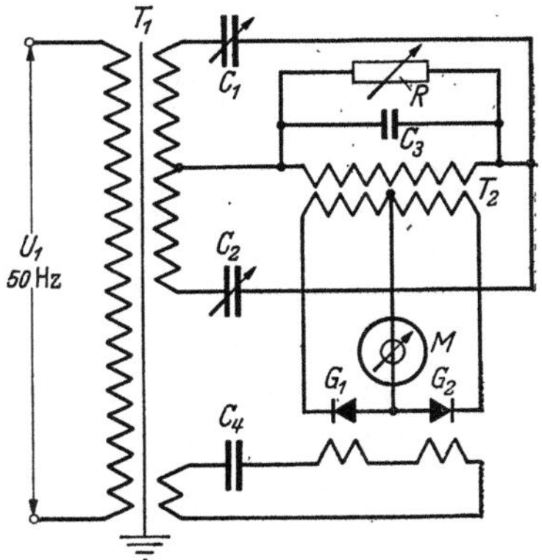

Abb. 79. Verstärkerlose Schaltung zur Messung kleiner Kapazitätsänderungen.
U_1 Netzwechselspannung; T_1 Netzanschlußwandler; T_2 Anpassungswandler; R Empfindlichkeitsregler; G_1, G_2 fremdgesteuerte Gleichrichter; M Meßgerät; C_1 Meßkondensator; C_2 Vergleichskondensator; C_3 Resonanzkondensator; C_4 Kunstschaltung für die Gleichrichter-Erregung.

Messung von Wegen, Kräften, Schwingungen und Beschleunigungen hergestellt. Ihr Vorzug liegt in der Möglichkeit, das bewegliche Teil leicht und steif zu machen und somit eine hohe Eigenfrequenz zu erzielen. Bei geeigneter Konstruktion haben sie hohe Überlastbarkeit und großen Temperaturbereich.

Messung der Kapazitätsänderung. Für die Messung der Kapazitätsänderung oder einer durch sie bedingten Frequenz- oder Spannungsänderung werden außer den bekannten Wechselstrombrücken [*20*] eine große Anzahl von Sonderschaltungen angegeben. Abb. 79 zeigt die Schaltung einer verstärkerlosen Kapazitätsmeßbrücke für 50 Hz Netzanschluß zur Messung geringer Kapazitätsänderungen, bei der die

Grundkapazität nicht in die Messung eingeht. Die Differenz-Meßbrücke mit dem Meßkondensator C_1 und dem Vergleichskondensator C_2 wird über den Netzanschlußwandler T_1 aus dem 50periodigen Starkstromnetz gespeist. Die Spannung U_1 ist konstant zu halten oder als Meßgerät M ein Kreuzspul-Instrument zu wählen. Im Differenzzweig der Brücke liegt über den Anpassungswandler T_2 eine Gleichrichterschaltung mit zwei fremderregten Gleichrichtern G_1 und G_2 und dem Anzeigeinstrument M. Die Gleichrichter-Erregung wird mit dem Kondensator C_4 auf Phasengleichheit mit dem Meßstrom gebracht, um höchste Empfindlichkeit zu erzielen. Die Primärwicklung des Anpassungswandlers T_2 ist durch die Kapazität C_3 auf Resonanz abgestimmt, wodurch einerseits die Empfindlichkeit gesteigert, andererseits bei Betätigung des Empfindlichkeitsreglers R eine unerwünschte Phasendrehung vermieden wird. Der Differenzstrom und somit die Anzeige des Meßgerätes ist unabhängig von der Größe der Grundkapazität und nur abhängig von der absoluten Kapazitätsänderung ΔC_1, solange der Scheinwiderstand des Differenzkreises klein gegen den des kapazitiven Gebers ist.

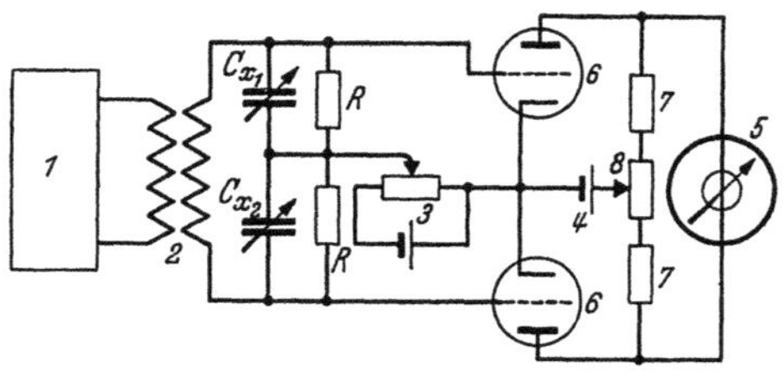

Abb. 80. Schaltung eines kapazitiven Spannungsteilers mit Röhrenspannungsmesser.
1 Hochfrequenzsender; *2* Übertrager; *3* Gitterbatterie; *4* Anodenbatterie; *5* Meßgerät; *6* Verstärkerröhren; *7* Brückenwiderstände; *8* Nulleinstellung; C_{x_1}, C_{x_2} Meßkondensator; R Gitterableitwiderstände.

Abb. 80 zeigt eine Differenzschaltung mit Röhrenspannungsmesser, wie sie für einen kapazitiven Spannungsteiler mit zwei festen und einer beweglichen Elektrode in Frage kommt. Ein Hochfrequenzgenerator *1* speist mit einer Wellenlänge von 300 m über den Übertrager *2* die Meßkondensatoren C_{x2} und C_{x1} mit der Spannung U; die Teilspannungen U_1 und U_2 liegen an den Gittern zweier Verstärkerröhren, und die Differenz der Anodenströme wird mit dem Drehspul-Instrument *5* gemessen. Diese Differenz ist der Verschiebung der beweglichen Mittelelektrode des Spannungsteilers proportional. Um diesen linearen Zusammenhang zu gewährleisten, muß der Weg der Mittelelektrode x klein gegenüber dem Plattenabstand a sein, ferner müssen die Schaltungskapazität klein gegen die Geberkapazität, die Gitterableitwiderstände R groß und der Verbrauch des Meßgerätes gegen den Anodenstrom klein sein. Eine früher häufig angewendete Schaltung ist die Methode der halben Resonanzkurve (Abb. 81). Ein Hochfrequenzgenerator H erregt einen Schwingungskreis S, in dem der kapazitive Sender C_x und ein Abstimmkondensator C_N liegen. Mit dem Abstimmkondensator wird die Eigenfrequenz dieses Schwingungskreises auf einen Wert etwas unterhalb der Senderfrequenz eingestellt, so daß sich der Arbeitspunkt bei Mittellage des kapazitiven Senders im geradlinigen Teil auf etwa halber Höhe der Resonanzkurve befindet. Änderungen der Senderkapazität führen dann zu proportionalen Amplitudenschwankungen im Schwingungskreis S und verhältnisgleichen Änderungen des vom Meßgerät M angezeigten Anodenstromes. Die Kapazitätsänderung wird demnach zunächst in eine proportionale Frequenzänderung und diese in eine Spannungsänderung umgesetzt. Die Frequenz des Senders wird zu etwa 3000 kHz gewählt, die erreichbare Vergrößerung der Plattenbewegung liegt in der Größenordnung von 10^6.

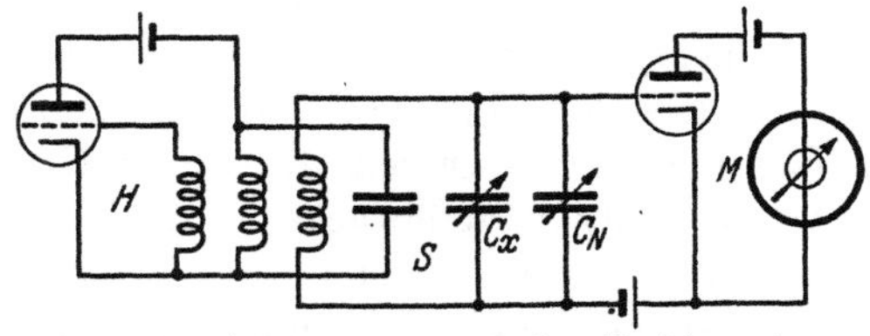

Abb. 81. Kapazitätsmessung nach dem Verfahren der halben Resonanzkurve.
H Hochfrequenzgenerator; S Schwingkreis; C_x Meßkondensator; C_N Justierkondensator; M Anzeigeinstrument.

Beim Schwebungsverfahren (Abb. 82) werden zwei Hochfrequenzschwingungskreise H_1 und H_2 nahezu gleicher Frequenz gegeneinandergeschaltet, so daß im Anodenkreis die Schwebungsfrequenz auftritt. In einem der Schwingungskreise liegt der kapazitive Sender C_x, seine Änderungen rufen eine Änderung der Schwebungsfrequenz hervor. Der zweite Teil der Schaltung entspricht dem Verfahren der halben Resonanzkurve. Die Schwebungsfrequenz wird auf einen niederfrequenten Schwingungskreis S gegeben, der so abgestimmt ist, daß der Arbeitspunkt bei Mittelstellung des Meßgebers C_x auf der halben Höhe der Resonanzkurve liegt. Jede Änderung von C_x und die entsprechende Änderung der Schwebungsfrequenz ruft nun am Schwingungskreis S eine proportionale Spannungsänderung hervor, die nach Verstärkung von dem Meßgerät M angezeigt wird. In der Schaltung von HUTH-KÜHN wird der kapazitive Geber in den Anodenkreis gelegt und die Veränderung des Gitterstromes abhängig von der Größe der Rückkopplung als Maß für die Kapazität C_x genommen. Abb. 83 zeigt die Schaltung des Kraftverlaufmessers von Siemens & Halske, eines Netzanschlußgerätes, mit dem der zeitliche Verlauf mechanischer Vorgänge bis zu Frequenzen von 1200 Hz mit einer Trägerfrequenz von

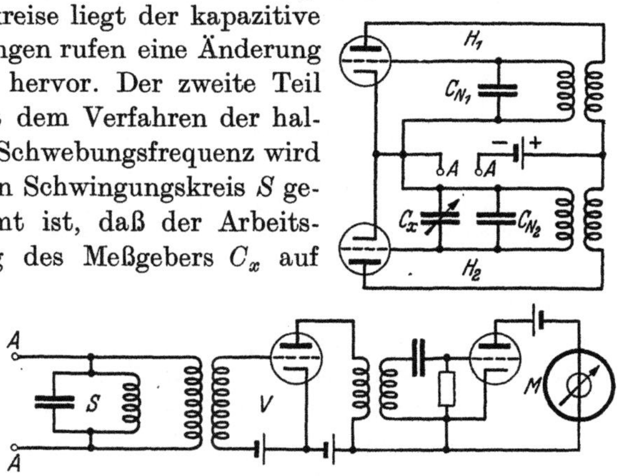

Abb. 82. Kapazitätsmessung nach dem Schwebungsverfahren.
H_1, H_2 Hochfrequenzschwingkreise; C_{N_1}, C_{N_2} Abstimmkondensatoren; C_x kapazitiver Geber; $A \cdots A$ Anschluß für den Meßkreis nach dem Verfahren der halben Resonanzkurve; S niederfrequenter Schwingkreis; V Verstärker; M Anzeigeinstrument.

5000 Hz angezeigt, aufgezeichnet oder oszillographiert werden kann. Das Gerät kann wahlweise mit magnetoelastischen oder kapazitiven Gebern betrieben werden und enthält zu diesem Zweck zwei getrennte Meßbrücken, ferner ein Netzanschlußgerät, einen 5-kHz-Einröhrengenerator, einen Einröhrenverstärker und eine Anzeigebrücke mit gesteuerten Trockengleichrichtern. Der rückgekoppelte Hochfrequenzgenerator besteht aus der Röhre V_2 und dem Schwingungskreis $Ü_2$ und C_4; seine Leistung wird über den Übertrager $Ü_4$ auf die Meßbrücken übertragen. Die kapazitive Meßbrücke baut sich aus dem kapazitiven Geber C_x und dem parallel dazu liegenden Abstimmkondensator C_{12}, dem Vergleichskondensator C_{11} und den Widerständen R_{10} und R_{11} auf. Die

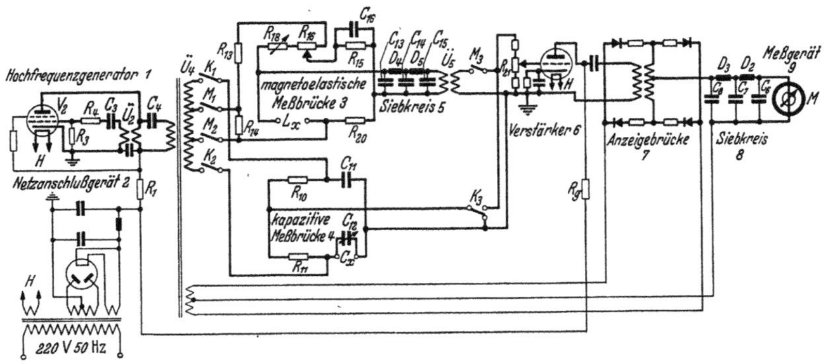

Abb. 83. Schaltung des Kraftverlaufmessers von Siemens & Halske AG.
1 Hochfrequenzgenerator; *2* Netzanschlußgerät; *3* magnetoelastische Meßbrücke; *4* kapazitive Meßbrücke; *5* Siebkreis; *6* Verstärker; *7* Anzeigebrücke; *8* Siebkreis; *9* Meßgerät.

magnetoelastische Meßbrücke besteht aus dem induktiven Geber L_x und den Widerständen $R_{15,\,16,\,18,\,20}$. Der Verlustwinkel des magnetoelastischen Gebers wird mit dem Kondensator C_{16} kompensiert. Am Brückenausgang liegt eine Siebkette aus den Drosseln D_4 und D_5 und den Kondensatoren $C_{13\ldots 15}$ zur Reinigung der durch die Meßdose verzerrten Kurve von der dritten Oberwelle. Die Diagonalspannung der Brücke, deren Amplitude proportional der Meßgröße ist, wird auf einen Einröhrenverstärker gegeben, der eine Gleichrichter-Anzeigebrücke speist. Mit dem Widerstand R_{21} kann die Empfindlichkeit eingestellt werden. Die Gleichrichter werden von dem Übertrager $Ü_4$ mit einer konstanten und synchronen Spannung gesteuert, arbeiten also phasenabhängig. An der Diagonale der Gleichrichterbrücke liegt über einen Siebkreis mit der Grenzfrequenz 3 kHz als Anzeigeinstrument im allgemeinen ein Oszillograph. Das Gerät enthält außerdem noch Kontroll- und Eicheinrichtungen und wird wegen seiner starken Spannungsabhängigkeit zweckmäßig über einen Konstanthalter betrieben.

5. Induktive Sender [25].

Die Induktivität eines kreisförmigen, gleichmäßig gewickelten Solenoids von l cm mittlerer Länge und q cm² Querschnitt ist

$$L = \frac{0{,}4 \cdot \pi \cdot w^2 \cdot q}{l} \cdot 10^{-8}\ \text{Hy}, \tag{92}$$

und die Möglichkeiten der Induktivitätsänderung sind zunächst in einer Änderung der mechanischen Abmessungen, Querschnitt, Länge und Windungszahl zu suchen. Ein viel bequemeres Mittel ist jedoch das Einbringen eines Eisenkerns von der Permeabilität μ. Die Induktivität des eisengeschlossenen Solenoids ist nämlich $L' = \mu \cdot L$. Durch Wahl der Größe, Form und Stellung des Eisenkerns hat man es in der Hand, alle Werte von L bis L' zu durchlaufen.

Abb. 84. Induktiver Geber mit veränderbarer Windungszahl.

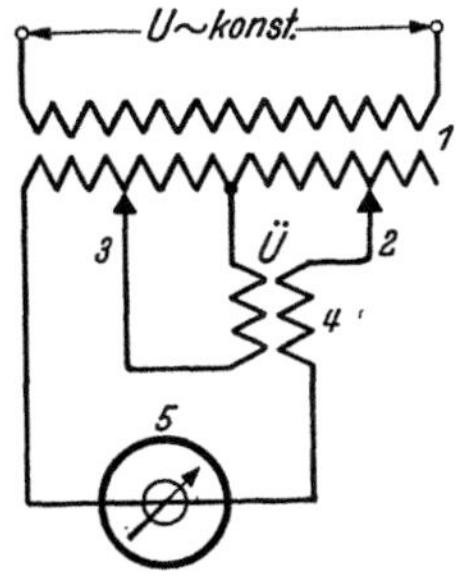

Abb. 85. Schaltung eines induktiven Gebers mit veränderbarer Windungszahl sowie Grob- und Feineinstellung.

1 Drehregler; *2* Grobabgriff; *3* Feinabgriff; *4* Wandler; *5* Anzeigeinstrument.

I n d u k t i v e r S e n d e r m i t v e r ä n d e r b a r e r W i n d u n g s z a h l. Der Sender besteht aus einer eisengeschlossenen Ringspule mit Grob- und Feineinstellung nach Abb. 84. Die Feinreglerspannung wird zu der des Grobreglers über einen Wandler mit dem Übersetzungsverhältnis $ü$ addiert, so daß bei einer Grobstufenspannung von a% die Stufenspannung des Feinreglers $a/ü$% wird (Abb. 85). Die Anordnung kann auch so getroffen werden, daß einer vollen Umdrehung des Feinabgriffs eine Grobstufe entspricht und nach jeder Umdrehung des Feinreglers der Grobregler selbsttätig um eine Stufe weitergeschaltet wird. Eine besonders einfache Feinregelung wird erreicht, wenn man einige Windungen des Grobreglers durch ein Widerstandsband überbrückt, an dem die feingeregelte Spannung mit einer Schleifbürste abgegriffen wird. Das Verfahren wird besonders zur Stellungsanzeige verwendet.

Induktiver Sender mit verschiebbarem Eisenkern. Der Sender besteht aus einer Spule, in der sich ein Eisenkern dem Meßwert entsprechend verschiebt. Abb. 86 zeigt als Beispiel den Verlauf des Blind- und des Scheinwiderstandes einer zylindrischen Spule, abhängig vom Weg eines gleichfalls zylindrischen Eisenkerns durch die

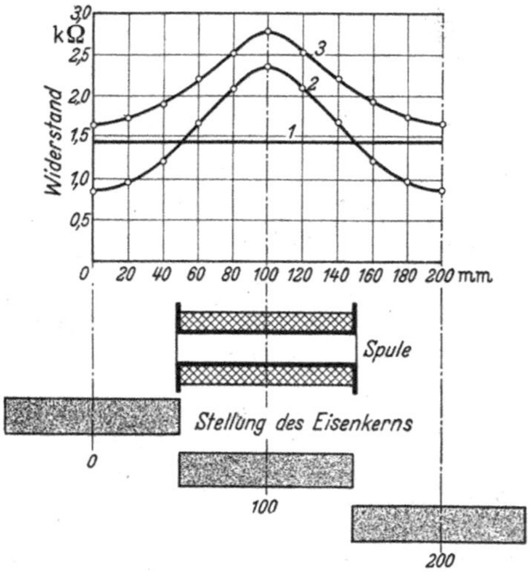

Abb. 86. Änderung des Widerstandes einer eisenlosen Spule beim Hindurchwandern eines zylindrischen Eisenkerns.

1 Wirkwiderstand; 2 Blindwiderstand; 3 Scheinwiderstand.

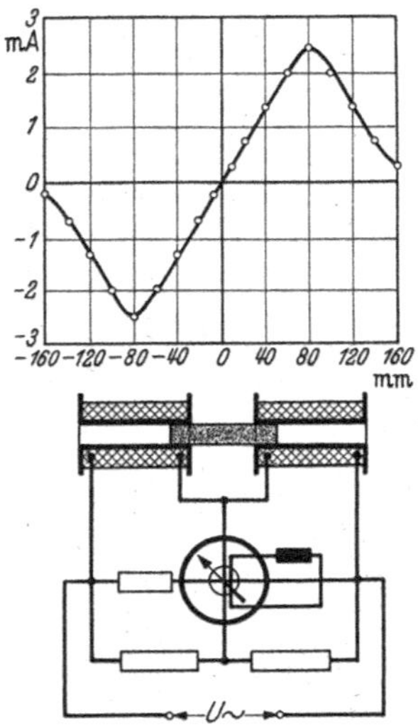

Abb. 87. Schaltung einer induktiven Wechselstrombrücke mit elektrodynamischem Doppelspul-Anzeigeinstrument und Abhängigkeit des Diagonalstroms von der Stellung des Eisenkerns.

Spule. Die Widerstandsänderung kann in einer Wechselstrombrücke nach Abb. 87 gemessen werden. Als Anzeigeinstrument ist dabei ein elektrodynamisches Doppelspul-Meßgerät vorgesehen, dessen Anzeige in weiten Grenzen unabhängig von Spannungsänderungen ist. Über dem Schaltbild ist gleichzeitig der Stromverlauf im Diagonalzweig aufgetragen, aus dem die Notwendigkeit hervorgeht, den Hub des Eisenkerns zu begrenzen, da sonst Doppeldeutigkeit entsteht. An die Stelle des Dynamometers kann natürlich ein beliebiges anderes Instrument, etwa ein Gleichrichter-Kreuzspul-Instrument oder ein Gleichrichter-Drehspul-Instrument treten. Im letzteren Fall ist die Meßbrücke über eine Konstanthaltung zu betreiben. Geber dieser Art dienen ebenfalls vorwiegend der Stellungsanzeige.

Induktiver Geber mit veränderbarem Luftspalt. Als Sender dient eine eisengeschlossene Drossel mit veränderbarem Luftspalt δ, deren Induktivität/w^2 durch eine Gleichung von der Form

$$L = K_1 + \frac{K_2}{K_3 + \delta} \tag{93}$$

dargestellt werden kann und deren Luftspalt von der mechanischen Größe entweder unmittelbar oder durch Einbringen eines Eisenkerns mittelbar verändert wird. Die Form des Luftspalts oder des Eisenkerns gibt die Möglichkeit, den Verlauf der Induktivitätsänderung beliebig zu gestalten. In der Ausführung nach Abb. 88 wird von der mechanischen Größe eine Eisenzunge zwischen zwei Spulen so verstellt, daß sich der

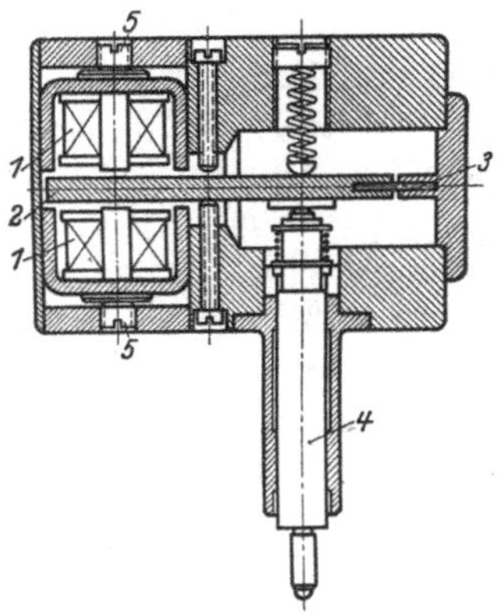

Abb. 88. Tastkopf eines induktiven Mikrometers.

1 Meßspulen; *2* bewegliche Eisenzunge; *3* Einspannung der Eisenzunge; *4* Tastbolzen; *5* Empfindlichkeitseinstellung.

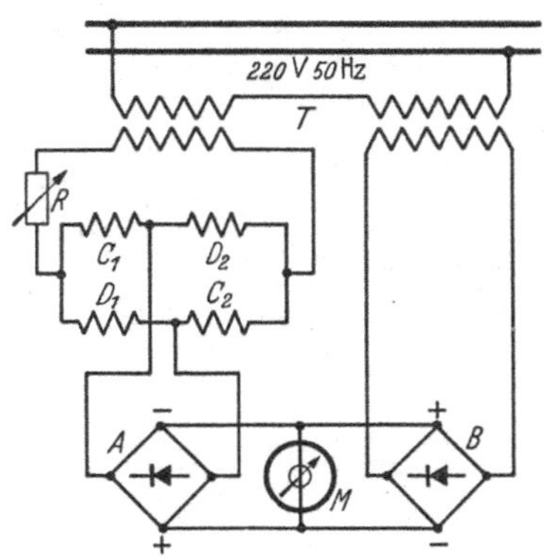

Abb. 89. Anordnung eines induktiven Mikrometers mit Gleichrichter-Differenzschaltung.

T Netzanschlußwandler; *R* Empfindlichkeitsregler; C_1, C_2, D_1, D_2 Wechselstrom-Meßbrücke; *A*, *B* Gleichrichter in Graetz-Schaltung; *M* Anzeigeinstrument.

Abstand von der einen Spule verringert und von der anderen gleichzeitig vergrößert.

Messung der Induktivitätsänderung. Die folgenden Bilder zeigen einige der ausgeführten Meßschaltungen. Abb. 89 ist eine Gleichrichter-Differenzschaltung. Vom Wandler T wird über einen Empfindlichkeitsregler R eine Wechselstrombrücke aus vier Induktivitäten C_1, C_2, D_1, D_2 gespeist. Bei der Verstellung des Eisenkerns im Luftspalt zwischen den vier Geberspulen nimmt die Induktivität zweier Spulen zu, die der beiden anderen gleichzeitig ab. Die Spulen liegen über Kreuz in der Brücke, so daß sich ihre Wirkungen unterstützen. Im Diagonalzweig der Brücke liegt ein Gleichrichter in Graetz-Schaltung. An eine Hilfswicklung des Wandlers T ist ein zweiter Gleichrichter angeschlossen, der durch den ersten einen Vorstrom schickt, um seinen

Schwellenwert zu überwinden und ihn auf seine günstigste Empfindlichkeit auszusteuern. Der Nullpunkt des Anzeigeinstruments M liegt in der Mitte, und Nullanzeige bedeutet Gleichheit der beiden Gleichrichterströme, die bei einer bestimmten Brückenverstimmung eintritt. Die Brücke arbeitet also unsymmetrisch, wodurch trotz der Gleichrichtung ein eindeutiger Ausschlag gewährleistet ist.

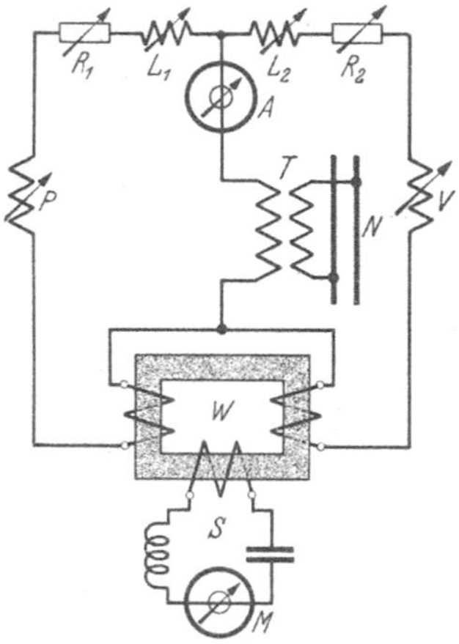

Abb. 90. Schaltung eines induktiven Gebers mit Differenzwandler. [Aus MERSHON: Electric micrometer. Gen. Electr. Rev. Bd. 29 (1926) S. 815···817.]

N Mittelfrequenznetz; T Netzanschlußwandler; A Strommesser für die Gesamtstromaufnahme; R_1, L_1, R_2, L_2 Abgleichwiderstände und Induktivitäten für beide Zweige; P induktiver Sender; V einstellbare Vergleichsinduktivität; W Differenzwandler; S Sperrkreis für die Netzfrequenz; M Anzeigegerät.

Abb. 90 zeigt die Schaltung eines induktiven Gebers mit Differenzwandler. Von einer Mittelfrequenzstromquelle N wird über den Netzanschlußwandler T eine Brückenschaltung gespeist, in deren einem Zweig der induktive Sender P, in deren anderem Zweig eine einstellbare Vergleichsinduktivität V liegt. Die Justierung beider Zweige erfolgt mit den Abgleichgliedern R_1, R_2, L_1, L_2. In der dritten Wicklung des Differenzwandlers W wird vom Differenzfluß eine der Meßgröße proportionale Spannung induziert und von dem Oszillographen M angezeigt. Eine etwaige Phasenverschiebung zwischen den Strömen der Differenzspulen spielt keine Rolle, da sie auch bei der Eichung vorhanden ist, ebenso sind Frequenzschwankungen von $\pm 10\%$ ohne Einfluß auf die Anzeige. Voraussetzung sind jedoch gleiche magnetische Eigenschaften von Prüf- und Vergleichsinduktivität, während eine ungleichmäßige Erwärmung durch die Abgleichglieder R_1, R_2 ausgeglichen werden kann.

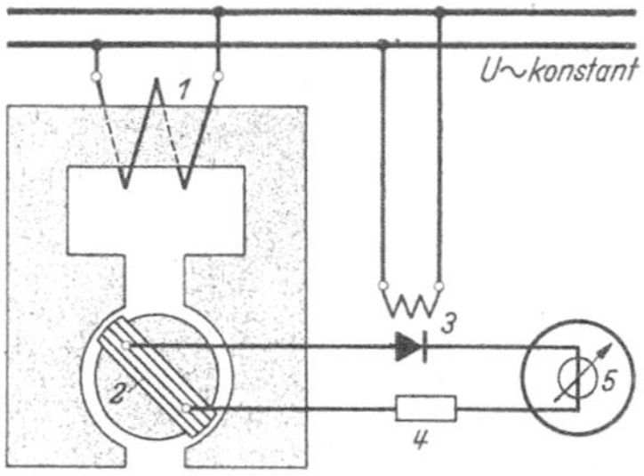

Abb. 91. Schaltung eines eisengeschlossenen Dynamometers als induktiver Sender mit veränderbarer Kopplung.

1 Erregerspule; *2* mechanisch verstellbare Drehspule; *3* gesteuerter Gleichrichter; *4* Vorwiderstand; *5* Drehspul-Anzeigeinstrument.

Die induktiven Geber mit veränderbarem Luftspalt gestatten, Luftspaltänderungen von $1 \cdot 10^{-3}$ mm zu messen; sie werden vorwiegend als elektrische Lehren, Dehnungs- und Erschütterungsmesser angewendet.

Änderung der gegenseitigen Induktion. Eine weitere Art induktiver Sender beruht auf der Änderung der gegenseitigen Induktion zweier Spulen durch Änderung ihrer Lage oder der Lage eines Schirmbleches. Eine bekannte Ausführungsform besteht aus einem eisengeschlossenen Dynamometer, dessen

Feldwicklung am Wechselstromnetz liegt und dessen Drehspule von der mechanischen Größe verstellt wird. Die in der Drehspule induzierte Spannung wird mit einem Gleichrichter-Instrument gemessen (Abb. 91). Das am weitesten verbreitete Verfahren mit induktivem Geber aber ist das Drehfeldverfahren, von Siemens & Halske als S-System, in den englisch sprechenden Ländern als Selsyn-Verfahren bezeichnet (self-synchronous oder self-synchronizing). Es benutzt als Geber und Empfänger gleichartige Induktionsapparate mit einphasiger synchron erregter Primär- und dreiphasiger Sekundärwicklung, wobei es unerheblich ist, ob die dreiphasige Wicklung auf Ständer oder Läufer untergebracht ist. Eine solche aus Geber und einem oder mehre-

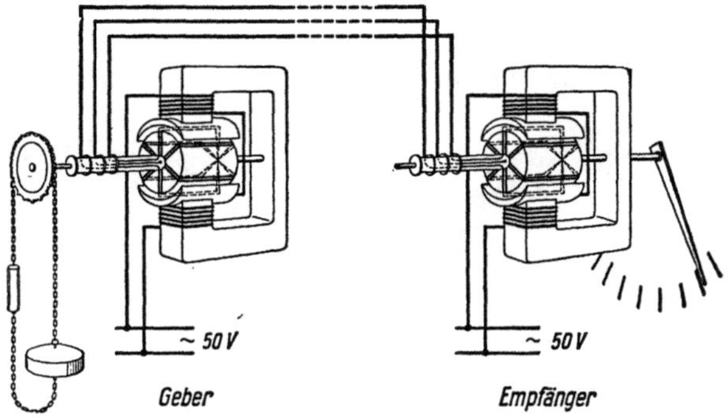

Abb. 92. Stellungsanzeige nach dem Drehfeldsystem. (Aus Siemens & Halske-Druckschrift SH 7132.)

ren Empfängern bestehende Einrichtung ist im Gleichgewicht, wenn die induzierten Spannungen in allen Systemen gleich groß sind. Wird der Läufer des Gebersystems mechanisch verstellt, so treten Ausgleichströme auf und erzeugen im Empfänger ein Drehmoment, das ihn in dieselbe Lage zu bringen versucht und beim Erreichen dieser Lage verschwindet. Das System synchronisiert sich selbst, d. h. Geber und Empfänger stellen sich nach vorübergehender Stromunterbrechung wieder auf die gleiche Lage ein. Ein einfaches Ausführungsbeispiel zeigt Abb. 92. Die Genauigkeit der Einstellung hängt von der Belastung des Empfängers ab; sie beträgt bei normalen Empfängern etwa 0,5°. Eine Steigerung der Meßgenauigkeit ist ohne weiteres dadurch möglich, daß man dem Gesamt-Meßbereich mehrere Ankerumdrehungen zuordnet und eine Grob- und Feinanzeige vornimmt. Das Verfahren wird vorwiegend zur Stellungsanzeige verwendet.

C. Meßverfahren.

I. Wegmessung.

1. Stellungsanzeige [26].

Die augenblickliche Lage beweglicher Teile, also die Stellung von Ventilen, Rudern, Reglern, Schleusentoren, Dreh- oder Hebebrücken, Schwimmern u. dgl., kann mit allen Arten von Sendern übertragen werden, mit denen eine Beeinflussung elektrischer Stromkreise möglich ist. Die Wegmessung soll kraftlos erfolgen, d. h. die Energie für die Bewegung des Meßsenders soll klein sein gegenüber der für den Bewegungsvorgang selbst erforderlichen Kraft, da sonst eine Beeinflussung des Bewegungsablaufs durch den Meßsender eintritt. Für eine verzerrungsfreie Übertragung des Bewegungsvorganges ist ferner schnelle

a b

Abb. 93a und b. Stellungszeiger für eine Klappbrücke. a Geöffnet; b geschlossen. (Aus Siemens & Halske-Druckschrift SH 2971.)

und schwingungsfreie Einstellung des Geberorgans erforderlich. Linearer Zusammenhang zwischen der Bewegung des Gebers und der Änderung der elektrischen Größe ermöglicht eine bequeme Ablesung und leichte Ausführung von Rechenoperationen. Die meist großen Wege der bewegten Teile sollen dabei häufig viel genauer angezeigt werden, als der normalen Anzeigetoleranz elektrischer Meßgeräte entspricht, und es wird deshalb notwendig, den Meßbereich zu unterteilen oder eine Grob- und Feinanzeige vorzunehmen. Für die Grob- und Feinanzeige werden etwa drei im Verhältnis 1:10:100 angetriebene Geber und drei Empfänger verwendet, so daß das Feinanzeigegerät seine volle Skala bestreicht, wenn das mittlere 10% und der Grobanzeiger nur 1% seiner Skalenlänge durchläuft. Auch mit einem Geber kann man Grob- und Feinanzeige erreichen, wenn man ihn beispielsweise mehrere Umdrehungen ausführen läßt und nach jeder Umdrehung einen Stufenschalter um eine Grobstufe weiterdreht. Die Anzeige kann an zwei Meßgeräten, einem Meßgerät mit Grob- und Feinzeiger oder einem Meßgerät mit Feinzeiger und Zählwerk erfolgen. Der Stufenschalter beim Sender kann gespart werden, wenn man das Meßgerät selbst mit Grenzkontakten ausrüstet und beim jedesmaligen Erreichen des oberen oder unteren Meßbereich-Endwertes das Zählwerk um eine Grobstufe vor- oder zurückschaltet. Um die An-

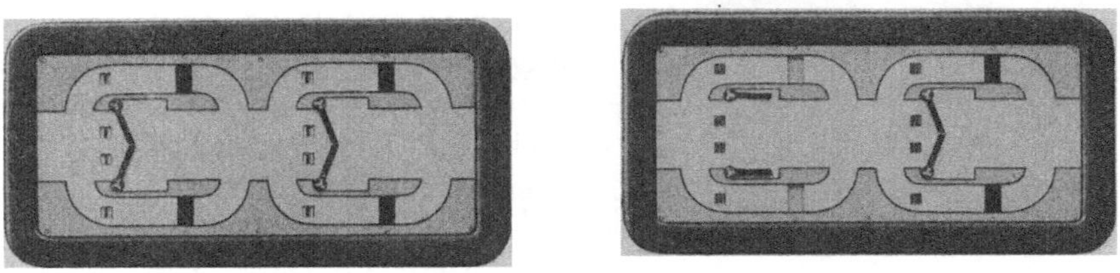

a b

Abb. 94a und b. Schleusenanzeiger. a Stromlos, Schütze und Stemmtore geschlossen; b Schütze und Stemmtore der linken Seite geöffnet. (Aus Siemens & Halske-Druckschrift SH 2971.)

zeige recht sinnfällig zu machen, erhalten die Skalen der Anzeigegeräte zuweilen bildliche Darstellungen, wie es in Abb. 93 an einem Beispiel gezeigt ist. Zur Überwachung mehrerer zusammenhängenden Bewegungen werden ferner zuweilen mehrere Meßwerke in annähernd richtiger räumlicher Lage in einem gemeinsamen Gehäuse zu einem Schaubild vereinigt (Abb. 94).

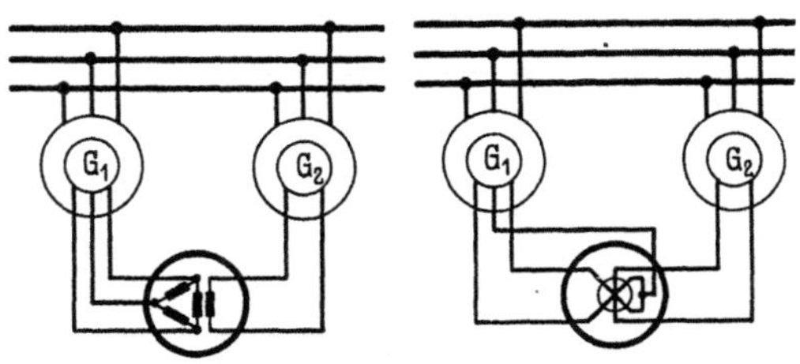

a b

Abb. 95a und b. Schraubenlagenanzeige. a Mit Synchronoskop als Anzeigesystem; b mit Leistungsfaktormesser als Anzeigesystem.

Schraubenlagenanzeiger. Bei Mehrschraubenantrieben ist es zur Vermeidung von Schwingungserscheinungen wünschenswert, außer dem Gleichlauf der Antriebswellen auch eine bestimmte gegenseitige Lage der Propellerblätter einzuhalten. Zur Messung der Propellerlage werden mit beiden Wellen kleine Drehstromgeneratoren gekuppelt, deren Ständer vom gleichen Netz erregt und deren Läufer von den Propellerwellen entgegen dem Drehfeld angetrieben werden. Die Phasenlage der Läuferspannungen ist ein Maß für die gegenseitige Lage der Propeller; sie wird mit einem elektrodynamischen Meßwerk nach Art eines Synchronoskops oder eines Leistungsfaktormessers ermittelt (Abb. 95). Ist die Propellerdrehzahl n_s und soll bei einem Propeller mit k-Flügeln die gegenseitige Verdrehung der Propeller um $(360°/k)$ dem vollen Meßbereich des Anzeigegerätes entsprechen, so ist die Geberdrehzahl $n = k \cdot n_s$ zu wählen. Die Ausführung des Anzeigeinstruments zeigt Abb. 96. Wenn der Anbau von Generatoren nicht möglich ist, kann der Gleichlauf zweier Wellen und ihre gegenseitige Winkelverdrehung auch mit einem Kontaktverfahren mit mechanischer oder lichtelektrischer Impulsgabe nach Abb. 97 gemessen werden. Von der Gleichspannungsquelle U fließt der Strom abwechselnd über die beiden Ionenröhren T_1 und T_2, und die Umschaltung erfolgt durch Gittersteuerung mittels der auf den Wellen angebrachten Schalter S_1, S_2. Der Strom fließe zunächst über die Röhre T_1, die andere T_2 sei gesperrt, dann lädt sich der Kondensator C in der in Abb. 97 angegebenen Weise auf. Wird nun mit dem Schalter S_2 ein positiver Gitterspannungsstoß auf T_2 gegeben, so zündet diese Röhre, der Kondensator C wird umgeladen und löscht dabei die Röhre T_1. Werden nun die Kontakte S_1 und S_2 so gesteuert, daß beide Röhren gleich lange brennen, so hat man einen symmetrisch arbeitenden Wechselrichter, und am Löschkondensator C liegt eine reine Wechselspannung. Das Drehspulinstrument A zeigt demgemäß keinen Ausschlag. Verdrehen sich aber die beiden Wellen oder Wellenquerschnitte gegeneinander, so erfolgt die Wechselrichtung unsymmetrisch, und es tritt ein der Verdrehung proportionaler Gleichspannungsanteil u_g am Kondensator auf, der mit dem Drehspulinstrument A gemessen wird. Bezeichnet z die Zahl der Kontaktstücke auf beiden Wellen, α den Verdrehungswinkel, R_0 den Gesamtwiderstand des Meßkreises, bestehend aus dem Instrumentenwiderstand und den Vorwiderständen R', $U_1 = U - U_2$ die Gesamtspannung U, vermindert um den konstanten Spannungsabfall U_2 der Ionenröhren, so wird

Abb. 96. Schraubenlagenanzeiger für Schiffe. (Ausführung Siemens & Halske AG.).

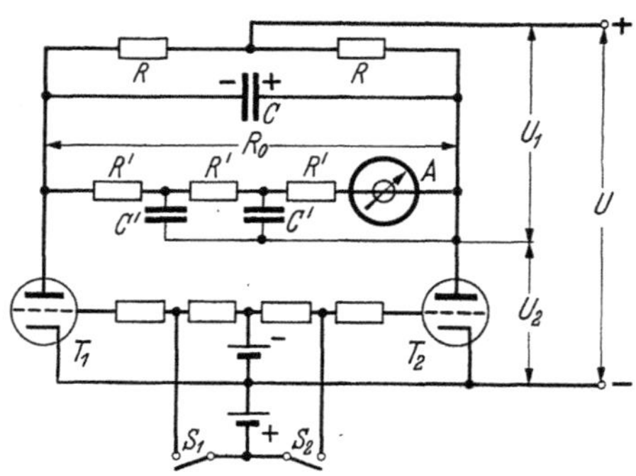

Abb. 97. Meßeinrichtung für die Messung kleiner Winkel an umlaufenden Wellen. [Aus OSTENDORF: Einrichtung zur Messung elektrischer Winkel an umlaufenden Maschinen. ETZ Bd. 59 (1938) S. 689···692).

U Gesamtspannung; U_1 Meßspannung; U_2 Spannungsabfall an den Stromtoren; A Anzeigeinstrument; C Meßkondensator; R Vorwiderstände; R', C' Glättungskreis; S Wellenschalter; T Stromtore.

$$u_g = \alpha \cdot \frac{z}{\pi} \cdot \frac{R_0}{R + R_0} \cdot U_1 = \alpha \cdot K \cdot U_1 . \tag{94}$$

Die Anzeige des Drehspulinstruments ist direkt proportional dem Verdrehungswinkel und unabhängig von der Drehzahl. Der Wechselstromanteil der Kondensatorspannung wird durch den aus den Widerständen R' und den Kondensatoren C' bestehenden Kettenleiter vom Instrument ferngehalten. Die Einrichtung eignet sich zur Überwachung des Gleichlaufs von Wellen, zur Untersuchung von Pendelerscheinungen und zur Verdrehungsmessung. Ihre Empfindlichkeit läßt sich durch Vermehrung der Kontaktzahl z nahezu beliebig steigern.

Flüssigkeitsstandmessung. Die Anzeige des Flüssigkeitsstandes mittels eines Schwimmers entspricht der gewöhnlichen Stellungsanzeige und kann mit allen Geberarten durchgeführt werden. Als Beispiel ist in Abb. 98 ein induktiver Geber für Hochdruckkessel gezeigt. Die zylindrischen Geberspulen sitzen in einem dem Meßbereich entsprechenden Abstand auf einem starkwandigen Bronzerohr, innerhalb dessen der ebenfalls zylindrische Eisenkern vom Schwimmer verstellt wird, sofern man es nicht vorzieht, ihn unmittelbar auf einer Quecksilbersäule schwimmen zu lassen. Die elektrische Einrichtung ist durch das Bronzerohr vom Flüssigkeitsbehälter völlig getrennt, und es sind keinerlei Dichtungen beweglicher Teile erforderlich. Für linearen Skalenverlauf sind Spulenlänge, Spulenabstand und Länge des Eisenkerns ungefähr gleich. Durch Änderung der Spulen- und Eisenkernlänge läßt sich der Meßbereich, durch Änderung des Spulenabstandes der Skalenverlauf verändern, ein Mittel, von dem zuweilen Gebrauch gemacht wird, wenn die normalen Spiegelschwankungen wenig interessieren, dagegen die Grenz- oder Gefahrenwerte sehr genau erfaßt werden sollen. Der Eisenkern muß eine Hubbegrenzung erhalten, da beim völligen Durchschreiten einer Spule die Anzeige umkehrt. Die Schaltung der Einrichtung zeigt Abb. 87. Das Meßverfahren eignet sich besonders für Hochdruckbehälter und für kleine Spiegelschwankungen; es gibt eine Genauigkeit von etwa $\pm 1\%$ vom Höchstwert.

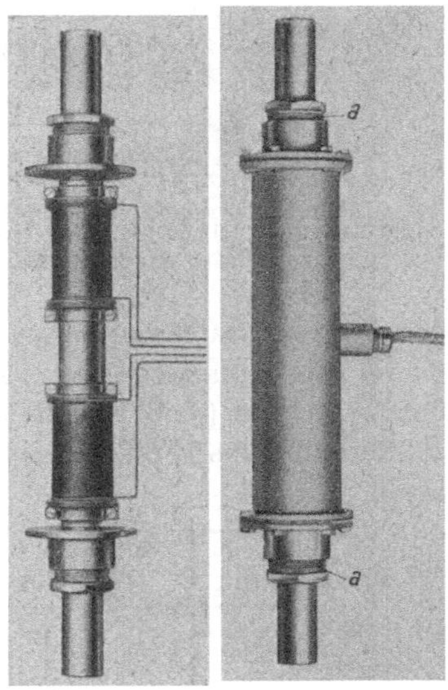

a b

Abb. 98a und b. Induktiver Wasserstandgeber für hohe Drücke und kleinen Meßbereich, in geöffnetem und geschlossenem Zustand. [Aus PFLIER: Fernanzeige von Flüssigkeitshöhen mit induktivem Geber. Siemens-Z. Bd. 7 (1927) S. 495.]

Große Pegelschwankungen an Stauseen, Flüssen und Gezeitenmeeren werden zweckmäßig mit Impulsverfahren übertragen, von denen eines nachstehend beschrieben ist: Ein Schwimmer überträgt die Flüssigkeitsstandschwankungen auf eine Nockenwelle, die bei einer Umdrehung 2×6 verschiedene Kontaktschlüsse ausführt. Der Empfänger hat einen vierpoligen, dauernd eingeschalteten Läufer und einen zwölfpoligen Ständer mit drei um je $^1/_{12}$ des Umfanges gegen-

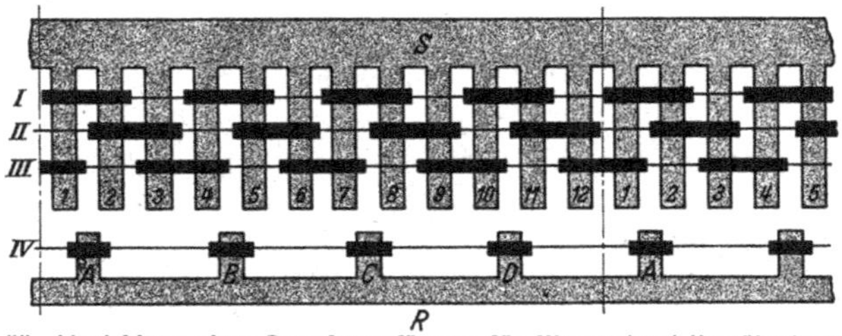

Abb. 99. Abwicklung eines Impulsempfängers für Wasserstand-Fernübertragung. [Aus LEONHARDT: Elektrische Pegelfernübertragung. Z. VDI Bd. 74 (1930) S. 1430···1432.] *S* 12poliger Ständer; *R* 4poliger Läufer; *I*···*III* Ständerwicklungen; *IV* Läuferwicklung.

einander versetzten vierpoligen Wicklungen, die so angeordnet sind, daß je zwei nebeneinanderliegende Pole von einer gemeinsamen Erregerspule umfaßt werden (Abb. 99). Betrachten wir den Läuferpol *A*, so nimmt er während der 6 verschiedenen Schaltstellungen nacheinander folgende Lagen ein:

Schalt-stellung	Eingeschaltete Wicklungen	Stellung des Läuferpols *A*
1	I	zwischen Pol 1 und 2
2	I + II	unter Pol 2
3	II	zwischen Pol 2 und 3
4	II + III	unter Pol 3
5	III	zwischen Pol 3 und 4
6	III + I	unter Pol 4
1	I	zwischen Pol 4 und 5
	usw.	

Der Läufer bewegt sich also bei jeder Schaltung um eine halbe Polteilung weiter und hat mit 24 Schritten eine Umdrehung vollendet. Durch Wahl der Übersetzung zwischen Schwimmer und Nockenrad hat man es in der Hand, die Anzeige beliebig feinstufig zu machen. Die Bewegung des Empfängers wird mit einer Bandkupplung auf die Schreibfeder übertragen, die den Schwimmerweg in rechtwinkligen Koordinaten aufzeichnet. Bei einer ausgeführten Anlage der Seewarte Hamburg entspricht $^1/_{24}$ Umdrehung des Empfängers 0,2 mm Diagrammhöhe und 4 mm Wasserstandänderung. Auf dem Diagramm kann eine Fahrplankurve vorgezeichnet sein, damit man sofort die Abweichungen vom Normalverlauf erkennt. Ferner kann mit der Anzeige eine Steuerung verbunden werden. Der Vorzug aller Impulsverfahren liegt in der Unabhängigkeit von Stromschwankungen und Isolationsfehlern. Die Anlage arbeitet richtig, solange der Strom überhaupt noch kräftig genug ist, den Empfänger weiterzuschalten.

Abb. 100. Magnetkupplung des Schwimmer-Flüssigkeitsstandmessers für Druckbehälter. Bauart Siemens & Halske AG. (Aus: Flüssigkeitsstandmesser für Druckbehälter. Arch. techn. Messen V 1123—4.)

Beim Schwimmerverfahren für Druckbehälter der Siemens & Halske AG. wird die Bewegung der vom Schwimmer verdrehten Seiltrommel über eine magnetische Kupplung (Abb. 100) nach außen übertragen, so daß das Meßsystem nicht durch die Reibung einer druckdichten Durchführung belastet wird. Außerhalb des Druckraumes verdreht die Meßachse einen Zeiger für die unmittelbare Anzeige sowie einen Ringrohr-Widerstandsender für die Fernanzeige (Abb. 101).

Abb .101. Geöffnetes Anzeigeinstrument des Flüssigkeitsstandmessers für Druckbehälter mit angebautem Ringrohr-Fernsender. Bauart Siemens & Halske AG. (Aus: Flüssigkeitsstandmesser für Druckbehälter. Arch. techn. Messen V 1123—4.)

Das kapazitive Verfahren ermöglicht eine schwimmerlose Wasserstandmessung und eignet sich überall da, wo jede Beeinflussung der Strömungsverhältnisse durch die Meßeinrichtung vermieden werden muß, beispielsweise bei Messungen in Modellgerinnen. Dabei werden die beiden fest miteinander verbundenen Elektroden P_1 und P_g eines elektrostatischen Spannungsteilers über der Wasseroberfläche aufgehängt (Abb. 102), während die dritte Elektrode P_2 vom Wasserspiegel gebildet wird. Der Potentialunterschied zwischen der Mitte des Eingangswandlers und der Mittelelektrode des kapazitiven Spannungsteilers steuert das Gitter einer Pentode V_1. Mit der Hilfsplatte C wird die Spannungsteilung so eingestellt, daß die Kapazität zwischen P_2 und P_g auch bei niedrigstem Wasserstand noch etwas größer ist als zwischen P_g und P_1.

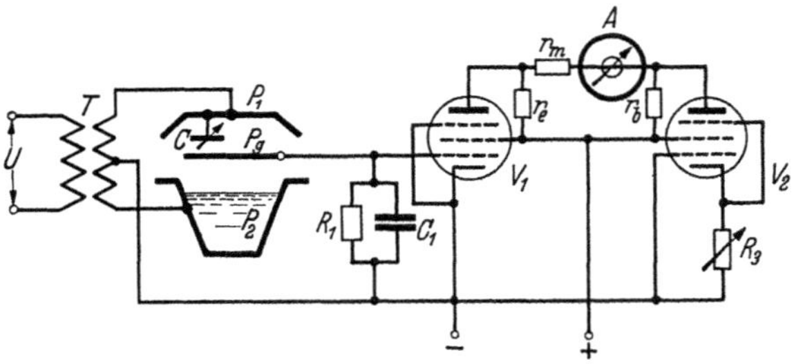

Abb. 102. Schaltung eines kapazitiven Wasserstandmessers für ein Versuchsgerinne. [Aus HAZEN: Electrical water level control and recording equipment for model of Cape Cod canal. Electr. Engng. Bd. 56 (1937) S. 237···244.]

U Konstante Eingangswechselspannung; P_1, P_g, P_2 kapazitiver Spannungsteiler; T Eingangswandler mit Mittenanzapfung; V_1 Meßpentode; V_2 Kompensationspentode; r_e, r_b Abgleichwiderstände; r_m Vorwiderstand; A Anzeigeinstrument.

Mit steigendem Wasserspiegel steigt dann die Gitterspannung, und der Anodengleichstrom nimmt ab. Die zweite Röhre V_2 mit fester Gitterspannung vermindert den Spannungseinfluß und gestattet gleichzeitig die Unterdrückung des konstanten Anodengleichstromes. Durch Wahl der Widerstände r_b, r_e und r_m kann der Meßbereich des Anzeigeinstruments, durch den Widerstand R_3 die Skalenmitte beliebig eingestellt werden. Der temperaturfehlerfreie Widerstand r_m dient außerdem der Verkleinerung des Temperatureinflusses. Das Verfahren eignet sich für kleine Spiegeländerungen und gibt bei einem Meßbereich von

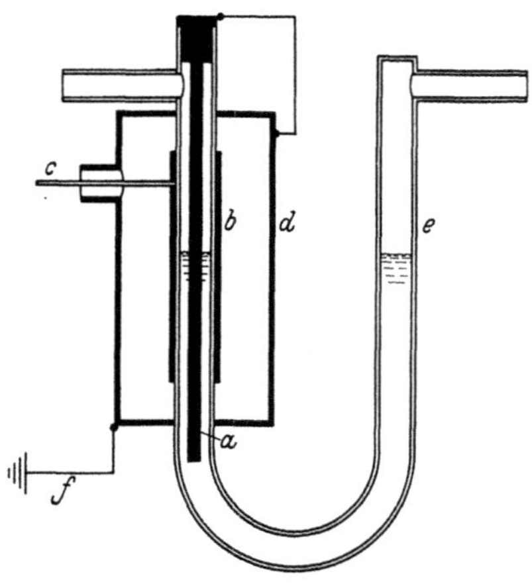

Abb. 103. Kapazitiver Geber zur Messung kleiner Spiegelschwankungen oder Druckunterschiede. [Aus WATZINGER u. SCHNELL-LARSEN: Erfahrungen mit elektrischer Druckaufnahme bei Wärmekraftmaschinen. Z. VDI Bd. 83 (1939) S. 900.]

a innere Elektrode; b äußere Elektrode; c Zuleitung zum Verstärker; d Schirmelektrode; e Glasrohr; f Erdung.

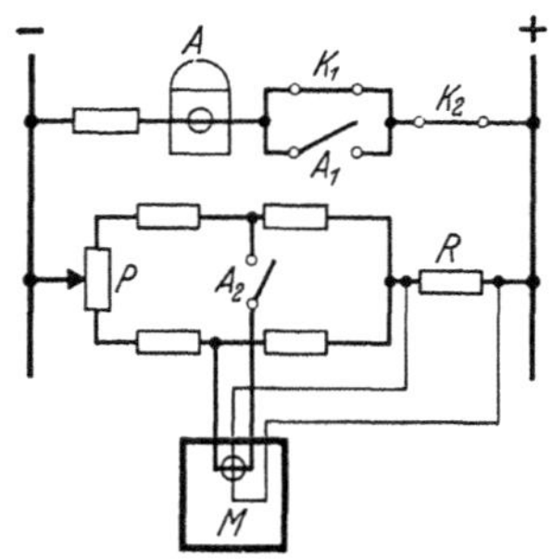

Abb. 104. Schaltung des Seilrutschmessers.

A Hilfsschütz; K_1 Selbsthalteschalter; K_2 lichtelektrischer Schachtschalter; A_1 und A_2 Einschalter des Schützes A; P Potentiometer; R Nebenwiderstand für den Richtkreis des Kreuzspulschreibers; M Schreibgerät.

50 mm eine Genauigkeit von 0,25···0,5%. Wegen der Röhrenalterung ist in Abständen von einigen Wochen eine Nacheichung vorzunehmen. Die Spannungen sind selbstverständlich konstant zu halten. Statt als Elek-

trode kann die Flüssigkeit auch als Dielektrikum eines kapazitiven Gebers nach Abb. **103** verwendet werden. Bei leitenden Flüssigkeiten sind die Kondensatorelektroden zu isolieren. Ferner kann die Standhöhe leitender Flüssigkeiten durch Kurzschließen eines Widerstandssenders gemessen werden. Bei bekanntem spezifischem Gewicht kann endlich die Flüssigkeitsstandmessung durch Einbau von Druckmeßdosen am Boden des Gefäßes auf eine Druckmessung zurückgeführt werden.

Seilrutschmessung. Bei Fördermaschinen mit Koepescheibenantrieb besteht infolge der Abnutzung des Koepescheibenfutters und Rutschens des Seils auf der Scheibe kein fester Zusammenhang zwischen der Anzeige des vom Koepescheibenantrieb betätigten Teufenzeigers und der wahren Stellung des Förderkorbes im Schacht; die am Seil selbst angebrachten Marken können nur als Notbehelf angesehen werden. Es erscheint deshalb wünschenswert, dem Fördermaschinisten einen Seilrutsch unmittelbar und so rechtzeitig anzuzeigen, daß er in der Lage ist, etwa mit einer zusätzlichen Seilbremse den Förderkorb in der richtigen Stellung zum Stillstand zu bringen. Eine derartige Einrichtung wurde von der Siemens & Halske AG. nach folgendem Grundgedanken entwickelt: Bei einer bestimmten Stellung a des Teufenzeigers wird ein Zeiger mit dem Teufenzeiger gekuppelt und bei einer bestimmten Stellung b des Förderkorbes wieder entkuppelt. Stimmt die wahre Stellung des Förderkorbes mit der vom Teufenzeiger angezeigten überein, so ist die vom Meßzeiger zurückgelegte Strecke $c = b - a$ stets gleich groß, beispielsweise 0 für $b = a$. Hat ein Seilrutsch stattgefunden, so wird an Stelle von c der Wert c_1 angezeigt und die Differenz $c_1 - c$ gibt den Seilrutsch unmittelbar an. Die Schaltung des Gerätes ist in Abb. **104** gezeigt. In der Ruhestellung sind die Schalter K_1 und K_2 geschlossen. Erreicht der einstellbare Mitnehmer des Teufenzeigers die Stellung a, so öffnet er den Schalter K_1 und beginnt gleichzeitig das Brückenpotentiometer P zu verstellen. Der spannungsunabhängige Kreuzspul-Schreiber M in der Brückendiagonale beginnt einen Querstrich über das Papier zu ziehen. Sobald der lichtelektrische Schachtschal-

Abb. 105. Kreuzspulschreiber für Seilrutsch-Registrierung, Meßbereich ± 60 m (Ausführung Siemens & Halske AG.).

ter K_2 durch den durchfahrenden Förderkorb vorübergehend geöffnet wird, fällt das Schütz A ab, die Schalter A_1 und A_2 öffnen sich und der Schreiber geht in seine Nullage zurück. Solange kein Seilrutsch eingetreten ist, haben die bei jeder Fahrt geschriebenen Querstriche gleiche Länge, etwa bis zur Skalenmitte; eine Abweichung von

Abb. 106. Doppelgeber mit Potentiometer-Ringrohren für Seilrutsch-Registrierung. *1* Ringrohr; *2* Potentiometer-Antrieb; *3* Selbsthalteschalter K_1; *4* Hilfsschütz A; *5* Stromzuführung zum Ringrohr; *6* Vorwiderstände.

dieser Normallänge bedeutet einen Seilrutsch in der einen oder anderen Richtung. Nach der Durchfahrt des Korbes schließt sich der Schalter K_2 wieder, das Schütz A kann aber erst ansprechen, nachdem der Teufenzeiger bei der umgekehrten Fahrt wieder die Stellung a erreicht hat und den Schalter K_1 schließt; damit ist der Anfangszustand wieder hergestelltt. Abb. 105 ist eine Ansicht des Schreibers, Abb. 106 ein geöffneter Doppelgeber mit Potentiometer-Ringrohren für zwei Schreibgeräte.

2. Elektrische Mikrometer [*27*].

Elektrische Lehren arbeiten nach verschiedenen Geberverfahren und dienen vorwiegend der Kontrolle der Maßhaltigkeit von Massenerzeugnissen; sie können mit Regelorganen unmittelbar in den Fabrikationsgang eingreifen. Ferner werden sie zu Feinmessungen bei Forschungsarbeiten herangezogen.

Beim induktiven Fühlhebel der AEG (Abb. 107) wird von der Meßgröße ein Eisenkern im Luftspalt zwischen zwei Drosselspulen verstellt. Die Drosseln werden über einen Eisenwasserstoffwiderstand als Konstanthalter aus dem Wechselstromnetz gespeist und bilden die beiden veränderbaren Zweige einer Brückenschaltung, in deren Diagonale das Gleichrichterinstrument liegt. Der kleinste ausgeführte Meßbereich ist $\pm 12{,}5\,\mu$, er kann durch elektrische Umschaltung im Instrumentenkreis verdoppelt werden. Die Genauigkeit beträgt $\pm 1\%$ vom Höchstwert. Spannungsschwankungen von $\pm 10\%$ werden durch den Eisenwasserstoffwiderstand ausgeregelt und beeinflussen die Meßgenauigkeit nicht. Der Taststift liegt mit einem Meßdruck von 100···250 g auf dem Werkstück auf und kann beim Unterlegen eines neuen Prüflings mit einer Freihubeinrichtung mechanisch angehoben werden.

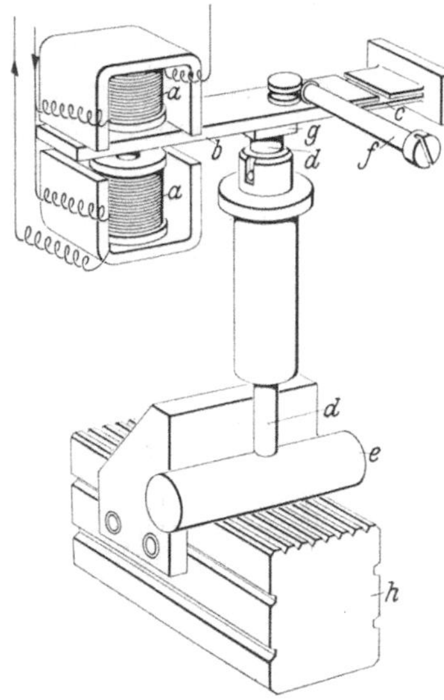

Abb. 107. Induktiver Fühlhebel. (Aus FROBÖSE: Elektrische Meßlehre. AEG-Mitt. 1937 S. 405.)

a Meßspulen; *b* Eisenanker; *c* Einspannfeder; *d* Taststift; *e* Werkstück; *f* Stellschraube; *g* Drehkeil; *h* Meßtisch.

Abb. 108 ist eine Ansicht der Siemens-Mahr-Ausführung mit den Meßbereichen ± 10 bzw. $\pm 50\,\mu$ und einer Genauigkeit von $\pm 1\%$ vom Höchstwert. Der Taststift liegt bei diesem Gerät mit 250 g auf und kann durch einen Hubmagnet elektrisch angehoben

Abb. 108. Elektrische Lehre mit induktivem Geber (Ausführung Mahr-Siemens).

1 Meßtisch; *2* Prüfkörper; *3* induktiver Geber; *4* Anzeigeinstrument; *5* Grenzkontakte; *6* Einstellschraube für die Grenzkontakte; *7* Nullstellung des Anzeigeinstruments; *8* Meßbereich-Umschalter; *9* Nulleinstellung des Gebers; *10* Netzanschlußstecker.

werden. Das Gerät ist mit einem magnetischen Konstanthalter versehen, durch den Spannungsschwankungen so weit ausgeglichen werden, daß bei Spannungsänderungen von 110 auf 220 V nur Anzeigefehler von 5···7% der Anzeige auftreten. Einen induktiven Geber zeigt Abb. 109; die zugehörige Schaltung ist in Abb. 110 dargestellt.

Die *kapazitiven Mikrometer* entsprechen in Schaltung und Aufbau völlig den induktiven Geräten, nur daß an Stelle des Ankers einer Drosselspule eine Kondensatorplatte verstellt wird. So wurde von HAYNES [*27*] auf kapazitivem Weg die Verschiebung von Mikrophonkontakten durch Beeinflussung der Frequenz eines Schwingkreises gemessen. Eine

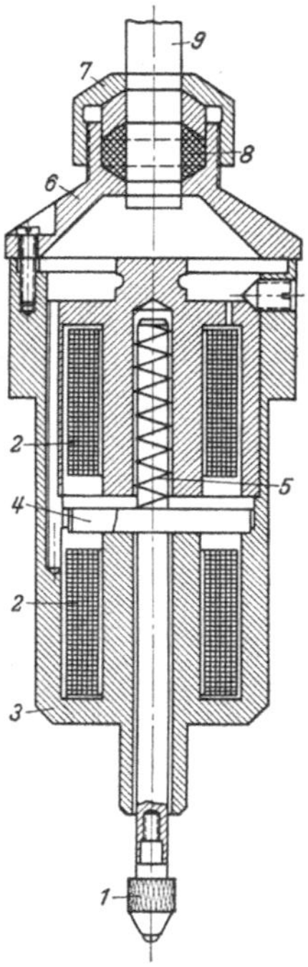

Abb. 109. Schnitt durch einen induktiven Feintaster (Ausführung Siemens & Halske AG.).
1 Taststift; *2* Drosselspule; *3* Eisenkörper; *4* beweglicher Eisenanker; *5* Druckfeder; *6* Gehäusekappe; *7* Verschlußschraube; *8* Dichtung; *9* Anschlußkabel.

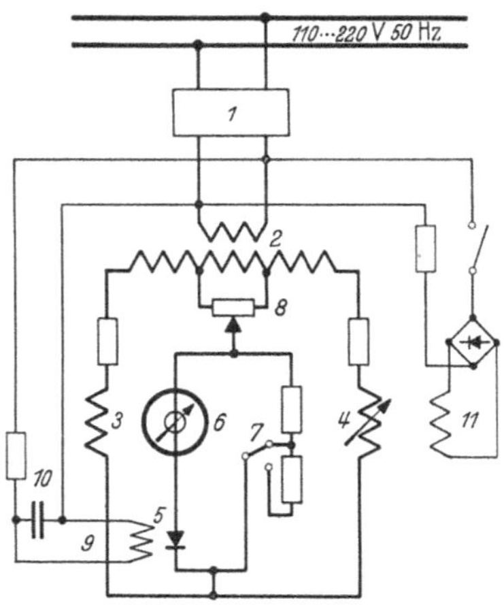

Abb. 110. Schaltung des induktiven Mikrometers der Siemens & Halske AG. Nach MERZ-SCHARWÄCHTER.
1 Spannungskonstanthalter; *2* Anschlußwandler; *3* Vergleichsdrossel; *4* Geberdrossel; *5* fremderregter Gleichrichter; *6* Anzeigeinstrument; *7* Meßbereichumschalter; *8* Nulleinstellung; *9* Gleichrichter-Erregung; *10* Phasenregler für die Gleichrichter-Erregung; *11* Hubmagnet.

Verschiebung von $1 \cdot 10^{-8}$ mm ergab einen Ausschlag des Lichtzeiger-Instruments von 0,25 mm. Die Schaltung eines kapazitiven Mikrometers nach der Methode der halben Resonanzkurve in Verbindung mit einem Nullgalvanometer und einer selbsttätigen Kompensationseinrichtung zeigt Abb. 112. Vom Hochfrequenzgenerator *1* werden in den Spulen L_1 und L_2 gleich große elektromotorische Kräfte induziert. Der aus L_2, R_2, C_2 bestehende Schwingkreis ist auf eine Frequenz etwas oberhalb der Generatorfrequenz abgestimmt, so daß man im annähernd linearen Teil der Resonanzkurve arbeitet. Ebenso wird der Kreis L_1, R_1, C_1, dessen Kapazität sich aus dem Abgleichkondensator C_1', dem kapazitiven Geber C_1'' und dem Meßkondensator C_1''' zusammensetzt, mit C_1' abgeglichen. Die Spannungen an den Kapazitäten C_1 und C_2 werden auf die Gitter zweier Verstärkerröhren gegeben, die mit den Widerständen R_3 und R_4 eine Wheatstone-Brücke bilden, in deren Diagonalkreis das Nullgalvanometer *2* liegt. Werden infolge einer Kapazitätsänderung am kapazitiven Geber C_1'' die beiden Gitterspannungen verschieden hoch, so tritt ein Ausgleichstrom auf, das Galvanometer *2* schließt einen seiner Kontakte, und der Umkehrmotor *M* wird von einem der Schütze S_1, S_2 angeworfen. Der Motor verstellt den Meßkondensator C_1''' so lange, bis Brückengleichgewicht herrscht. Der Weg, den der Kondensator C_1''' dabei zurückgelegt hat, ist ein Maß für die Kapazitätsänderung des

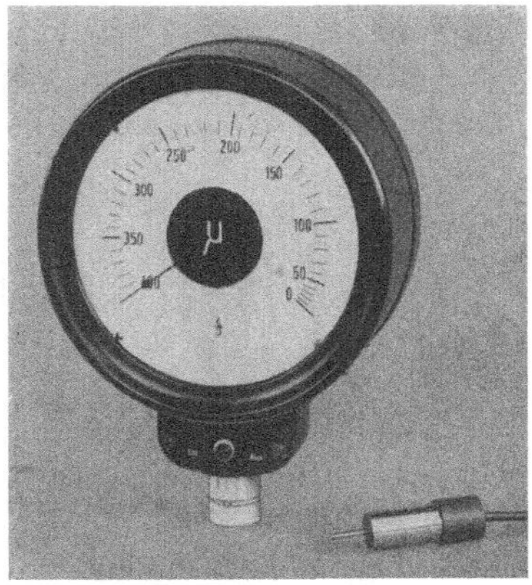

Abb. 111. Kreisskalen-Instrument mit eingebauter Schaltung und induktivem Feintaster nach MERZ-SCHARWÄCHTER. Siemens & Halske AG.

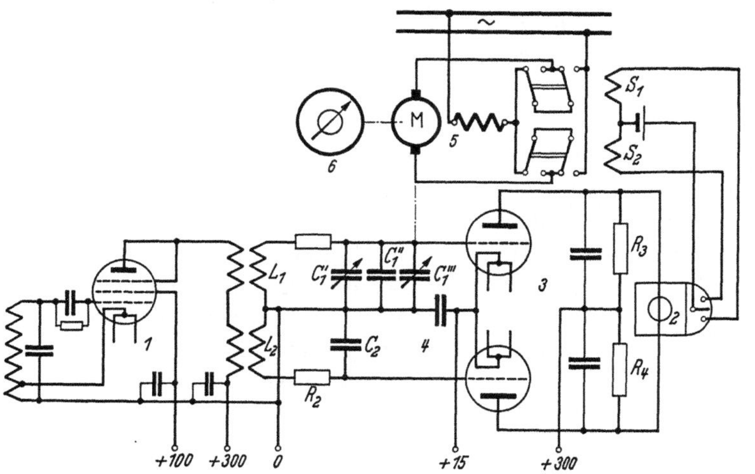

Abb. 112. Messung kleiner Kapazitätsänderungen mit Nullgalvanometer und Kompensograph. *1* Hochfrequenzgenerator; *2* Nullgalvanometer; *3* Röhrenbrücke; *4* Schwingkreis; *5* Kompensationsmotor mit Umkehrschaltung; *6* Meßgerät.

Gebers, also für die Schwankung der Meßgröße. Von dem Motor *M* wird außer dem Meßkondensator C_1''' ein Anzeige- oder Schreibgerät verstellt, wie es bei selbsttätigen Kompensationsgeräten üblich ist. Kleine Änderungen der Frequenz oder Spannung des Hochfrequenzgenerators beeinflussen die Messung ebensowenig wie Temperaturschwankungen, da sie auf beide Schwingkreise gleichmäßig einwirken; dagegen gehen Änderungen der Röhrencharakteristik voll in die Messung ein.

Lichtelektrische Längen- und Winkelmessung. Bei den lichtelektrischen Längen- und Winkelmeßgeräten wird entweder die Größe der beleuch-

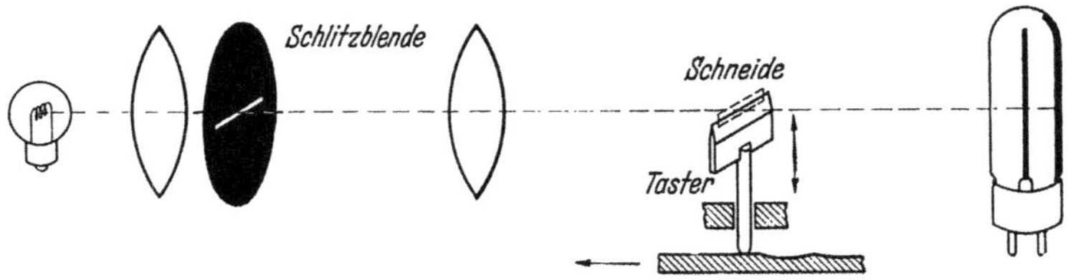

Abb. 113. Lichtelektrische Prüfung in Verbindung mit mechanischer Abtastung. [Aus BENDA: Die Anwendung lichtelektrischer Einrichtungen in der Fertigung. Siemens-Z. Bd. 19 (1939), S. 283···287.]

teten Fläche oder die Intensität der Beleuchtung einer Photozelle von der mechanischen Größe verändert. Zum Verändern der Lichtintensität kann beispielsweise ein Graukeil benutzt werden. Zur Änderung der Größe der ausgeleuchteten Fläche läßt man durch die mechanische Größe einen Spiegel oder eine Blende verstellen (Abb. 113) oder man tastet den Prüfling unmittelbar mit Lichtstrahlen ab und vergleicht sein Schattenbild auf der lichtelektrischen Zelle mit einem mechanisch oder optisch aufgebrachten Normalbild. Diese einfachen Ausschlagverfahren sind von den Helligkeitsschwankungen der Lampe infolge von Spannungsschwankungen oder Alterung abhängig. Ferner gehen alle Fehler der Zelle infolge Alterung oder infolge von Umwelteinflüssen in die Messung ein. Es ist deshalb zweckmäßig, mit Null-, Vergleichs- oder Differenzverfahren zu arbeiten. Die grundsätzliche Anordnung eines Nullverfahrens zum Messen kleiner Drehbewegungen zeigt Abb. 114. Von der Lichtquelle *1* wird ein Bild der Blende *2* über den von der Meßröße um kleine Winkel verdrehten Spiegel *4* auf dem Photoelement *6* entworfen. Die Zellenoberfläche ist von einer Maske bedeckt, die der Größe des aufprojizierten Bildes der Blende entspricht, und in der Nullstellung fällt nur ein schmaler Strich des Blendenbildes auf den freien Teil der Zelle. Ein Teil des Lichtes der Lichtquelle *1* wird von der Glasscheibe *8* reflektiert und entwirft über den von Hand verdrehbaren Spiegel *5* ein Bild der

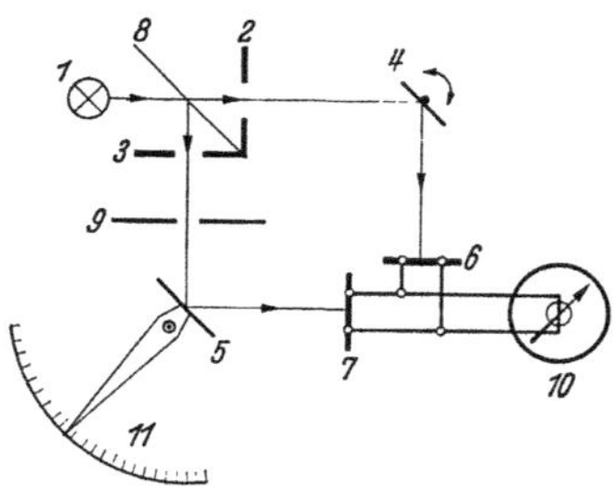

Abb. 114. Nullverfahren zum lichtelektrischen Messen kleiner Drehwinkel. [Aus BERGMANN: Über die Verwendung der Selensperrschicht-Photozelle zu physikalischen Messungen. Z. techn. Phys. Bd. 13 (1932) S. 568···572.]
1 Lichtquelle; *2, 3* Blenden; *4* Spiegel im Meßkreis; *5* Spiegel im Vergleichskreis; *6, 7* Photoelemente; *8* Glasscheibe; *9* verstellbare Blende; *10* Nullinstrument; *11* Ableseskala.

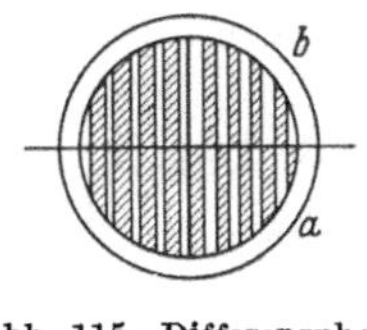

Abb. 115. Differenzphotoelement mit Strichgitter-Anordnung zum Nachweis kleiner Verschiebungen. [Aus BERGMANN: Z. techn. Phys. Bd. 13 (1932) S. 568···572.]

a Auf die Zelle projiziertes Gitterbild; *b* auf der Zelle liegende Gittermaske.

Blende *3* auf dem Photoelement *7*, das eine gleiche Maske trägt. Im Vergleichsstrahlengang liegt außerdem die verstellbare Blende *9*, mit der die Beleuchtung der Vergleichszelle *7* beliebig eingestellt werden kann. Zunächst wird in der Ruhestellung das Galvanometer *10* mit dieser Blende auf Null abgeglichen. Dreht sich nun der Meßspiegel *4*, so muß der Spiegel *5* von Hand nachgestellt werden, bis wieder Nullabgleich erreicht ist. Die zugehörige Verdrehung des Spiegels *5* wird an der Skala *11* abgelesen. Da die Beleuchtung von *7* sehr viel schwächer ist als die von *6*, muß auch der Weg des Spiegels *5* größer sein als der von *4*, und man kann ohne Schwierigkeiten eine Vergrößerung des Drehwinkels um das 10^3fache erreichen. Eine weitere Steigerung des Vergrößerungsfaktors ist möglich, wenn man im Prüflichtweg an Stelle der Blende ein Strichgitter verwendet. Die Einrichtung ist, da sie einen Vergleichslichtweg benutzt, unabhängig von den Helligkeitsschwankungen der Lampe. An Stelle der drehbaren Spiegel können nun auch vor den Blenden *2* und *3* verschiebbare Flügel treten, oder es kann vor Blende *2* der Prüfling, vor Blende *3* ein Normal aufgestellt werden.

Eine weitere Verbesserung der Einrichtung wurde mit der Differenzphotozelle erreicht, das ist ein durch einen schmalen Schnitt in der Selenschicht in zwei Hälften geteiltes Photoelement. In diesem Fall wird das Blendenbild genau auf die Mitte der Trennlinie projiziert, so daß jede Verschiebung auf der einen Seite eine Vergrößerung der beleuchteten Fläche, auf der anderen eine entsprechende Verminderung ergibt. Ungleichmäßigkeiten der beiden Zellenhälften können optisch durch Filter oder elektrisch durch Parallelwiderstände ausgeglichen werden. Auch hier läßt sich die an sich bereits hohe

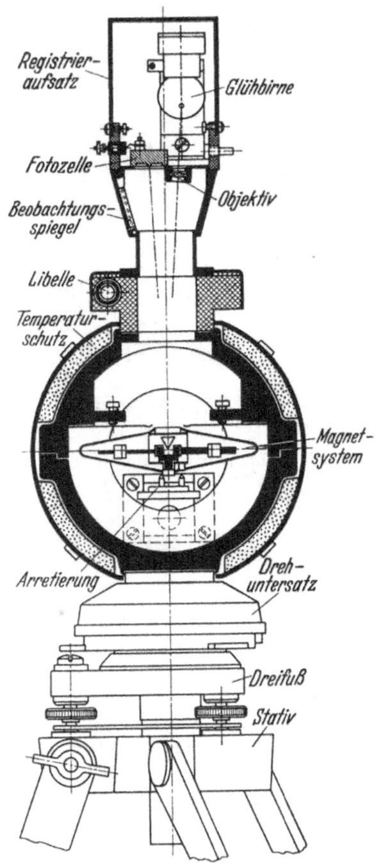

Abb. 116. Feldwaage mit lichtelektrischer Registriereinrichtung. Bauart Askania-Werke AG. [Aus: Fernaufzeichnung der täglichen erdmagnetischen Schwankungen. Askania-Warte Bd. II (1939) S. 110···112.]

Empfindlichkeit durch Strichgitter noch weiter steigern, von denen eines als Maske auf der Zelle liegt, das andere auf die Zelle projiziert wird. Dabei muß das eine der beiden Gitter einen Phasensprung aufweisen, wie Abb. 115 zeigt. Die untere Bildhälfte ist das auf die Zelle projizierte Gitterbild, die obere die auf der Zelle liegende Gittermaske. Ein Beispiel für die Anwendung der Differenzphotozelle ist die Askania-Feldwaage mit lichtelektrischer Registrierung kleiner Schwankungen des Erdfeldes (Abb. 116).

Abb. 117 zeigt eine Einrichtung zur Überwachung kleiner Bohrlöcher von 1 mm Dmr. auf zulässige Maßabweichungen von $\pm 50\,\mu$; die Meßgenauigkeit beträgt $\pm 5\,\mu$. Die Einrichtung arbeitet mit einem Prüflichtweg und einem Vergleichslichtweg, die beide von einer Lochscheibe abwechselnd so unterbrochen werden, daß auf beiden Wegen die gleiche Lichtmenge auf die Photozelle fällt und diese gleichmäßig ausleuchtet. Nun wird in den Prüflichtweg ein Normal gebracht und der Vergleichslichtweg mit einem Graukeil wieder auf gleiche Lichtmenge eingestellt, die Photozelle ist also wieder gleichmäßig ausgeleuchtet und gibt Gleichstrom ab. Weichen die Prüflinge jedoch vom Normal ab, so erhält die Photozelle eine ungleichmäßige Beleuchtung und liefert einen Wechselstrom, der ein Maß für die Größe der Abweichung ist und nach entsprechender Verstärkung angezeigt wird. Bei den Einrichtungen mit mechanisch verstellbarem Spiegel liegt zwischen Lichtquelle und Spiegel einerseits, zwischen Spiegel und Photozelle andererseits dasselbe Strichgitter aus abwechselnd lichtdurchlässigen und lichtundurchlässigen Streifen von etwa 0,5 mm Breite im Strahlengang. Von der Beleuchtungseinrichtung wird ein Bild des Gitters auf dem Spiegel entworfen und von diesem durch das Gitter hindurch auf die Lichtzelle reflektiert. In der Nullstellung fallen die reflektierten Bilder der lichtdurchlässigen Streifen auf die lichtdurchlässigen Streifen des wirklichen Gitters und die Photozelle wird voll ausgeleuchtet, während bereits bei einer geringen Spiegelverdrehung weiß auf schwarz

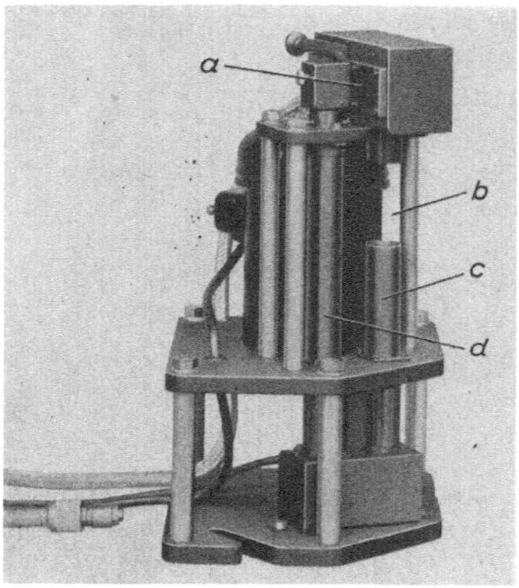

Abb. 117. Lichtelektrisches Bohrloch-Überwachungsgerät. [Aus BENDA: Die Anwendung lichtelektrischer Einrichtungen in der Fertigung. Siemens-Z. Bd. 19 (1939) S. 284.]

a Graukeil; *b* Raum für den Prüfling; *c* Prüflichtweg; *d* Vergleichslichtweg.

fällt und völlige Dunkelheit herrscht. Die Anordnung eignet sich zur Messung sehr kleiner Wege.

Eine lichtelektrische Differenzschaltung mit Wechselstromspeisung zeigt die Abb. 118. Von der Lichtquelle werden über einen Prüflichtweg *2*

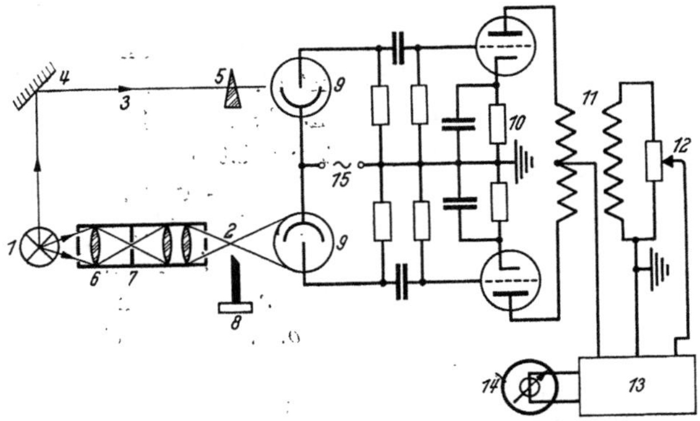

Abb. 118. Lichtelektrische Differenzschaltung mit Wechselstromspeisung. [Aus QUEVRON: Emploi des flux de lumière dans les mesures. Rev. gén. Electr. Bd. 44 (1938) S. 265 ··· 268.]

1 Lichtquelle; *2* Prüflichtweg; *3* Vergleichslichtweg; *4* Umlenkprisma; *5* Graukeil; *6* Kondensor; *7* Spaltblende; *8* von der Meßgröße verstellbare Blende; *9* lichtelektrische Zelle; *10* Gegentaktverstärker; *11* Differenzwandler; *12* Empfindlichkeitsregler; *13* Verstärker; *14* Anzeigeinstrument; *15* Wechselstromhilfsspannung.

und einen Vergleichslichtweg *3* die in einem Gegentaktverstärker *10* liegenden Photozellen *9* ausgesteuert. Im Prüflichtweg liegt die von der mechanischen Größe verstellbare Blende *8*, im Vergleichslichtweg der Graukeil *5*, mit dem der Nullabgleich erfolgt. Das Anzeigeinstrument *14* ist über einen weiteren Verstärker *13* und einen Empfindlichkeitsregler *12* angeschlossen. An Stelle der Wechselstromspeisung kann die Modulation auch durch Modulation der Lichtquelle, etwa in der vorher beschriebenen Weise, mit einer Lochscheibe erfolgen, wobei der Vorverstärker gegebenenfalls erspart werden kann.

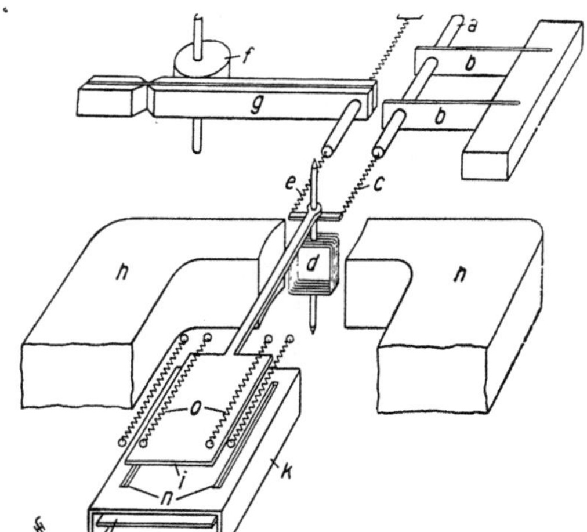

Abb. 119. Bolometerlehre in Kompensationsschaltung. [Aus MERZ-NIEPEL: Messung kleiner Ströme und Spannungen und kleiner Längenänderungen mit dem bolometrischen Kompensator. Wiss. Veröff. Siemens-Werke Bd. 18 (1939) S. 151.]

a Abtaststift; *b* Blattfedern zur reibungsfreien Führung des Taststiftes; *c* Meßfeder; *d* Drehspule des Kompensationssystems; *e* Gegenfeder; *f* Exzenter für Nulleinstellung; *g* federgelagerter Einstellhebel; *h* Magnet des Kompensationssystems; *i* Bolometerfahne; *k* Bolometergehäuse; *l* Blasmagnet; *m* Blattfeder; *n* Bolometerdüsen; *o* Bolometerwendeln.

Bei der *bolometrischen Lehre* wird von der mechanischen Meßgröße die Kühlung eines geheizten Widerstandsdrahtes beeinflußt und die Widerstandsänderung in einer Brückenschaltung gemessen. In Abb. **119** ist die grundsätzliche Anordnung einer Einrichtung gezeigt, bei der die Meßgröße eine Feder spannt und der Bolometer-Brückenstrom das Drehmoment dieser Feder mechanisch kompensiert. Diese Einrichtung ist weitgehend unabhängig von Temperatur- und Spannungsschwankungen. In der Nullstellung steht die Bolometerfahne *i* in der Mitte zwischen den Düsen *n* sowie den darüberliegenden Wendeln *o*. Von dem Gebläse *l*, *m* wird ein feiner Luftstrom gegen die Wendeln gerichtet und ruft auf beiden Seiten gleichmäßige Kühlung hervor. Die Bolometerfahne ist an der Drehspule *d* eines Gleichstrom-Meßgerätes befestigt und wird durch die Meßfeder *c* und die Gegenfeder *e* in ihrer Nullage gehalten. Mit dem Exzenter *f* kann die Spannung der Gegenfeder ver-

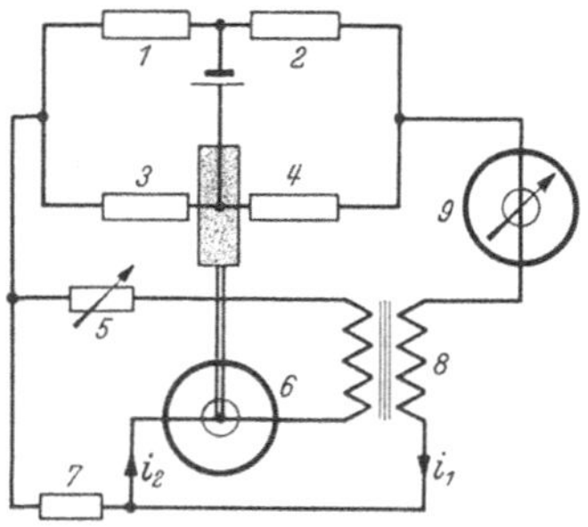

Abb. 120. Schaltung der Bolometerlehre. *1, 2, 3, 4* Bolometerbrücke; *5* regelbarer Vorwiderstand des Steuergeräts; *6* Steuergerät; *7* Nebenwiderstand des Steuergeräts; *8* Übertrager für die elektrische Rückführung; *9* Anzeigeinstrument; i_1 Diagonalstrom; i_2 Kompensationsstrom.

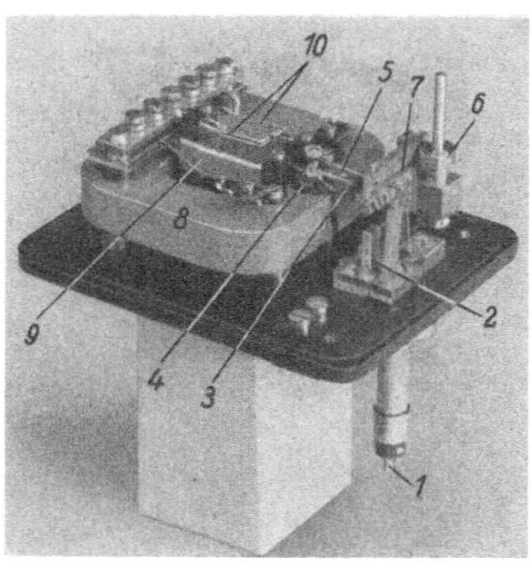

a

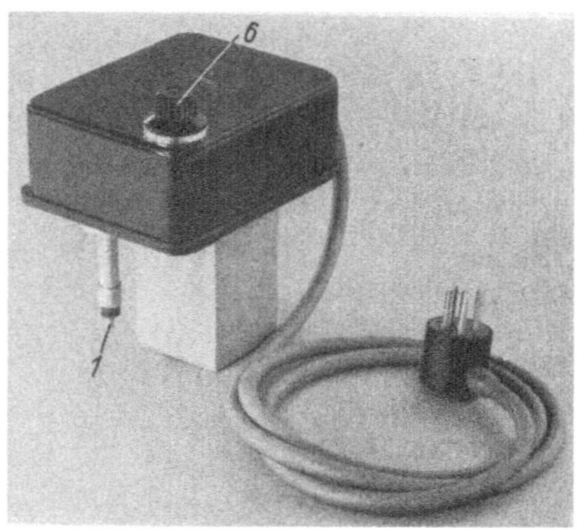

b

Abb. 121a und b. Bolometrischer Feintaster älterer Ausführung nach MERZ-NIEPEL, Siemens & Halske AG. a Geöffnet; b geschlossen.

1 Taststift; *2* reibungsfreie Hebelübertragung zur Vergrößerung des Tastweges; *3* Meßfeder; *4* Drehspule; *5* Gegenfeder; *6* Exzenter für die Nulleinstellung; *7* federgelagerter Einstellhebel; *8* Magnet des Kompensationssystems; *9* Bolometergehäuse; *10* Bolometerwendeln.

ändert und der Nullpunkt eingestellt werden. Die zu messende Bewegung wird von dem durch die Blattfedern *b* reibungsfrei geführten Taststift *a* auf die vorgespannte Meßfeder *c* und von dieser auf die Drehspule *d* und die Bolometerfahne *i* übertragen. Die Bolometerfahne bewegt sich aus ihrer Mittellage, wodurch sie den Luftstrom zu einer der Bolometerseiten abschneidet. Damit kommt die Meßbrücke aus dem

Abb. 122. Bolometrische Meßlehre mit Schaltkasten für Steuerungen. [Aus MERZ-NIEPEL: Messung kleiner Ströme und Spannungen und kleiner Längenänderungen mit dem bolometrischen Kompensator. Wiss. Veröff. Siemens-Werke Bd. 18 (1939) S. 158.]

Gleichgewicht, und der Brückenstrom erzeugt in der Drehspule ein Drehmoment, das dem mechanischen Drehmoment der Meßfeder ent-

Abb. 123. Bolometrische Meßlehre an einer Schleifmaschine.
1 Bolometrischer Feintaster; *2* Anzeigeinstrument.

gegengerichtet ist. Die Bolometerfahne bewegt sich also so lange, bis die beiden gegeneinandergerichteten Drehmomente gleich groß sind. Da das Drehmoment eines Drehspul-Instruments dem Strom proportional ist, kann dieser als Maß für die Bewegung des Taststiftes genommen werden. Die Schaltung ist in Abb. 120 gezeigt. Von einer Stromquelle konstanter Spannung wird die Brücke *1*···*4* gespeist, deren Widerstände *3* und *4* die Bolometerwendeln sind. In der Brückendiagonale liegt das Meßgerät *9* in Reihe mit dem Wandler *8* und dem Widerstand *7*. Der dem Brücken-Ausgangsstrom i_1 proportionale Spannungsabfall am

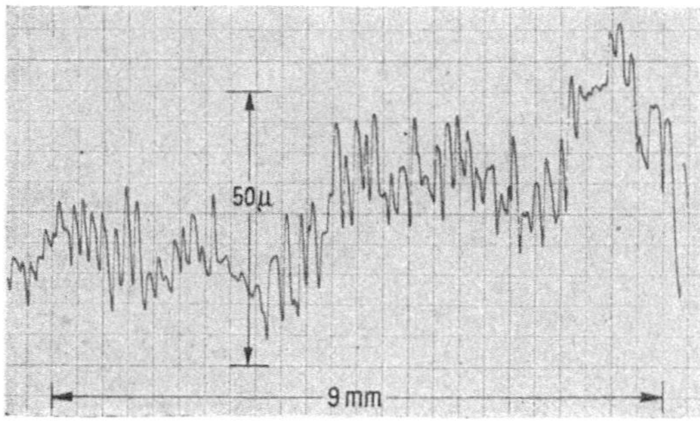

a

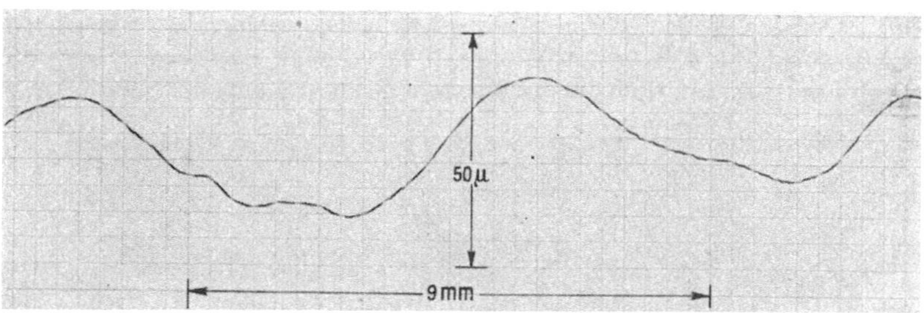

b

Abb. 124a und b. Oberflächenabtastung mit bolometrischer Meßlehre. a Grobe Drehriefen an einer Stirnfläche; b Rohglas mit Walzenprägung. [Aus MERZ-NIEPEL: Messung kleiner Ströme und Spannungen und kleiner Längenänderungen mit dem bolometrischen Kompensator. Wiss. Veröff. Siemens-Werke Bd. 18 (1939) S. 158.]

Widerstand *7* wird über den regelbaren Vorwiderstand *5* auf das Steuergerät *6* gegeben. Der Übertrager *8* induziert bei Änderungen des Meßstromes i_1 entgegengesetzt gerichtete Ströme in dem Kreis des Nullinstruments und verhindert dadurch Pendelungen, er bildet also eine elektrische Rückführung. Nimmt nun der Diagonalstrom i_1 infolge einer Verstellung der Bolometerfahne zu, so wächst auch der Strom i_2 und erzeugt ein dem ursprünglichen, mechanisch auf die Fahne ausgeübten Drehmoment entgegengerichtetes elektrisches Drehmoment; es findet also eine elektrische Drehmomenten-Kompensation statt. Der Meßbereich wird mit den Widerständen *7* und *5* gewählt. Abb. 121 zeigt eine Ausführung des bolometrischen Mikrometerkopfes in geöffnetem und geschlossenem Zustand, Abb. 122 ein vollständiges Gerät mit einer anderen Ausführung der Abtasteinrichtung. Der Meßbereich des Gerätes ist 50 bzw. 150 μ, die Genauigkeit $\pm$ 1 μ. Die Ausgangsleistung der Bolometerbrücke ist etwa 100 mW, sie reicht also für die Betätigung von Anzeige-, Schreib- oder Regelgeräten völlig aus. Hauptanwendungsgebiet ist neben der Messung die Steuerung von Arbeitsmaschinen, besonders von Präzisions-Schleifmaschinen; der Anbau des Feintasters an eine solche Maschine ist in Abb. 123 gezeigt.

Abb. 125. Bolometrisches Abtastgerät für Schallplatten.

Abb. 124 zeigt zwei Anwendungsbeispiele der Meßlehre zur Prüfung von Oberflächen.

Eine Sonderausführung der bolometrischen Meßlehre ist der in Abb. 125 gezeigte Schallplatten-Abtaster, der die Rillen von Schallplatten mechanisch abtastet und ihren Verlauf stark vergrößert aufschreibt. Der Meßkopf wird an Stelle des Tonabnehmers über die Schallplatte geführt, und sein Taststift überträgt die Amplituden der Tonrille auf die Bolometerfahne. Der Brückenstrom zeichnet auf einem Tintenschreiber den Verlauf der Schallplattenrille in verkleinertem Längen- und vergrößertem Breitenmaßstab auf und gibt so die Möglichkeit, die Güte von Schallplatten sowie die Brauchbarkeit von Werkstoffen, Schneidverfahren und Schneidwerkzeugen optisch zu beurteilen.

3. Dickenmesser für Drähte, Bänder, Platten und Rohre [*28*].

Messung des Durchmessers nichtleitender Fäden. Der Durchmesser dünner Fäden wird mit elektrischen Mikrometern gemessen. Bei genügender Widerstandsfähigkeit kann der Faden mechanisch abgetastet werden, wie im folgenden am Beispiel der Überwachung der Dicke von Seidenfäden mit einem kapazitiven Mikrometer gezeigt ist.

Der Rohseidefaden besteht aus 3···5 leicht verdrillten Spinnfäden der Seidenraupe, die durch natürlichen Klebstoff zusammengehalten sind und von denen 2···15 zu einem webfertigen Seidenfaden verdrillt werden. Da die Güte und Gleichmäßigkeit des Erzeugnisses unter anderem von den Durchmesserschwankungen des Seidenfadens abhängen, ist es wünschenswert, seine Dicke laufend zu überwachen und bei zu großen Abweichungen vom Sollwert Warnsignale zu betätigen oder die Maschine stillzusetzen. Als Geber wird ein kapazitives Mikrometer, als Anzeigegerät ein selbstkompensierendes Nullgalvanometer in der Schaltung der Abb. 112 verwendet. Falls man registrierende Geräte benutzt, wird der Papiervorschub von der Länge des Fadens abhängig gemacht, so daß man Fehlerstellen leicht auffinden kann. Abb. 126 zeigt einen solchen Schrieb. Da kleine Unregelmäßigkeiten keine Rolle spielen, erhält das Nullgalvanometer eine starke Dämpfung, und nötigenfalls wird noch ein besonderes, mittelwertbildendes Glied zwischen Nullgalvanometer und Kompensationseinrichtung geschaltet. Die Genauigkeit des Gerätes wird zu $\pm 0{,}75\,\mu$ bei Fadendicken von $25 \cdots 75\,\mu$ angegeben. Ähnliche Einrichtungen werden zum Messen der Durchmesserschwankungen dünner Drähte, z. B. in der Glühlampenfabrikation,

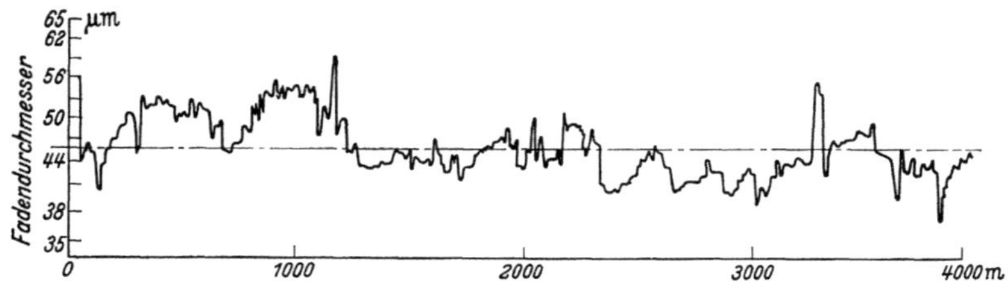

Abb. 126. Schrieb eines Fadendickenmessers, Durchlaufgeschwindigkeit 280 m/min, mittlerer Fadendurchmesser $46\,\mu$. [Aus SCHUCK: Electrical measurements of silk thread diameter. Electr. Engng. Bd. 55 (1936) S. 991.]

benutzt. Fäden, deren geringe Festigkeit keine mechanische Abtastung zuläßt, werden mit dem lichtelektrischen Mikrometer gemessen. Der Faden und ein Normal werden von derselben Lichtquelle auf eine gemeinsame Photozelle projiziert, Abweichungen vom Normalwert treten als Stromschwankungen in Erscheinung. Bei Verwendung von Sperrschicht-Photozellen können Änderungen des Lichtstromes um $1\,^0\!/_{00}$ bereits nachgewiesen werden. Die Einrichtung eignet sich für Fadendurchmesser von $20 \cdots 500\,\mu$.

Messung von Metalldrähten. Bei Metalldrähten konstanter spezifischer Leitfähigkeit kann der Querschnitt unmittelbar aus einer Widerstandsmessung in einer Wheatstone-Brücke bestimmt werden, in deren einem Zweig der zu messende Draht und in deren Diagonale ein Galvanometer oder ein Schreibgerät mit vorgeschaltetem Verstärker, zweckmäßig einem Bolometerverstärker, liegt. Die Stromzuführung zum Draht erfolgt durch gläserne, diagonal durchbohrte Quecksilbernäpfe, deren Höhe und Entfernung einstellbar sind (Abb. 127). Bei Drahtwiderständen in der Größenordnung von $100\,\Omega$ kann der Übergangswiderstand dieser Stromabnehmer vernachlässigt werden. Das Verfahren eignet sich also besonders für dünne Drähte hohen spezifischen Widerstandes, z. B. für die Wolframdrähte der Glühlampen. Kurze Fehlerstellen und

Einzelfehler werden dabei natürlich nicht erfaßt, sondern nur die langsamen Querschnittschwankungen, die bei der Glühlampenherstellung auch am meisten interessieren. Wenn kleine Fehlerstellen erfaßt werden sollen, müssen die Elektroden sehr nahe beieinanderliegen, und es gehen dann die Übergangswiderstände stärker in die Messung ein. Eine ausgeführte Anlage war für Drahtdurchmesser von 10···40 μ bei einer Durchlaufgeschwindigkeit von 3···5 m/min geeignet und ergab bei einem Elektrodenabstand von 30···100 cm auf 1‰ genau reproduzierbare Werte. Abb. 128 zeigt die Diagrammstreifen von einem guten und einem mangelhaften Wolframdraht von 30 μ Durchmesser.

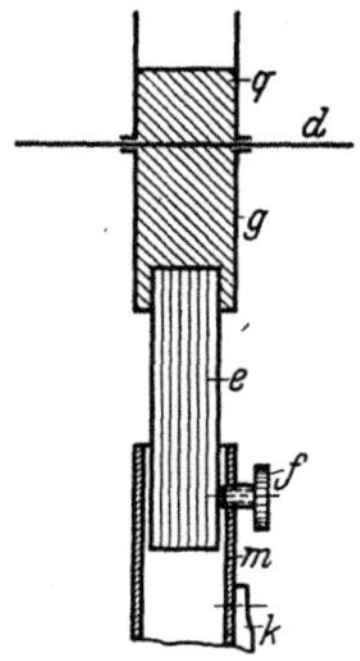

Abb. 127. Quecksilberelektrode für Drahtdickenmessung. [Aus DAHL-KERN: Ein schreibendes Meßgerät zur Messung der Querschnittschwankungen feiner Drähte. ETZ Bd. 57 (1936) S. 1423.]

e Eisenstab; *f* Feststellschraube; *g* Glasrohr; *k* Kabelanschluß; *m* Messinghülse; *q* Quecksilber; *d* Prüfling.

D o p p e l s e i t i g e A b t a s t u n g v o n B ä n d e r n u n d P l a t t e n. Die Stärke von Platten und Bändern hinreichender Festigkeit, deren beide Seiten zugänglich sind, kann mit elektrischen Mikrometern mechanisch abgetastet werden. Be-

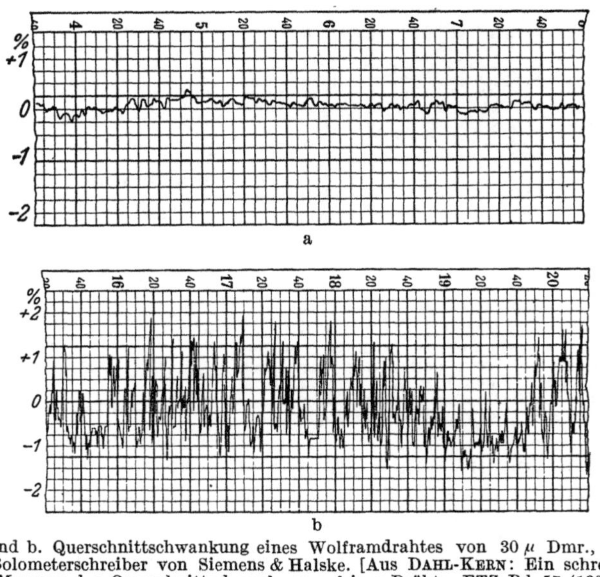

Abb. 128a und b. Querschnittschwankung eines Wolframdrahtes von 30 μ Dmr., aufgezeichnet mit einem Bolometerschreiber von Siemens & Halske. [Aus DAHL-KERN: Ein schreibendes Meßgerät zur Messung der Querschnittschwankungen feiner Drähte. ETZ Bd. 57 (1936) S. 1424.]

a Guter Draht mit einer maximalen Schwankung von 0,65 %; b schlechter Draht mit einer maximalen Schwankung von 3,65 %.

rührungsfreie Messung ist bei Nichtleitern möglich durch kapazitive, auf der Änderung der Dielektrizitätskonstanten beruhende Mikrometer, bei ferromagnetischen Werkstoffen durch induktive Mikrometer auf der Grundlage der Induktivitätsänderung durch Einbringen eines Eisenkerns in eine Spule, bei paramagnetischen Werkstoffen durch Änderung der Kopplung zweier Kreise. Im allgemeinen läßt jedoch die Festigkeit metallischer Werkstoffe eine laufende mechanische Abtastung zu. Einen Dickenmesser für die laufende Überwachung einer Walzenstraße zeigen die folgenden Abbildungen. Die Abtasteinrichtung, Abb. **129**, besteht aus einer festen *1* und einer schwenkbaren Stahlrolle *2*, zwischen denen die Blechbahn läuft. Die schwenkbare Rolle wird von einer einstellbaren Feder gegen die Blechbahn gedrückt. Der Meßdruck wird mit dem Handrad *7* eingestellt. Auf dem Rollenträger ist die induktive Lehre *3* befestigt und drückt mit ihrem Taststift *4* gegen die Meßfläche einer in den festen Meßkopf *5* eingebauten Mikrometerschraube. Die Mikrometerschraube kann durch Handräder grob und fein verstellt und ihre Lage an einem Zahlenrollenwerk abgelesen werden. Eine Parallelführung ermöglicht dem Tastkopf, den Schwingungen der Blechbahn zu folgen. Sein Eigengewicht wird von einer einstellbaren Schraubenfeder *8* ausgeglichen. Die Einzelteile des Lehrenkopfes zeigt Abb. **130**; er entspricht dem früher ausführlich beschriebenen induktiven Mikrometer. Die Gesamtschaltung zeigt Abb. **131**. Die Netzspannung von 110···115 V, 50 Hz, wird über den thermischen Konstanthalter *10* und einen Wandler einer Wechselstrombrücke aus zwei unveränderbaren Induktivitäten und zwei einander gegenüberstehenden Drosselspulen *5* zugeführt, zwischen denen eine bewegliche Eisenzunge *4* liegt. Im Diagonalkreis der Brücke liegt ein Trockengleichrichter mit

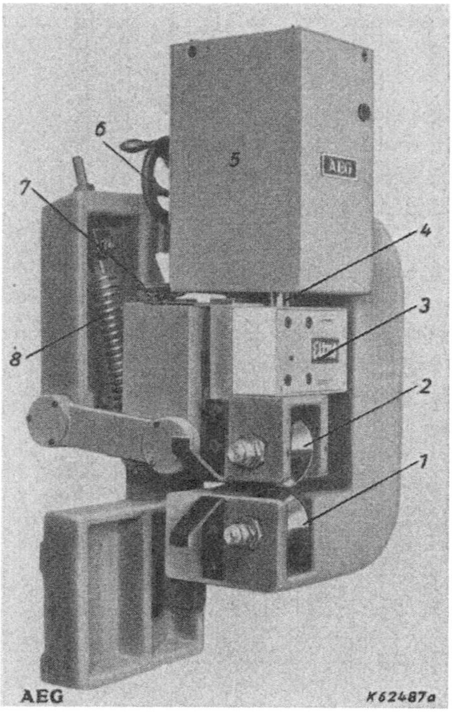

Abb. 129. Abtasteinrichtung für den Blechdickenmesser der AEG. [Aus AEG-Druckschrift TPW 1035 (1939).] *1* feste Rolle; *2* bewegliche Rolle; *3* induktive Meßlehre „Eltas"; *4* Taststift; *5* Justiereinrichtung; *6* Handrad für Grobeinstellung: 1 Umdr. = 50 μ; *7* Handrad zum Einstellen des Tastrollendrucks; *8* Schraubenfeder zur Aufnahme des Eigengewichts des Tastkopfes.

einem Drehspul-Anzeigeinstrument *9*. Die Leistungsaufnahme der Gesamtschaltung ist etwa 20 W. Da die Gleichrichter im Gegensatz zu

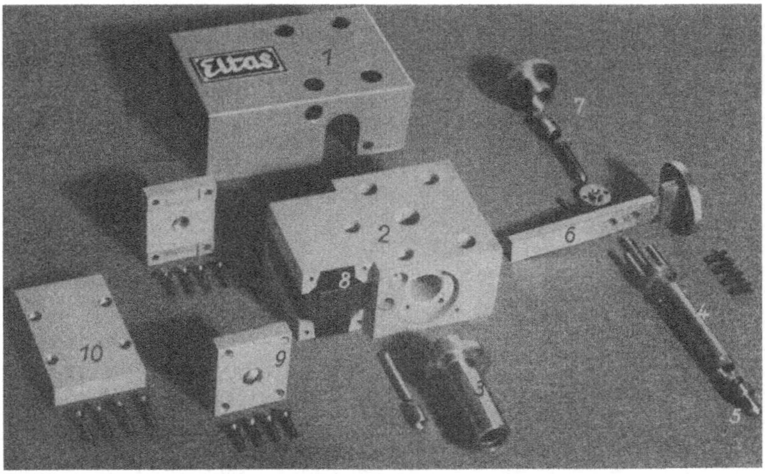

Abb. 130. Einzelteile des induktiven Lehrenkopfes der AEG.
1 Abdeckhaube; *2* Gehäuse; *3* Führung des Taststiftes; *4* Taststift; *5* Meßeinsatz; *6* Eisenzunge; *7* Meßdruckeinstellung; *8* Meßspule; *9* Verschlußplatte mit Einstellschraube für die Spule; *10* Verschlußplatte.

den früher beschriebenen Einrichtungen nicht phasengesteuert sind, muß die bewegliche Eisenzunge beim Sollwert der Blechdicke unsymmetrisch zwischen beiden Spulen stehen und darf auch bei maximaler Abweichung die Symmetriestellung nicht überschreiten. Das Gerät hat einen Meßbereich von $\pm 25\,\mu$ bei einer Meßgenauigkeit von $\pm 1\,\mu$. Da die Abtastrollen an sehr kurzen Armen sitzen, kann die Blechstärke nur am Rande gemessen werden. Die Herstellung des Gebers und insbesondere der Abtasteinrichtung bedarf selbstverständlich großer Sorgfalt, da jedes Spiel der Teile und jede Fabrika-

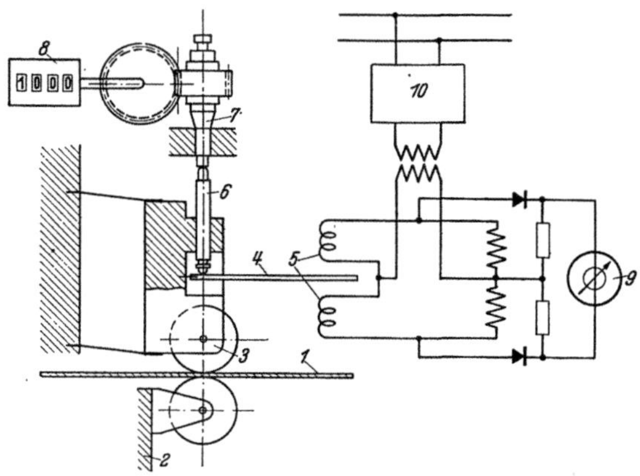

Abb. 131. Anordnung und Schaltung des induktiven Blechdickenmessers der AEG.
1 Blechbahn; *2* feste Abtastrolle; *3* bewegliche Abtastrolle; *4* federnd gelagerte Eisenzunge; *5* Meßspulen; *6* Taststift; *7* Mikrometerschraube für die Sollmaßeinstellung; *8* Anzeiger für das eingestellte Sollmaß; *9* Anzeigeinstrument; *10* Spannungsgleichhalter.

tionsungenauigkeit zu Meßfehlern führen. Abb. **133** zeigt die entsprechende Ausführung der Siemens & Halske AG.

Abb. 132. Anbau des Blechdickenmessers an ein Kaltwalzwerk.

Einseitige Messung von Metallplatten. Die Dicke von Metallplatten bekannter Leitfähigkeit kann von einer Seite aus punktweise bestimmt werden, indem man an zwei Stellen mit bekannter Entfernung Strom zuführt und den Spannungsabfall mißt. Das Gerät ist nach Abb. **134** geschaltet und besteht aus einer konstanten Gleichstromquelle für etwa 6 V und 20 A, einem Regelwiderstand, einem Strommesser, einem hochempfindlichen Drehspulgalvanometer und vier Elektroden, von denen zwei der Stromzuführung dienen, während an

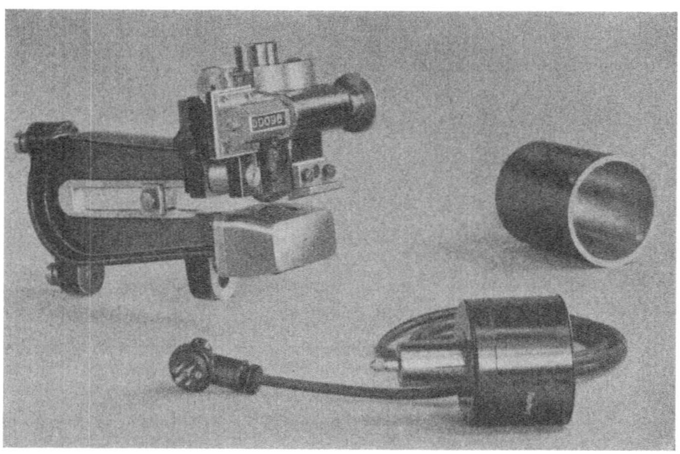

Abb. 133. Elektrisches Blechstärken-Meßgerät (Ausführung Siemens & Halske AG.)

den beiden anderen der Spannungsabfall gemessen wird. Je eine Strom- und Spannungselektrode sind fest miteinander verbunden. Bei der praktischen Ausführung der Messung wird ein bestimmter Ausschlag des Galvanometers konstant eingeregelt und die zu diesem Ausschlag gehörige Stromstärke abgelesen. Aus Eichkurven oder Nomogrammen ist dann der Zusammenhang zwischen Stromstärke, Wanddicke und Leitfähigkeit zu ersehen. Um stets gleichen Abstand der Elektroden und geringen Übergangswiderstand zu gewährleisten, werden die Kontaktpunkte nach einer Schablone angekernt. Die Kerner werden mit federbelasteten Stahlspitzen geschlagen. Der Elektrodenabstand wird je nach Wanddicke und Ausdehnung des Prüflings verschieden gewählt; er beträgt etwa 15/75/15 mm. Selbstverständlich ist die Messung einer Reihe von Einflüssen unterworfen. Zunächst ist die Temperaturabhängigkeit der Leitfähigkeit durch Multiplikation des Ergebnisses mit $\frac{1}{1+\alpha t}$ zu berücksichtigen, wobei α den Temperaturkoeffizienten und t den Unterschied zwischen Betriebs- und Eichtemperatur bedeuten. Außerdem gehen die Abmessungen des Prüflings in die Messung ein. Steht die Meßbasis senkrecht zum Plattenrand, so muß die randnahe Elektrode mindestens 50 mm vom Rand entfernt sein. Verläuft die Meßbasis parallel zum Plattenrand, so machen sich auch in 150 mm Abstand noch Einflüsse bemerkbar. Der Einfluß ist um so größer, je dünner die Platte ist. Auch die Stromstärke ist bei räumlich begrenzten Platten nicht ohne Einfluß, es muß also annähernd mit der Stromstärke gearbeitet werden, mit der auch die Eichung vorgenommen wurde. Eine weitere Störungsgröße bei der Messung heißer Kesselwände oder Kesselrohre sind Thermospannungen sowie elektrostatische Spannungen. Solange diese Spannungen konstant sind, können sie dadurch ausgeschaltet werden, daß man als Meßspannungsabfall den Unterschied der Galvanometerausschläge bei offenem und geschlossenem Stromkreis einsetzt. Bei gefüllten Behältern oder Rohren ist ferner die Leitfähigkeit der Füllflüssigkeit zu berücksichtigen, sofern sie nicht gegen die Leitfähigkeit der Behälterwandung verschwindend klein ist. Aus alldem folgt die Notwendigkeit sorgfältiger Eichung mit Normalien bekannter Dicke und Leitfähigkeit und möglichst gleichen Abmessungen sowie sorgsamer und überlegter Anwendung. Da die Eichkurven linear verlaufen, genügt die Aufnahme weniger Eichpunkte. Der Apparat eignet sich für die Messung von Kesselwänden, Behälterwandungen und Rohren und gestattet die Feststellung von Anfressungen, der Exzentrizität und

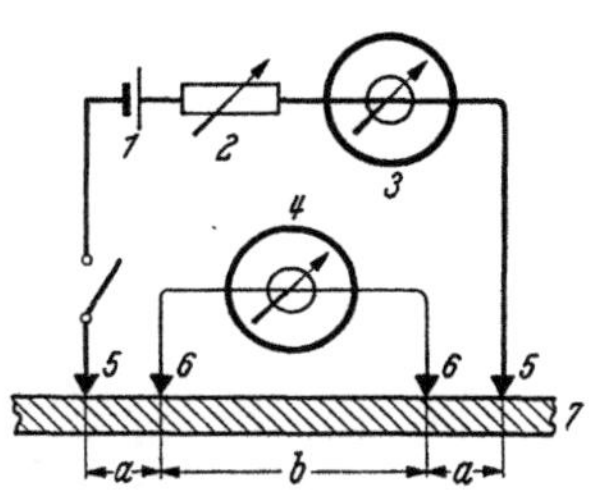

Abb. 134. Wandstärkenmessung aus Strom und Spannung. [Aus THORNTON und THORNTON: Messung der Dicke von Metallwänden von einer Seite aus. Engineering Bd. 146 (1938) S. 715···717.]
1 Konstante Gleichstromquelle; *2* Regelwiderstand; *3* Strommesser; *4* Drehspulgalvanometer; *5* Stromzuführungen; *6* Spannungselektroden; *7* Prüfling.

der Stauchung von Rohren in Krümmern. Der Meßbereich liegt bei 1···75 mm, die Genauigkeit zwischen 2 und 5%. Für 25 mm dicke Eisenplatten ist eine Meßstromstärke von etwa 10 A erforderlich.

Ist die Leitfähigkeit des Prüflings nicht bekannt, so ist ein anderes Verfahren anzuwenden, das auf der Änderung des Spannungsabfalls zwischen fest angeordneten Elektroden mit dem Verhältnis $\frac{\text{Elektrodenabstand}}{\text{Plattendicke}}$ beruht, wenn der Platte ein konstanter Strom zugeführt wird. Zur Erklärung dieses Verfahrens dienen folgende Überlegungen: Führt man einer unendlich großen und unendlich dünnen Metallplatte durch zwei aufgesetzte Elektroden Strom zu, so breitet sich der Strom von diesen Elektroden nach allen Seiten radial aus, und die Stromdichte an einer beliebigen Stelle der Platte ist umgekehrt proportional dem Abstand dieses Punktes von der Stromquelle. Die Spannungsdifferenz zwischen zwei Punkten der Platte ist also abhängig von der Entfernung zwischen diesen beiden Punkten s und von ihrem Abstand von der Stromquelle $e = \frac{\Delta e \cdot s}{a}$. Ordnet man die vier Elektroden in Form eines Quadrats nach Abb. **135** an und führt an zwei benachbarten Eckpunkten den Strom zu, während man die Spannung an den beiden anderen Eckpunkten mißt, so ist der gemessene Spannungsabfall für beliebige Werte von s konstant. Legt man statt der unendlich dünnen Platte einen unendlich dicken Körper mit ebener Oberfläche zugrunde, so geht der Strom ebenfalls von den Berührungspunkten der Elektroden nach allen Seiten radial aus; die Stromdichte an einem beliebigen Punkt ist aber jetzt umgekehrt proportional dem Quadrat des Abstandes dieses Punktes von der Elektrode. Die Potentialdifferenz zwischen zwei beliebigen Punkten der Plattenoberfläche ist nunmehr abhängig von der Entfernung dieser beiden Punkte und dem Quadrat der Entfernung von der Elektrode $e = \frac{\Delta e \cdot s}{a^2}$. Bei einer Platte endlicher Dicke liegt das gemessene Spannungsgefälle zwischen beiden Grenzwerten. Solange das Verhältnis der Seitenlänge s des Elektrodenquadrats zu der Plattendicke d größer als 1 ist, bleibt der gemessene Spannungsabfall konstant, während er bei Verhältnissen $\frac{s}{d} < 1$ rasch ansteigt. Die beiden Grenzkurven für

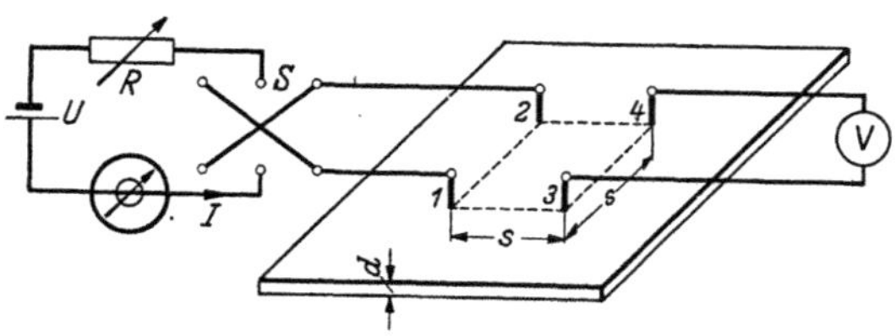

Abb. 135. Messung der Dicke von Metallplatten von einer Seite aus. [Aus WARREN: Measurement of the thickness of metal plates from one side. J. Instn. electr. Engrs. Bd. 84 (1939) S. 91···95.]

1···4 Vierpunktelektrode; *U* Gleichstromquelle; *R* Regelwiderstand; *J* Strommesser; *V* Spannungsmesser; *S* Stromwender; *d* Dicke des Prüflings; *s* Elektrodenabstand.

zwei- und dreidimensionale Stromausbreitung sind in Abb. 136 eingetragen.

Für die Ausführung der Messung werden Vierpunktelektroden mit je nach Plattendicke verschiedener Kantenlänge, nämlich 3,125; 6,25; 12,5; 25; 50 und 100 mm verwendet. Die Elektrodennadeln sind in einem Elektrodenhalter federnd gelagert und dringen bei leichtem Anpressen auch durch eine Farb- oder Rostschicht in das Metall ein (Abb. 135). Der Strom I wird mit dem Regler R konstantgehalten. Benutzt man zwei aufeinanderfolgende Elektrodengrößen mit den Kantenlängen s und $2s$, die beide größer sind als die Plattendicke d, so mißt man bei konstantem Strom mit der kleinen Elektrode höhere Potentialdifferenzen. Das Verhältnis der gemessenen Werte K steigt stark an, wenn die Seitenlänge s sich der Plattendicke d nähert, und gibt die in der Eichkurve Abb. 137 dargestellte Beziehung zwischen Elektrodenabstand und Plattendicke. Es ist dann die Plattendicke $d = c \cdot s$. Ein Beispiel soll dies besser verständlich machen. Die verwendeten Elektroden haben die Seitenlängen $s = 6{,}25$ und $2s = 12{,}5$ mm. Das Verhältnis der mit beiden Elektroden abgelesenen Potentialdifferenzen K sei 1,41. Dann folgt aus der Eichkurve $c = f(K)$ (Abb. 137), $c = 1{,}6$ und die Plattendicke $d = c \cdot s = 1{,}6 \cdot 6{,}25 = 10$ mm. Das Verfahren ist als Vergleichsmethode unabhängig von den Werkstoffeigenschaften (Leitfähigkeit und Permeabilität) und gibt eine Genauigkeit von etwa 3%. Es eignet sich für die Messung der Dicke von Kesselwänden, Gasbehältern, Schiffswänden usw. und gestattet auch, Lunker und Anfressungen festzustellen. Um den Einfluß von Thermospannungen auszuschalten, werden stets zwei Messungen mit

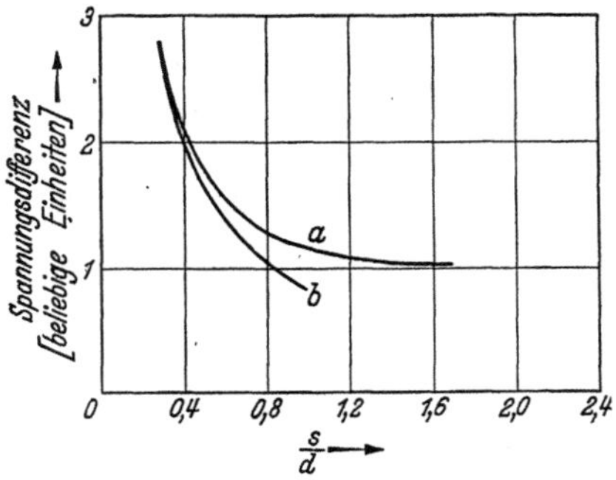

Abb. 136. Spannungsgefälle zwischen den Elektroden für zwei- und dreidimensionale Stromausbreitung, abhängig vom Verhältnis des Elektrodenabstandes s zur Plattendicke d. [Aus WARREN: Measurement of the thickness of metal plates from one side. J. Instn. electr. Engrs. Bd. 84 (1939) S. 92.]

a Zweidimensionale Stromausbreitung; *b* dreidimensionale Stromausbreitung.

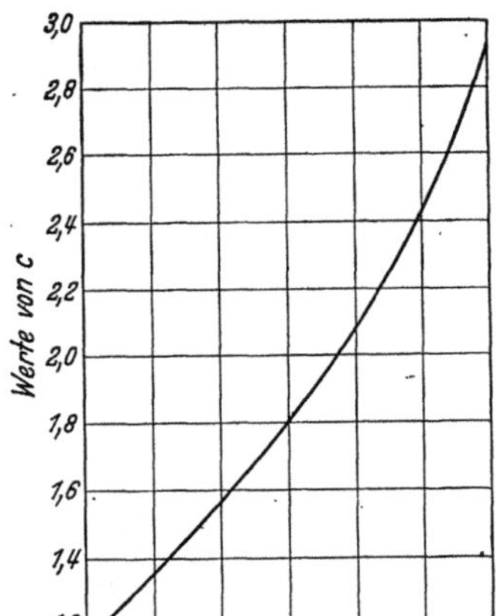

Abb. 137. Eichkurve für den Wandstärkenmesser $c = f(K)$. Plattendicke $d = c \cdot s$. K = Verhältnis der beiden Ablesungen mit Elektrodenabstand s bzw. $2s$.

[Aus WARREN: Measurement of the thickness of metal plates from one side. J. Instn. electr. Engrs. Bd. 84 (1939) S. 93.]

gewendetem Strom ausgeführt. Bei geblätterten und geschichteten Platten können durch den höheren Übergangswiderstand quer zur Schichtrichtung erhebliche Meßfehler entstehen, da die Stromausbreitung nicht mehr gesetzmäßig erfolgt. Ebenso ist bei mehrlagigen genieteten Platten besondere Vorsicht geboten. Ferner sind in der Nähe von Niet- und Schweißnähten und bei Platten begrenzter Größe besondere Eichkurven notwendig. Immerhin muß die Möglichkeit, unter gewissen Bedingungen und Vorsichtsmaßnahmen, die Dicke einer Metallplatte aus beliebigem Werkstoff von einer Seite aus zu bestimmen, als meßtechnischer Erfolg angesehen werden.

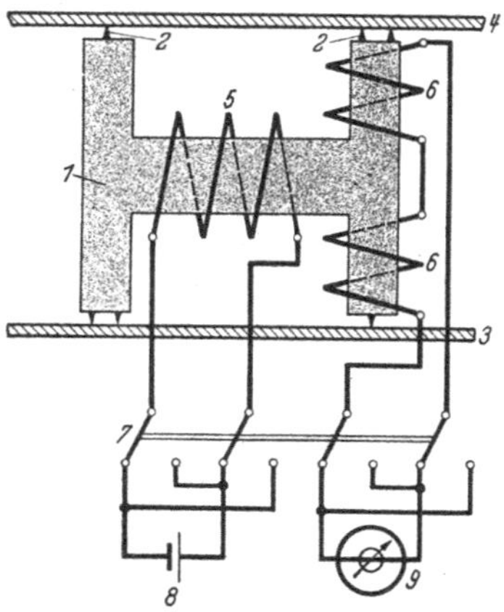

Abb. 138. Magnetischer Blechdickenmesser.
1 Weicheisenjoch; *2* unmagnetische Spitzen; *3* Prüfling; *4* Normal; *5* Erregerspule; *6* Prüfspulen; *7* Schnappschalter; *8* Stromquelle; *9* Anzeigeinstrument.

Die Dicke magnetischer Werkstoffe bekannter Zusammensetzung kann von einer Seite aus mit einem magnetischen Dickenmesser nach Abb. 138 bestimmt werden. Das Gerät besteht aus einem H-förmigen Weicheisenkern von den ungefähren Abmessungen 6×6 cm, dessen Quersteg etwa 4 cm² Querschnitt hat und auf dessen Schenkeln vom halben Querschnitt zwei gegeneinandergeschaltete Prüfspulen aufgebracht sind. In die Enden der Schenkel sind unmagnetische Kegelspitzen von 25 μ Höhe und 1 mm Fußdurchmesser eingeschraubt und bilden eine Dreipunktauflage für die zu prüfende Eisenplatte; sie vermögen eine Rost- oder Farbschicht sicher zu durchdringen. Auf das Joch wird eine Normalplatte von gleichem Werkstoff und ungefähr derselben Dicke wie der Prüfling aufgelegt und die freie Seite des Joches auf die zu prüfende Blechplatte aufgesetzt. Polt man nun die Erregerspule mit einem Momentschalter um, so werden bei gleicher Werkstoffdicke in den beiden Prüfspulen entgegengesetzt gleiche Spannungen induziert und das Galvanometer schlägt nicht aus. Ist die Dicke des Prüflings s verschieden von der des Normals r

$$s = b \cdot r, \tag{95}$$

so macht das Galvanometer einen Ausschlag

$$\alpha = 2 \cdot K \cdot \frac{s - r}{s + r} \tag{96}$$

und die Dicke s wird

$$s = r \frac{2 \cdot K + \alpha}{2 \cdot K - \alpha}, \tag{97}$$

worin K durch Eichung bestimmt werden kann. Um am Galvanometer stets Ausschläge gleicher Richtung zu erhalten, wird es zweckmäßig gleichzeitig mit der Erregerspule umgepolt. Die Einrichtung eignet sich für Platten und, mit besonders geformten Polschuhen, auch für Rohre aus magnetisierbarem Werkstoff von $2{,}5 \cdots 15$ mm Dicke und gibt eine Genauigkeit von etwa $\pm 0{,}8$ mm. Die Dicke von Eisenplatten und besonders von Kesselrohren an der Einbaustelle kann auch durch Messung der Leistungsaufnahme eines auf den Prüfling aufgesetzten Wechselstrommagnets bestimmt werden. Der Geber bedeckt $38 \times 12\,\mathrm{mm}^2$ und mißt die mittlere Dicke dieser Fläche zuzüglich eines gewissen Streubereiches, er ermöglicht also nicht, die wahre Dicke der am meisten gefährdeten Stelle anzugeben, da dieser Wert natürlich um einen unbekannten Betrag unter dem Mittelwert liegen kann. Außerdem ist der Meßbereichumfang des Verfahrens beschränkt, weil der Leistungsmesser bei sehr dünnen Rohren praktisch die Leerlaufleistung der Erregerspule mißt, während bei sehr starkwandigen Rohren der Skineffekt Meßfehler verursacht. Die Röhrenfabrikation ist so gleichmäßig, daß Permeabilitäts- und Leitfähigkeitsschwankungen praktisch keine Meßfehler verursachen; auch Erhitzen der Röhren auf 900° und plötzliches Abschrecken in kaltem Wasser änderte die Eichkurve nicht. Der durchschnittliche Meßfehler bei der Messung von Kesselrohren betrug nicht mehr als 0,13 mm.

Abb. 139. Röntgen-Wanddickenmesser mit Ionisationskammer und elektrostatischem Lichtzeigerinstrument (Ausführung Siemens & Halske AG.).

Als zweites Verfahren für denselben Zweck wurde ein elektromagnetisches Vergleichsverfahren entwickelt, bei dem zwei gleiche Elektromagnete auf das zu untersuchende Rohr bzw. auf ein Vergleichsrohr aufgesetzt und der Scheinwiderstandsunterschied in einer Brückenschaltung gemessen wurde. Auch mit diesem Verfahren wurden beim Aufsuchen korrodierter Kesselrohre gute Ergebnisse erzielt.

Röntgendurchstrahlung. Die Absorption von Röntgenstrahlen wird besonders zur Messung der Wanddicke von Metallplatten und metallischen Hohlkörpern herangezogen, wobei die Metallschicht als Filter wirkt, hinter dem die Strahlungsintensität mit Ionisationskammer oder Zählröhre gemessen wird. Die Strahlenschwächung ist ein Maß für

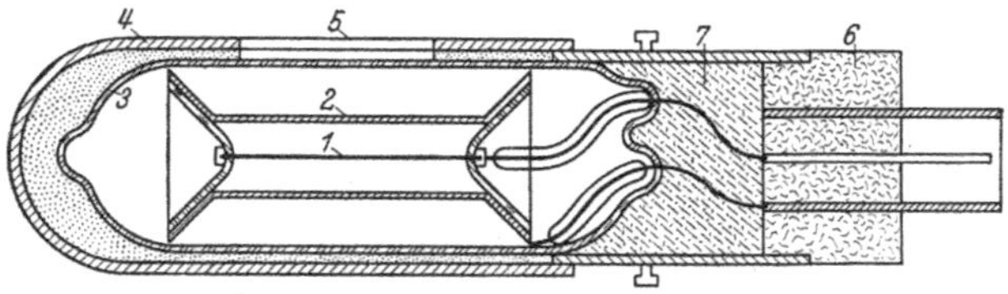

Abb. 140. Zählröhre für Röntgendickenmesser (Ausführung der Reichsröntgenstelle). [Aus TROST: Betriebsmäßige Wanddickenmessung mit Röntgendurchstrahlung und Zählrohr. Stahl u. Eisen Bd. 58 (1938) S. 669.]

1 Anodendraht; *2* Metallzylinder; *3* Glaskolben; *4* Bleimantel; *5* Fenster; *6* Bernsteinsockel; *7* Kittmasse.

die Wanddicke. Die Eichung erfolgt mit Platten gleichen Werkstoffes und bekannter Dicke.

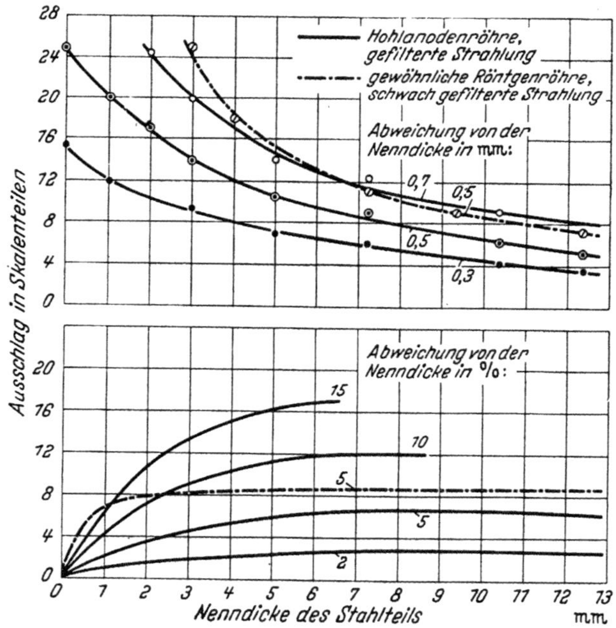

Abb. 141. Empfindlichkeit des Wanddickenmeßgeräts abhängig von der Dicke der zu durchstrahlenden Wand. [Aus TROST: Betriebsmäßige Wanddickenmessung mit Röntgendurchstrahlung und Zählrohr. Stahl u. Eisen Bd. 58 (1938) S. 668···670.]

Abb. 139 zeigt den Wanddickenmesser der Siemens & Halske AG. zum Prüfen von Gasflaschen. Die Ionisationskammer dieses Gerätes hat einen Rauminhalt von nur 25 cm³, ihre Empfindlichkeit ist jedoch durch Zwischenwände aus hochatomigem Metall und hohen Gasdruck auf die einer 800-cm³-Luftkammer gesteigert. Mit der Kammer können bei 200 kV Röhrenspannung und 12 cm² Auffangfläche Stahlplatten bis 60 mm Stärke geprüft werden. 2% Wanddickenänderung rufen eine Ausschlagänderung des elektrostatischen Anzeigeinstruments um 10% hervor.

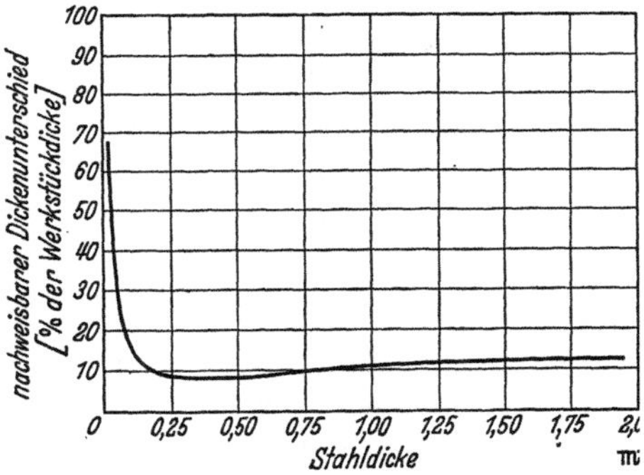

Abb. 142. Empfindlichkeit des Wanddicken-Meßgeräts mit zwei Ionisationskammern in Kompensationsschaltung (Aus MÜLLER: Fehlererkennbarkeit bei der technischen Röntgendurchstrahlung. Arch. techn. Messen V 9114—11.

DE GRAAF und VAN DER TUUK verwenden zwei Ionisationskammern in einem gemeinsamen Gasraum in Gegentaktschaltung. Bei Stahlrohren von etwa 10 mm Wandstärke und einer Abtastgeschwindigkeit von 600 cm²/min konnten damit Lunker von 3 mm Dmr. noch festgestellt werden.

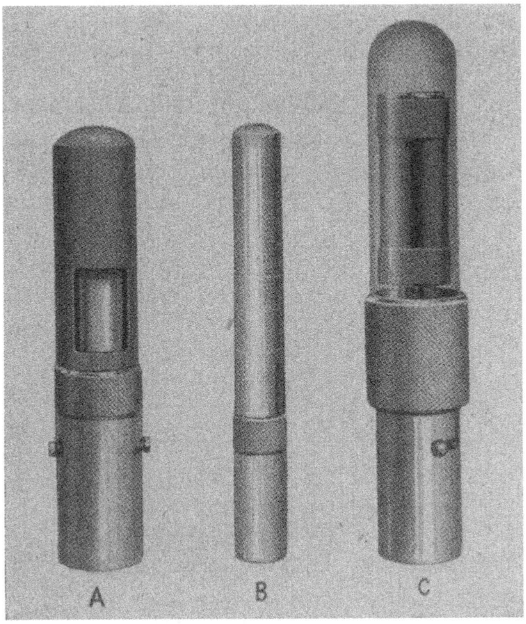

Abb. 143. Betriebsfertige technische Zählröhren für Röntgendickenmessung (Ausführung der Reichsröntgenstelle). (Aus MÜLLER: Fehlererkennbarkeit bei der technischen Röntgendurchstrahlung. Arch. techn. Messen V 9114—11.)

Einen Schnitt durch eine Zählröhre zeigt Abb. 140. Innerhalb des Metallzylinders *2* liegt der geradlinig ausgespannte Draht *1* und ist mit diesem zusammen in einen Glaskolben *3* eingeschmolzen. Die Glasbirne ist mit Gas von geringem Druck (Argon 0,1 kg/cm² mit geringem Alkoholzusatz) gefüllt und in eine Schutzhülle aus Blei (*4*) mit einem Fenster (*5*) passender Größe eingekittet. Zwischen dem Draht und dem Metallzylinder liegt eine Spannung von 1000 V. Die wirksame Zählröhrenfläche betrug bei einem ausgeführten Gerät 10 × 20 mm² (A. TROST), die Einstelldauer des Meßgerätes $^1/_{10}$ s. Die Zählröhrenempfindlichkeit wurde auf etwa 1% statistische Ausschlagschwankung des Anzeigegerätes eingestellt. Die

Genauigkeit der Messung ist vom Abstand der Zählröhre von der Röntgenröhre, von der Vorfilterung (Fenster der Röntgenröhre) und von der Wanddicke abhängig; sie beträgt etwa $\pm 0{,}5\%$.

Abb. 141 zeigt die Empfindlichkeit des Meßverfahrens mit Zählröhre, abhängig von der Wanddicke, für eine gewöhnliche Röntgenröhre und für eine Hohlanodenröhre, Abb. 142 die Empfindlichkeit des Meßverfahrens mit zwei Ionisationskammern in Kompensationsschaltung.

Bei 250 kV Röhrenspannung konnten Stahlplatten bis 25 mm gemessen werden. Verdopplung der Zählröhren-Empfindlichkeit gibt eine Erhöhung des Meßbereiches um 20% bei gleichzeitiger Vergrößerung des Anzeigefehlers um das $\sqrt{2}$fache; Verdopplung der Zählröhrenfläche oder der Anzeigedauer gibt ebenfalls 20% Meßbereicherhöhung bei gleichbleibender Genauigkeit. Außer den Schwankungen der Wanddicke erfaßt das Meßgerät Korrosionsstellen, Schlackeneinschlüsse und Lunker. Es eignet sich für Messungen an schwer zugänglichen Stellen, insbesondere zur Ermittlung der Wanddicke und Gleichmäßigkeit von nahtlosen Stahlflaschen und Rohren, sowie zu Messungen an wichtigen Bauteilen. Die lückenlose Untersuchung einer Fläche von 1 m² dauert etwa 5 min. Abb. 143 ist eine Ansicht betriebsfertiger Zählröhren.

4. Messung von Auftragsdicken [*29*].

Unmagnetische Schicht auf magnetischer Grundlage. Die magnetischen Schichtdickenmesser haben induktive Geber mit veränderbarem Luftspalt, wobei an die Stelle des Luftspaltes die unmagnetische Schicht und an die Stelle des Eisenankers das magnetische Grundmaterial getreten ist. Die grundsätzliche Anordnung zeigt Abb. 144, ein Ausführungsbeispiel Abb. 145. Die Induktivitätsänderung und damit die Schichtdicke wird entweder unmittelbar aus der Stromaufnahme der Erregerspule oder in einer Brückenschaltung bestimmt. Normale Meßbereiche sind 0,2 ··· 5 mm Schichtdicke, die erreichbare Genauigkeit 0,5 ··· 1,5% je nach der Dicke der Schicht und der Form des Prüflings. Die Brücke wird vor Beginn der Messung mit einer verstellbaren Induktivität und einem Normal auf Null eingestellt; das Anzeigeinstrument zeigt dann die Abweichungen von der Sollstärke an, wobei sich

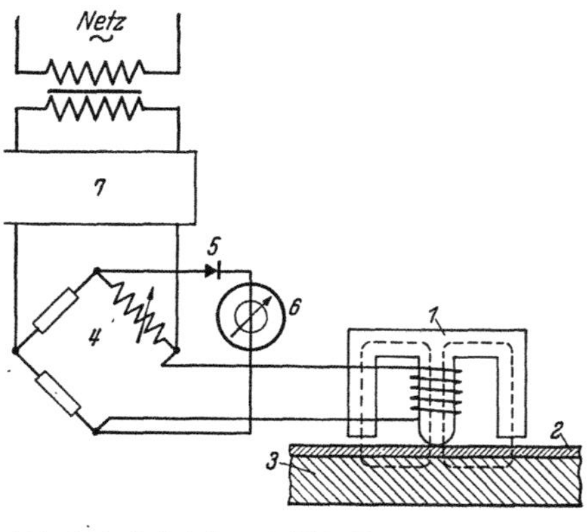

Abb. 144. Induktiver Schichtdickenmesser mit veränderbarem Luftspalt. (Ausführung der AEG.)
1 Induktiver Geber; *2* unmagnetische Schicht; *3* magnetischer Grundstoff; *4* Wechselstrombrücke; *5* Gleichrichter; *6* Anzeigeinstrument; *7* Konstanthalter.

der Meßbereich je nach der eingestellten Solldicke ändert. Für den Werkstattgebrauch können die zulässigen Toleranzen durch zwei Einstellzeiger markiert werden. Abb. 146 zeigt die kleinsten mit dem AEG-Gerät nachweisbaren Abweichungen von der Sollstärke, abhängig von der

Abb. 145. Induktiver Schichtdickenmesser der AEG.

Dicke der Schicht. An Stelle des induktiven Gebers mit veränderbarem Luftspalt kann auch ein Geber mit veränderbarer gegenseitiger Induktion in der Schaltung der Abb. 147 verwendet werden. Der Geber hat ein U-förmiges Weicheisenjoch (5) von 38 mm gestreckter Länge, 6 mm Breite, 0,4 mm Dicke und 6 mm Maulweite. Das Joch ist in ein Bleigehäuse eingebaut, um einen guten Auflagedruck zu erhalten, und ruht an drei Stellen auf dem Prüfling. Es trägt auf seinen Schenkeln Wicklungen, deren Kopplung durch das Eisen des Prüflings erfolgt. Die in der Sekundärspule induzierte Spannung wird über einen Trockengleichrichter einem Drehspul-Instrument zugeführt; ihren Verlauf in Abhängigkeit von der Dicke der unmagnetischen Schicht gibt Abb. 148 wieder. Das Gerät mißt die mittlere Schichtstärke einer Fläche von 0,2 cm² mit einer Genauigkeit von $\pm$ 0,1 μ und eignet sich besonders für die Messung verzinnter Eisenbleche. Es kann aber auch für die Messung von Nickelüberzügen auf unmagnetischem Grundmaterial ver-

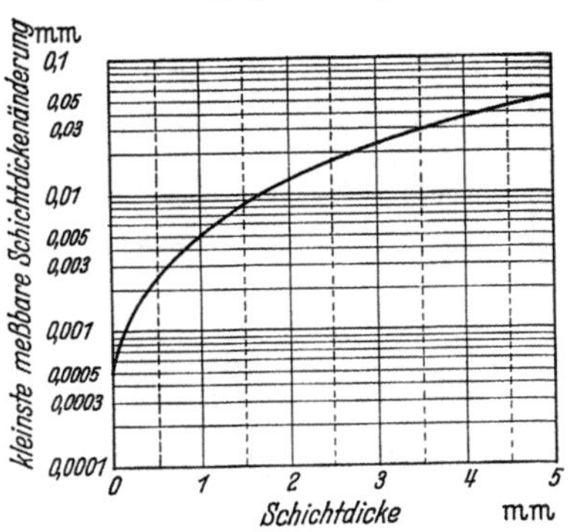

Abb. 146. Ansprechempfindlichkeit des Schichtdickenmessers der AEG, abhängig von der Dicke der unmagnetischen Schicht.

wendet werden, doch kehrt sich dabei die Eichkurve um, d. h. mit zunehmender Schichtdicke werden die Ausschläge größer. Folien unmagnetischen Materials werden durch Auflegen auf eine geschliffene Eisenplatte gemessen. Für laufende Papierdickenüberwachung in der Papiermaschine wurde eine Sondereinrichtung nach dem gleichen Verfahren entwickelt.

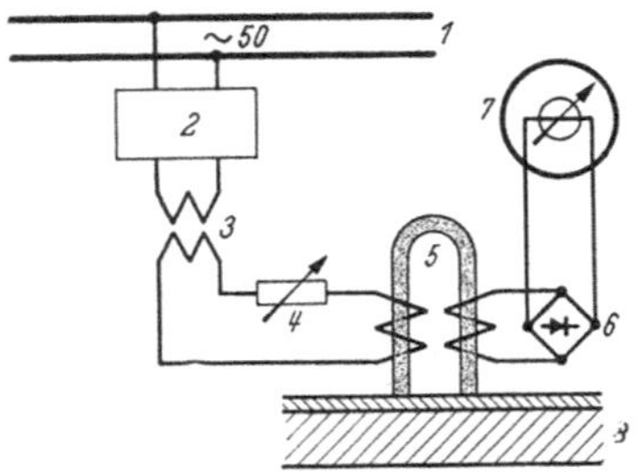

Abb. 147. Induktiver Schichtdickenmesser mit veränderbarer gegenseitiger Induktion. [Aus TAIT: An instrument for measuring the thickness of coatings on metals. J. sci. Instrum. Bd. 14 (1937) S. 341···343.]
1 Wechselstromnetz; *2* Spannungskonstanthalter; *3* Isolierwandler; *4* Regelwiderstand; *5* induktiver Geber; *6* Meßgleichrichter; *7* Anzeigeinstrument; *8* Prüfling.

Das Verfahren des Bureau of Standards beruht auf der Abnahme der Zugkraft zwischen einem Dauermagnet und der eisernen Grundplatte mit wachsender Dicke des unmagnetischen Überzuges. Der Magnet ist an einer Drehmomenten-Waage (Abb. 149) frei aufgehängt und am Ende halbkugelig poliert; er ist von einer Glashülse umgeben, um eine Berührung mit Eisenteilen und dadurch hervorgerufene Änderungen seiner Stärke sowie seitliche Bewegungen zu verhindern. Größe und Magnetisierung des Magnets hängen von dem gewünschten Meßbereich ab. Abb. 150 zeigt die Abhängigkeit der Abreißkraft von Magnetform und Sättigungsgrad. Die Kurven sind am steilsten in der Nähe des Nullpunktes, die Empfindlichkeit ist also für dünne Überzüge am größten. Ein 36%iges Kobalt-Chrom-Stäbchen von 1 mm Dmr. und 30 mm Länge eignet sich für Auftragsdicken von 2,5···400 μ. Die Meßfehler sind am kleinsten in der Mitte, am größten an den Enden des Meßbereiches. Für noch dünnere Überzüge, z. B. verzinnte Eisenplatten mit 1,5 μ Auftragsdicke, wird ein Magnet von 2 mm Dmr. und 30 mm Länge verwendet, der nur zu 15% gesättigt ist. Der Vorzug dieses Verfahrens ist seine Anwendbarkeit bei gekrümmten Oberflächen, da die Berührung nahezu punktförmig ist und Ränder bereits in 2 mm Entfernung keinen Meßfehler mehr verursachen; dagegen beeinträchtigt eine Reihe anderer Einflüsse seine Genauigkeit. Besonders großen Einfluß hat die Oberflächengüte. Die Oberfläche muß glatt und sauber und der Träger am besten poliert sein. Bei

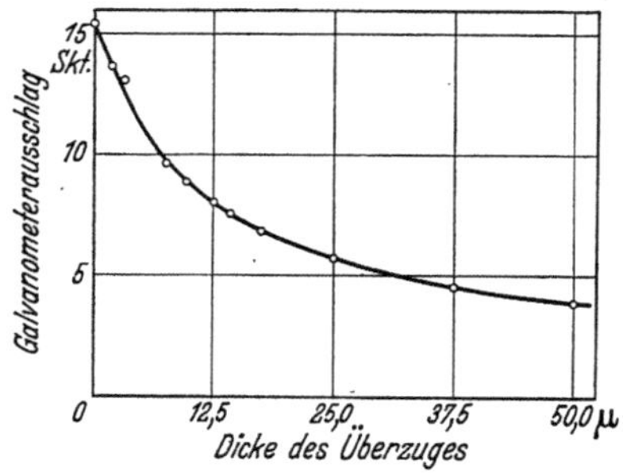

Abb. 148. Eichkurve eines induktiven Dikkenmessers gemäß Abb. 147. [Aus TAIT: An instrument for measuring the thickness of coatings on metals. J. sci. Instrum. Bd. 14 (1937) S. 341.]

poliertem Stahl als Grundmaterial sind die Meßwerte auf ± 1% genau. Bei einem Magnetdurchmesser von 1 mm hat die Dicke des Grundmaterials keinen Einfluß, wenn sie größer als 0,25 mm ist, darunter treten erhebliche Meßfehler auf. Die magnetischen Eigenschaften des Grundmaterials gehen in die Messung ein; bei Materialien, deren magnetische Eigenschaften sich um mehr als 5% unterscheiden, ist eine besondere Eichung erforderlich. Für die meisten Eisen- und Stahlsorten genügt jedoch eine gemeinsame Eichkurve nur für Grauguß und hochkarburierten Stahl sind besondere Eichkurven erforderlich. Mit dem Verfahren kann auch die Dicke von Nickelüberzügen gemessen werden, da Nickel auf die benutzten Magnetstähle nur die halbe Anzugskraft ausübt wie Stahl. Natürlich ist eine besondere Eichung erforderlich und nur eine geringere Genauigkeit zu erreichen. Nickelüberzüge über 25 μ können nicht gemessen werden. Kombinierte Kupfer-Nickelüberzüge können nur gemessen werden, wenn der Kupferüberzug weniger als 10% der Gesamtschichtdicke ausmacht. Der durchschnittliche Meßfehler ist ± 10% der Schichtdicke für Dicken über 5 μ. Es wird empfohlen, die Eichkurve ab

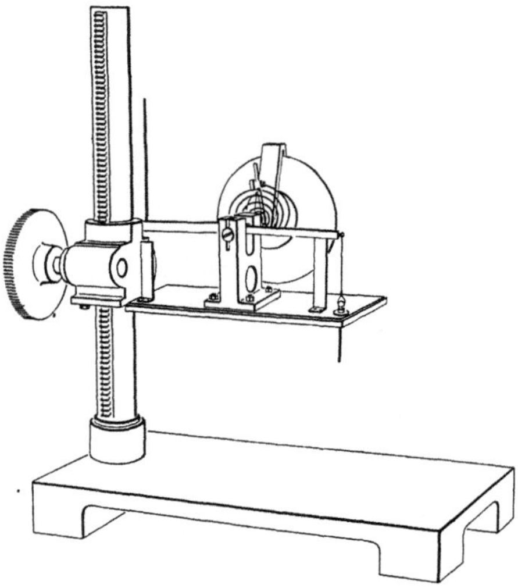

Abb. 149. Federwaage zur Messung der Abreißkraft von Magneten. [Aus BRENNER: Magnetic method for measuring the thickness of nonmagnetic coatings on iron and steel. J. Res. Nat. Bur. Stand. Bd. 20 (1938) S. 358.]

Abb. 150. Prozentuale Abnahme der Zugkraft zwischen verschiedenen Magneten und weichem Stahl in Abhängigkeit von der Dicke einer unmagnetischen Zwischenschicht. [Aus BRENNER: Magnetic method for measuring the thickness of nonmagnetic coatings on iron and steel. J. Res. Nat. Bur. Stand. Bd. 20 (1938) S. 359.]

	Magnet		Magnetische Sättigung in %	Zugkraft für blanken Stahl in g
	Dmr. in mm	Länge in mm		
A	5	150	100	270
B	2	30	100	41
C	2	30	15	6
D	1	30	80	6
E	0,75	30	100	2,5

und zu an blankem Grundmaterial zu überprüfen sowie an jeder Stelle mehrere Ablesungen zu machen und den Mittelwert zu bilden. Rauhe Oberflächen müssen vor der Messung geglättet werden.

Magnetische Schicht auf unmagnetischer Grundlage. Es handelt sich hier besonders um die Bestimmung der Dicke von Nickelüberzügen. Die mittlere Schichtdicke kann durch Wägung vor und nach der Vernickelung bestimmt werden; die örtliche Schichtdicke läßt sich aber nur durch Zerstörung der Nickelschicht oder des Grundmetalls ermitteln, und es erschien deshalb wünschenswert, ein zerstörungsfreies elektrisches Verfahren durchzubilden.

Die Permeabilität von Nickel ist ungefähr 25% derjenigen von Eisen, und die anziehende Kraft zwischen einem Dauermagnet und einem Nickelüberzug von $0{,}5 \cdots 25\,\mu$ Dicke ist mit einer Genauigkeit von etwa 10% proportional der Dicke der Nickelschicht. Man kann also die Messung mit den vorher beschriebenen Geräten ausführen.

Freilich sind dabei verschiedene Einflußgrößen zu berücksichtigen. Bei größeren Schichtdicken als $25\,\mu$ sind besondere Eichkurven erforderlich, da bei diesen Dicken der Zusammenhang zwischen Zugkraft und Schichtdicke nicht mehr linear ist. Ferner haben nach verschiedenen Verfahren hergestellte Überzüge verschiedene magnetische Eigenschaften. Niederschläge aus Bädern hohen p_H-Wertes sind hart und feinkörnig und haben eine kleinere Permeabilität als weiche Niederschläge; sog. glänzende Nickelniederschläge aus Bädern mit organischen Zusätzen haben dagegen eine höhere Permeabilität. Die magnetischen Eigenschaften gleichen sich jedoch durch $15 \cdots 30$ min. dauerndes Glühen bei 400° weitgehend aus. Das Verfahren kann also nach einmaliger Eichung nur für Nickelüberzüge gleichen Herstellungsverfahrens verwendet werden, bei verschiedenen Herstellungsverfahren ist eine Glühung bei 400° oder eine besondere Eichkurve erforderlich.

Als Meßgerät kann jede empfindliche Waage für Kräfte von $1 \cdots 5$ g und einer Genauigkeit von 1% genommen werden. Der Meßmagnet ist zweckmäßig aus Kobalt-Chrom- oder Aluminium-Nickel-Stahl. Letzterer gibt bei gleichem Gewicht größere Zugkraft und bessere Proportionalität, läßt sich aber nur durch Schleifen bearbeiten. Die Oberfläche des Überzuges muß sauber und fettfrei sein und das Abziehen des Magnets senkrecht zur Fläche erfolgen, da sonst die Kraft nach einem cos-Gesetz zu klein gemessen wird. Eine Abweichung von der Normalen um 10% gibt 2% zusätzlichen Fehler. Die Zugkraft wird selbstverständlich nicht ausschließlich durch die Dicke des unmittelbar unter dem Magnetstäbchen liegenden Überzuges bestimmt, sondern von einer größeren Fläche, deren Durchmesser etwa fünfmal so groß wie der Magnetdurchmesser ist. Der Abstand der Meßstelle von Ecken oder Rändern soll mindestens 2 Magnetdurchmesser betragen. Konvex gekrümmte Oberflächen bringen eine Verminderung der Zugkraft, und es muß bei kugelig gekrümmten Oberflächen der Kugelradius mindestens 5 Magnetdurchmesser, bei zylindrisch gekrümmten Flächen der Zylinderradius mindestens 2 Magnetdurchmesser betragen, wenn der Meßfehler 5% nicht überschreiten soll. Konkav gekrümmte Oberflächen geben natürlich eine Steigerung der Zugkraft. Auch bei doppelseitig vernickelten Grundmetallen treten Meßfehler auf, und die Dicke der unmagnetischen Schicht muß mindestens 3 Magnetdurchmesser sein, wenn der Meßfehler nicht größer als 5% werden soll. Bei dünneren Schichtträgern sind Messungen auf beiden Seiten auszuführen. Da sich die Zugkraft zweier paralleler, dünner Nickelschichten aus der Summe der Zugkräfte der einzelnen Schichten bilden läßt, ist es bei gleicher Dicke beider Schichten möglich, nach diesem Verfahren angenäherte Werte der Schichtdicke zu ermitteln. Zweckmäßiger erscheint es jedoch, die rückwärtige Nickelschicht zu entfernen oder, wenn dies nicht möglich ist, eine besondere Eichkurve aufzunehmen. Eine Verunreinigung des Nickelüberzuges mit Eisen oder Kobalt gibt je 1% Eisengehalt + 4%, je 1% Kobaltgehalt + 2% zusätzlichen Meßfehler. Wir haben demnach als Einflußgrößen zu berücksichtigen: das Herstellungsverfahren, Verunreinigungen der Nickelschicht, Dicke des Grundmaterials bei doppelseitigen Überzügen, Oberflächenbeschaffenheit und Oberflächenkrümmung.

Unmagnetische Schicht auf unmagnetischer Grundlage. Der laufenden Messung der Auftragsdicke eines nichtleitenden Werkstoffes auf einem anderen Nichtleiter dienen kapazitive Sender. Sie lassen sich anwenden, wenn die Dielektrizitätskonstanten der beiden Stoffe wesentlich verschieden sind, beispielsweise beim Auftragen einer Gummischicht auf eine Stoffbahn, wie es bei der Herstellung gummierter Gewebe notwendig ist. Die genaue Einhaltung der richtigen Gummimenge ist bei solchen Geweben aus mechanischen und wirtschaftlichen Gründen gleich wichtig. Der kapazitive Geber hat die Form eines Durchlaufkondensators mit einer isolierten, festen und einer in gewissem Abstand darüber liegenden geerdeten, beweglichen Platte, zwischen denen die gummierte Stoffbahn durchläuft.

II. Kraftmessung.

Durch das Meßgerät soll der natürliche Ablauf des Vorgangs nicht beeinflußt werden. Die Wegmessung soll also kraftlos, die Kraftmessung weglos erfolgen. Da diese Forderung bei der Mehrzahl der Weg- und Kraftmesser nicht erfüllt ist und andererseits jeder meßbare Leistungsentzug den Ablauf eines Vorganges fälscht, schränkt sie das Anwendungsgebiet der elektrischen Geber erheblich ein, und es muß in jedem Anwendungsfall die Zulässigkeit des Meßverfahrens bzw. die Größe der zu erwartenden Fehler untersucht werden. Die günstigsten Geberanordnungen sind die mit der kleinsten Leistungsaufnahme. Dies gilt auch bei der Messung elektrischer Ströme, Spannungen und Leistungen, weshalb die Hersteller von Meßgeräten stets auf einen möglichst geringen Eigenverbrauch der Meßgeräte hinarbeiten und seine Größe in ihren Listen angeben, damit der Benutzer in der Lage ist, sich ein Bild von der Anwendbarkeit zu machen.

1. Dehnungsmesser [*30*].

Zug- und Druckspannungen an der Oberfläche von Werkstoffen können durch Messung der elastischen Dehnungen, also durch eine Wegmessung ermittelt werden. Das gilt in gleicher Weise für statische wie für dynamische Beanspruchungen. Die Dehnungsmesser sollen an der Kraftübertragung nicht teilnehmen, dem zu untersuchenden Werkstück also keine Leistung entziehen, da sie sonst den Spannungsverlauf beeinflussen. Sie sollen ferner geringe Trägheit und hohe Eigenfrequenz haben, um rasch verlaufenden Spannungsänderungen folgen zu können. Weiter sollen sie klein und leicht sowie sicher und einfach zu befestigen sein und eine kleine Meßstrecke haben, damit sie auch an gekrümmten Bauteilen und schwer zugänglichen Stellen angebracht werden können. Unabhängigkeit von Erschütterungen und Beschleunigungen sowie aperiodische Dämpfung sind weitere Forderungen an die nach verschiedenen Verfahren arbeitenden Geräte.

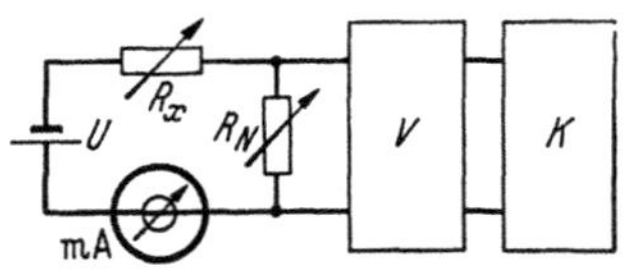

Abb. 151. Dehnungsmessung nach dem Widerstandsverfahren. [Aus HULL: Alternating stress measurements by the resistance strip method. Gen. Electr. Rev. Bd. 40 (1937) S. 379···380.]

R_x zugabhängiger Widerstandsstreifen; R_N regelbarer Normalwiderstand; U Meßspannung; V Verstärker; K Kathodenoszillograph.

Widerstandsverfahren. Auf dem wechselnden Spannungen unterworfenen Körper werden Widerstandsgeber in Form von Graphitstreifen, sogenannte Streifengeber, angebracht. Die Widerstandsstreifen liegen in einem Stromkreis konstanter Spannung in Reihe mit einem einstellbaren Meßwiderstand, an dem die Wechselkomponente des Spannungsabfalls Δe abgegriffen, verstärkt und auf einen Kathodenoszillographen gegeben wird (Abb. 151). Der Ausschlag des Kathodenoszillographen ist

$$\alpha = K \cdot \Delta e = -K_1 \frac{U \cdot R_N \cdot \Delta R_x}{(R_x + R_N)(R_x + \Delta R_x + R_N)}. \tag{98}$$

Der Widerstand des äußeren Stromkreises wird zweckmäßig gleich dem Widerstand des Meßstreifens gewählt, und es wird für $R_x = R_N = R$

$$\alpha = -K_2 \cdot \frac{\Delta R}{2R + \Delta R} \tag{99}$$

oder wenn ΔR vernachlässigbar gegen $2R$

$$\alpha = -K_2 \cdot \frac{\Delta R}{2R}. \tag{100}$$

Die Anzeige ist also der Dehnung und damit der elastischen Beanspruchung proportional. Umlaufenden Maschinenteilen wird die Meßspannung über Messingschleifringe und Kupferbürsten zugeführt. Das Verfahren eignet sich für Messungen, bei denen das Maschinenteil durch den Geber nicht belastet werden darf, sowie für sehr viele Meßstellen, da der Geber praktisch nichts kostet. Die erreichbare Genauigkeit ist etwa $\pm 5\%$.

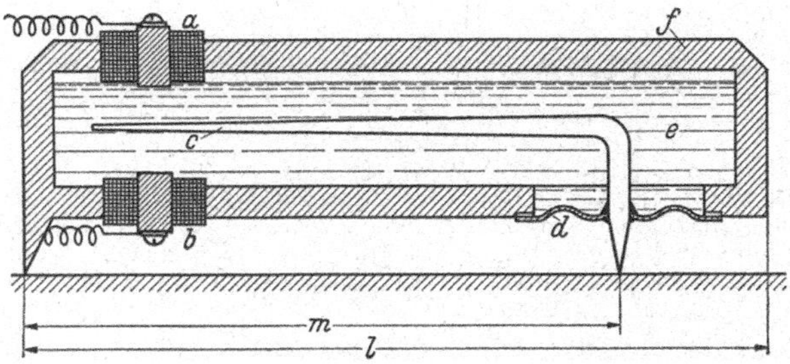

Abb. 152. Elektrolytischer Dehnungsmesser. [Aus BERG: Dynamische Spannungsmessungen. Z. VDI Bd. 81 (1937) S. 295.]
a, *b* feste Elektroden; *c* bewegliche Elektrode; *d* Membran; *e* Elektrolyt; *f* Gehäuse; *m* Meßlänge = 20 mm, *l* Gesamtlänge = 25 mm.

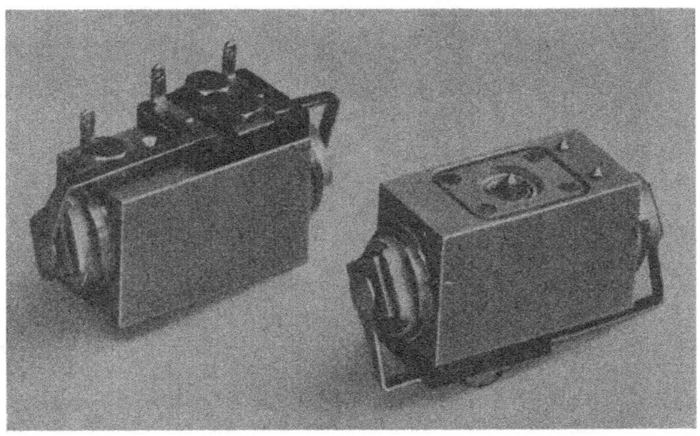

Abb. 153. Kohledehnungsmesser nach MERZ-NIEPEL von Siemens & Halske AG.

S. BERG setzt statt der Widerstandsstreifen einen nur 6 g schweren elektrolytischen Geber mit zwei Schneiden nach Abb. 152 auf den Prüfling auf und mißt in einer Brückenschaltung das Verhältnis der Widerstände zwischen den festen Elektroden und der beweglichen Zunge. Ähnlich arbeiten die Kohledehnungsmesser, nur sind an die Stelle der Elektrolytwiderstände zwei Kohlesäulen getreten, wodurch eine größere Verstellkraft, also eine sorgfältigere Aufspannung erforderlich wird, während der Temperatureinfluß erheblich abnimmt. Infolge ihres stabilen Aufbaues sind diese Geräte erheblichen Beanspruchungen und rauher Behandlung gewachsen.

Lichtelektrische Dehnungsmessung. Der lichtelektrische Dehnungsmesser von LEHR (Abb. 154) hat eine außergewöhnlich kleine Meßstrecke von nur 2 mm. Die Bewegung der Meßspitze *g* wird durch reibungsfrei gelagerte Hebel 50fach vergrößert auf die Schlitzblende *k* übertragen. In der Blendenebene wird der Faden einer mit konstantem Strom gespeisten Soffittenlampe *r* mit der Optik *t* abgebildet. Die Sperrschichtphotozelle *v* wird also proportional der Spaltbreite und

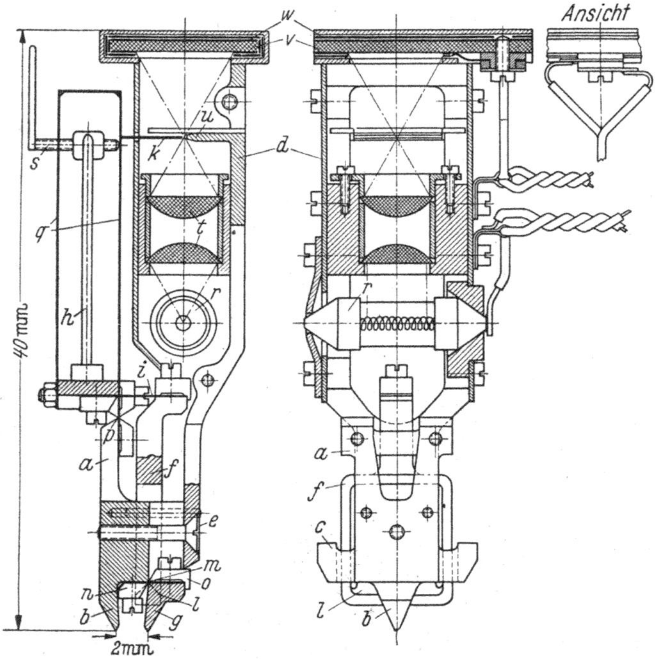

Abb. 154. Lichtelektrischer Dehnungsmesser. (Bauart Lehr-Askania.) [Aus LEHR-GRANACHER: Dehnungsmeßgerät mit sehr kleiner Meßstrecke und Anzeige mittels Sperrschichtphotozelle. Forsch.-Arb. Ing.-Wes. Bd. 7 (1936) S. 67.]

a Grundgestell; *b* feste Spitze; *c* seitliche Schneiden für die Aufspannung; *d* Gehäuse für die Optik; *e* Befestigungsschraube für das Gehäuse *d*; *f* Rähmchen; *g* bewegliche Spitze; *h* Anzeigehebel; *i* Stoßband; *k* Steuerfahne; *l* Schneiden des Rähmchens; *m* Querfederband für das Rähmchen; *p* Federbandgelenk des Anzeigehebels *h*; *q* federnde Parallelführung für die Steuerfahne *k*; *r* Soffittenlampe; *s* Nullpunkteinstellung; *t* Optik; *u* feste Fahne mit Blende; *v* Sperrschicht-Photozelle; *w* Glimmerisolierung.

somit der Dehnung ausgeleuchtet. Das Gerät ist völlig aus gehärtetem Werkzeugstahl hergestellt, 40 mm hoch und 15 g schwer. Es wird an den seitlichen Schneiden *c* mit der in Abb. 155 gezeigten Spannvorrichtung auf dem Prüfling befestigt. Um einen sicheren Sitz und den richtigen Schneidenabstand zu gewährleisten, wird die Meßstrecke mit einem Doppelkerner mit Federschlagwerk angekernt. Die Genauigkeit der Ankerneinrichtung ist $\pm 2\,\mu$; der Anpreßdruck der Spannvorrichtung muß etwa 1 kg betragen und beide Spitzen müssen gleichmäßig belastet sein. Als Anzeigeinstrument kommt ein Drehspul-

Mikroamperemeter in Betracht. Die Gesamtvergrößerung der Dehnung ist $10 \cdot 10^3$ bis $50 \cdot 10^3$, die Eichkurve linear. Infolge der Befestigung in Kernern treten bei der ersten Belastung Nullpunktänderungen auf, jede Meßreihe ist deshalb drei- bis viermal zu durchlaufen. Der Nullpunkt kann mit der Schraube *s* nachgestellt werden. Das Gerät eignet sich nur für statische Messungen, für dynamische Beanspruchung sind weder die Aufspanneinrichtung noch die Konstruktion des Gebers noch das träge Anzeigeinstrument geeignet. Wegen seiner kleinen Abmessungen kann das Gerät zur Messung der Spannungsverteilung an gekrümmten Werkstücken, Hohlkehlen (Abb. 156), Winkelecken, Kerben, Querbohrungen und Augen verwendet werden. Es lassen sich Hohlkehlen von 4 mm und Rundkerben von 5 mm Radius ausmessen. Längenänderungen von 0,1 μ entsprechend einer Beanspruchung von 1 kg/mm² bei Stahl sind bequem meßbar.

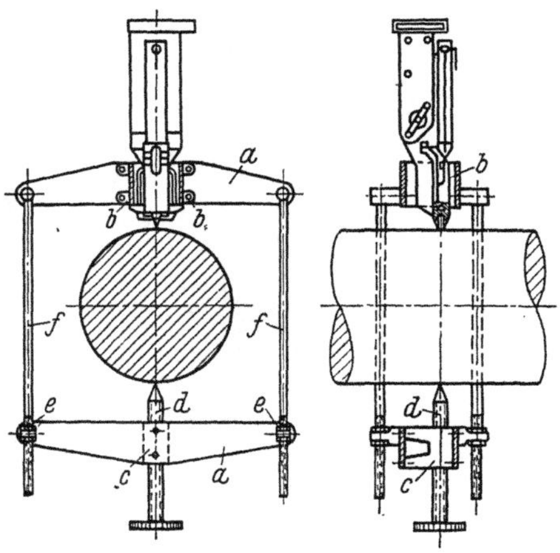

Abb. 155. Aufspannvorrichtung für den lichtelektrischen Dehnungsmesser. [Aus LEHR-GRANACHER: Dehnungsmeßgerät mit sehr kleiner Meßstrecke und Anzeige mittels Sperrschichtphotozelle. Forsch.-Arb. Ing.-Wes. Bd. 7 (1936) S. 69.]
a Traverse; *b* Pfannen für die Aufspannschneiden; *c* Mutter für die Spannschraube *d*; *d* Spannschraube; *e* Querbolzen; *f* Zugspeichen.

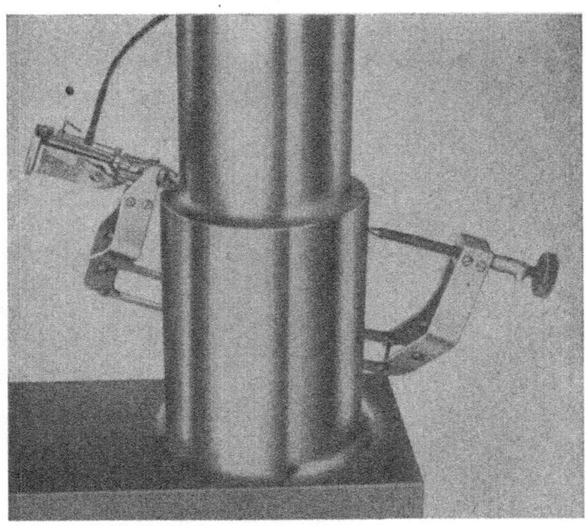

Abb. 156. Statischer Feindehnungsmesser an einer Hohlkehle (Bauart Lehr-Askania).

Induktive Dehnungsmesser. Der induktive Dehnungsmesser liegt in zahlreichen Ausführungsformen vor. In Abb. 157 ist der statische Dehnungsmesser der MPA, Darmstadt, gezeigt. Das Gerät wird mit Meßlängen von 0,5 ··· 5 mm ausgeführt, hat eine Bauhöhe von 17 mm und wiegt 5,5 g. Es besteht aus einem festen Rahmen mit der Schneide *a* und einem Hebel mit der Schneide *b*. Hebel und Rahmen sind aus einem Stück; Drehpunkt des Hebels ist der schmale Steg *d*. Durch die Bohrung *c* wird die aus Bügel und Blattfeder bestehende Aufspannvorrichtung geführt. Der Hebel h verstellt eine Stahlmembran m im Luftspalt einer topfförmigen Doppeldrossel L_1 und L_2. Die Schaltung ist in Abb. 158 gezeigt. L_1 und L_2 sind die mit den Anpassungswandlern L_3 und L_4 in Reihe liegenden Geberdrosseln. Vor Beginn der Messung wird mit dem Potentiometerwiderstand R gleiche Stromverteilung in

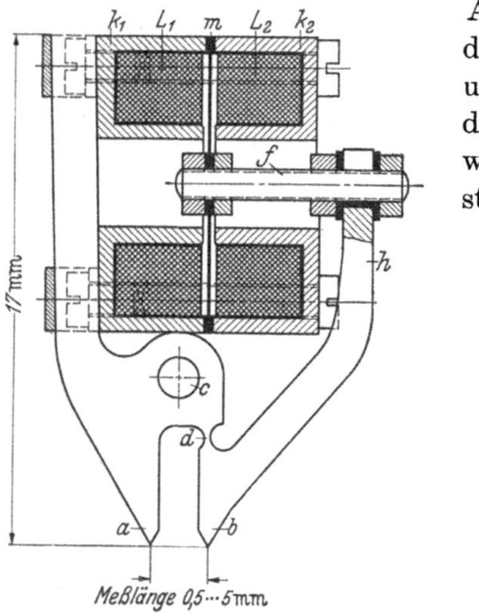

Abb. 157. Geber des induktiven statischen Spannungsmessers der MPA, Darmstadt. [Aus THUM-SVENSON-WEISS: Neuzeitliche Dehnungsmeßgeräte. Forsch.-Arb. Ing.-Wes. Bd. 9 (1938) S. 232.]

a Feste Schneide; b bewegliche Schneide; c Bohrung zum Aufspannen; d Steg (Drehpunkt); f Verbindungsbolzen; h Übertragungshebel; k_1, k_2 Eisenkerne; m Membran; L_1, L_2 Spulen.

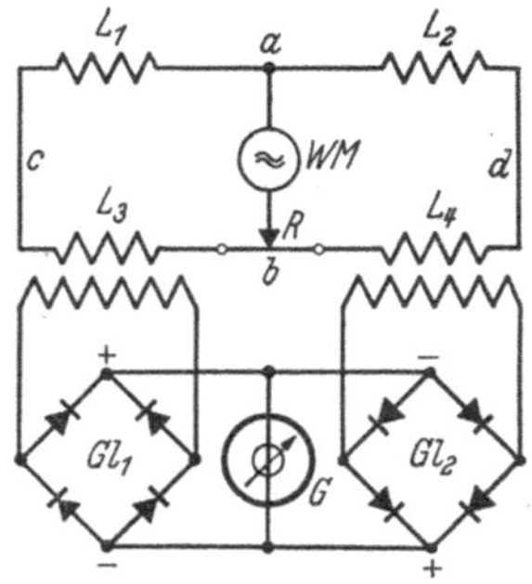

Abb. 158. Schaltbild des induktiven Dehnungsmessers der MPA, Darmstadt. [Aus THUM-SVENSON-WEISS: Neuzeitliche Dehnungsmeßgeräte. Forsch.-Arb. Ing.-Wes. Bd. 9 (1938) S. 232.]

L_1, L_2 Doppeldrossel; L_3, L_4 Primärwicklungen der Anpassungsübertrager; WM Wechselstromgenerator; R Brückenschleifdraht; G Galvanometer; Gl_1, Gl_2 Trockengleichrichter.

den beiden an den Wechselstromgenerator angeschlossenen Stromzweigen eingestellt. Die Zweigströme werden mit den Wandlern L_3 und

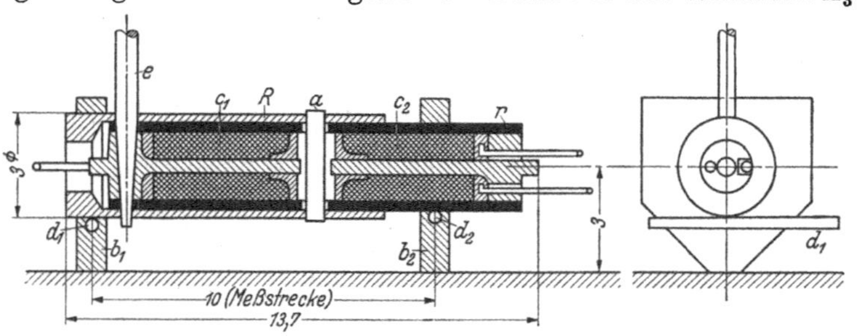

Abb. 159. Geber des induktiven dynamischen Dehnungsmessers der DVL. [Aus THUM-SVENSON-WEISS: Neuzeitliche Dehnungsmeßgeräte. Forsch.-Arb. Ing.-Wes. Bd. 9 (1938) S. 230.]

a Magnetanker; b_1, b_2 Tragböckchen, mit Punktschweißung auf dem Prüfling befestigt; c_1, c_2 Differential-Drosselspulen; d_1, d_2 Tangentialkeile zur Befestigung des Gebers in den Böckchen; e Paßstift für die Nullstellung beim Aufsetzen des Geräts; R unmagnetische Hülse; r Eisenröhrchen.

L_4 übersetzt, mit den Trockengleichrichtern Gl_1 und Gl_2 gleichgerichtet und ihre Differenz mit dem Drehspul-Instrument G gemessen. Die Anzeigevergrößerung beträgt $3 \cdot 10^5$, und eine Änderung der Spannungsbeanspruchung um 1 kg/mm² ergibt bei Stahl und einer Meßlänge von 1 mm einen Ausschlag von 15 mm.

Auch von der DVL wurde ein dynamischer Dehnungsmesser nach dem induktiven Verfahren entwickelt (Abb. 159). Der Geber besteht aus einer unmagnetischen Hülse *R*, in der das Eisenröhrchen *r* verschiebbar ist. In das Eisenröhrchen sind die beiden Spulen c_1 und c_2, in die unmagnetische Hülse der Eisenanker *a* fest eingebaut. Werden die beiden Hülsen gegeneinander verschoben, so ändert sich die Stellung des Eisenkerns im Luftspalt zwischen den Spulen. Die Mittelstellung ist durch den nach dem Aufspannen zu entfernenden Paßstift *e* gegeben. Der mittlere Luftspalt der Differenzdrossel ist $\pm 100\,\mu$, die

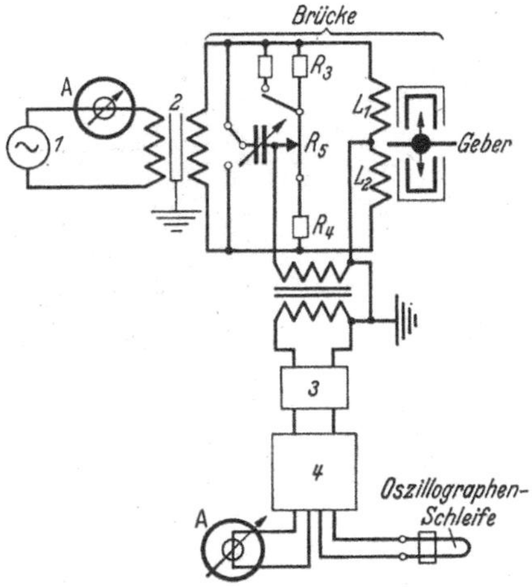

Abb. 160. Schaltbild des dynamischen Dehnungsmessers der DVL. [Aus THUM- SVENSON-WEISS: Neuzeitliche Dehnungsmeßgeräte. Forsch.-Arb. Ing.-Wes. Bd. 9 (1938) S. 230.]

1 Hochfrequenzerzeuger; *2* Übertrager; L_1, L_2 Drosselspulen; R_3, R_4 Brückenwiderstände; *3* Siebkette; *4* Verstärker; R_5 Brückenabgleichwiderstand.

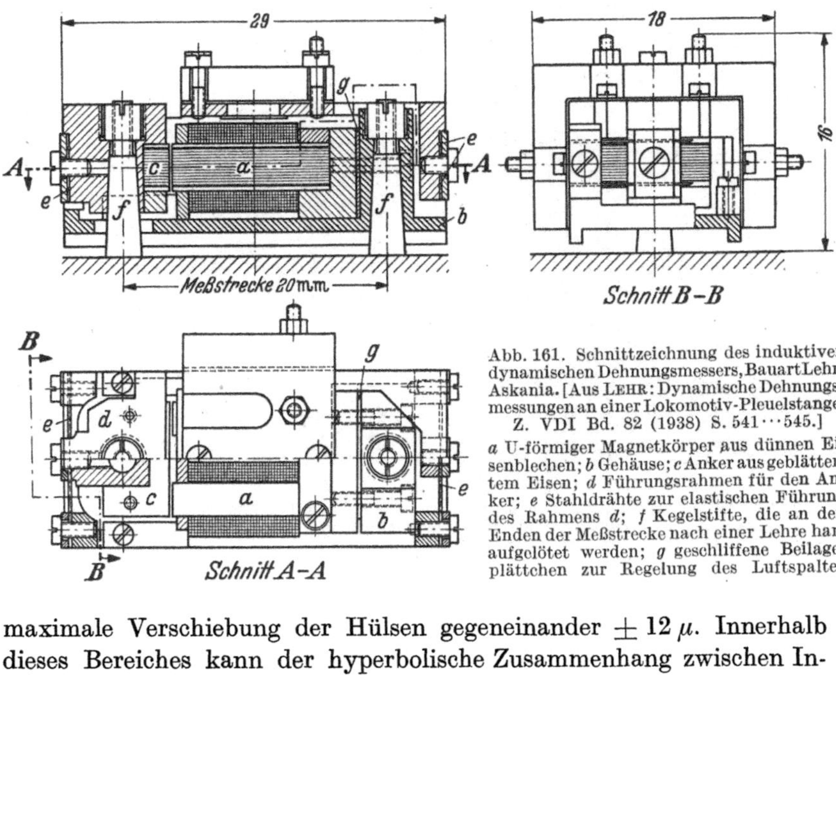

Abb. 161. Schnittzeichnung des induktiven dynamischen Dehnungsmessers, Bauart Lehr-Askania. [Aus LEHR: Dynamische Dehnungsmessungen an einer Lokomotiv-Pleuelstange. Z. VDI Bd. 82 (1938) S. 541···545.]

a U-förmiger Magnetkörper aus dünnen Eisenblechen; *b* Gehäuse; *c* Anker aus geblättertem Eisen; *d* Führungsrahmen für den Anker; *e* Stahldrähte zur elastischen Führung des Rahmens *d*; *f* Kegelstifte, die an den Enden der Meßstrecke nach einer Lehre hart aufgelötet werden; *g* geschliffene Beilageplättchen zur Regelung des Luftspaltes.

maximale Verschiebung der Hülsen gegeneinander $\pm 12\,\mu$. Innerhalb dieses Bereiches kann der hyperbolische Zusammenhang zwischen Induktivität und Luftspalt als geradlinig angesehen werden. Der Geber wird mit den Tangentialkeilen d_1, d_2 in zwei auf den Prüfling aufgeschweißten Böckchen b_1, b_2 befestigt, hat eine Meßlänge von 1···10 mm und ein Gewicht von 0,5 g. Seine Schaltung geht aus Abb. 160 hervor. Von einem Hochfrequenzerzeuger *1* wird über den Übertrager *2* eine aus den Drosselspulen L_1 und L_2 und den Widerständen R_3 und R_4 bestehende Brücke gespeist. Am Brückenausgang liegt eine Siebkette *3* zum Fernhalten von Oberwellen sowie ein Verstärker *4* mit Gleichrichterbrücke für den Anschluß der Anzeigegeräte. Mit dem Widerstand R_5 wird die Brücke abgeglichen.

Abb. 162. Induktiver dynamischer Dehnungsmesser nach LEHR mit 20 mm Meßstrecke. (Aus: Askania-Druckschrift Schwing 521.)

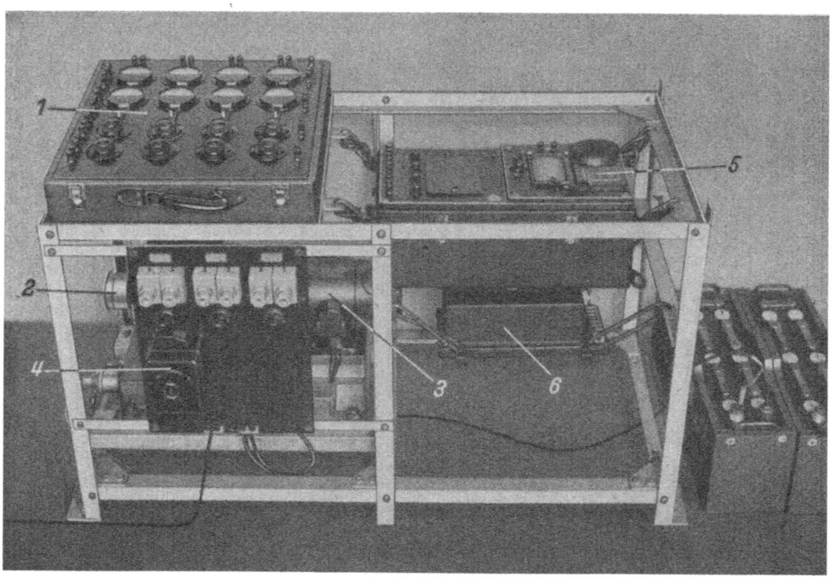

Abb. 163. Meßeinrichtung für den induktiven dynamischen Dehnungsmesser der Bauart Lehr-Askania. (Aus: Askania-Druckschrift Schwing 521.)

Die Schaltung wurde aus dem früher beschriebenen Kraftverlaufmesser von Siemens & Halske entwickelt. Mit dem Gerät kann bei Stahl eine

Meßgenauigkeit von $\pm 0{,}25$ kg/mm² erreicht werden. Die höchsten, verzerrungsfrei wiedergegebenen Frequenzen sind 1,2 kHz bei 5 kHz Trägerfrequenz bzw. 10 kHz bei 50 kHz Trägerfrequenz. Ein weiterer induktiver Dehnungsmesser ist das Lehr-Askania-Gerät, von dem Abb. 161 eine Ausführungsform im Schnitt zeigt. Mit diesem Gerät wurden von LEHR bereits 1938 die Biege- und Normalspannungen an der Pleuelstange einer Güterzuglokomotive während der Fahrt gemessen. Der Geber besteht aus einem U-förmigen Magnetkörper aus 0,05 mm starkem Hochfrequenzblech in einem Gehäuse und einem gegenüberstehenden, in einem Rahmen gelagerten Anker, der durch federnde Drähte an dem Gehäuse befestigt und parallel geführt wird. Gehäuse und Rahmen werden mit hart aufgelöteten Kegelstiften an den Enden der Meßstrecke befestigt. Abb. 162 zeigt die Ausführung eines solchen Gebers mit 20 mm Meßstrecke. Die Schaltung ähnelt den bereits beschriebenen. Die Trägerfrequenz ist 10 kHz, die Schaltung im Bereich von 0 ··· 1000 Hz frequenzunabhängig. Die Gesamteinrichtung mit allem Zubehör ist in Abb. 163 dargestellt. Abb. 164 zeigt den Anbau des induktiven Dehnungsmessers der AEG an einen Walzenständer.

Abb. 164. Induktiver Dehnungsmesser der AEG an einem Walzenständer zur Bestimmung des Walzdruckes (Deckplatte abgenommen).

Selbstverständlich wurden auch kapazitive Dehnungsmesser gebaut; da sie jedoch keine besonderen Neuerungen gegenüber dem induktiven Verfahren bringen, kann auf ihre Beschreibung verzichtet werden. Mit passenden Tasteinrichtungen und Stativen versehen können die Dehnungsmesser selbstverständlich auch als elektrische Mikrometer verwendet werden [*27*].

2. Drehmomentmesser [*31*].

Die Torsionsbeanspruchung eines Drehstabes ist durch die gegenseitige Verdrehung zweier Stabquerschnitte gegeben. Es ist

$$\Theta = \frac{M_d \cdot l}{G \cdot J_p}, \qquad (011)$$

wenn Θ den Winkel der Drehverformung,

M_d das Drehmoment [kg·cm],
G den Gleitmodul [kg·cm^{-2}],
J_p das polare Trägheitsmoment [cm^4],
l die Meßlänge [cm],
d Wellendurchmesser [cm],
φ Verdrehungswinkel [°]

Abb. 165. Induktiver Verdrehungsmesser von Siemens & Halske.
1 Inneres Rohr; *2* äußeres Rohr; *3* Eisenkern auf dem inneren Rohr; *4* Doppeldrossel auf dem äußeren Rohr; *5* verschiebbarer Spulenträger; *6* Befestigungsschrauben; *7* Löcher für die Kernerschrauben; *8* Rollenlager; *9* Schleifringe.

bedeuten. Der Verdrehungswinkel zwischen den beiden Stabquerschnitten wird durch die gegenseitige Verschiebung zweier mit diesen Querschnitten fest verbundener Meßkörper induktiv oder kapazitiv gemessen. Auch die Drehmomentmessung wird also auf eine Wegmessung zurückgeführt. Dabei sind allerdings die mechanischen Konstanten der Welle, G und J_p, als bekannt vorausgesetzt. Falls sie nicht mit genügender Genauigkeit festliegen, ist der Geber zusammen mit der Welle durch Belastung zu eichen. Für eine runde Welle gilt

$$M_d = \frac{\pi^2 \cdot d^4 \cdot G \cdot \varphi}{32 \cdot 180 \cdot l}. \tag{102}$$

Abb. 165 zeigt einen induktiven Geber für einen Wellendurchmesser von 12 und eine Meßlänge von 300 cm. Das Gerät wurde von der Siemens & Halske AG. entwickelt; es besteht aus zwei konzentrischen Bronzerohren, von denen das innere *1* den Eisenkern *3*, das äußere *2* die Doppeldrossel *4* trägt. Der Eisenkern ragt durch eine Ausbrechung des äußeren Rohres in den Luftspalt der Drossel und kann durch Verschieben des Drosselträgers *5* genau auf Mitte eingestellt werden. Die zweiteiligen Rohre werden mit Spannschrauben *6* auf der Welle gehalten, durch gehärtete Kernerschrauben *7* genau fixiert und mit Rollenlagern *8* gegeneinander und gegen die Welle abgestützt, um Schwingungen durch Unwucht zu vermeiden. Der Strom wird über drei Schleifringe *9* mit mehreren parallelen Bürstensätzen zugeführt, um Ausschlagschwankungen durch wechselnden Bürsten-Übergangswiderstand und Springen der Bürsten zu verhindern. Für die Messung rasch verlaufender Drehmomentschwankungen wird das Gerät mit dem früher beschriebenen Kraftverlaufmesser und einem Oszillographen zusammen betrieben, während die verstärkerlose Schaltung nach Abb. **166** für die betriebsmäßige Überwachung des Drehmoments mit einem Anzeige- oder Schreibgerät genügt. Die Doppeldrossel ist dabei als Doppeltransformator gewickelt und wird über einen Konstanthalter aus dem Wechselstromnetz gespeist. Ihre Primärwicklungen sind in Reihe, die Sekundärwicklungen gegeneinander geschaltet. In der Mittelstellung heben sich die in den Sekundärwicklungen induzierten Spannungen auf. Bei einseitiger Stellung des Eisenkernes bleibt jedoch auf der Sekundärseite eine der Verdrehung proportionale Restspannung bestehen, die mit der Siebkette *S* von Oberwellen gereinigt, mit einer phasengesteuerten Gleichrichterbrücke *Gl* gleichge-

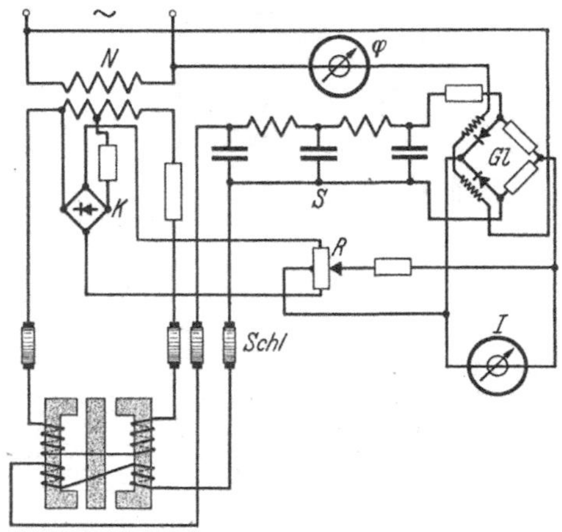

Abb. 166. 50-Hz-Schaltung für induktive Messungen. (Aus MERZ-SCHARWÄCHTER: Verdrehungsmessung. Arch. techn. Messen V 136—2.)

N Netzanschlußwandler; *S* Siebkette; *Gl* Gleichrichterbrücke; *J* Meßgerät; *φ* Phaseneinstellung; *Schl* Schleifringe; *R* Nullpunkteinstellung; *K* Kompensationsgleichrichter.

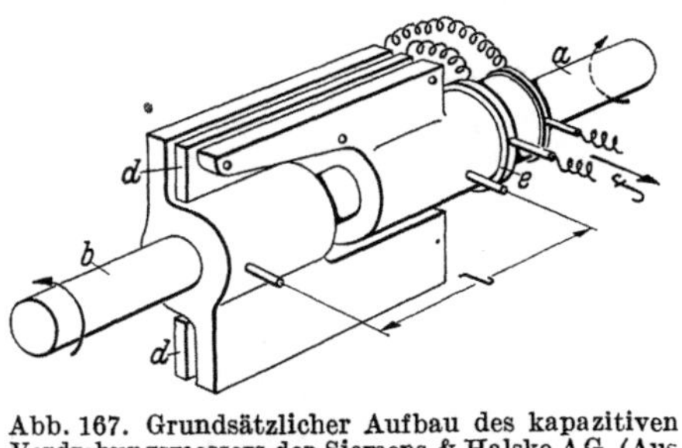

Abb. 167. Grundsätzlicher Aufbau des kapazitiven Verdrehungsmessers der Siemens & Halske AG. (Aus MERZ-SCHARWÄCHTER: Verdrehungsmessung. Arch. techn. Messen V 136—2.)

a Belastung; *b* Antrieb; *l* Meßlänge; *d* isolierte Platten; *e* isolierte Schleifringe; *f* Anschluß des Kraftlaufmessers.

richtet und mit dem Drehspul-Instrument J gemessen wird. Ebenfalls an den Netzwandler angeschlossen ist der Kompensationsgleichrichter K, von dem aus über das Potentiometer R eine kleine Gleichspannung der Meßspannung überlagert werden kann, um Nullpunktabweichungen elektrisch auszugleichen. Man erspart sich dadurch die genaue Nulleinstellung an dem oft schwer zugänglichen Geber. Speist man die Einrichtung anstatt aus der konstanten Spannungsquelle aus einem von der Welle selbst angetriebenen Drehzahlgeber, dessen Spannung der Drehzahl proportional ist, so ist die Anzeige des Instruments J ein Maß für das Produkt Drehzahl mal Drehmoment, also Wellenleistung. Bei elektrischen Antrieben kann man diese Leistung freilich bequemer durch die Messung der Leistungsaufnahme des Antriebsmotors ermitteln.

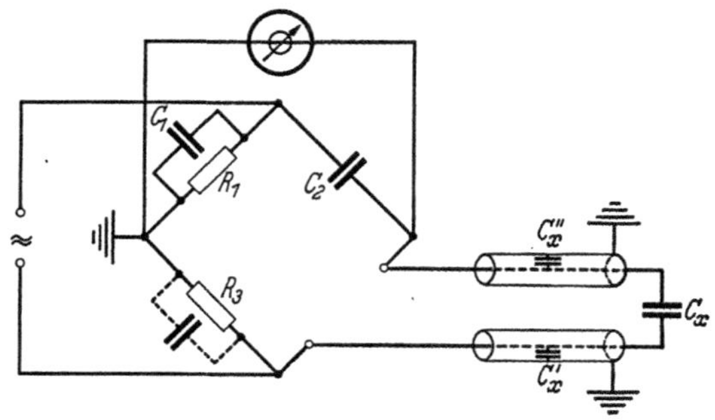

Abb. 168. Erdung der 500-Hz-Brücke für kapazitive Messungen. (Aus MERZ-SCHARWÄCHTER: Verdrehungsmessung. Arch. techn. Messen V 136—2.)

C_x Kapazitiver Geber; C_x', C_x'' Kabel- und Schaltungskapazitäten; R_1, R_3, C_x, C_2 Kapazitätsmeßbrücke.

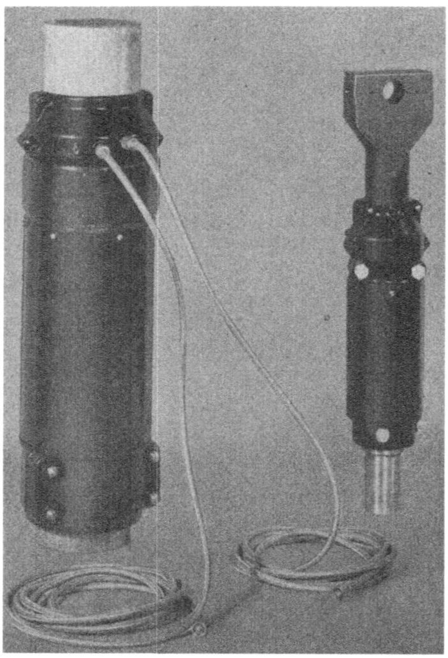

Abb. 169. Kapazitive Drehmomentmesser von Siemens & Halske.

Ganz ähnlich arbeitet der in Abb. **167** gezeigte kapazitive Drehmomentmesser von Siemens & Halske. Um den Einfluß von Biegungsmomenten auf die Messung auszuschalten, ist der Geber symmetrisch aus zwei um 180° gegeneinander versetzten und parallelgeschalteten Plattenpaaren aufgebaut. Die Kapazitätsänderung wird mit dem Kraftverlaufmesser und einem Oszillographen gemessen. Der Einfluß der Kapazität des Zuführungskabels wird durch zweckentsprechende Erdung des

Abb. 170. Kapazitiver Verdrehungsmesser von Siemens & Halske. Bürstenhalter und Schutzhaube abgenommen. (Aus MERZ-SCHARWÄCHTER: Verdrehungsmessung. Arch. techn. Messen V 136—2.)

Kraftverlaufmessers, der Einfluß des Isolationszustandes und des Kabelwiderstandes durch Wahl der Schaltphase der Gleichrichterbrücke weitgehend ausgeschaltet. Die grundsätzliche Anordnung ist in Abb. 168 noch einmal gezeigt. Die Teilkapazität C'_x erscheint zum Widerstand R_3 parallelgeschaltet und wird mit dem Kondensator C_1 kompensiert. Die Teilkapazität C''_x erscheint zum Diagonalzweig parallelgeschaltet, beeinflußt also die Abstimmung nicht. Die Zuführungskabel sind selbstverständlich geschirmt. Der kapazitive Verdrehungsmesser eignet sich besonders für wissenschaftliche Untersuchungen an Antrieben mit stark und kurzzeitig wechselndem Drehmoment, z. B. Propeller- und Walzwerksantrieben. Zwei Ausführungen für verschiedene Wellendurchmesser sind in Abb. 169 gezeigt. In der Abb. 170 ist der kleinere Geber geöffnet.

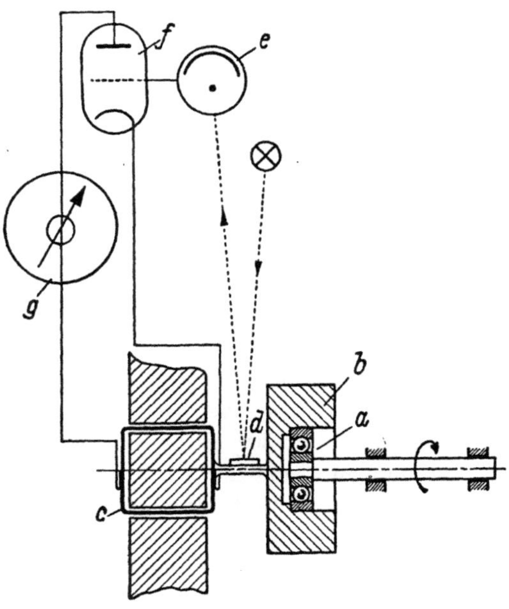

Abb. 171. Einrichtung zum Messen des Reibungsmoments eines Kugellagers. [Aus VIEWEG-GOTTWALD: Meßverfahren zum Bestimmen kleiner Reibungsmomente. Z. VDI. Bd. 85 (1941) S. 417.]

Zum Messen sehr kleiner Reibungsmomente wurde von VIEWEG und GOTTWALD eine Einrichtung entwickelt, mit der die Reibungsmomente von feinen Lagern bestimmt werden können. Das zu prüfende Lager a (Abb. 171) sitzt auf der treibenden Welle und ist mit dem Belastungsring *b* belastet, den die Reibungskräfte mitzunehmen versuchen. Diesem Reibungsmoment wirkt das Drehmoment eines Drehspulmeßwerks entgegen, das auf derselben Welle mit dem Belastungsring sitzt. Die zur Kompensation des Reibungsmoments erforderliche Stromstärke im Drehspulmeßwerk regelt ein lichtelektrischer Kompensator ein. Der Spiegel *d* auf der Achse des Drehspulmeßwerks wirft einen Lichtstrahl auf die Photozelle *e* und erzeugt am Gitter der Verstärkerröhre *f* eine negative Vorspannung. Wird der Lichtstrahl von der Photozelle durch Zunahme des Reibungsmoments abgelenkt, so vergrößern sich der Anodenstrom und das Drehmoment des Drehspulmeßwerks, bis wieder Gleichgewicht herrscht. Da beim Drehspulmeßwerk Spulenstrom und Drehmoment proportional sind, ist der vom Meßgerät *g* angezeigte Anodenstrom ein unmittelbares Maß für das Reibungsmoment, und die Skala kann in gcm beschriftet werden. Für eine einwandfreie Messung muß das ganze Gerät sehr gut ausgewuchtet sein, die Achsen müssen einwandfrei laufen und die Richtkraft der Stromzuführungen zum Drehspulmeßwerk gegenüber dem zu messenden Reibungsmoment vernachlässigbar sein. Abb. 172 zeigt den Verlauf des Reibungsmoments eines Kugellagers.

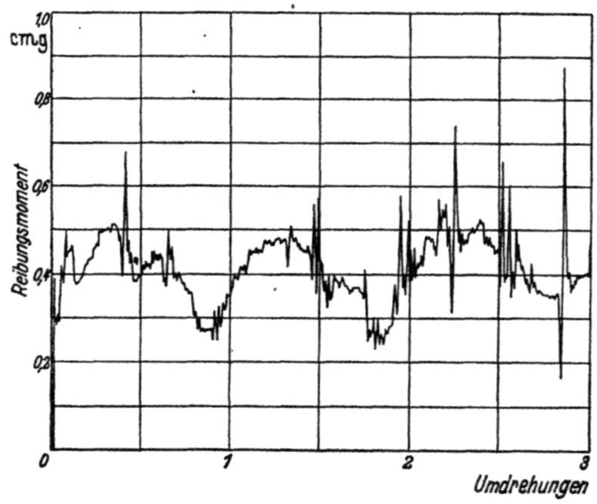

Abb. 172. Verlauf des Reibungsmoments eines Kugellagers bei radialer Belastung und einer Drehzahl von 2 Umdr/min. [Aus VIEWEG-GOTTWALD: Meßverfahren zum Bestimmen kleiner Reibungsmomente. Z. VDI Bd. 85 (1941) S. 417.]

3. Druckmeßdosen [*32*].

Die Forderung der weglosen Kraftmessung wird weitgehend vom magnetoelastischen Verfahren erfüllt, bei dem die Permeabilitätsänderung ferromagnetischer Werkstoffe, vorzugsweise von Nickel-Eisen-Legierungen mit 30 ··· 80 % Nickelgehalt, unter dem Einfluß elastischer Spannungen gemessen wird. Grundsätzlicher Aufbau der Meßdosen, Schaltung und Einflußgrößen wurden bereits früher ausführlich besprochen. Die Ausführung der Dosen richtet sich nach Meßbereich und Anwendungsgebiet. Die Dosen werden vorzugsweise aus massiven Permalloykörpern mit eingestochenen Nuten hergestellt und nach dem Einlegen der Erregerspulen verschweißt. Die maximale Druckbeanspruchung der Meßkörper wird zu 6 ··· 8 kg/mm² gewählt. Überlastungen von 100 %

beschädigen die Dosen nicht. Abb. 173 zeigt eine 500-kg-Dose mit wasserdichtem, axialem Anschlußkrümmer, Abb. 174 eine 10-t-Dose ohne Deckel mit den eingelegten Spulen und dem zur Vermeidung von Beschädigungen beim Schweißen mit Asbest abgedeckten Kabelkanal. Eine noch unverschweißte 100-t-Dose ist in Abb. 175 gezeigt, und in

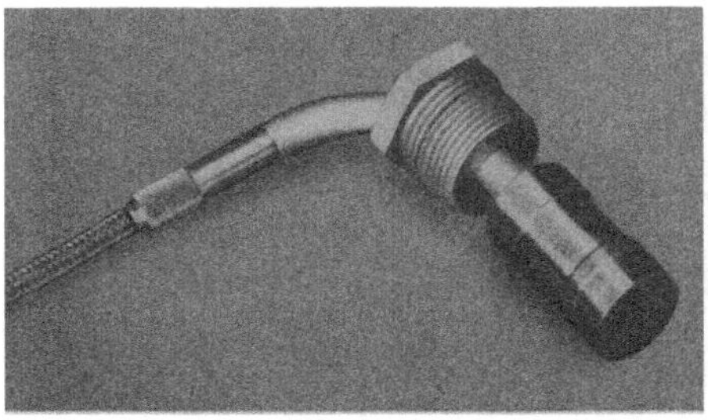

Abb. 173. Magnetoelastische Druckmeßdose für 500 kg, mit wasserdichtem axialem Anschluß.

Abb. 174. Magnetoelastische Druckdose für 10 t, ohne Deckel.

Abb. 176 sind zwecks Größenvergleich eine 0,1- und eine 1000-t-Dose einander gegenübergestellt. Über die Meßgenauigkeit und die Einflußgrößen ist hier zu wiederholen: Der Nullpunkt ändert sich um 1···2%

Abb. 175. Magnetoelastische Druckdose für 100 t. (Aus MERZ-SCHARWÄCHTER: Magnetoelastische Druckmessung. Arch. techn. Messen V 132—15.)

je 10% Spannungsänderung, während in die Empfindlichkeit die Netzspannungsschwankungen proportional eingehen. Die magnetoelastischen Dosen müssen deshalb mit Spannungsgleichhaltern betrieben werden. Schwankungen der Frequenz gehen voll in die Messung ein, es ist also auch die Frequenz der Meßspannung konstantzuhalten. Der Temperaturfehler beträgt 0,2···0,5% je 10°. Durch Alterung der Meßdosen vor der Eichung wird der mechanische Hysteresefehler auf weniger als 1% herabgedrückt. Unter der Voraussetzung konstanter Spannung und Frequenz kann eine Gesamtgenauigkeit von $\pm 2\%$ zugesagt werden.

Die Eichung erfolgt mit geeichten hydraulischen Pressen. Das magnetoelastische Verfahren wurde bisher hauptsächlich im Schiffbau und im Walzwerksbetrieb sowohl zu wissenschaftlicher Untersuchung wie zu ständiger Betriebsüberwachung angewendet. Im Schiffbau wurde der Propellerschub bei Mehrschraubenantrieben mit einer Anzahl in die

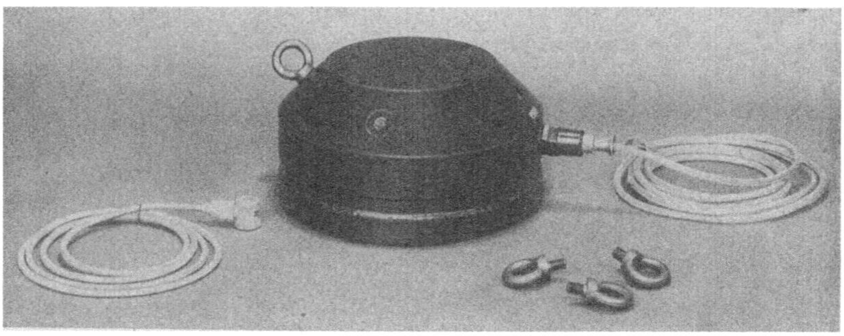

Abb. 176. Magnetoelastische Druckdosen für 0,1 und 1000 t. (Aus MERZ-SCHARWÄCHTER: Magnetoelastische Druckmessung. Arch. techn. Messen V 132—15.) Gewichte der Meßdosen 0,1 t = 250 g, 1000 t = 250 kg.

Drucklager eingebauten Dosen aufgeschrieben; er gab ein außerordentlich interessantes Bild vom Verlauf der Fahrt, Beanspruchung der Wellen und Maschinen bei Manövern und von der Geschicklichkeit der Schiffsführung. Im Hüttenbetrieb werden Walzdruck und Haspelzug überwacht. Daneben hat sich das Verfahren bei einer Reihe anderer Meßeinrichtungen bewährt, von denen die Überwachung von Druckspannungen in Betonbauwerken, Talsperren, Kaimauern usw. erwähnt sei.

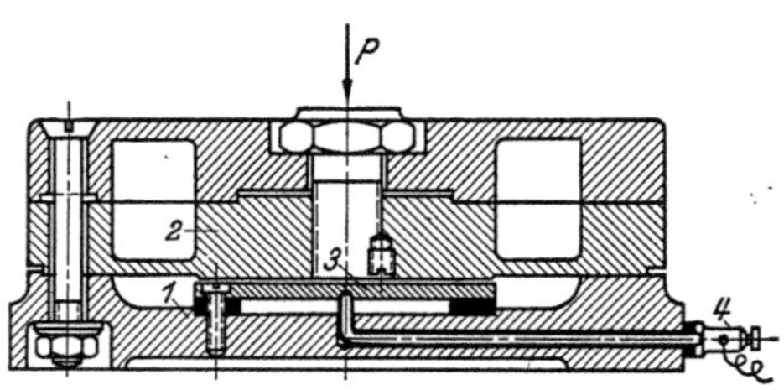

Abb. 177. Kondensatormeßdose mit Biegeplatte. (Aus KEINATH: Druckmessung mit der Kondensatormeßdose. Arch. techn. Messen V 132—5.)
1 Grundplatte; *2* Biegeplatte; *3* isolierte Elektrode; *4* Anschlußklemme.

Auch bei der kapazitiven Druckmessung können die Wege sehr klein gehalten werden. Die kapazitiven Meßdosen bestehen aus einem stählernen Meßkörper in Form einer Biegeplatte oder eines Stauchzylinders mit einer isoliert eingesetzten festen und einer in sehr geringem Abstand darüber befindlichen beweglichen Elektrode. Der Meßweg entspricht also nur der elastischen Formänderung des Stahlkörpers, und es bestehen keine Bedenken gegen den Einbau der Dose in die Kraftleitung. Die Dosen umfassen alle Meßbereiche vom Schalldruckmesser bis zum Walzdruckmesser. Die Kapazität beträgt etwa 200 pF, die Kapazitätsänderung von etwa 5···10% wird nach einem der beschriebenen Verfahren gemessen. Abb. 177 zeigt einen Schnitt, Abb. 178 die Ausführung einer kapazitiven Siemens & Halske-Meßdose für 100 t mit Biegeplatte, wobei die Biegeplatte die Form einer allseitig eingespannten Ringmembran erhielt, um eine genaue Parallelverschiebung der Elektrode zu erzielen. Die Stauchzylinder-Ausführung ist in den Abb. 179 und 180 dargestellt. Abb. 181 zeigt Kapazitäts-

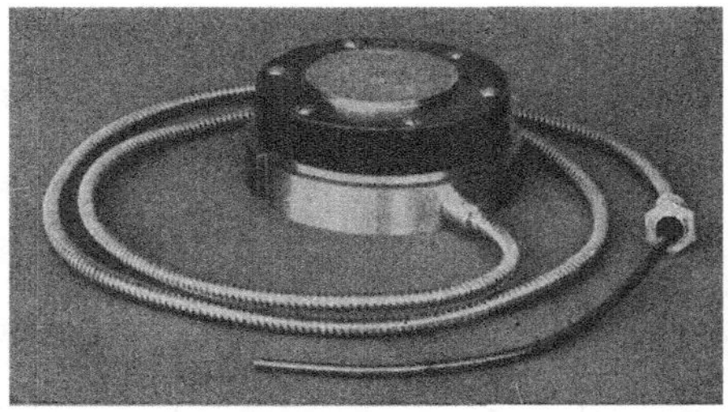

Abb. 178. Kapazitive Druckdose mit Biegeplatte für 100 t (Ausführung Siemens & Halske AG.).

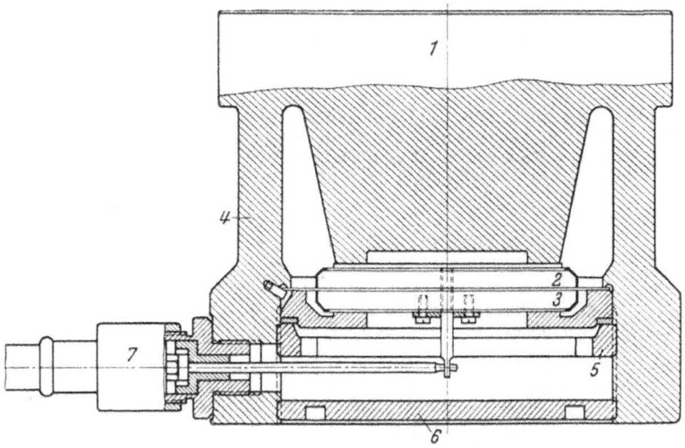

Abb. 179. Kapazitive Druckdose mit Stauchzylinder (Ausführung Siemens & Halske AG.). *1* Deckplatte; *2* bewegliche Elektrode; *3* isolierte Elektrode; *4* Stauchzylinder; *5* Einstellmutter; *6* Abschlußplatte; *7* Kabelanschluß.

und Luftspaltänderung einer 1-t-Dose.

Abb. 180. Kapazitive Druckdose mit Stauchzylinder für 800 t (Ausführung Siemens & Halske AG.). *1* Deckplatte; *4* Stauchzylinder; *6* Abschlußplatte; *7* Kabelanschluß.

Die induktiven Meßdosen entsprechen in ihrem Aufbau völlig den kapazitiven, nur stehen sich anstatt der beiden Kondensatorplatten eine Drosselspule und ein Eisenkern gegenüber, und der Meßweg ist im allgemeinen größer. Die AEG stellt Druckmeßdosen her, bei denen die Durchbiegung der Biegeplatte im Betrag von $10 \cdots 20\ \mu$ auf eine im Innern der Dose liegende induktive Meßlehre übertragen wird.

Auch die Kohledruckmesser sind ähnlich aufgebaut, wie Abb. 182 an verschiedenen Ausführungen von 0,1 ⋯ 1000 t zeigt. Eine Kohledruckdose in einer Fassung zur Aufnahme von Zugkräften ist in Abb. 183 wiedergegeben. Die Kohledruckdosen haben innerhalb des Meßbereiches eine lineare Charakteristik und sind 100% überlastbar, bei höheren Überlastungen nähert sich die Eichkurve asymptotisch einem Endwert. Temperaturänderungen um 50° rufen keinen merklichen Anzeigefehler hervor, doch macht sich zwischen steigender und fallender Belastung ein mechanischer Hysteresefehler in Höhe von 1 ⋯ 3% bemerkbar. Die Dosen werden mit 2 V Gleichspannung betrieben und ihr Widerstand in einer Differenzschaltung mit einem Normal verglichen. Für sehr rasch verlaufende Kraftänderungen eignen sich besonders die piezoelektrischen Druckdosen, die ebenso wie die magnetoelastischen einen verschwindend kleinen Meßweg haben. Bei der Ausführung der Abb. 184 liegt der Piezoquarz unmittelbar im Kraftfluß, nimmt also die gesamte Druckkraft auf. Die Dose besteht aus einem Stahlgehäuse *1*, in das der Druckstempel *2* unter Vorspann durch die Feder *4* eingesetzt ist. Durch eine in den Druckstempel eingeschliffene Kugelkalotte wird

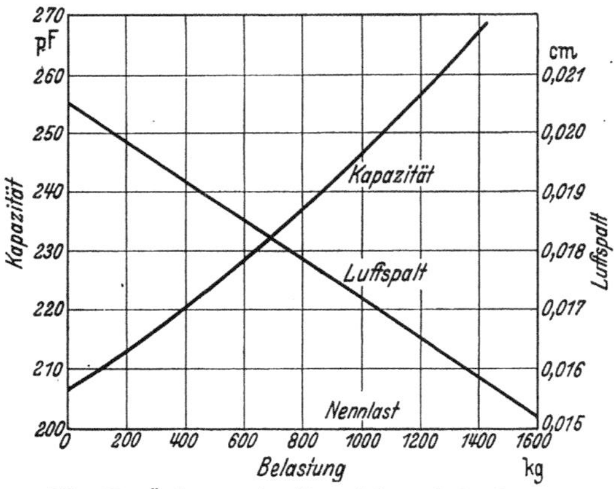

Abb. 181. Änderung der Kapazität und des Luftspaltes mit der Belastung bei einer Druckmeßdose für 1000 kg Nennlast. (Aus MÜLLER: Elektrische Druckmessung, kapazitive Druckmeßdosen. Arch. techn. Messen V 132—16.)

Abb. 182. Kohle-Druckmeßdosen für 1000; 100; 10; 0,1 t (Ausführung Rumpff, Bonn). (Aus Rumpff-Druckschrift 750—2.)

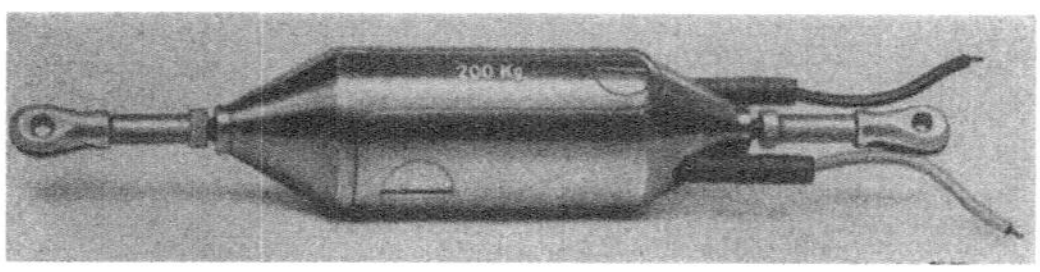

Abb. 183. Kohle-Zugmeßdose (Ausführung Rumpff, Bonn). (Aus Rumpff-Druckschrift 750—2.)

Meßbereich	Länge	Dmr.
200 kg	120 mm	30 mm
2000 kg	210 mm	70 mm

gleichmäßige Belastung der Quarze erreicht. Abb. 185 ist die Ansicht einer solchen Dose für Kräfte bis zu 4000 kg in der Ausführung der Zeiss-Ikon A.G. Bei sehr großen Druckkräften, beispielsweise beim Messen von Walz- oder Preßdrücken, überträgt man nicht die gesamte Druckkraft über den Quarz, sondern legt in den Kraftfluß einen massiven Stahlzylinder, dessen Ausbauchung mittels eines um ihn liegenden und von der Druckkraft nicht beanspruchten Stahlringes gemessen wird (Abb. 186). Auf diese Weise reduziert man die auf den Quarz wirkenden Kräfte und vermeidet die Übertragung der Gesamtkraft über das Quarzelement. Abb. 187 zeigt den Anbau einer solchen Quarzdruckdose an ein Schnittwerkzeug.

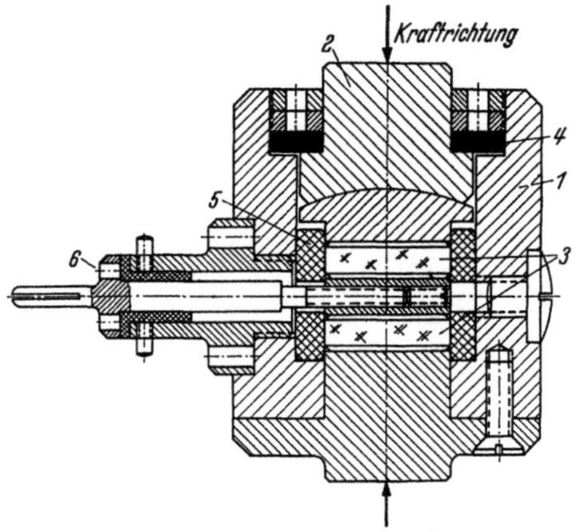

Abb. 184. Piezoelektrische Druckmeßdose der Zeiss-Ikon A.G.
1 Gehäuse; *2* Druckstempel; *3* Quarze; *4* Vorspannfeder; *5* Bernsteinisolierung; *6* Kabelanschluß.

4. Schnittkraftmesser [*33*].

Die Entwicklung und Untersuchung spanabhebender Werkzeugmaschinen benötigt ein Verfahren zum Messen der Kräfte zwischen Arbeitsstahl und Werkstück. Beim Drehen treten Kräfte in drei Richtungen auf: Hauptschnittkraft, Vorschubkraft und Rückdruckkraft; ihr Größenverhältnis ist durch die Meißelform bestimmt. Nach SCHALLBROCH genügt für die Berechnung der Antriebsleistung die Kenntnis der Hauptschnittkraft und die Berücksichtigung der beiden anderen Komponenten durch Zuschläge, doch wurden auch Dreikomponenten-Meßgeräte entwickelt. Bei diesen muß der Meißel in drei Ebenen verstellbar gelagert sein und darf nur sehr kleine Wege machen, damit die Kraftverhältnisse nicht durch die Meißelbewegung

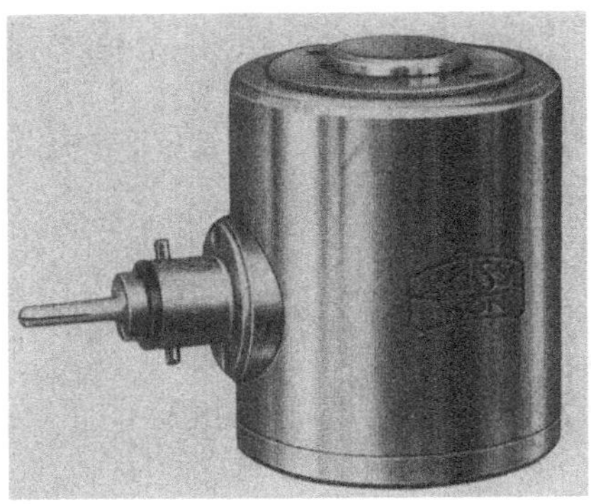

Abb. 185. Piezoelektrische Druckdose für unmittelbare Kraftmessung (Ausführung Zeiss-Ikon A.G.). Meßbereich $0 \cdots 4000$ kg; Empfindlichkeit $4 \cdot 10^{-11}$ Coul·kg^{-1}; Eigenfrequenz 30 kHz; Temperaturbereich $\pm 50°$.

gefälscht werden. Der Einkomponenten-Meßstahlhalter nach SCHALLBROCH und SCHAUMANN (Abb. 188) zeigt die Schnittkraft in der Schnittrichtung nach dem induktiven Verfahren an. Der Geber besteht aus dem Gehäuse *2*, in dem der Stahlhalter *3* um den Bolzen *5* drehbar gelagert ist. Der Meißel *15* wird mit den Druckbolzen *22* in den Stahlhalter eingespannt und mit diesem durch die Feder *18* mit seinem Druckpimpel *14* auf die Membran *13* gedrückt. Biegt sich die Membran infolge des Schnittdruckes durch, so vergrößert sich der Luftspalt δ zwischen dem auf dem Stahlhalter sitzenden bewickelten Eisenkern *17* und dem im Gehäuse befestigten unbewickelten Kern *19*, und die Induktivitätsänderung wird in einer Brückenschaltung gemessen. Die Membran *13* ist in der Drehachse *9* gelagert und durch den Bolzen *11* abgestützt. Der Meßbereich wird durch Umstecken des Bolzens *11* in das Loch *10* geändert, wodurch die freie Länge der Membran vergrößert, die Empfindlichkeit also gesteigert wird. Die Durchbiegung der Membran beim Überschreiten des Meßbereiches begrenzt der Bolzen *12*. Abb. 189 ist eine Ansicht des Meßstahlhalters mit dem Anzeigeinstrument; die Schaltung ist in Abb. 190 wiedergegeben. Vom Wechselstromnetz wird über einen Konstanthalter *1* der Wandler *2* gespeist, an dessen Sekundärklemmen die Meß- bzw. Vergleichs-

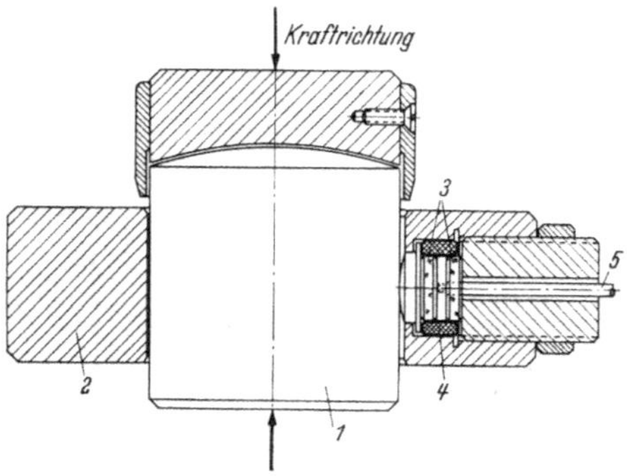

Abb. 186. Piezoelektrische Meßdose für Walzdrücke mit Druckübersetzung (Ausführung Zeiss-Ikon A.G.). Meßbereich 0···50 t; Empfindlichkeit $3 \cdot 10^{-13}$ Coul·kg^{-1}; Eigenfrequenz 7 kHz; Temperaturbereich $\pm$ 30°.
1 Stauchzylinder; *2* Stahlring zum Messen der Ausbauchung; *3* Meßquarze; *4* Bernsteinisolierung; *5* Kabelanschluß.

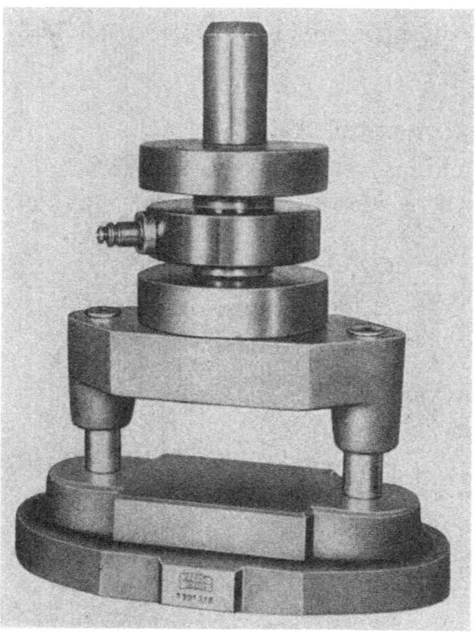

Abb. 187. Piezoelektrische Druckmeßdose mit Druckübersetzung, angebaut an ein Schnittwerkzeug (Ausführung Zeiss-Ikon A.G.).

drossel *3* und *4* und zwei Gleichrichter *5* in Graetz-Schaltung liegen. Der mit dem Kondensator *6* geglättete Differenzstrom wird mit einem Drehspul-Instrument angezeigt oder registriert. Der Schnittkraftmesser kann für Werkzeugmaschinen verwendet werden, deren Stahlhalter einen Querschnitt von $50 \times 50\,\text{mm}^2$ zu spannen gestatten. Der Drosselluftspalt beträgt 0,18 mm, die maximale Bewegung des Meißels 0,2 mm.

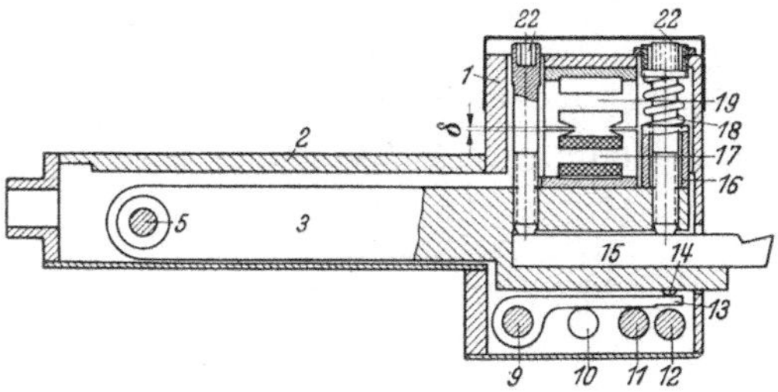

Abb. 188. Einkomponenten-Meßstahlhalter nach SCHALLBROCH und SCHAUMANN.

1 Gehäuse-Oberteil; *2* Gehäuse; *3* Pendelkörper; *5* Drehachse des Pendelkörpers; *9* Drehachse der Membran *13*; *10* Bohrung für Bolzen *11* zur Meßbereichänderung; *11* Stützbolzen der Membran *13*; *12* Anschlagbolzen der Membran zur Bewegungsbegrenzung; *13* Membran; *14* Druckstück; *15* Drehstahl; *16* Zwischenstück zur Übertragung des Druckes der Schraubenfeder; *17* Drosselkern mit Wicklung; *18* Schraubenfeder; *19* Drosselkern ohne Wicklung; *22* Halteschrauben für Drehstahl.

Andere Schnittkraftmesser wurden nach dem kapazitiven Verfahren von MAUKSCH, nach dem piezoelektrischen Verfahren von KLUGE-LINCKH, nach dem elektrolytischen bzw. induktiven Verfahren von OPITZ entwickelt. Der induktive Schnittkraftmesser nach OPITZ

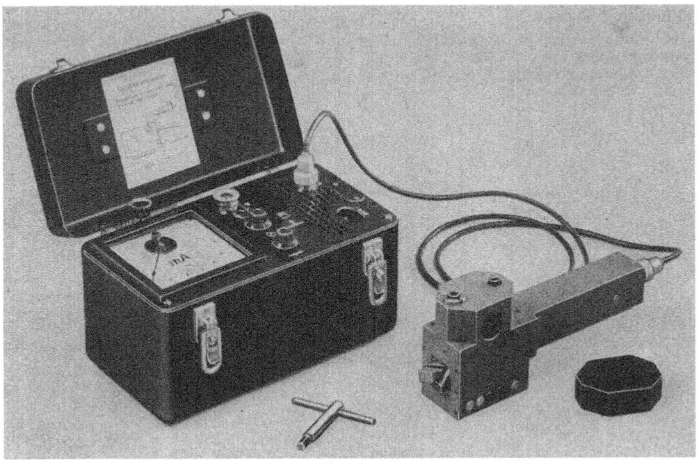

Abb. 189. Einkomponenten-Schnittkraftmesser und Anzeigegerät nach SCHALLBROCH und SCHAUMANN (Ausführung Siemens & Halske A.G.).

wird von *Schiess-Defries* als Dreikomponentengerät ausgeführt. Abb. 191 und 192 sind Schnittzeichnung und Ansicht eines piezoelektrischen Schnittkraftmessers der Zeiss-Ikon A.G. für Kraftmessungen an einer Zahnradstoßmaschine.

5. Zugkraftmesser.

Wenn der Einbau eines entsprechenden Gehänges möglich ist, lassen sich Zugkräfte mit Druckdosen messen; wo es nicht möglich ist, können Zugspannungen in Bändern, Drähten,

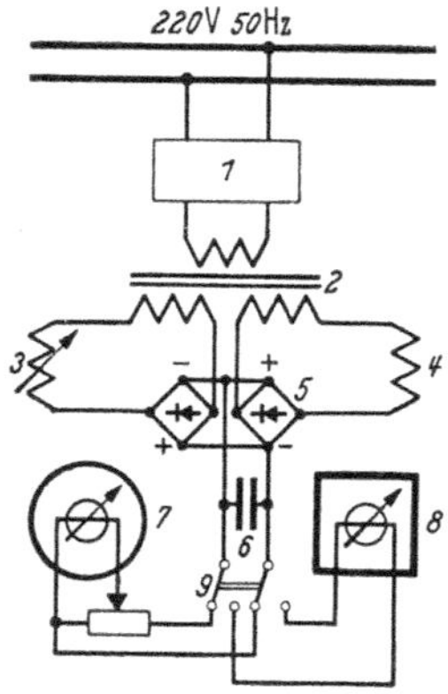

Abb. 190. Schaltung des Schnittkraftmessers nach SCHALLBROCH und SCHAUMANN von Siemens & Halske.

1 Konstanthalter; *2* Wandler; *3* Meßdrossel; *4* Vergleichsdrossel; *5* Gleichrichter; *6* Glättungskondensator; *7* Anzeigeinstrument; *8* Schreibgerät; *9* Umschalter.

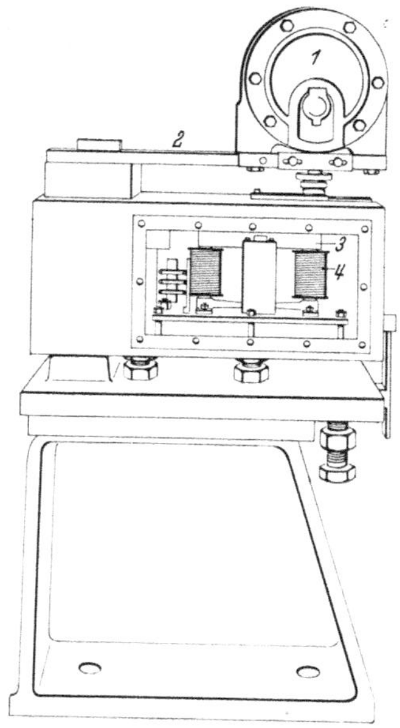

Abb. 193. Zugkraftmesser für Walzwerke. [Aus HATHAWAY und MOHLER: Tension measurement and control in cold strip mills. Electr Engng. Bd. 56 (1937) S. 1143.]

1 Ablenkwalze; *2* Biegungsfeder; *3* schneidengelagerter Anker; *4* Meßdrossel.

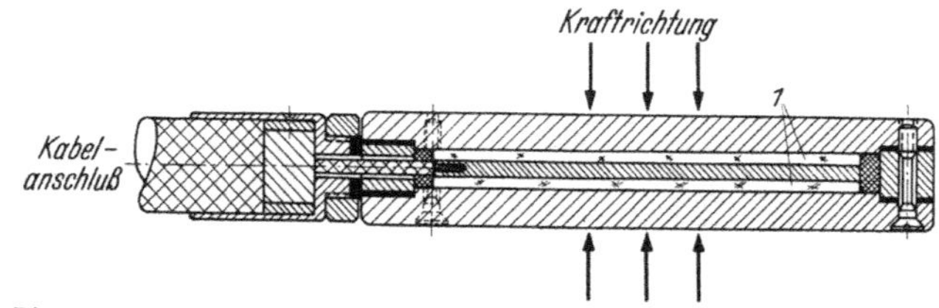

Abb. 191. Piezoelektrischer Druckmesser zum Messen der Schnittkraft an Werkzeugmaschinen (Ausführung Zeiss-Ikon A.G.).

1 Meßquarze. Meßbereich 0 ··· 500 kg; Empfindlichkeit $4 \cdot 10^{-11}$ Coul·kg^{-1}; Eigenfrequenz > 30 kHz.

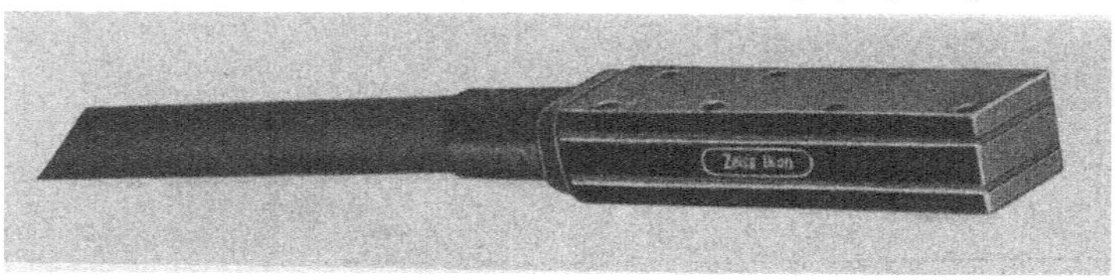

Abb. 192. Piezoelektrischer Schnittkraftmesser der Zeiss-Ikon A.G. zum Anbau an eine Zahnradstoßmaschine.

Seilen oder Fäden aus der für eine bestimmte Durchbiegung erforderlichen Kraft ermittelt werden. Bei den Walzen- und Haspelzugmessern wird das Walzgut durch eine zwischen zwei Führungswalzen angeordnete Meßwalze mit einer bestimmten Kraft durchgebogen und der Biegungspfeil gemessen (Abb. 193). Die Meßwalze *1* wird von den Blattfedern *2* gegen die Stoffbahn gedrückt und lenkt sie um einen Winkel α aus der Geraden ab. Der schneidengelagerte Anker *3* einer Meßdrossel *4* verstellt sich entsprechend der Bewegung der Meßwalze und ändert die Flußverteilung auf die beiden äußeren Drosselschenkel. Bezeichnet Z den Walzenzug, P die auslenkende Kraft und α den Auslenkwinkel, so ist $\sin\alpha = \frac{P}{Z}$. Bei sehr breiten Bändern lagert man die Meßwalze auf beiden Seiten auf getrennten Federn und kann dann sowohl den Gesamtzug wie auch Verschiedenheiten der Zugkraft an beiden Seiten der Blechbahn messen. Die Schaltung ist in Abb. 194 wiedergegeben. Die dreischenkeligen Meßdrosseln *4* werden durch zwei auf den Außenschenkeln angebrachte Erregerwicklungen *5* mit konstanter Spannung gleichmäßig erregt. Bei symmetrischer Stellung des Ankers *3* ist auch die Flußverteilung symmetrisch, und die induzierten Spannungen in den Meßspulen *6* sind entgegengesetzt gleich. Eine Verdrehung des Ankers ruft einen Ausgleichstrom hervor, der nach Gleichrichtung mit den Gleichrichtern *8* in einem Drehspulinstrument angezeigt wird. Ist noch ein zweiter Geber vorhanden und verlaufen die Eichkurven linear, so kann mit Summen- und Differenzstrommesser der Gesamtzug sowie die Verschiedenheit der Zugkräfte auf beiden Seiten der Blechbahn angezeigt werden. Die Höhe der Meßwalze muß sorgfältig justiert und bei Abnutzung nachgestellt werden. Die Durchbiegung der Blechbahn beträgt 50···75 mm bei einem Abstand der Walzengerüste von 3···6 m. Voraussetzung für die Richtigkeit der Zugmessung ist bei diesem Verfahren, daß die Kraft für die Durchbiegung der ungespannten Blechbahn vernachlässigbar klein ist.

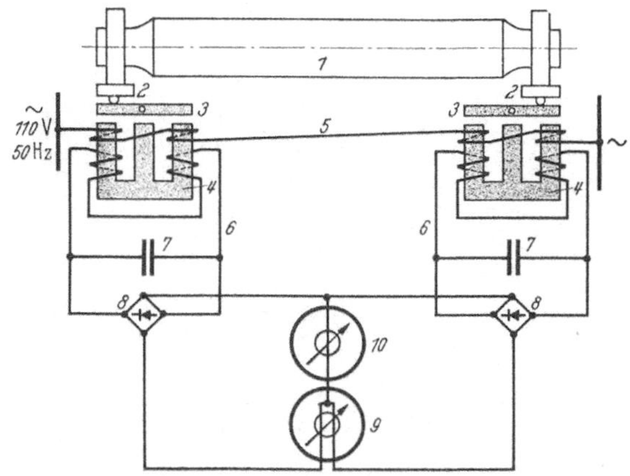

Abb. 194. Schaltung des Zugkraftmessers für Walzwerke. [Aus HATHAWAY und MOHLER: Tension measurement and control in cold strip mills. Electr. Engng. Bd. 56 (1937) S. 1141···1144.]

1 Ablenkwalze; *2* Biegungsfeder; *3* schneidengelagerter Anker; *4* Meßdrossel; *5* Erregerwicklung; *6* Meßwicklung; *7* Siebkondensator; *8* Gleichrichter; *9* Anzeigeinstrument für Gesamtzug; *10* Anzeigeinstrument für Differenzzug.

In einer völlig anderen Größenordnung liegt der Meßbereich des bolometrischen Fadenspannungsmessers, mit dem die Fadenspannung an Spinnmaschinen eingestellt wird mit dem Ziel, durch höhere Laufgeschwindigkeit die Produktion zu steigern, ohne die Zahl der Fadenbrüche zu vermehren. Der Faden wird von einer einstellbaren Feder mit einer Kraft von 2···500 g durchgebogen und die Bewegung des Tasthebels auf eine Bolometerfahne übertragen. Die Übersetzungshebel sind in Steinen und Spitzen gelagert. Abb. 195 zeigt den Anbau von Geber und Anzeigegerät an eine Ringspinnmaschine.

Abb. 195. Siemens-Fadenspannungsmesser an einer Ringspinnmaschine.
1 Bolometerkopf; *2* Tastrolle; *3* Fadenauge; *4* verstellbares Stativ; *5* Netzanschlußgerät und Anzeigeinstrument.

6. Druckindikatoren [*34*].

Die Gas- und Flüssigkeitsdruckmessung hat vor allem die Aufgabe, das Druck-Wegdiagramm bzw. das Druck-Zeitdiagramm von Kraftmaschinen aufzunehmen, woran sich als Sondergebiet die Messung des Verbrennungsdruckes in Feuerwaffen anschließt. Diese Vorgänge sind zumeist mit starken Temperaturschwankungen sowie Erschütterungen verbunden und verlaufen außergewöhnlich schnell, so daß an die Meßgeräte in erster Linie die Forderungen hoher Frequenz, Unempfindlichkeit gegen Erschütterungen und Beschleunigungen und geringen Temperatureinflusses gestellt werden müssen. Ihr Aufbau darf weder den Druckraum verändern noch den Druckverlauf beeinflussen. Statische Eichung, leichte Veränderung des Meßbereiches und Berücksichtigung des Atmosphärendruckes sind weitere Gesichtspunkte für die Wahl des Meßverfahrens. Die Aufzeichnung erfolgt im allgemeinen zeitabhängig. Für die Darstellung des üblichen Druck-Wegdiagramms mechanischer Indikatoren eignet sich besonders der Kathodenoszillograph, wenn an Stelle der Zeitablenkung eine vom Kolbenweg gesteuerte Spannung tritt. Eine Einrichtung zum Erzeugen dieser dem Kolbenweg x proportionalen Spannung U_α wurde von der Zeiss-Ikon A.G. entwickelt. Für den Kolbenweg des Kurbeltriebs gilt annähernd

$$x = r\,(1 - \cos\alpha \pm \frac{\lambda}{2}\sin^2\alpha)\,. \tag{103}$$

Darin ist

x = Kolbenweg,
r = Kurbelhalbmesser,
l = Länge der Schubstange,
$\lambda = \frac{r}{l}$ = Längenverhältnis,
α = Kurbelwinkel.

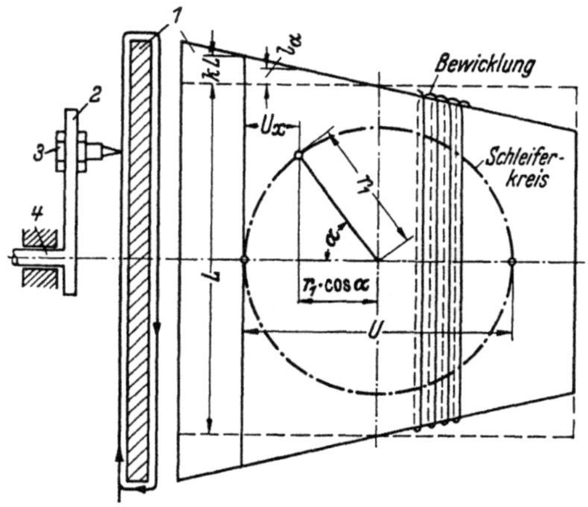

Abb. 196. Widerstandsgeber zur Abnahme einer dem Kolbenweg proportionalen Spannung (Bauart Zeiss-Ikon A.G.). [Aus MEURER: Indikatoren für schnellaufende Verbrennungsmotoren. Z. VDI Bd. 80 (1936) S. 1447···1454.]
1 Plattenwiderstand; *2* Schleifarm; *3* Schleifer; *4* Antrieb von der Kurbelwelle.

Für eine unendlich lange Schubstange würde $\lambda = 0$ und das Störungsglied würde verschwinden, so daß $x = r\,(1 - \cos\alpha)$ würde. Eine solche Spannung könnte man von einer rechteckigen Widerstandsplatte abnehmen, auf der ein mit der Motorwelle gekuppelter Schleifer umläuft. Soll das Störungsglied berücksichtigt werden, so muß die Widerstandsplatte Trapezform erhalten, wobei die Neigung der Trapezseiten dem Längenverhältnis λ entspricht (Abb. 196). Dann gilt

$$U_\alpha = k_1\,U\,[r_1\,(1 - \cos\alpha) \pm k_2 \cdot r_1\,(1 - \cos^2\alpha)] \tag{104}$$

$$U_\alpha = k_1\,U \cdot r_1\,(1 - \cos\alpha \pm k_2 \cdot \sin^2\alpha)\,. \tag{105}$$

Darin ist

k_1 = Konstante der Widerstandsanordnung,
k_2 = ,, ,, Trapezneigung,
r_1 = Schleiferradius,
U = größte Spannung am Schleiferkreis,
α = Drehwinkel.

Macht man nun den Schleiferradius r_1 gleich dem Kurbelradius r und wählt die Konstante der Trapezneigung gleich dem halben Längenverhältnis $k_2 = \frac{\lambda}{2}$, so folgt

$$U_\alpha = k_1 \cdot U \cdot x\,. \tag{106}$$

Man hat also eine dem Kolbenweg proportionale Spannung gewonnen, die, an das zweite Ablenkplattenpaar des Kathodenoszillographen gelegt, zur Aufzeichnung des Druckes abhängig vom Kolbenweg führt.

In der Ausführung der Zeiss-Ikon A.G. erlaubt die Abschrägung der Widerstandsplatte bei größtem Radius ein Längenverhältnis λ von 1 : 3,3, bei kleinerem Radius von 1 : 7 einzustellen. Der Kolbenwegübertrager kann bis zu 4500 Umdr/min verwendet werden.

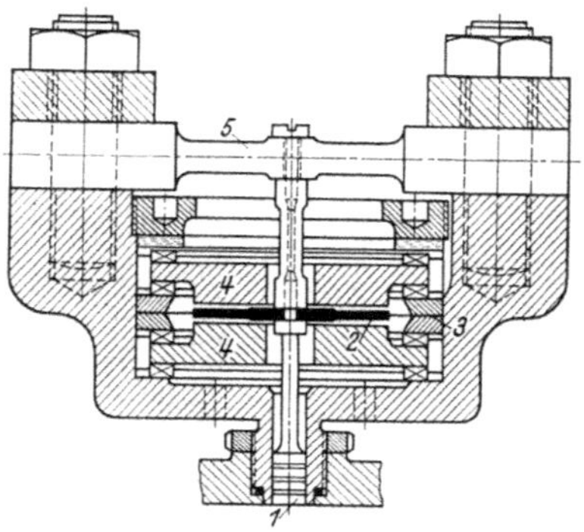

Abb. 197. Kapazitiver Geber für Ladedruckmessung. [Aus FIEBER: Ein neuer elektrischer Indikator für schnellaufende Verbrennungskraftmaschinen. Autom.-techn. Z. Bd. 37 (1934) S. 525.]

1 Kolben; *2* Membran; *3* Membraneinspannung; *4* feste Elektroden; *5* auswechselbare Gegenfeder.

Betrachten wir zunächst das *kapazitive Verfahren* an Hand eines Gebers zur Druckaufzeichnung in Brennstoffleitungen (Abb. 197). Die Forderung hoher Eigenfrequenz wurde bei diesem Gerät durch möglichst kleine Masse und geringen Weg der beweglichen Teile zu erfüllen versucht, da eine Erhöhung der verfügbaren Kraft durch Vergrößerung des Kolbendurchmessers nicht anging. Der Geber besteht aus dem Druckkolben *1*, der geerdeten Membran *2* als beweglicher Elektrode zwischen den isolierten festen Elektroden *4* und der auswechselbaren Meßfeder *5*. Die bewegliche Elektrode ist in der Mitte verteift und stellt somit eine Ringmembran dar, deren Mittelteil eine reine Parallelbewegung ausführt, wie es auch die Biegeplatten der früher beschriebenen kapazitiven Druckdosen tun. Die beiden festen Elektroden und die Membran bilden einen kapazitiven Spannungsteiler mit dem Meßweg x und dem Plattenabstand a, dessen Charakteristik innerhalb des Meßbereiches als linear angesehen werden kann, da die Membrandurchbiegung gegenüber dem Plattenabstand sehr klein ist. Bezeichnen U_1 und U_2 die Teilspannungen und U die Gesamtspannung, so gilt für die Spannungsänderung und die Anzeige des Meßgerätes

$$\Delta U = U_1 - U_2 = U\,\frac{x}{a}\,. \tag{107}$$

Dabei ist eine gegenüber der Meßkapazität von 80 ⋯ 100 cm vernachlässigbar kleine Schaltungskapazität vorausgesetzt. Die Membran besteht aus 0,08 ⋯ 0,15 mm dickem, halbhartem Messing und hat einen Außendurchmesser von 11, einen Innendurchmesser von 6 mm. Das Gewicht der bewegten Teile ist 4 g, der Meßweg 2,5 μ. Der Meßbereich kann durch Auswechseln der Meßfeder *5* verändert werden. Die Schaltung ist in Abb. 80, Schaltung eines kapazitiven Spannungsteilers mit Röhrenspannungsmesser, wiedergegeben. Von einem Hochfrequenzgenerator *1* wird über den Eingangswandler *2* der kapazitive Spannungsteiler C_x gespeist, dessen Teilspannungen zwei in einer Brückenschaltung liegenden Verstärkerröhren *6* zugeführt werden. Die Widerstände *7* bilden die beiden anderen Zweige einer Wheatstone-Brücke, und in den Diagonalkreis kann wahlweise ein Anzeigegerät *5* oder ein Oszillograph geschaltet werden. Mit dem Widerstand *8* läßt sich der Nullpunkt einstellen. Für Eichung und Justierung werden statt des Gebers Vergleichskapazitäten und Anodenstrommesser eingeschaltet. Die Membran weist infolge ihrer Herstellung aus halbhartem Werkstoff einen mechanischen Hysteresefehler von 0,6% auf, der in der Angabe der Gesamtgenauigkeit von $\pm 2\%$ mitenthalten ist. Die Spannungen sind selbstverständlich konstantzuhalten und die Röhren von Zeit zu Zeit neu zu eichen. Für den Anbau an Verbrennungsmaschinen muß die Meßdose mit einer Wasserkühlung versehen werden.

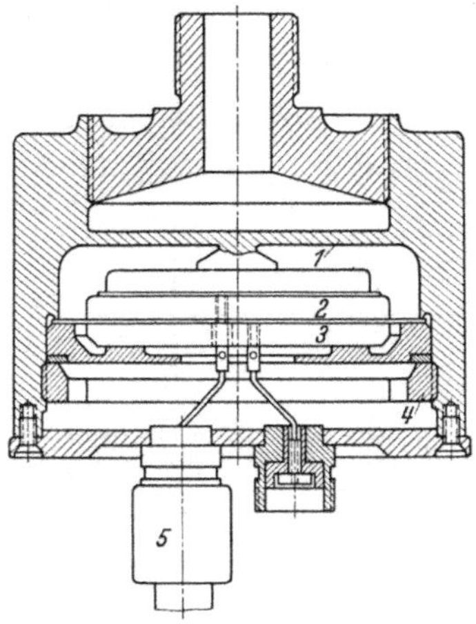

Abb. 198. Kapazitive Gasdruckmeßdose (Ausführung Siemens & Halske AG.).
1 Membran; *2* bewegliche Elektrode; *3* feste Elektrode; *4* Einstellschraube für die feste Elektrode; *5* Kabelanschluß.

Die Siemens-Ausführung der kapazitiven Gasdruckmeßdose zeigt Abb. 198. Sie enthält an Stelle des kapazitiven Spannungsteilers nur einen einfachen Kondensator mit veränderbarem Luftspalt. Membran und Meßkörper sind aus einem Stück hergestellt, wodurch die Einspannschwierigkeiten der Membran entfallen.

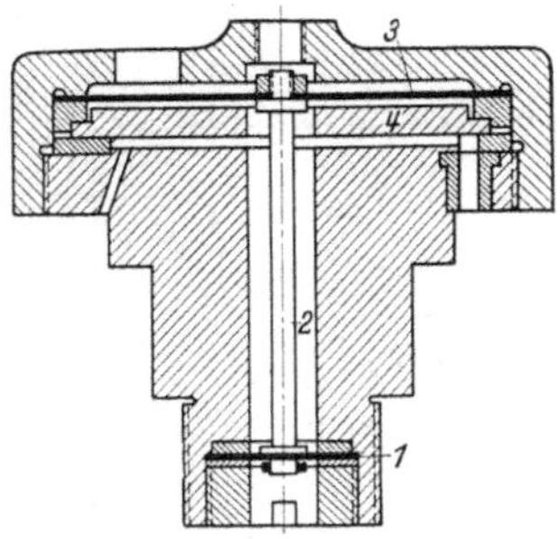

Abb. 199. Kondensator-Druckmeßdose nach SCHNAUFFER. [Aus SCHNAUFFER: Aufzeichnung schnell verlaufender Druckvorgänge mittels des Verfahrens der halben Resonanzkurve. Luftf.-Forschg. Bd. 6 (1930) S. 126···136.]
1 Weiche Vormembran; *2* Übertragungsbolzen; *3* Hauptmembran zugleich Kondensatorplatte; *4* isolierte Kondensatorplatte.

Die Schnauffer-Dose (Abb. 199) ist ebenfalls ein kapazitiver Geber mit auswechselbarer Gegenfeder und einer weichen Abschlußmembran gegen den Verbrennungsraum; sie dient in erster Linie der Indizierung schnellaufender Verbrennungsmaschinen und weist folgende Besonderheiten auf: Die gegen den Verbrennungsraum abschließende Hilfsmembran *1* aus 30 μ dicker Messingfolie hat 4···6 mm Dmr. und verhindert das Eindringen von Wasserdampf, der sich an der kalten Meßmembran niederschlagen und Kurzschlüsse hervorrufen könnte. Die Meßmembran wird von den stark wechselnden Temperaturen des Verbrennungsraumes wenig beeinflußt, da sie auf der dem Zylinder abgekehrten Seite der festen Elektrode liegt, also luftgekühlt und gegen die Strahlungswärme des Verbrennungsraumes geschützt ist. Sie besteht aus Federbandstahl von 0,1 ··· 0,5 mm Stärke und biegt sich maximal 50 μ durch. Elastische Nachwirkungen konnten nicht beobachtet werden. Die bewegten Teile wiegen 1,6 g.

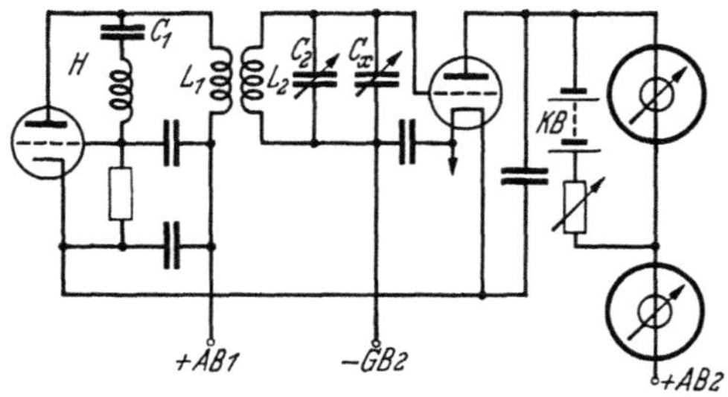

Abb. 200. Schaltung der kapazitiven Druckdose nach dem Verfahren der halben Resonanzkurve. *H* Röhrensender; L_1, C_1 Schwingungskreis 1; L_2, C_2, C_x Schwingungskreis 2; AB_1, AB_2 Anodenspannungen; GB_2 Gitterspannung; *KB* Kompensationsspannung.

Die Kolbenfläche ist 0,3 cm² und die Eigenfrequenz 2,5 kHz. Durch die Anordnung der Membran ist der Plattenabstand beim Druck 0 am kleinsten, die Dose ist also bei kleinen Drücken am empfindlichsten, und die Plattenentfernung kann sehr gering gewählt werden, da auch bei Überlastung keine Kurzschlüsse auftreten können. Linearer Skalenverlauf ist selbstverständlich nur gewährleistet, solange die Kapazitätsänderung klein gegen die Grundkapazität ist. Die Messung erfolgt nach der Methode der halben Resonanzkurve in der in Abb. 200 gezeigten Schaltung. Der Röhrensender *H* mit dem Schwingungskreis L_1, C_1 wirkt mit einigen Windungen einer Spule auf einen abstimmbaren zweiten Schwingungskreis L_2, C_2. Parallel zu C_2 liegt der Geberkondensator C_x.

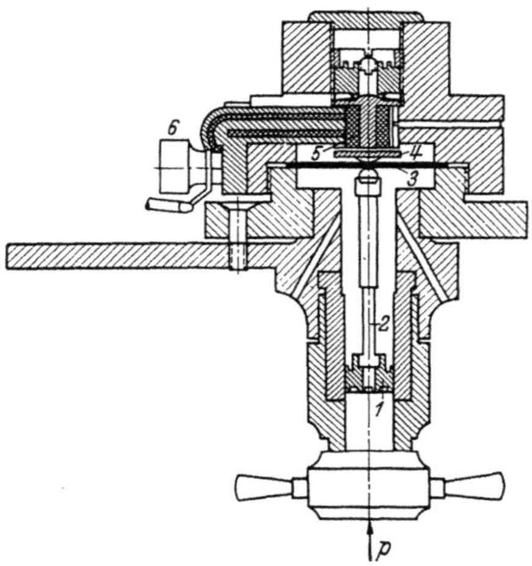

Abb. 201. Induktive Druckmeßdose. *1* Indikatorkolben; *2* Übertragungsstempel; *3* Hauptmembran; *4* Eisenanker; *5* Drosselspule; *6* Anschlußklemme.

Der Arbeitspunkt liegt auf der halben Höhe der Resonanzkurve an ihrer steilsten Stelle. Jede Änderung der Kapazität C_x bewirkt eine Spannungsänderung im Schwingkreis L_2, C_2, der am Gitter der Gleichrichterröhre liegt. Die hochfrequenten Schwingungen überlagern sich der konstanten Gittervorspannung, werden gleichgerichtet und verstärkt. Der konstante Anodengleichstrom der Ausgangsröhre wird durch die Batterie *KB* kompensiert. Die Spannungen müssen selbstverständlich konstantgehalten werden. Die Eichung wird mit Preßluft vorgenommen. Die Temperatur des Gebers macht sich infolge der verschiedenen Ausdehnungskoeffizienten der Werkstoffe auch bei dieser Meßdose bemerkbar.

Die *induktive Meßdose* mit veränderbarem Luftspalt ist in Abb. 201 gezeigt und bedarf kaum einer weiteren Erklärung. Auf eine allseitig eingespannte Kreismembran *3* ist auf der einen Seite ein Eisenplättchen *4*

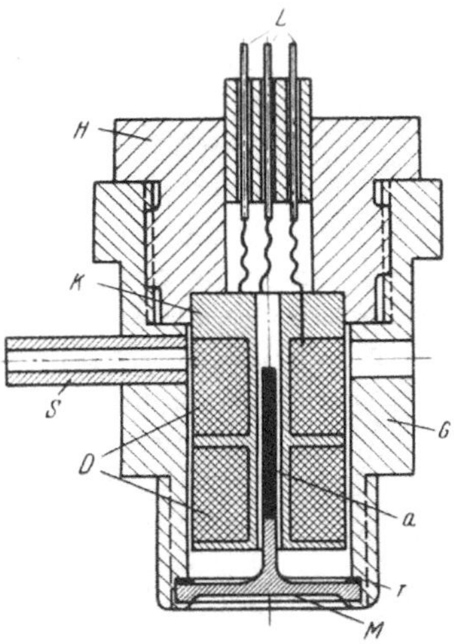

Abb. 202. Elektromagnetischer Indikator mit Doppeldrossel (Bauart DVL). [Aus RATZKE: Ein elektromagnetischer Indikator und Klopfmesser. Jb. Deutscher Luftfahrtforsch. II (1938) Triebwerk S. 368.] *a* Tauchanker; *r* Dichtungsring; *D* elektrische Doppeldrossel; *G* Indikatorgehäuse; *H* Spulenhalterung; *K* Spulenkern; *L* Ableitungen; *M* Membran.

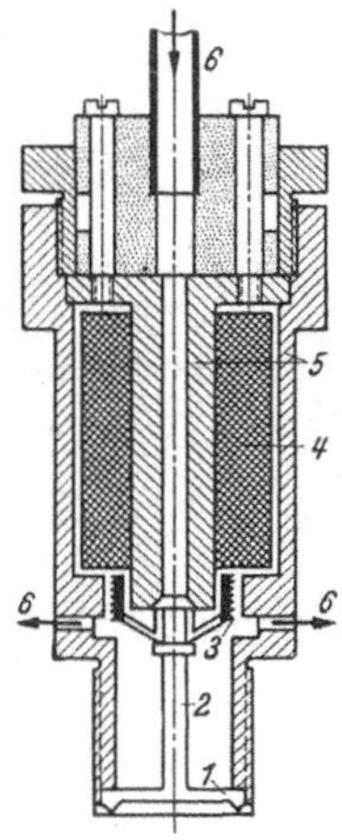

Abb. 203. Elektrodynamische Druckmeßdose.
1 Hauptmembran; *2* Übertragungsstempel; *3* Schwingspule; *4* Erregerspule des Elektromagnets; *5* Gehäuse; *6* Kühlluft-Ein- und -Austritt.

aufgenietet, das vor einer Magnetspule *5* schwingt, auf der anderen Seite trägt die Membran einen Bolzen *2* mit einem Druckkolben *1*. Die Erregerspule liegt in einer mit 2 kHz betriebenen Induktivitätsmeßbrücke; ihr Widerstand ist gegen den Gesamtwiderstand des Stromkreises vernachlässigbar klein, weshalb der Temperaturfehler ebenfalls vernachlässigbar ist. Der Membranweg ist 75 μ bei einem Druck von 28 at. Abb. 202 zeigt einen elektromagnetischen Druckindikator mit Doppeldrossel und verstellbarem Eisenkern nach J. RATZKE. Membran *M* und Spulenhalterung *H* bestehen aus unmagnetischem Werkstoff, während das Eisengehäuse *G* den magnetischen Rückschluß bildet. Infolge der Membrandurchbiegung wird der Eisenkern aus seiner Ruhestellung in der Mitte der Doppeldrossel verschoben und verändert dadurch die Induktivität der beiden Spulen. Die Induktivitätsänderungen werden in einer Tonfrequenzbrücke nach Abb. 160 gemessen (dynamischer Dehnungsmesser der DVL). Der elektromagnetische Druckindikator ist leichter zu handhaben und weniger empfindlich gegen Isolationsstörungen als die piezoelektrischen Indikatoren; er hat jedoch auch eine geringere Empfindlichkeit. Bei der in Abb. 203 gezeigten *elektrodynamischen Druckdose* bewegt sich eine Schwingspule *3* im ringförmigen Luftspalt eines mit konstanter Spannung erregten Elektromagnets *4*, und die induzierte Spannung wird gemessen. Die elektrodynamische Dose mißt den Differentialquotienten des Druckes dp/dt. Um den Druck selbst zu bekommen, ist eine Integration erforderlich, die im Verstärker vorgenommen werden kann. Die *elektrischen Widerstandsmanometer* benutzen die Änderung des Widerstandes eines Manganindrahtes abhängig von seiner elastischen Beanspruchung. Die Widerstandsänderung beträgt 0,0002 %/kg·cm^{-2} und verläuft nach LISELL bis 4000, nach LINDECK bis 8000 kg·cm^{-2} linear. Der in Abb. 204 gezeigte *Widerstandsgeber* von NERNST benutzt die einerseits durch elastische Dehnung, andererseits durch reversible Strukturänderung hervorgerufene Widerstandsänderung mechanisch beanspruchter Drähte; er eignet sich für langsam verlaufende Vorgänge. Für niedrige Drücke unter 10^{-1} mm können Hitzdraht-Vakuummesser ver-

Abb. 204. Druckmesser nach NERNST.

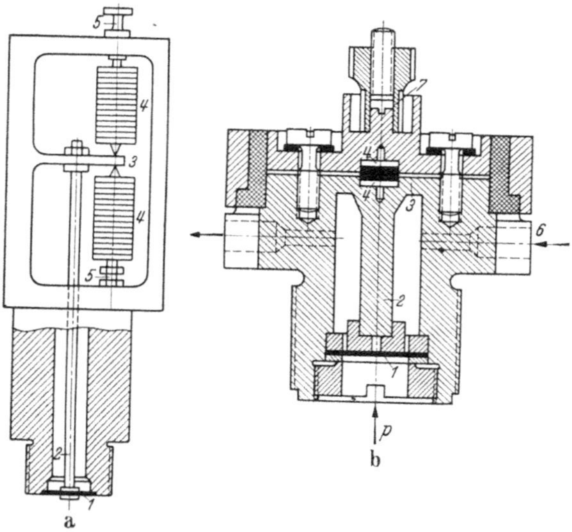

Abb. 205a und b. Verschiedene Ausführungen von Kohledruckdosen. [Aus MEURER: Indikatoren für schnellaufende Verbrennungsmotoren. Z. VDI Bd. 80 (1936) S. 1451.]

1 weiche Abschlußmembran; *2* Übertragungsstempel; *3* Meßfeder bzw. Meßmembran; *4* Kohlesäule; *5* Einstellschraube; *6* Kühlwasseranschluß; *7* Anschlußschraube.

wendet werden, die auf der Druckabhängigkeit der Wärmeleitfähigkeit der Gase beruhen und aus einer Wheatstone-Brücke mit zwei temperaturabhängigen und zwei temperaturunabhängigen Widerständen und einem Drehspul-Anzeigeinstrument bestehen. Gleichfalls auf dem Widerstandsverfahren beruhen die in Abb. 205a und b gezeigten Kohledruckdosen. Bei der Ausführung *a* sind zu beiden Seiten einer federnden Zunge *3* die Kohlesäulen *4* angeordnet, die mit der Druckschraube *5* unter Vorspann gehalten werden. Ein Druckstempel überträgt die Bewegung der weichen Abschlußmembran *1* auf die Meßfeder *3*. In der Ausführung *b* sind Druckstempel, Ringmembran und Gehäuse aus einem Stück hergestellt, und es ist eine Wasserkühlung vorgesehen. Das Druckelement ist niederohmig und besteht nur aus zwei Kohleblättchen. Diese Dosen sind einigermaßen unempfindlich gegen Temperaturänderungen, da die den größten Temperaturschwankungen ausgesetzte weiche Vormembran keine Kraft aufnimmt und das Druckelement verhältnismäßig weit von der Verbrennungskammer entfernt ist. Dosen, bei denen die steife Abschlußmembran als Meßfeder dient und die Kohlesäule unmittelbar an dieser Membran anliegt, haben trotz Wasserkühlung erheblich größere Temperaturfehler, da die Kohlesäule stärkeren Temperaturschwankungen ausgesetzt ist und die elastische Konstante der Membran sich mit der Temperatur ändert. Abb. 206 ist eine Ausführung für Drücke von 1 ··· 600 atü mit einer Eigenfrequenz von 60 kHz und einem Widerstand der Kohlesäule von 5 Ω für eine Betriebsspannung von 2 V. Abb. 207 zeigt die gebräuchlichen Schaltungen der Kohledruckdosen und Abb. 208 den Widerstandsverlauf ab-

Abb. 206. Kohledruckdose für Verbrennungsmaschinen. Meßbereich 1 ··· 600 atü. (Aus H. Rumpff, Bonn; Druckschrift 750—2.)

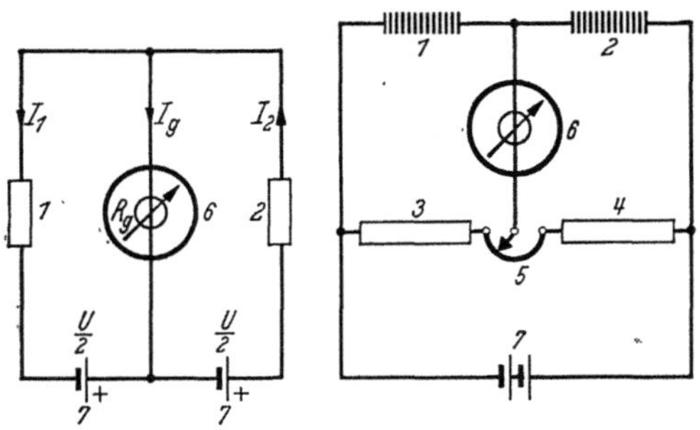

a Differenzschaltung. b Brückenschaltung.

Abb. 207a und b. Schaltung der Kohledruckdosen. *1*, *2* Kohlesäulen; *3*, *4* feste Widerstände; *5* Abgleichwiderstand; *6* Anzeigeinstrument; *7* Meßbatterie.

hängig vom Druck für eine Kohlesäule von 60 Plättchen. Mit den Bezeichnungen der Abb. 207a wird

$$I_g = \frac{U}{2}\left(\frac{1}{R_1 + R_g} - \frac{1}{R_2 + R_g}\right). \tag{108}$$

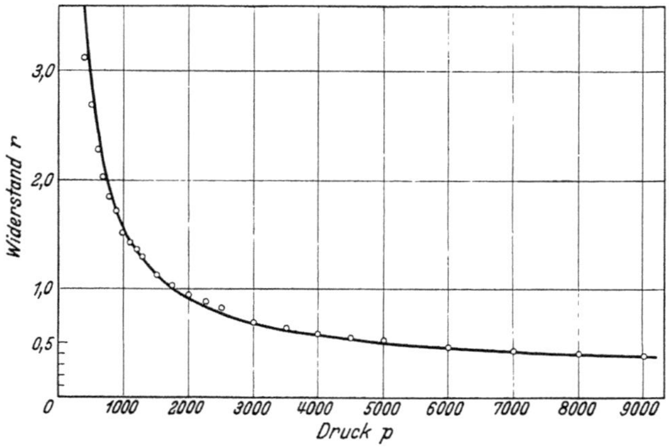

Abb. 208. Widerstandsverlauf abhängig vom Druck für eine Kohlesäule von 60 Plättchen. Dicke 0,2 mm, Dmr. 7 mm. Gleichung des Druckverlaufs: $p \cdot (r - a) \cdot b = \text{const.}$ $a = 0{,}244$; $b = 1336$.

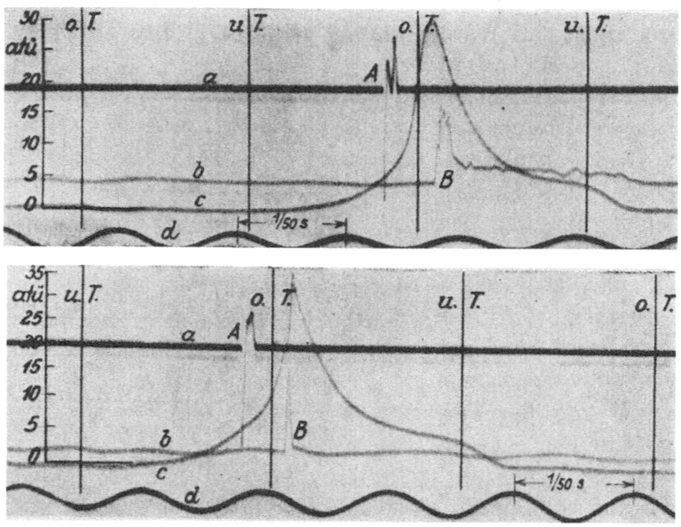

Abb. 209. Oszillogramm des Druckverlaufs im Zylinder eines Verbrennungsmotors bei nichtklopfendem und bei klopfendem Betrieb.
a Zündstrom; *b* Ionisationsstrom; *c* Drucklinien; *d* Zeitmarkierung; *A* Zündpunkt; *B* Flammenankunftspunkt; *o.T.* und *u.T.* oberer und unterer Totpunkt.

Die Eichkurve ist linear, da der Widerstand der Kohlesäule mit steigendem Druck nach einer Hyperbelfunktion abnimmt. Die Schaltung setzt jedoch Symmetrie der beiden Batteriehälften und Spannungskonstanz voraus. Die Kohlesäule gestattet im Gegensatz zum piezoelektrischen Verfahren absolute Druckmessungen, doch ist ihre Empfindlichkeit nicht in denselben weiten Grenzen regelbar.

Abb. 209 zeigt ein mit Kohledruckmeßdosen und Schleifenoszillograph aufgenommenes Diagramm des Druckverlaufes im Zylinder eines Verbrennungsmotors bei nichtklopfendem und bei klopfendem Betrieb.

Für sehr rasch verlaufende Vorgänge, z. B. zur Bestimmung des Druckverlaufes in Explosionskammern, empfiehlt sich die Verwendung der *piezoelektrischen* Druckdose und des Kathodenoszillographen. Bezeichnet

Q die Ladung des Piezoquarzes,
C die Kapazität des Eingangskreises,
p den Druck auf den Quarz,
k eine Konstante und
U die Steuerspannung,

so gilt

$$\frac{dp}{dt} = k \cdot \frac{dQ}{dt} = k \cdot C \cdot \frac{dU}{dt}. \tag{109}$$

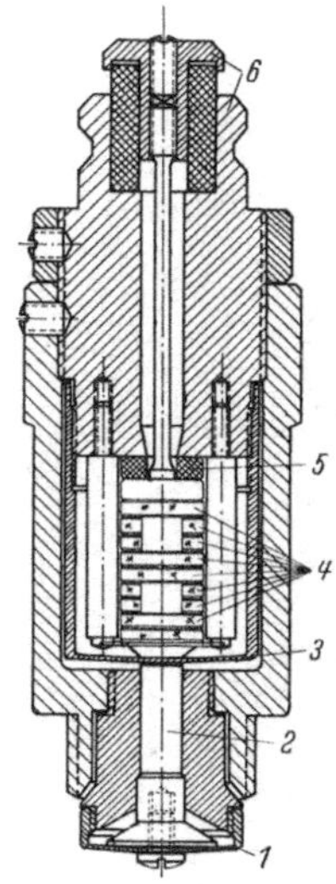

Abb. 210. Piezoelektrisches Druckelement für Verbrennungsmotoren (Bauart Zeiss-Ikon A.G.).
1 Gasabdichtung; *2* Druckübertragungsstempel; *3* Vorspannfeder; *4* Meßquarze; *5* Isolation; *6* Kabelanschluß. Meßbereich $0 \cdots 150$ kg·cm^{-2}; Empfindlichkeit $1{,}5 \cdot 10^{-10}$ Coul·kg^{-1} cm^2; Eigenfrequenz $\doteq$ 18 kHz.

Um eine möglichst hohe Empfindlichkeit zu erreichen, wählt man die Druckmembran oder den Druckkolben so groß, wie es die äußeren Abmessungen der Druckdose, die im allgemeinen die Größe einer Zündkerze nicht überschreiten dürfen, zulassen und schaltet mehrere Quarzelemente räumlich hintereinander, elektrisch jedoch parallel. Ferner muß man dafür sorgen, daß möglichst der gesamte auf die Membran wirkende Druck auf das Druckelement übertragen wird. Die Geber werden in zwei grundsätzlich verschiedenen Ausführungen mit steifer Membran als Meß- und Abschlußglied und mit weichem Abschlußglied sowie einer getrennten Meßfeder hergestellt. Die Empfindlichkeit des Piezoquarzes hängt von der Vorspannung ab, und es ist deshalb wichtig, diese unabhängig von Temperaturschwankungen konstantzuhalten. Bei steifer Abschlußmembran ist das kaum möglich, da sich die Federungseigenschaften der Membran mit der Temperatur ändern und auch einseitige Wasserkühlung die Temperaturschwankungen der äußeren Membranschichten nicht zu beseitigen vermag. Die Empfindlichkeit ist ferner abhängig von der Güte der Berührungsfläche zwischen Membran und Stempel sowie von dünnen Luftschichten zwischen beiden; die Berührungsflächen sollen deshalb geschliffen sein und die Geber vor der Messung einige Male mehrfach überlastet werden, um diese dünnen

Luftschichten herauszupressen. Der Temperaturfehler eines solchen Gebers wurde zu — 3,4% zwischen 20 und 100° ermittelt. Bei weicher Abschlußmembran (0,1 mm Kupfer bei 80 atü) sind die Verhältnisse günstiger, da die elastischen Eigenschaften dieses den größten Temperaturschwankungen ausgesetzten Teiles nicht in die Messung eingehen. Abb. 210 ist die Ausführung eines Universal-Piezodruckelements für Verbrennungsmotoren mit weicher Abschlußmembran, bei dem mehrere Quarze hintereinandergeschaltet und durch einen darübergeschraubten Stahlzylinder vorgespannt werden. Die Vorspannfeder liegt also gegen rasche Temperaturänderungen gut geschützt im Innern des Dosenkörpers. Das Element eignet sich sowohl für die Aufnahme von Verbrennungsdrücken wie auch für Schwachfederdiagramme sowie für Ansaug- und Auspuffdruckmessungen. Die Steigerung der Empfindlichkeit durch Vermehren der hintereinander liegenden Druckelemente kann nicht beliebig fortgesetzt werden, und man hat deshalb für sehr kleine Druckänderungen eine völlig andere Lösung gewählt, bei der das eigentliche Druckelement aus drei prismatischen in Form eines gleichseitigen Dreiecks angeordneten Quarzkörpern besteht. Die Quarze werden in einer neutralen Achse gedrückt und die Ladung an den senkrecht zu einer elektrischen Achse liegenden Elektrodenflächen abgenommen. Der Übertragungsgrad, das ist der auf den Quarz übertragene Anteil des auf die Abschlußmembran wirkenden Druckes, konnte hierbei auf 90% gesteigert werden, wodurch ein guter Wirkungsgrad und somit geringere Verstärkung und geringere Störanfälligkeit erzielt wurden. Um die Wirkung von Beschleunigungskräften auszuschließen, haben FAHRENTHOLZ, KLUGE, LINCKH den Quarz zwischen zwei Membranen gleicher Steifigkeit mit entsprechender Vorspannung angeordnet (Abb. 213). Die Kammer enthält praktisch als einzige träge Masse den Meßquarz q zwischen den beiden Membranen m_u und m_o. Die Membranen mit dem Quarz werden durch Isolierringe r_1 und r_2 und den Haltering h aus Metall gehalten und durch Umbördeln der Indikatorhülse b mit hinreichender Vorspannung zusammengepreßt. Gemessen wird die Potentialdifferenz zwischen beiden Membranen. Das Potential der oberen Membran wird über die weiche Feder f, die keine Spannung zu übertragen vermag, abgenommen und der mit Quarzglas isolierten Abnahmebuchse a zugeführt. Eine von unten auf die Kammer wirkende äußere Kraft wird zum Teil

Abb. 211. Ansicht des Piezodruckelements für Verbrennungsmotoren (Ausführung der Zeiss-Ikon A.G.).

von der unteren Membran aufgenommen, zum Teil über den Quarz auf die obere Membran übertragen. Der Quarz nimmt also einen der Gesamtkraft proportionalen Anteil auf. Anders ist das Verhalten der Einrichtung beim Auftreten von Massenkräften. Unter dem Einfluß einer auf den Quarz wirkenden Beschleunigungskraft biegen sich beide Membranen gleichmäßig durch; dadurch wird die eine Seite des Quarzes belastet, die andere entlastet, und da die Massenkraft über die Dicke des Quarzes gleichmäßig verteilt ist, verläuft die Beanspruchung des Quarzes zwischen diesen beiden Grenzwerten linear. Da die beiden Quarzoberflächen entgegengesetztes Potential haben, nimmt bei gleicher Steifigkeit beider Membranen das Potential auf der einen Quarzseite um ebensoviel ab, wie es auf der anderen zunimmt, und die Potentialdifferenz zwischen beiden Membranen bleibt unabhängig von den Massenkräften erhalten. Die Meßdose ist also beschleunigungsunabhängig. Die Eigenfrequenz dieser Meßdose ist nur durch die geometrischen Abmessungen des Quarzes, also durch seine sehr hohe Eigenfrequenz von etwa 10^6 Hz bestimmt, da die Schwingungen, die der Quarz zusammen mit den Membranfedern ausführt, nach den obigen Darlegungen über die Massenkräfte von der Dose nicht gemessen werden. Abb. 214 zeigt den mit einer solchen Kammer aufgenommenen Druckverlauf in einem Preßlufthammer. Aus dem glatten Verlauf des Kurvenzuges zwischen den Druckspitzen beim Beginn des Schlaghubes ist deutlich zu ersehen, daß die Druckmeßkammer von den starken Beschleunigungen beim Auftreffen des Kolbens auf den Döp-

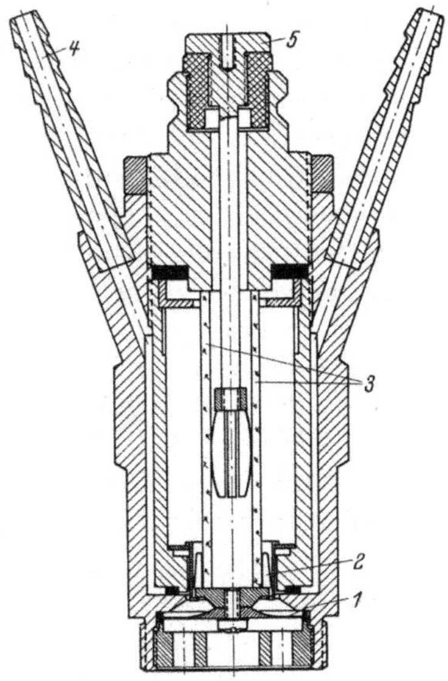

Abb. 212. Piezoelektrisches Druckelement für kleine Druckänderungen (Ausführung der Zeiss-Ikon A.G.).
1 Gasabdichtung; *2* Vorspannfeder; *3* Meßquarze; *4* Wasserkühlung; *5* Kabelanschluß.
Meßbereich 0···30 kg; Empfindlichkeit $1 \cdot 10^{-9}$ Coul·kg^{-1}·cm^2; Eigenfrequenz ≑ 17 kHz.

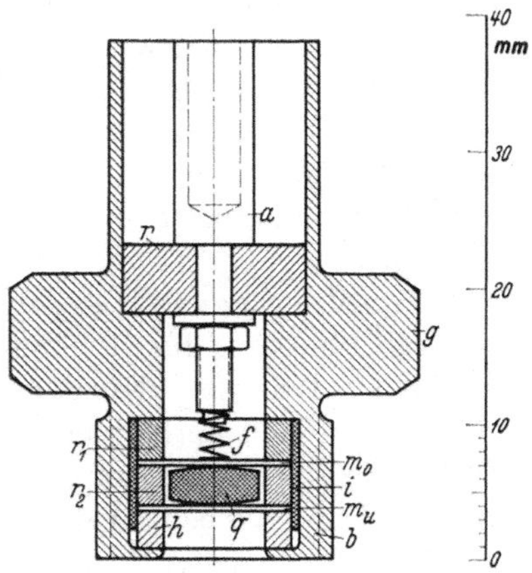

Abb. 213. Meßkammer mit Membranen gleicher Steifigkeit. [Aus FAHRENTHOLZ, KLUGE, LINCKH: Über neue Quarzdruckmeßkammern für das piezoelektrische Meßverfahren. Phys. Z. Bd. 38 (1937) S. 73—78.]
a Abnahmebuchse; *b* Bördelung; *f* Feder; *g* Gehäuse; *h* Haltering; *i* Isoliermaterial; *mo*, *mu* Membran; *q* Meßquarz; *r*, r_1, r_2 Ringe aus Quarzglas.

per völlig unbeeinflußt bleibt. Die piezoelektrischen Druckmesser werden auch zur Drehzahlmessung bei großen Maschinen verwendet, indem man einen Fliehgewicht-Drehzahlmesser auf die Druckmeßdose wirken läßt.

Schwachfederindizierung. Wenn bei der Aufnahme von Schwachfederdiagrammen die Diagrammbreite oder der Leuchtschirm des Oszillographen bereits bei geringen Drücken voll ausgenutzt werden soll, treten bei voller Kompression verhältnismäßig hohe Spannungen auf, die unangenehme Begleiterscheinungen mit sich bringen und deshalb besser von der Meßeinrichtung ferngehalten werden. Dazu wurde von der Zeiss-Ikon A.G. ein Druckschalter (Abb. 215) entwickelt, der beim Überschreiten eines bestimmten Druckes den Geber erdet. Das Schaltglied dieses Druckschalters ist eine Membran, die auf der einen Seite vom Meßdruck, auf der anderen vom Atmosphärendruck oder

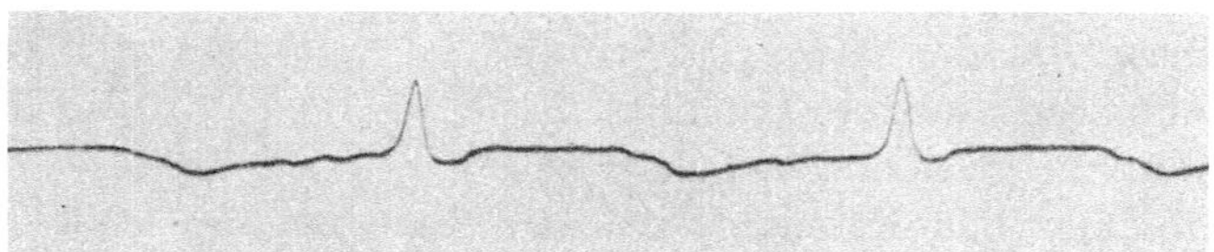

Abb. 214. Druckverlauf in einem Preßlufthammer. Aufgenommen mit dem beschleunigungsunabhängigen Piezodruckmesser von FAHRENTHOLZ, KLUGE, LINCKH. [Aus FAHRENTHOLZ, KLUGE, LINCKH: Über neue Quarzdruckmeßkammern für das piezoelektrische Meßverfahren. Phys. Z. Bd. 38 (1937) S. 77.]

einem einstellbaren Vergleichsdruck beaufschlagt wird. Die Schaltmembran ist wassergekühlt und benötigt für die Schaltung einen Überdruck von 0,03 at, der bei der Auswertung des Diagramms berücksichtigt werden muß. Gegenüber anderen vom Kolbenweg gesteuerten Kurzschließern hat diese Einrichtung den Vorzug, auf dem Diagramm den Atmosphärendruck oder einen bekannten Vergleichsdruck sichtbar zu machen.

Glimmlampenindikator. Auf einem ähnlichen Gedanken beruht der von der DVL für die Indizierung schnellaufender Verbrennungsmotoren entwickelte Glimmlampenindikator. Der Geber *5* hat Zündkerzengröße und enthält eine Membran von 9 mm Dmr. und 0,1 mm Dicke, deren Durchbiegung beiderseits durch Sitze auf $\pm 30\,\mu$ begrenzt ist und die beim Anliegen an den einen Sitz den Stromkreis einer Glimmlampe schließt (Abb. 216). Dem Zylinderdruck wirkt der mit Regelventil *10* einstellbare Druck eines Preßluftbehälters *8* entgegen. Sobald der Zylinderdruck den Gegendruck übersteigt, schließt die Membran den Stromkreis der Glimmlampe und hält ihn geschlossen, bis der eingestellte Gegendruck wieder unterschritten wird. Steigert man den Gegendruck, bis die Glimmlampe gerade noch aufleuchtet, so entspricht der Gegendruck dem Höchstdruck im Zylinder mit einer

Genauigkeit von $\pm$ 0,1 at. Die Glimmlampe wirft nun einen Lichtpunkt auf einen drehbaren Spiegel *13* und von dort auf eine mit der Kurbelwelle umlaufende Schreibtrommel *1*, auf der je nach dem eingestellten Gegendruck Lichtstriche verschiedener Länge erscheinen. Verdreht man außerdem den Spiegel proportional dem eingestellten Gegendruck, so wandern diese Lichtstriche über die Breite der Schreibtrommel. Es entspricht also der Abstand des Lichtstriches von der Nullinie dem eingestellten Gegendruck und ihre Länge der Zeitdauer, während der dieser Gegendruck überschritten wurde. Durch Veränderung des Gegendruckes von Umdrehung zu Umdrehung erhält man ein Schraffendiagramm (Abb. 217), dessen Umgrenzung das Mittel aus einer Anzahl von Druck-Wegdiagrammen darstellt.

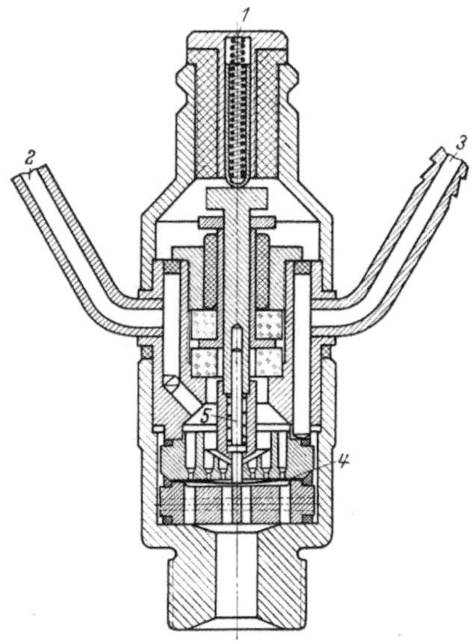

Abb. 215. Druckschalter zur Aufnahme von Schwachfederdiagrammen in Beziehung zum absoluten Druck (Bauart Zeiss-Ikon A.G.). [Aus MEURER: Weiterentwicklung des piezoelektrischen Meßverfahrens. Forsch. Ing.-Wes. Bd. 11 (1940) S. 237···245.]

Eine vergleichende Betrachtung der verschiedenen Druckmeßverfahren stößt infolge der Vielfalt der Ausführungen auf große Schwierigkeiten, und man kann nur einige wenige allgemeine Gesichtspunkte herausschälen. Die Empfindlichkeit und Eigenfrequenz der Meßdosen soll nicht höher getrieben werden, als der Zweck es erfordert, da die Dosen gleichzeitig anfälliger gegen Störungen und schwieriger zu handhaben sind. Wo verstärkerlose Schaltungen und 50-Hz-Netzanschlußgeräte ausreichen, sind sie wegen der einfacheren Bedienung zu bevorzugen. Im folgenden sind einige charakteristische Eigenschaften der einzelnen Verfahren aufgezählt, aus denen man sieht, daß keines der bekannten Verfahren sämtliche eingangs erhobenen

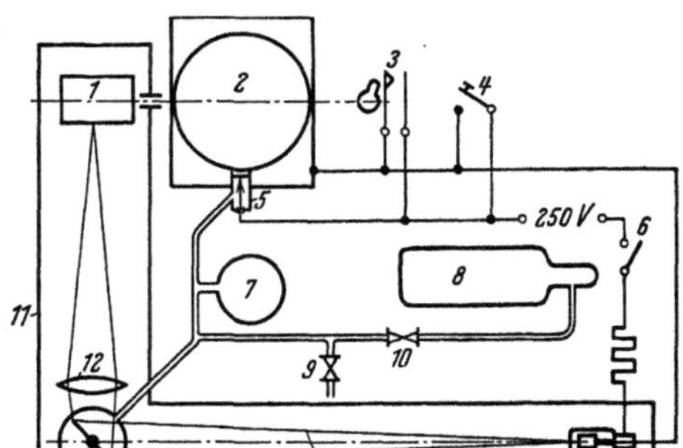

Abb. 216. Anordnung des DVL-Glimmlampenindikators. [Aus BRANDT-WICHMANN: Der DVL-Glimmlampenindikator. ETZ Bd. 55 (1934) S. 376.]

1 Schreibtrommel; *2* Verbrennungsmotor; *3* Totpunktmarkierung; *4* Druck-Eichtaste; *5* Geber; *6* Einschalter; *7* Eichdruckmesser; *8* Preßluftflasche; *9* Ausströmventil; *10* Drosselventil; *11* lichtdichter Kasten; *12* Objektiv; *13* Drehspiegel, vom Druckmesser bewegt; *14* Strahlengang; *15* Glimmlampe.

Forderungen restlos zu erfüllen vermag. Man wird also von Fall zu Fall das geeignetste Gerät aussuchen müssen, wobei zu berücksichtigen ist, daß man auch beim gleichen Verfahren durch konstruktive und schaltungstechnische Maßnahmen den einen oder anderen an sich vorhandenen Einfluß besonders klein halten kann, so daß also nicht sämtliche Störungsmöglichkeiten stets in der vollen Größe auftreten.

Größte Empfindlichkeit und Eigenfrequenz bei weitgehender Unabhängigkeit von Beschleunigungen und Temperaturänderungen haben die piezoelektrischen Meßdosen; sie sind jedoch sehr empfindlich gegen Verschlechterung der Isolation und vertragen wegen der zunehmenden Kabelkapazität keine allzu langen Zuleitungen. Sowohl die Konstruktion und Ausführung der Geber wie ihre Handhabung erfordern große Sorgfalt

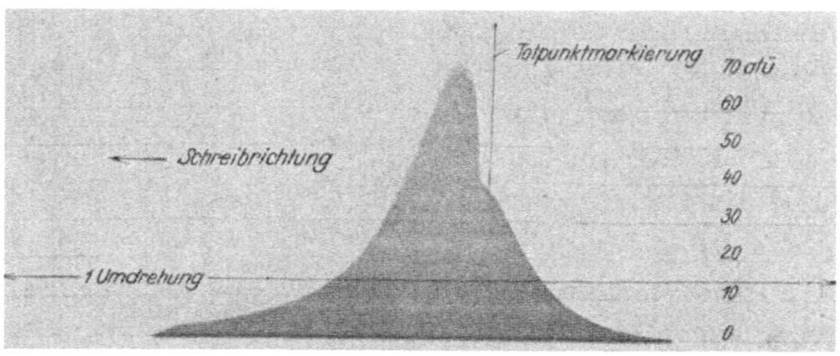

Abb. 217. Druckverlauf in einem Junkers-Doppelkolben-Dieselmotor, aufgenommen mit DVL-Glimmlampenindikator. [Aus BRANDT-WICHMANN: Der DVL-Glimmlampenindikator. ETZ Bd. 55 (1934) S. 376.]

und geschultes Personal. Induktive, kapazitive und elektrodynamische Druckmeßdosen haben eine mittlere Empfindlichkeit und sind beschleunigungsabhängig. Die kapazitiven Meßdosen sind wegen des meist sehr kleinen Plattenabstandes empfindlich gegen Wärmedehnungen und erfordern größte Genauigkeit bei der Fertigung. Um Unabhängigkeit vom Isolationszustand und der Kapazität der Zuleitungskabel zu erreichen, ist eine phasenabhängige Gleichrichtung erforderlich. Die kapazitiven Dosen benötigen einen Verstärker und eine Trägerfrequenz, deren Höhe von der Frequenz der aufzunehmenden Vorgänge abhängt. Das induktive und elektrodynamische Verfahren ist weitgehend unabhängig von Isolationsstörungen und kann durch temperaturunabhängige Vorwiderstände mit kleinem Temperaturfehler ausgeführt werden. Beim induktiven Verfahren kommt man häufig ohne Verstärker aus, wodurch sich die Schaltung vereinfacht. Das elektrodynamische Verfahren zeigt nicht unmittelbar den Druck, sondern die Druckänderung an. Es bedarf deshalb eines besonderen Integrationsgliedes und ist nicht statisch eichbar. Die Kohledruckmesser arbeiten nur mit einer Batterie niedriger Spannung sowie einem gewöhnlichen Drehspul-Instrument und bedürfen keines Verstärkers; sie sind jedoch wenig empfindlich, abhängig von der

Temperatur und weisen Hysterese- und Nachwirkungserscheinungen auf. Ungenügende Konstanz des Nullpunktes, Beschleunigungsabhängigkeit und Unterschiede zwischen statischer und dynamischer Eichung sind weitere unangenehme Eigenschaften, durch die die Vorteile der einfachen Schaltung und Handhabung teilweise wieder aufgehoben werden.

III. Geschwindigkeitsmessung.

Die Geschwindigkeit als erster Differentialquotient des Weges nach der Zeit wird vorzugsweise auf einen Weg zurückgeführt, aus dem durch Differentiation nach der Zeit Augenblickswerte, durch Division mit der Beobachtungszeit Mittelwerte der Geschwindigkeit gewonnen werden.

1. Drehzahlmessung [*35*].

Die Drehzahlmesser haben zwei große Anwendungsgebiete: Die Ermittlung der Arbeitsgeschwindigkeit von Maschinen und die Bestimmung der Geschwindigkeit sowie des zurückgelegten Weges von Fahrzeugen. Im ersten Fall soll meist ein enger Bereich um einen Normalwert herum mit sehr großer Genauigkeit angezeigt werden, während im zweiten Fall die Drehzahl in weiten Grenzen schwankt und alle Werte von Null bis Meßbereichendwert mit gleicher prozentualer Genauigkeit angezeigt werden sollen. Den verschiedenen Zwecken und Meßbereichen entsprechend unterscheiden sich die Geber stark in Form und Schaltung, für alle gelten die nun schon sattsam bekannten Forderungen an Genauigkeit, Unabhängigkeit von Temperaturschwankungen und geringer Rückwirkung auf die zu untersuchende Welle.

Impulsgeber. Die Drehgeschwindigkeit einer Welle wird am einfachsten durch einen Umlaufkontakt in eine Folge von Stromstößen aufgelöst. Zum Erzeugen der Stromstöße können alle Verfahren mechanischer, magnetischer, kapazitiver, induktiver und lichtelektrischer Impulsgabe herangezogen werden. Beim Stich-Drehzähler werden die Stromstöße einem Zählwerk hoher Ansprechgeschwindigkeit zugeführt und über eine bestimmte Zeit addiert. Ein- und Ausschalten des Zählwerkes kann von Hand oder selbsttätig von einer Uhr aus erfolgen. Gebräuchliche Zählwerke sind in der Lage, 20···50 Stromstöße je Sekunde aufzunehmen, die Messung kann also in kürzester Zeit und sehr genau erfolgen. Der Stich-Drehzähler dient zum genauesten Erfassen der mittleren Drehgeschwindigkeit innerhalb einer bestimmten Zeit, er arbeitet in allen Meßbereichen gleich gut, ist völlig temperaturunabhängig und kann ohne jede Energieentnahme aus dem Meßkreis ausgeführt werden, er ist deshalb das geeignete Gerät für Abnahmeprüfungen. Da seine Genauigkeit nur von der Zahl der Impulse/Umdrehung und der Beobachtungsdauer abhängt, kann sie nahezu beliebig gesteigert werden. Zur unmittelbaren und laufenden Anzeige der augenblicklichen Drehgeschwindigkeit werden die Impulse einem Impulsempfänger zugeführt. Abb. 58 zeigt die Schaltung des Impulsfrequenzempfängers der Siemens & Halske AG. Das Empfangsrelais *3* legt die beiden Meßkondensatoren *4* abwechselnd an Spannung oder schließt sie über die Widerstände *5* kurz. Der Mittelwert der Kondensator-Ladeströme ist ein Maß für die Impulshäufigkeit, also für die Drehgeschwindigkeit, und wird mit einem Kreuzspul-Instrument gemessen; er hat die Größe

$$i = 2 \cdot f \cdot C \cdot U \ \mu\text{A}, \qquad (110)$$

wenn f die Impulsfrequenz in Hertz, C die Kapazität jedes Kondensators in Mikrofarad, U die Meßspannung in Volt ist. Das Impulsfrequenzverfahren eignet sich für beliebige Übertragungsentfernung und Wellen geringer Leistung; seine Genauigkeit ist durch die Konstanz und Temperaturabhängigkeit des Anzeigeinstruments und der Meßkondensatoren gegeben. Die Drehzahl soll nicht mehr als 1 : 10 schwanken, und das Empfangsrelais muß völlig prellungsfrei arbeiten; wo seine Trägheit zu groß ist, kann es durch eine Ionenschaltröhre ersetzt werden.

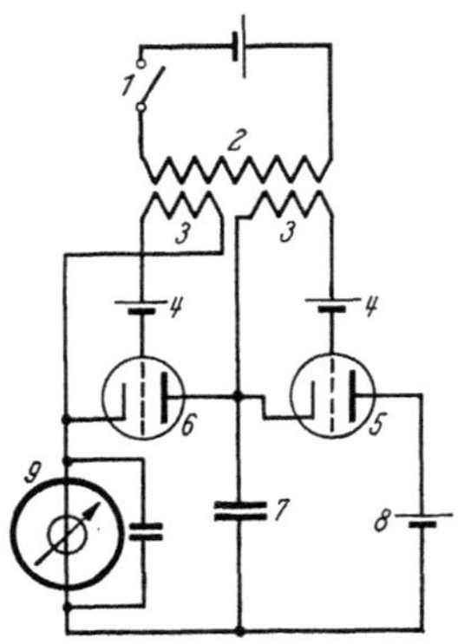

Abb. 218. Impuls-Drehzahlmesser der AEG.
1 Impulsfrequenzgeber; *2* Primärwicklung des Eingangsübertragers; *3* Sekundärwicklungen des Eingangsübertragers; *4* Gitterbatterie; *5*, *6* gittergesteuerte Entladungsröhren; *7* Meßkondensator; *8* Anodenbatterie; *9* Anzeigeinstrument.

Beim Impuls-Drehzahlmesser der AEG wird eine der Drehzahl verhältnisgleiche Impulsfrequenz auf einen Übertrager mit zwei Sekundärwicklungen gegeben (Abb. 218). Die auf der Sekundärseite entstehenden positiven und negativen Stromstöße machen die gittergesteuerten Entladungsröhren *5* und *6* abwechselnd leitend und sperrend, und der Meßkondensator *7* wird beim ersten Impuls von der Anodenbatterie *8* über die Röhre *5* aufgeladen, während er sich beim nächsten Impuls über die Röhre *6* und das Anzeigeinstrument *9* entlädt. Der arithmetische Mittelwert des Entladestromes wird von dem Drehspul-Instrument angezeigt und ist ein Maß für die Impulsfrequenz und die zu messende Drehzahl. Die Röhren müssen so leistungsfähig sein, daß auch bei sehr hoher Impulsfrequenz eine vollkommene Ladung des Kondensators erzielt wird, und die Anodenspannung muß konstantgehalten werden. Unabhängigkeit von der Sendespannung wird durch Übersättigung des Eingangswandlers erreicht. Das Verfahren eignet sich, wie alle Impulsfrequenzverfahren, zur Summierung mehrerer Drehzahlen durch Addition der Ladeströme mehrerer Meßkondensatoren (Abb. 219).

W i r b e l s t r o m - D r e h z a h l m e s s e r. Die weiteste Verbreitung haben die Wirbelstrom-Drehzahlmesser gefunden, bei denen ein mit der Welle umlaufender Dauermagnet Wirbelströme in einer drehbaren

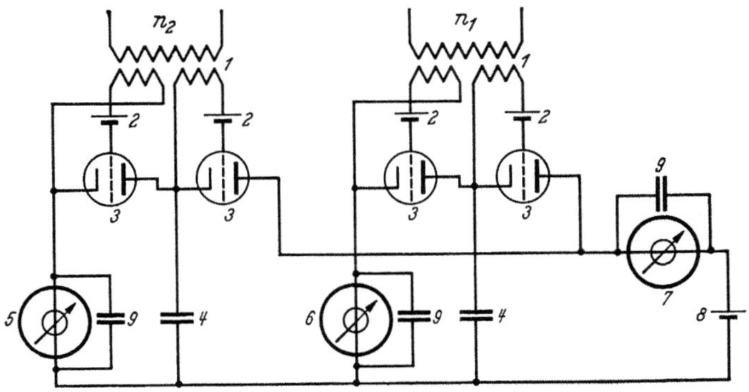

Abb. 219. Drehzahl-Summierung mit dem Impulsverfahren der AEG.

n_1 Eingang vom Drehzahlgeber 1; n_2 Eingang vom Drehzahlgeber 2; *1* Eingangsübertrager; *2* Gitterbatterien; *3* gittergesteuerte Entladungsröhren; *4* Meßkondensatoren; *5* Anzeigeinstrument für n_2; *6* Anzeigeinstrument für n_1; *7* Anzeigeinstrument für $n_1 + n_2$; *8* Anodenbatterie; *9* Dämpfungskondensatoren.

Metalltrommel oder Scheibe induziert, wodurch diese entgegen der Richtkraft einer Feder im Drehsinn mitgenommen wird. Die Geräte

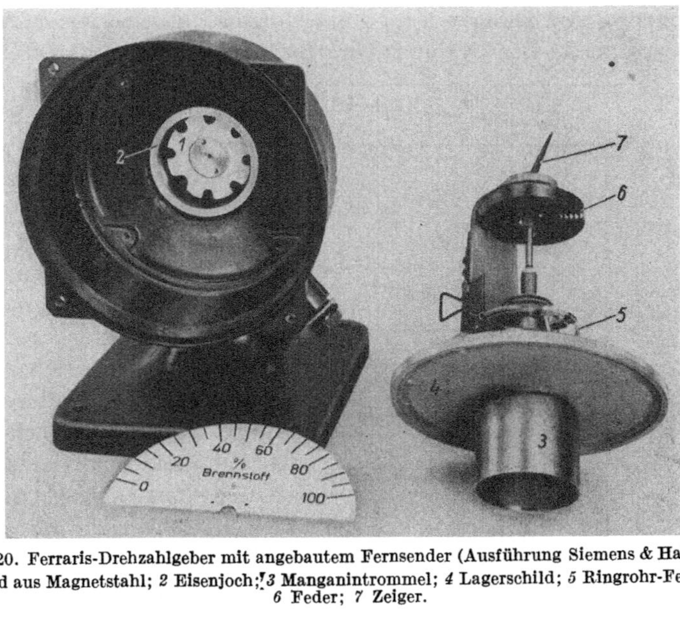

Abb. 220. Ferraris-Drehzahlgeber mit angebautem Fernsender (Ausführung Siemens & Halske AG.)
1 Polrad aus Magnetstahl; *2* Eisenjoch; *3* Manganintrommel; *4* Lagerschild; *5* Ringrohr-Fernsender; *6* Feder; *7* Zeiger.

können nur in einer beschränkten Entfernung von der Meßwelle aufgestellt werden, da der umlaufende Magnet über eine biegsame Welle angetrieben werden muß. Ihre Anzeige ist linear, der Temperatureinfluß beträgt bei Kupfer- und Aluminiumtrommeln 4%/10° und muß mit besonderen Mitteln, etwa einem temperaturabhängigen oder einem durch einen Bimetallstreifen selbsttätig verstellten magnetischen Nebenschluß, kompensiert werden. Durch diese Kompensation ist ein Temperaturfehler von nur 0,2%/10° erreicht worden. Auf die Beschreibung der bekannten Fahrzeuggeschwindigkeitsmesser können wir hier verzichten, dagegen wollen wir eine Sonderausführung betrachten, deren bewegliches System einen Widerstand-Fernsender trägt, also eine weitere Übertragung der Drehzahl gestattet (Abb. 220). Das Gerät hat ein achtpoliges Magnetrad aus Aluminium-Nickel-Stahl und ein fest mit ihm verbundenes Eisenjoch. Zwischen beiden spielt eine Manganintrommel als Anzeigeorgan. Durch die Verwendung von Manganin wird ein außerordentlich kleiner Temperaturfehler erzielt. Das Drehmoment dieses Gebers beträgt 500 cmg, das Reibungsmoment 4 cmg, der Reibungsfehler demnach 0,8%. Dieser Fehler wird durch die Erschütterungen beim Lauf noch weitgehend vermindert. Der Temperatureinfluß setzt sich aus mehreren Einzelfehlern zusammen. Bei Temperaturerhöhung nimmt die Feldstärke des Dauermagnets ab und gleichzeitig vergrößert sich der Luftspalt zwischen Magnet und Joch infolge der verschiedenen Ausdehnungskoeffizienten des Magnetmaterials und des Weicheisens. Beide Änderungen wirken im gleichen Sinn und rufen einen Fehler von $-0,25\%/10°$ hervor. Im entgegengesetzten Sinn wirkt die Abnahme der Federrichtkraft mit steigender Temperatur, so daß ein resultierender Fehler von 0,1%/10° bleibt. Die Genauigkeit kann mit $\pm 1\%$ angegeben werden. Der Skalenverlauf ist bis zu 3500 Umdr/min vollkommen linear, die normale Drehzahl ist

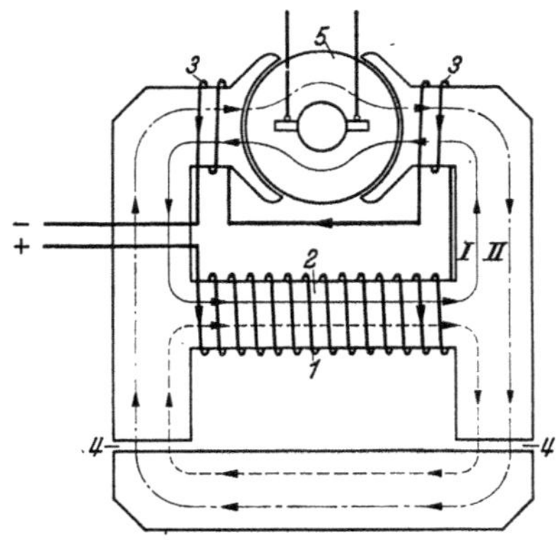

Abb. 221. Umdrehungsfernzeiger mit Fremderregung (Bauart AEG). (Aus AEG-Druckschrift Ms/V 1098 Informationsmappe 014/1 Juli 1936.)

1 Erregerspule; *2* Mittelsteg des Eisenjoches; *3* Kompensationswicklung; *4* Luftspalt im magnetischen Kreis des Gegenfeldes; *5* Anker; *I* Hauptfeld; *II* Gegenfeld.

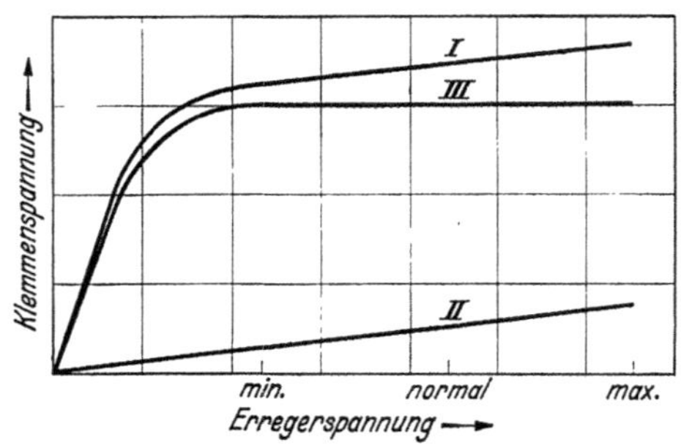

Abb. 222. Klemmenspannung des AEG-Umdrehungsfernzeigers mit Fremderregung, abhängig von der Erregerspannung. (Aus AEG-Druckschrift Ms/V 1098 Informationsmappe 014/1 Juli 1936.)

I Hauptfeld; *II* Gegenfeld; *III* resultierendes Feld.

2000 Umdr/min. Der Geber verbraucht eine Antriebsleistung von 20 W und wiegt 16 kg, ist also ausschließlich für ortsfeste Anlagen gedacht.

Drehzahlgeber. Für ortsveränderliche Anlagen und größere Übertragungsentfernung werden vorwiegend Drehzahlmesser mit Gleich- oder Wechselstromgeneratoren ausgeführt. Nachteilig ist beim Gleichstromgeber der unvermeidbare Kollektor mit den Schleifbürsten, die unter ungünstigen Umständen zu Störungen und Fehlmessungen Anlaß geben können, vorteilhaft dagegen das Drehspul-Anzeigeinstrument, dessen Temperaturfehler auch bei kleinem Spannungsbereich sehr niedrig gehalten werden kann. Üblicherweise werden die Drehzahlmesser mit Dauermagnet-Erregung ausgeführt, da die Ausführung mit Fremderregung konstruktiv schwieriger ist und nur in seltenen Fällen eine hinreichend konstante Erregerstromquelle zur Verfügung steht. Doch wurden auch fremderregte Drehzahlgeber gebaut, wie an der in Abb. 221 gezeigten AEG-Konstruktion erläutert werden soll. Das wirksame Erregerfeld dieser Maschine setzt sich aus den beiden Teilfeldern *I* und *II* zusammen. Die Spule *1* umfaßt den verhältnismäßig dünnen und deshalb stark gesättigten Mittelsteg *2* des Eisenjoches und erzeugt das Hauptfeld *I*. Das Gegenfeld *II* wird durch zwei vom gleichen Strom durchflossene Kompensationsspulen *3* erzeugt, es durchsetzt mehrere Luftspalte *4* und bleibt auf dem linearen Teil der Magnetisierungs-Kennlinie, es verläuft deshalb linear mit den Erreger-AW. Das resultierende Feld *III* und die Klemmenspannung der Maschine sind in weiten Grenzen unabhängig von den Schwankungen der Erregerspannung (Abb. 222).

Abb. 223. Wechselstrom-Drehzahlgeber von Siemens & Halske AG.

Die Wechselstromgeneratoren werden mit ruhender Wicklung und umlaufendem Dauermagnet ausgeführt, haben also keine beweglichen stromführenden Teile; sie sind aus diesem Grunde sehr widerstandsfähig gegen rauhe Behandlung und vermeiden jede Explosionsgefahr. Nachteilig ist der Gleichrichter, dessen hoher Temperaturkoeffizient eine besondere Kompensation mit temperaturabhängigem magnetischem Nebenschluß notwendig macht. Der in Abb. 223 und 224 gezeigte Geber wiegt etwa 400 g und gibt bei 1000 Umdr/min eine Leistung von 70 ··· 100 mW mit einer Frequenz von 50 Hz und einer Spannung von 20 V ab. Die Normaldrehzahlen für den Meßbereich-Endwert liegen zwischen 800 und 4000 Umdr/min, die Genauigkeit beträgt 1 ··· 1,5%, der Temperaturfehler liegt je nach Meßbereich zwischen +0,3 und −0,4%/10°. Völlig vermeiden läßt sich die Temperaturabhängigkeit, wenn man an Stelle der Spannung die Frequenz mißt. Bei kleiner verfügbarer Leistung und großem Meßbereichumfang mit der oberen Grenze 1000 Hz kommen Zungenfrequenzmesser in Betracht, während sich die Zeigerfrequenzmesser infolge ihres hohen Eigenverbrauches vorwiegend für ortsfeste Anlagen und zur genauesten Überwachung einer Normaldrehzahl eignen.

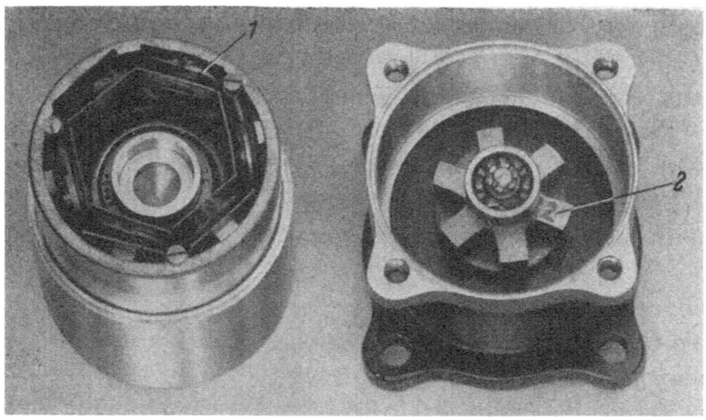

Abb. 224. Wechselstrom-Drehzahlgeber geöffnet. *1* Ankerwicklung; *2* Polrad aus Magnetstahl.

Kurzzeitige Drehzahlschwankungen. Drehzahlschwankungen werden, wie bereits gesagt, am besten mit Zeigerfrequenzmessern angezeigt. Wo jedoch keine genügende Leistung für den Frequenzmesser zur Verfügung steht, kann das nach der Methode der halben Resonanzkurve arbeitende, nachstehend beschriebene lichtelektrische Verfahren zum Messen des Ungleichförmigkeitsgrades eingesetzt werden (Abb. 225). In den Strahlengang einer Photozelle ragt die auf der Meßwelle *1* sitzende Lochscheibe *2*; an die lichtelektrische Zelle *4* ist über einen Übertrager *5* ein Resonanzkreis *6* angeschlossen, dessen Frequenz so gewählt ist, daß die Normaldrehzahl etwa der halben Höhe der Resonanzkurve entspricht. Die Schwingungsamplitude ist dann der Drehzahl proportional und wird über einen Verstärker mit einem Kathoden- oder Schleifen-Oszillographen gemessen. Die Frequenz des Photozellenstromes soll mindestens zehnmal größer sein als die Frequenz der zu messenden Drehzahlschwankungen. Für Frequenzen über 300 Hz ist eine Vakuum-

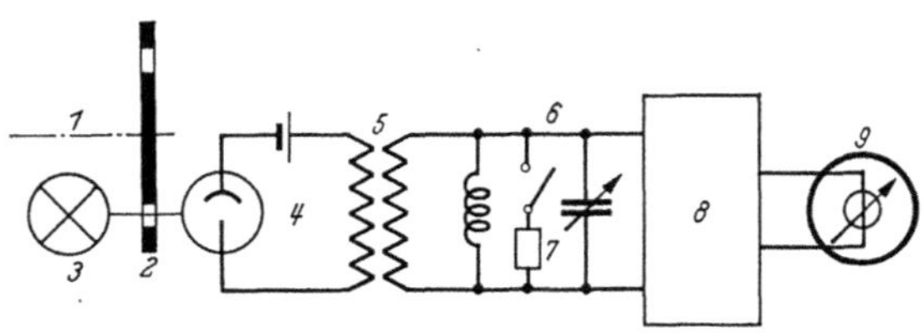

Abb. 225. Schaltung des Ungleichförmigkeitsgradmessers. *1* Meßwelle; *2* Lochscheibe; *3* Lichtquelle; *4* Photozellenkreis; *5* Übertrager; *6* Resonanzkreis; *7* Dämpfungswiderstand; *8* Verstärker; *9* Oszillograph.

photozelle notwendig, da hier die gasgefüllte Zelle bereits eine merkbare Trägheit aufweist. Die Teilung der Lochscheibe muß sehr genau stimmen, weil Teilungsfehler Drehzahlschwankungen vortäuschen. Beispiel: Die Normaldrehzahl beträgt 1600 Umdr/min und schwankt um $\pm$ 50 Umdr mit einer Frequenz von 100 Hz, die Lochscheibe mit 48 Löchern gibt bei 1600 $\pm$ 50 Umdr Frequenzen von

$$f = \frac{48 \cdot (1600 \pm 50)}{60} = 1240 \ldots 1320 \text{ Hz}.$$

Die Resonanzfrequenz wird dementsprechend zu etwa 1400 Hz zu wählen sein. Abb. 226 zeigt ein mit diesem Geber aufgenommenes Oszillogramm. Beim lichtelektrischen Drehzahlmesser der General Electric Co. wird die Photozelle durch eine Kappe abgedeckt, die nur einen schmalen, geraden Schlitz aufweist. Dieser Schlitz wird durch eine zwischen Lichtquelle und Photozelle umlaufende spiralförmige Scheibe während jeder Umdrehung einmal voll abgedeckt und dann proportional dem Winkelweg der Spiralscheibe freigegeben. An die Photozelle ist über einen Verstärker ein Oszillograph angeschlossen, der sodann eine Sägezahnkurve schreibt. Aus dem Oszillogramm können Drehzahl, Ungleichförmigkeitsgrad sowie Drehbeschleunigung abgelesen werden (Abb. 227).

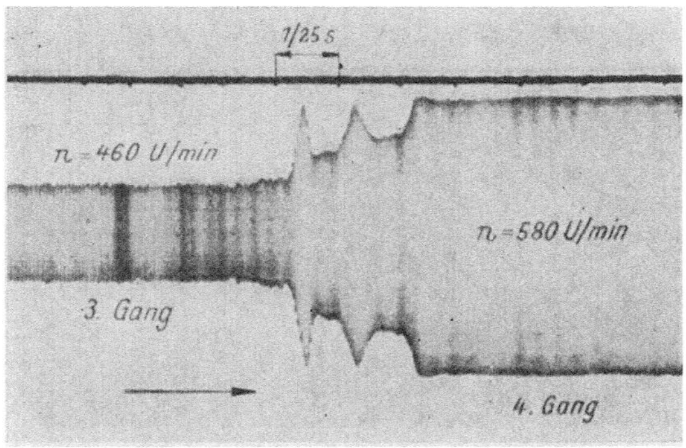

Abb. 226. Drehzahlschwankung eines Antriebs, bestehend aus Elektromotor und Schaltgetriebe eines Kraftfahrzeugs, beim Schalten vom dritten auf den vierten Gang. [Aus ECKEL: Messung kurzzeitiger Drehzahlschwankungen. Z. VDI Bd. 83 (1939) S. 381.]

Drehzahlmessung mit dem Vibrationsgalvanometer. Zum genauen Überwachen einer Normaldrehzahl wurde ein sehr einfaches Gerät entwickelt, das sich infolge seiner robusten Geberkonstruktion besonders für sehr hohe Drehzahlen eignet, aber keine laufende Anzeige gibt. Der Anker des Gebers besteht aus einem einfachen Kraftlinien-Leitstück im Luftspalt eines konstant erregten Elektromagnets. Auf den Elektromagnet ist eine zweite Spule aufgebracht und an ein auf die Normalfrequenz abgestimmtes Vibrationsgalvanometer angeschlossen. Die Normaldrehzahl ist erreicht, wenn das Galvanometer sein Ausschlagmaximum hat. Die Genauigkeit des Gerätes wird zu 1‰ angegeben.

Messung kleiner Drehzahlen. Ein Verfahren zum Messen der Drehzahl einer langsam umlaufenden Welle wurde von GEYGER angegeben; es eignet sich für Drehzahlen von etwa 1 Umdr/min und kleine verfügbare Leistungen. Von der Welle, deren Drehzahl n_x gemessen werden soll (Abb. 228), wird das eine Sonnenrad eines Differentialgetriebes *1* angetrieben, das zweite Sonnenrad von einem spannungsunabhängigen Induktionszähler mit der Drehzahl n_k. Sind die beiden Drehzahlen n_x und n_k gleich groß, so steht das Planetenrad still. Mit der Achse des Planeten-

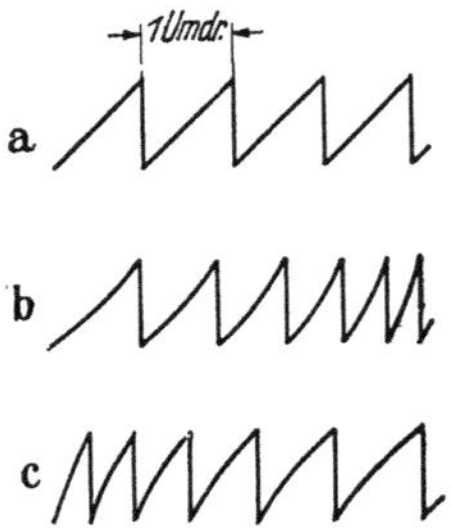

Abb. 227. Diagramm des lichtelektrischen Drehzahlmessers der General Electric Co.
a gleichförmige Umfangsgeschwindigkeit,
b Beschleunigung,
c Bremsung.

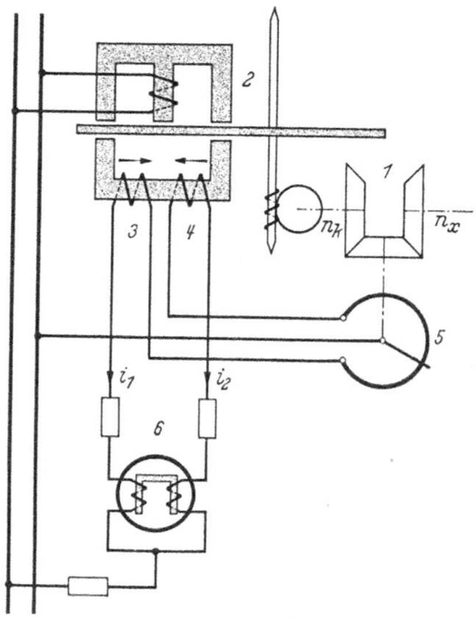

Abb. 228. Drehzahlgeber mit Nullmotor. [Aus GEYGER: Messung von Drehgeschwindigkeiten mit ohmmetrischen Anzeige- und Schreibgeräten. Arch. Elektrotechn. Bd. 27 (1933) S. 505···510.]
1 Differentialgetriebe; *2* spannungsunabhängiger Zähler; *3* und *4* Differenzspulen des spannungsunabhängigen Zählers; *5* Widerstandsender in Potentiometerschaltung; *6* Ringeisen-Quotientenmesser.

rades ist ein Widerstandssender *5* in Potentiometerschaltung verbunden. Ändert sich n_x, so ändert sich die Stellung des Widerstandssenders *5* und mit ihr die Ströme in den Differenzspulen *3* und *4*; damit ändert sich auch die Drehzahl n_k so lange, bis wieder $n_k = n_x$ ist. Das Verhältnis der Ströme i_1 zu i_2 ist also ein Maß für die Drehzahl n_x und wird mit einem Dreheisen-Quotientenmesser *6* gemessen. Statt dessen kann auch auf die Planetenradachse ein weiterer Widerstandsender aufgesetzt werden, der das Anzeigeinstrument unmittelbar betätigt. Durch Addition der Ströme läßt sich mit diesem Verfahren auch die Summe mehrerer Drehzahlen in einfacher Weise bilden. Die Messung ist praktisch unabhängig von Spannung und Frequenz und auf etwa $\pm 1\%$ genau.

2. Schlupfmessung [36].

Der Drehzahlmessung nahe verwandt ist die Schlupfmessung; das ist die unmittelbare Anzeige des Drehzahl-Unterschiedes zweier Wellen unabhängig von der Grunddrehzahl. Es ist die Schlupfdrehzahl $n_s = n_1 - n_2$, die Schlupffrequenz

$$f_s = \frac{p\,(n_1 - n_2)}{60} \tag{111}$$

und der prozentuale Schlupf

$$\Delta n_s = \frac{n_1 - n_2}{n_1} \cdot 100\,\% \,. \tag{112}$$

Schlupfmessung mit Synchronisiergeräten. Treibt man von den Wellen, deren Drehzahlen verglichen werden sollen, kleine Wechselstrom- oder Drehstrom-Generatoren an, so können sämtliche Synchronisiergeräte, wie Phasenlampen, Nullspannungsmesser, Lampenapparate und Synchronoskope, als Schlupfmesser verwendet werden. Sie alle zeigen jedoch nicht unmittelbar an, sondern erfordern außerdem eine Zeitmessung zum Ermitteln des Schlupfwertes; sie sind also auch nicht in der Lage, Augenblickswerte zu geben und sind auf annähernd konstanten Schlupf beschränkt. Das Gleichstrom-Gegenstück zu diesen Geräten sind mit konstanter Spannung gespeiste Ringwiderstände, deren Schleifbürsten von den Meßwellen angetrieben werden, so daß die Größe der abgegriffenen Spannung sich bei jeder Umdrehung von Null zum Höchstwert ändert. Die beiden Spannungen werden gegeneinander auf ein Anzeigeinstrument geschaltet, das ähnlich wie ein Synchronisiergerät den Schwebungen folgt. Auch diese Geräte geben also keine unmittelbare Anzeige des Schlupfes.

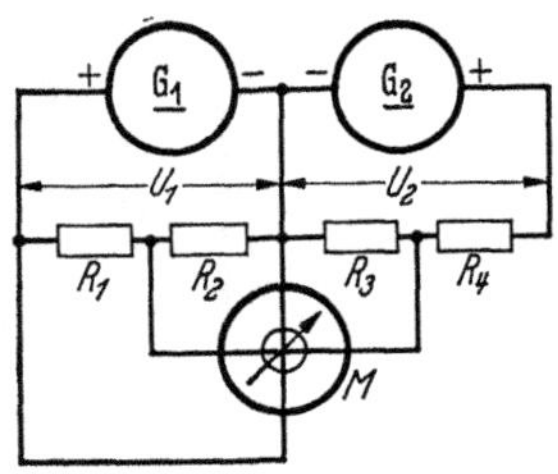

Abb. 229. Schlupfmeßschaltung mit zwei Gleichstrom-Drehzahlgebern.

G_1, G_2 Gleichstrom-Drehzahlgeber; M Kreuzspul-Anzeigeinstrument; U_1, U_2 Generatorspannungen; $R_1 \cdots R_4$ Belastungswiderstände.

Drehzahlgeber für Schlupfmesser. Unmittelbare und stetige Schlupfanzeige erhält man in der Schaltung der Abb. 229: Von den Meßwellen n_1 und n_2 werden die Drehzahlgeber G_1 und G_2 angetrieben. Die Differenz der Spannungen $U_1 - U_2$ wird auf den Hauptrahmen, die Spannung eines Gebers auf den Richtrahmen eines Kreuzspul-Instruments gegeben. Der Instrumenten-Ausschlag ist demnach:

$$\alpha = \frac{U_1 - U_2}{U_1} = K\,\frac{n_1 - n_2}{n_1}\,, \tag{113}$$

gibt also unmittelbar den Schlupf an. Voraussetzung ist vollkommen lineare und übereinstimmende Drehzahl-Charakteristik der beiden Geber, die nötigenfalls durch Abgleichmittel herbeigeführt werden muß.

Schlupfmessung bei Asynchronmaschinen. Von besonderem Interesse für Prüffeld und Betrieb ist die Schlupfmessung bei Asynchronmaschinen, bei denen der Schlupf im Arbeitsbereich verhältnisgleich der Belastung ist, also zur Belastungsmessung dienen kann. Von den SSW wurde deshalb ein eigener Schlupfmesser für Asynchronmaschinen nach dem stroboskopischen Verfahren, jedoch mit stetiger Schlupfanzeige, entwickelt. Von der Achse des Asynchronmotors wird mittels einer Lochscheibe ein Photozellenstrom entsprechend der Läufer-Drehzahl moduliert. Ein aus dem gleichen Netz wie der Asynchronmotor ohne Gleichrichter betriebener Verstärker verstärkt den Photostrom und über-

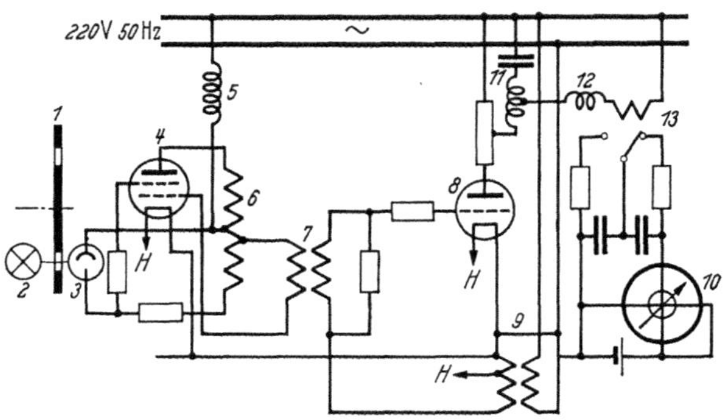

Abb. 230. Schaltung des Schlupfmessers für Asynchronmaschinen (Ausführung der Siemens-Schuckertwerke AG.). [Aus REINHARDT: Stroboskopisches Feinmeßgerät für Schlupf und Drehzahl. ETZ Bd. 59 (1938) S. 957···960.]

1 Lochscheibe auf der Welle des Asynchronmotors; *2* Glühlampe; *3* lichtelektrische Zelle; *4* Verstärkerröhre; *5* Drosselspule; *6* Verzerrungstransformator; *7* Übertrager; *8* Stromtor; *9* Netztransformator; *10* Kreuzspul-Instrument; *11*, *12* Siebkreis; *13* Empfangsrelais für die Impulsfrequenz-Einrichtung.

lagert ihn mit einem zweiten Strom von Netzfrequenz. Der mit der Schlupffrequenz pulsierende Ausgangsstrom wird mit einem Impulsfrequenz-Meßgerät angezeigt. Die Besonderheit des Verstärkers liegt darin, daß er mit Wechselstrom sehr spitzer Kurvenform betrieben wird, also nur während eines kleinen Teiles einer Halbwelle betriebsbereit ist und nur solche Lichtimpulse verstärken kann, die ihn während der Betriebsbereitschaft treffen. Die Gesamtschaltung ist in Abb. 230 gezeigt. Die Photozelle *3* steuert die Verstärkerröhre *4*, deren Gitter- und Anodenspannungen von dem über die Luftspaltdrossel *5* gespeisten Verzerrertransformator *6* geliefert werden. Ein Anodenstrom kommt nur zustande, wenn die Anodenspannungsspitze mit der Belichtung der Photozelle durch die Lochblende zusammenfällt, da die Leitfähigkeit der Verstärkerröhre auf die Zeit der Anodenspannungsspitze beschränkt ist. Der Ausgangsstrom des Verstärkers besteht also bereits aus Impulsen von der Schlupffrequenz, die der Übertrager *7* auf die Ionenröhre *8* weitergibt. Da die Zündspitze der Ionenröhre mit dem Anodenspannungsmaximum zusammentrifft und die Ionenröhre beim Nulldurchgang der Anodenspannung erlischt, haben die von ihr gelieferten Impulse stets die gleiche Dauer einer Viertelperiode, unabhängig von Drehzahl und Lochzahl der Lochscheibe. Der pulsierende Ausgangsgleichstrom wird durch eine eingliedrige Drosselkette *11* und *12* geglättet und speist das Empfangsrelais *13* der Impulsfrequenz-Meßeinrichtung *10*. Der Meßbereich des Gerätes beträgt

$$s = \pm \frac{f_m \max}{2b \cdot f}. \tag{114}$$

Darin bedeutet $f_m \max$ den Höchstwert der Impulsfrequenz (12 Hz), f die Betriebsfrequenz, b die Anzahl der Löcher/Pol. Ist beispielsweise für eine vierpolige Maschine von 1500 Umdr/min $b = 6$, so wird $s = \frac{12}{2 \cdot 6 \cdot 50} = 2\%$. Das Verfahren kann auch für Drehzahlmessung an sehr langsam laufenden Maschinen angewendet werden. Mit der oben gewählten Lochscheibe von 4×6 Löchern und einer maximalen Impulsfrequenz von 12 Hz ergibt sich z. B. ein Meßbereich von 30 Umdr/min.

Selbstverständlich ist die Methode abhängig von der Genauigkeit der Lochscheiben-Teilung. Bei einer Mindestimpulsfrequenz von 0,5 Hz, die mit Rücksicht auf Zeigerschwankungen des Anzeigeinstruments nicht unterschritten werden soll, kann unter den genannten Verhältnissen und einer Genauigkeit der Lochscheiben-Teilung von 1% noch ein Schlupf von 0,1% einwandfrei gemessen werden.

Dem gleichen Zweck dient ein von Böning angegebenes Verfahren, bei dem eine Stromschleife mit dem Läufer eines zweipoligen Asynchronmotors fest verbunden wird und mit ihm umläuft. Die Schleife wird mit der Frequenz ω_1 aus demselben Netz gespeist wie der Motor und erzeugt einen magnetischen Fluß senkrecht zur Schleifenachse. Betrachtet man die Flußdichte innerhalb der Schleife und senkrecht zu ihrer Drehachse, so kann man diesen Fluß in zwei gleich große und konstante Komponenten zerlegen, von denen die eine mit der Winkelgeschwindigkeit $2\omega_1$ im Sinne der Schleifenumdrehung umläuft, während sich die andere mit der Winkelgeschwindigkeit $\omega_s = \omega_1 - \omega_2$ entgegen der Schleifendrehung bewegt, wenn ω_2 die Winkelgeschwindigkeit des Läufers ist. Eine innerhalb der Schleife und um die Schleifenachse drehbar angeordnete Magnetnadel folgt nun der mit der Schlupffrequenz langsam umlaufenden Feldkomponente und gibt somit unmittelbar den Schlupf an. Die Drehgeschwindigkeit der Magnetnadel wird nach einem der vorher beschriebenen Verfahren der Drehzahlmessung, etwa dem Impulsfrequenz-Verfahren, ferngemessen. Bei mehrpoligen Maschinen wird entweder der Schlupfmesser ebenfalls mehrpolig ausgeführt oder über ein Übersetzungsgetriebe mit dem Läufer des Asynchronmotors verbunden.

3. Messung von Fahrzeuggeschwindigkeiten.

Mittlere Geschwindigkeiten von See-, Land- und Luftfahrzeugen werden am genauesten durch eine Längen- und eine Zeitmessung ermittelt, indem man die zum Durcheilen einer abgemessenen Wegstrecke erforderliche Zeit bestimmt und die Geschwindigkeit daraus errechnet. Die Verfahren arbeiten also völlig analog dem Stich-Drehzähler. Der Weg wird dabei selten durch elektrische Messung ermittelt, während die Zeitmessung, zum mindesten aber das Ein- und Ausschalten der Zeitmeßgeräte, häufig elektrisch erfolgt. Wir werden auf diese Verfahren bei der Zeitmessung eingehen. Die Augenblicksgeschwindigkeit von Landfahrzeugen wird mit Drehzahlmessern, die von Luft- und Seefahrzeugen außerdem mit Flügelrad-, Staudruck- und Peilgeräten ermittelt, die außerhalb unserer Betrachtung bleiben.

4. Schnittgeschwindigkeitsmesser.

An schnellaufenden Werkzeugmaschinen, z. B. Drehbänken, ist es häufig erwünscht, außer der Drehzahl die Schnittgeschwindigkeit, also das Produkt Drehzahl mal Arbeitsdurchmesser, unmittelbar abzulesen. Dafür stehen zwei Verfahren zur Verfügung. Der Schnittgeschwindigkeitsmesser von Dr. TH. HORN ist ein Wirbelstrom-Drehzahlmesser, dessen bewegliche Trommel, abhängig von der Stellung des Arbeitsstahles, mehr oder weniger in das Feld des umlaufenden Magnets eintaucht. Das Drehmoment ist proportional der Drehzahl und der Eintauchtiefe und somit der Schnittgeschwindigkeit.

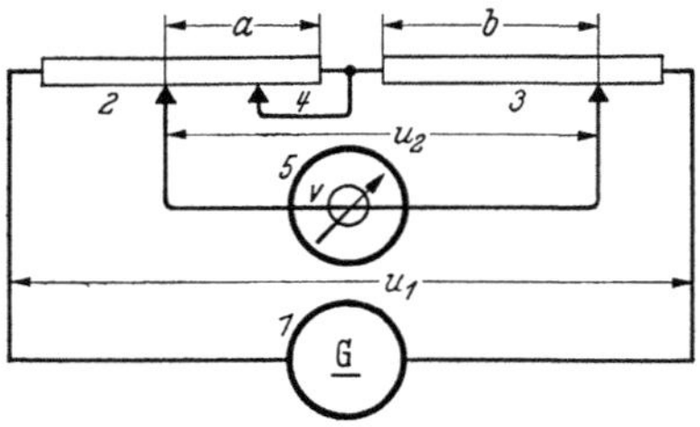

Abb. 231. Schaltung des Schnittgeschwindigkeitsmessers von Siemens & Halske AG.

1 Drehzahlgeber; *2* unterer Quersupport mit dem Widerstand r_2; *3* oberer Quersupport mit dem Widerstand r_3; *4* Einstellung der Stahllänge (abgegriffener Widerstand r_4); *5* Drehspul-Anzeigeinstrument.

Für Drehbänke mit mehreren Quersupporten anwendbar ist das von Siemens & Halske entwickelte Verfahren (Abb. 231). Dabei wird von der Hauptspindel ein Drehzahlgeber *1* mit linearer Charakteristik angetrieben. An den beiden Quersupporten sind zwei in Reihe geschaltete Schiebewiderstände *2* und *3* angebracht, deren Abgriffe sich mit der Supportstellung verändern und die von der Spannung des Drehzahlgebers gespeist werden. Die Spannung am Anzeigeinstrument ist dann $u_2 = k \cdot (a + b) \cdot u_1$; u_1 aber ist proportional der Drehzahl, folglich $u_2 = k_2 \cdot (a + b) \cdot n = v$. Darin bedeutet n die Wellen-Drehzahl, a und b die Supportstellungen, von der Nullstellung aus gerechnet, für die $a = b = 0$ ist. In diesem Fall steht der Meißel also auf Spindelmitte. Die verschiedene Länge des Arbeitsstahles wird durch Einstellen des

Abgriffes *4* berücksichtigt. In Verbindung mit dem früher beschriebenen Schnittkraftmesser gibt der Schnittgeschwindigkeitsmesser die Möglichkeit eingehender Untersuchung der Maschinenleistung und des Wirkungsgrads. Erforderlichenfalls kann das Produkt aus Schnittkraft und Schnittgeschwindigkeit elektrisch gebildet werden.

5. Messung von Geschoßgeschwindigkeiten [*37*].

Für den Ballistiker ist die Kenntnis der Anfangsgeschwindigkeit von Geschossen von außerordentlichem Interesse, und es wurden seit langem zahlreiche Verfahren zu ihrer Ermittlung entwickelt, die sämtlich auf eine Kurzzeitmessung zurückgehen. Einige dieser Zeitmeßverfahren sind jedoch so sehr auf die Geschoßgeschwindigkeit zugeschnitten, daß sie an dieser Stelle behandelt werden können. Das fliegende Geschoß wirkt auf den elektrischen Meßkreis auf verschiedene Weise ein:

a) Mechanisch durch unmittelbare Betätigung eines Kontaktes beim Verlassen des Rohres, durch Herstellen einer leitenden Verbindung beim Durchschlagen zweier in geringem Abstand isoliert voneinander aufgestellten Metallplatten oder durch Unterbrechung des Stromkreises beim Zerschlagen eines aus glasharten, elektrisch in Reihe geschalteten Stahldrähten bestehenden sog. Bensberg-Gitters.

b) Induktiv beim Flug eines magnetisierten Stahlgeschosses durch eine Luftdrossel oder eines nichtmagnetisierten Geschosses durch einen eisenlosen Wandler. Ein Verfahren, das außer der Geschwindigkeit auch den Anfangsdrall zu messen gestattet, wurde von Kömmnick und Wehnelt angegeben. Dabei werden die Geschosse quer zu ihrer Längsrichtung magnetisiert und an seitlich der Flugbahn mit ihrer Achse senkrecht zur Flugbahn stehenden Spulen vorbeigeschossen. In diesen Spulen werden Spannungen induziert, deren zeitlicher Verlauf von dem Winkel zwischen der magnetischen Achse des Geschosses und der Spulenachse abhängt. Stellt man die Spulen im Abstand der Dralllänge oder eines ganzzahligen Vielfachen der Drallänge auf und ist das Geschoß den Zügen des Rohres richtig gefolgt, so ist der genannte Winkel konstant, und die induzierten Spannungen haben den gleichen zeitlichen Verlauf. Aus dem zeitlichen Abstand der Spannungsstöße ergibt sich außerdem die Geschoßgeschwindigkeit. Das Verfahren gestattet also, Drall und Geschwindigkeit des Geschosses nach dem Verlassen des Rohres zu bestimmen.

Größe und Verlauf der induzierten Spannungen sowie der Spannungsverlauf für verschiedene Winkel zwischen magnetischer Achse und Spulenachse lassen sich berechnen. Meßbare Spannungen werden nur in unmittelbarer Nähe der Spulen induziert, bei der ausgeführten Anordnung auf einer Länge von ± 2 cm der Flugbahn. Die Versuche wurden mit Infanteriemunition und Telephonspulen durchgeführt, die

2,5 cm seitlich von der Flugbahn aufgebaut waren. Es wurden vier parallelgeschaltete Spulen verwendet. Die Spulenreihe begann 130 cm von der Gewehrmündung und hatte eine Gesamtausdehnung von 150 cm. Da die Infanteriegeschosse außer der Quermagnetisierung eine erheblich störende Längsmagnetisierung aufwiesen, wurden Kupfergeschosse verwendet, in die 2 cm von der Spitze ein 7 mm langes, 1,5 mm dickes Querstäbchen aus Magnetstahl eingezogen wurde. Das magnetische Moment dieser Geschosse war 1 CGS $\pm$ 30%. Die Patronen wurden stets in der gleichen Lage in das Gewehr gelegt. Die induzierten Spannungen wurden mit einem Zweistufen-Kapazitätswiderstandsverstärker mit einem Verstärkungsfaktor von 10^4 verstärkt und mit einem Kathodenoszillographen aufgezeichnet. Der Kathodenstrahl wurde durch Abzugschalter mit Schlagbolzenkontakt und Bensberg-Gitter ein- und ausgelenkt. Die Zeitmarke wurde von einem Stimmgabelsummer gegeben.

c) Lichtelektrisch durch Verdunkeln einer Photozelle.

Ballistisches Galvanometer. Beim Austritt aus dem Rohr öffnet das Geschoß einen Kurzschlußkontakt und schaltet ein ballistisches Galvanometer ein, dessen Stromkreis es nach Durchfliegen der Meßstrecke durch Zerschlagen eines Bensberg-Gitters wieder unterbricht. Wenn das Galvanometer von einem konstanten Strom gespeist wird, ist sein Ausschlag proportional der Zeit zwischen den beiden Schaltungen. Werden am Anfang und Ende der Meßstrecke Bensberg-Gitter benutzt, so ist mit einem gewissen Geschwindigkeitsverlust des Geschosses infolge des Zerschlagens des ersten Gitters und einer entsprechenden Fehlmessung zu rechnen. Der Geschwindigkeitsverlust kommt zustande durch ungleichmäßiges Durchbiegen ungenügend gespannter Leiter vor dem Zerreißen, durch das Erteilen einer gewissen Geschwindigkeit an die weggeschleuderten Teile und durch das Schleifen der Enden des zerrissenen Leiters auf dem Geschoß. Ein weiterer Fehler kann hervorgerufen werden, wenn das Geschoß nicht mit der Spitze auf das Gitter auftrifft.

Vereinigung von Geschwindigkeits- und Druckmessung. Häufig werden Verbrennungsdruck und Geschwindigkeit gemeinsam mit einem Schleifenoszillographen oder einem Kathodenoszillographen aufgezeichnet. Beim Schleifenoszillographen oder beim Mehrstrahl-Kathodenoszillographen macht es keine Schwierigkeiten, mehrere Vorgänge nebeneinander, also Druckverlauf und Geschwindigkeitsmarke, aufzuzeichnen. Beim Einstrahl-Kathodenoszillographen kann man der Druckverlaufkurve besondere Geschwindigkeitsmarken überlagern. Beispielsweise wird beim Abschuß die Erdung der Ablenkplatte aufgehoben, beim Verlassen des Laufes die Ablenkplatte kurzzeitig durch das Geschoß geerdet und nach Durchfliegen einer bekannten Meßstrecke ein Bensberg-Gitter zerstört und der Kathodenstrahl völlig aus der Schreibfläche gelenkt.

IV. Messung von Beschleunigungen, Schwingungen und Erschütterungen.

Die Beschleunigung kann als zweiter Differentialquotient des Weges nach der Zeit auf eine Länge, als erster Differentialquotient der Geschwindigkeit nach der Zeit auf eine Geschwindigkeit oder nach dem bekannten Zusammenhang Beschleunigung $= \frac{\text{Kraft}}{\text{Masse}}$ auf eine Kraft zurückgeführt werden. In den ersten beiden Fällen ist eine doppelte bzw. einfache elektrische Differentiation erforderlich, während das letzte Verfahren die Beschleunigung unmittelbar angibt. Geradlinige Beschleunigungen werden vorzugsweise auf eine Kraft, Drehbeschleunigungen auf eine Geschwindigkeit zurückgeführt, Wechselbeschleunigungen werden nach allen drei Verfahren gemessen. Die auftretenden Fehler sind, wie bei allen mechanisch-elektrischen Messungen, in einer Beeinflussung des mechanischen Vorganges durch die Rückwirkung des elektrischen Gebers sowie in einer fehlerhaften Anzeige oder Aufzeichnung des geänderten mechanischen Vorganges infolge der inneren Fehler des Meßgerätes oder des Meßverfahrens zu suchen. Es wird demnach in jedem Einzelfall die Eignung eines Gerätes hinsichtlich Kraftbedarf, Meßbereich, Auflösungsvermögen und Meßgenauigkeit zu prüfen sein.

1. Drehbeschleunigungsmesser [*38*].

Differenzierung der Geschwindigkeit. Zum Messen von Drehbeschleunigungen aus der Drehgeschwindigkeit wird auf die Meßwelle ein Gleichstromgenerator hoher Spannung mit möglichst geringer Welligkeit, linearer Drehzahlcharakteristik und konstanter Erregung aufgesetzt, und die bei Drehzahlschwankungen auftretenden Spannungsänderungen werden über Kondensator oder Wandler als differenzierende Glieder gemessen. Die Schaltung des Kondensatorverfahrens von Ytterberg zeigt Abb. 232. Es bezeichnet:

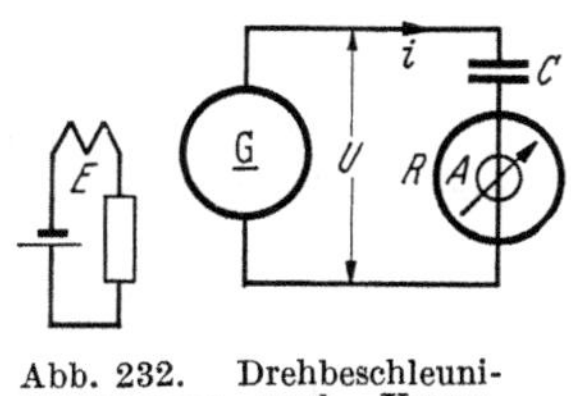

Abb. 232. Drehbeschleunigungsmesser nach Ytterberg.
G Gleichstromgenerator; *E* konstante Erregung des Gleichstromgenerators; *A* Anzeigeinstrument; *C* Meßkapazität; *R* Widerstand des Meßkreises.

U Maschinenspannung [V],
i Strom im Meßkreis [A],
R Widerstand des Meßkreises [Ω],
C Kapazität des Meßkondensators [F],
$T = R \cdot C$ Zeitkonstante des Meßkreises,
t Zeit [s],
ω Winkelgeschwindigkeit [s^{-1}]. Die Winkelwege werden im Bogenmaß gemessen, bezogen auf den Halbmesser 1,
k Maschinenkonstante,
e Basis der natürlichen Logarithmen.

Für den Meßkreis gilt:

$$\frac{dU}{dt} = \frac{1}{C} \cdot i + R \cdot \frac{di}{dt}. \tag{115}$$

Nun ist für einen Drehzahlgeber $U = k \cdot \omega$

$$\frac{d\omega}{dt} = \frac{i}{k \cdot C} + \frac{R}{k} \cdot \frac{di}{dt}. \tag{116}$$

Die Lösung dieser Differentialgleichung lautet:

$$\frac{d\omega}{dt} = \frac{i}{k \cdot C \cdot \left(1 - e^{-\frac{t}{RC}}\right)}. \tag{117}$$

Die Änderung der Winkelgeschwindigkeit $d\omega/dt$ entspricht aber der Winkelbeschleunigung, die somit durch den Strom i und die Konstanten des Meßkreises ausgedrückt ist. Das Glied $e^{-\frac{t}{RC}}$ ist ein Fehlerglied und stellt die durch den Wirkwiderstand des Meßkreises hervorgerufene zeitliche Verzögerung dar; es verschwindet für $R = 0$, und die Lösung lautet dann einfach:

$$\frac{d\omega}{dt} = \frac{i}{k \cdot C}. \tag{118}$$

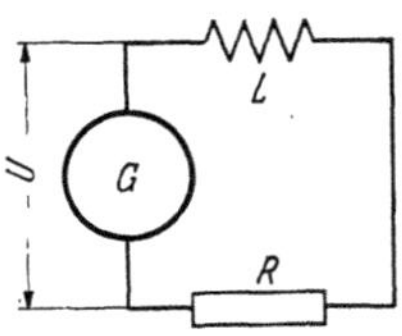

Abb. 233. Grundschaltung des induktiven Drehbeschleunigungsmessers nach LOMONOSOFF.

Ferner verschwindet das Fehlerglied für $\frac{di}{dt} = 0$, wie aus der Differentialgleichung (115) hervorgeht, d. h. im Augenblick des Strommaximums ist der Strom direkt proportional der Beschleunigung. Bei der Festlegung der Stromkreiskonstanten ist das Fehlerglied durch Einsetzen verschiedener Werte von t zu berechnen. Für $t = 4 \cdot R \cdot C$ ergibt sich beispielsweise ein Fehler von etwa 2%. Die Messung wird selbstverständlich durch die Welligkeit der Spannungskurve erheblich gefälscht, da der Wechselstromanteil Beschleunigungen vortäuscht. Es ist deshalb ein Generator mit sehr kleinen Nutenharmonischen oder ein besonderer Siebkreis erforderlich. Beim induktiven Verfahren von LOMONOSOFF ist der Kondensator durch eine Drosselspule ersetzt (Abb. 233). Dann gilt

$$U = L \cdot \frac{di}{dt} + R \cdot i, \tag{119}$$

und die Lösung dieser Differentialgleichung lautet bei Vernachlässigung der Glieder höherer Ordnung

$$i = \frac{1}{R} \cdot U + k \cdot e^{-\frac{R}{L}t}. \tag{120}$$

$k \cdot e^{-\frac{R}{L}t}$ ist wieder das von der Zeitkonstante des Stromkreises herrührende Störungsglied. Es verschwindet für $L = 0$, und es ergibt sich endlich

$$i = \frac{1}{R} \cdot U \tag{121}$$

oder

$$L \cdot \frac{di}{dt} = \frac{L}{R} \cdot \frac{dU}{dt} = k_2 \cdot \frac{d\omega}{dt}, \tag{122}$$

d. h. der Spannungsabfall $L \cdot \frac{di}{dt}$ an der Induktivität ist ein Maß für die Winkelbeschleunigung. In der praktischen Ausführung tritt an die Stelle der Induktivität ein Wandler, dessen Sekundärspannung gemessen wird, und man schaltet einen Glättungskreis ein, um die Oberwellenstörungen zu beseitigen, womit sich eine Schaltung nach Abb. 234 ergibt. Um einwandfreie Meßergebnisse zu erhalten, muß der induktive Gesamtwiderstand im Primärkreis klein gegen den Wirkwiderstand sein, und der Wandler darf nur auf dem geradlinigen Teil seiner Magnetisierungskurve arbeiten.

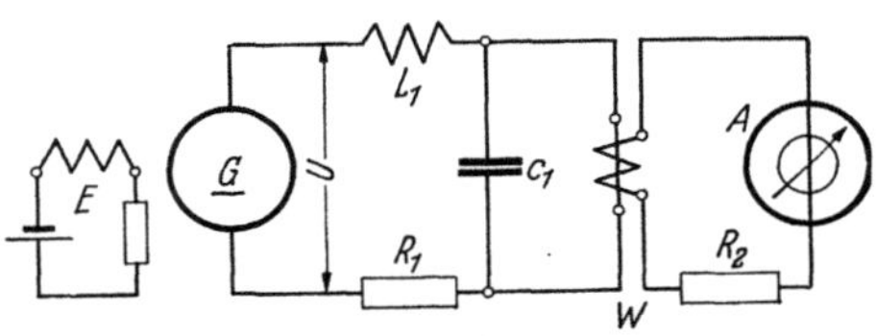

Abb. 234. Schaltung des induktiven Drehbeschleunigungsmessers. [Aus TREUSCH: Über eine Gruppe von elektrischen Drehbeschleunigungsmessern. Techn. Mitt. Krupp 1940 S. 161···189.] *G* Gleichstromgenerator; L_1 C_1 Glättungskreis; R_1 R_2 Widerstände; *W* Wandler; *A* Anzeigegerät; *E* konstante Erregung des Gleichstromgenerators.

Kraftmessung. Die Verfahren von KLUGE-LINCKH und LUND beruhen auf der Messung der beschleunigenden Kraft einer umlaufenden Hilfsmasse. Beim kapazitiven Verfahren besteht der Geber aus einer mit der Maschinenwelle durch eine hohle Meßwelle verbundenen Schwungmasse. Die festen Kondensatorplatten sind mit der Maschinenwelle, die beweglichen mit der Schwungmasse verbunden. Beim Auftreten von Beschleunigungen ändert sich der Abstand der Kondensatorplatten infolge der elastischen Verdrehung der Hohlwelle unter dem Einfluß der Beschleunigungskräfte, und die Kapazitätsänderung wird in einer der bekannten Schaltungen gemessen. Beim piezoelektrischen Drehbeschleunigungsmesser werden die bei Beschleunigungen zwischen der Meßwelle und einer mit ihr elastisch verbundenen Schwungmasse auftretenden Druckkräfte von Piezoquarz-Druckdosen aufgenommen und unmittelbar gemessen. Die optische Achse der Piezoquarze wird dabei in die Richtung der Zentrifugalkraft gelegt, so daß deren Änderungen keine Ladungsänderungen hervorzubringen vermögen. Der Einspannung der Quarze ist besondere Aufmerksamkeit zuzuwenden. Beide Verfahren arbeiten elektrostatisch und sind dadurch unabhängig von der Größe der Übergangswiderstände an den Schleifringen.

2. Schwingungsmesser [*39*].

Weitaus am häufigsten und meßtechnisch am interessantesten sind Wechselbeschleunigungen, Schwingungen und Erschütterungen. Die Schwingungsmesser bestehen aus einer federnd aufgehängten schwingungsfähigen Masse mit geeigneter Dämpfung, deren Bewegungen nach einem der nun schon geläufigen Verfahren in eine elektrische Größe umgewandelt werden oder einen elektrischen Stromkreis beeinflussen. Die wichtigste Eigenschaft dieser Geräte ist die Eigenfrequenz des Schwingungssystems.

Ist die Eigenfrequenz des schwingungsfähigen Systems klein gegen die Frequenz der zu messenden Schwingung und die Dämpfung hinreichend gering, so bleibt die federnd aufgehängte Masse während der Schwingung in Ruhe, und wir haben einen Wegmesser vor uns, bei dem die Relativbewegung zwischen der in Ruhe bleibenden Masse und ihrem starr mit dem schwingenden Körper verbundenen Traggestell unmittelbar den Verlauf der Schwingung angibt. Größenordnungsmäßig soll bei richtiger Dämpfung das Verhältnis der tiefsten zu messenden Frequenz f zur Eigenfrequenz f_0 der schwingungsfähigen Masse $f/f_0 \geqq 4$ sein. Die Eigenfrequenzen der Übertragungs- und Schreibglieder sollen dagegen wesentlich höher als die höchste Meßfrequenz liegen. Schwingungsmesser dieser Art eignen sich besonders für stetige Vorgänge, für Erschütterungsmessungen sind sie wegen der durch Einschwingerscheinungen hervorgerufenen großen Fehler wenig geeignet.

Ist die Eigenfrequenz des schwingungsfähigen Systems groß gegen die Frequenz der zu messenden Schwingung, so wird die zwischen der schwingungsfähigen Masse und ihrem Traggestell auftretende Kraft proportional der Beschleunigung. Diese Kraft kann entweder unmittelbar oder auf dem Umweg über die Durchbiegung der Aufhängung gemessen werden. Das Frequenzverhältnis f/f_0 darf bei günstigster Dämpfung den Wert 0,5 nicht überschreiten, wenn Amplituden- und Phasenfehler in erträglichen Grenzen bleiben sollen. Bei ungünstigerer Dämpfung ist das Frequenzverhältnis noch kleiner zu halten. Die Eigenfrequenz der Übertragungs- und Anzeigeglieder muß so hoch wie möglich gewählt werden.

Wir können also je nach dem Verhältnis $\frac{f}{f_0} = \frac{\text{Schwingungsfrequenz}}{\text{Eigenfrequenz}}$ dieselben Geräte als Schwingungs- oder Beschleunigungsmesser verwenden. Von wesentlichem Einfluß auf die richtige Wiedergabe der Schwingungsvorgänge ist bei beiden Geräten der Dämpfungszustand, und es muß deshalb die Forderung nach einer bequem einstellbaren, unveränderlichen und temperaturunabhängigen Dämpfung erhoben werden. Ferner sollen die Geräte lageunabhängig und imstande sein, Schwingungen in allen drei Raumkoordinaten aufzunehmen.

Beschleunigungsmesser nach dem Widerstandsverfahren [*40*]. In Abb. 235 ist die Ansicht, in Abb. 236 ein Längsschnitt durch einen Kohledruck-Beschleunigungsmesser der Siemens & Halske AG. gezeigt. Die schwingende Masse *1* ist zwischen zwei Membranen aus Bronzefolie federnd aufgehängt. Die Membranen *2* sind auf Halteringe aufgelötet und durch Ringmuttern *4* und *5* an der schwingungsfähigen Masse bzw. am Gehäuse *6* gehalten. Die Membranen stehen unter Vorspann. Der Raum *13* zwischen den beiden Membranen ist mit einer Dämpfungsflüssigkeit gefüllt und durch Ringe aus ölfestem Gummi abgedichtet. Die schwingende Masse ist von beiden Seiten her bis fast in die Mitte axial eingedreht und trägt auf jeder Seite eine aus mehreren Ringen bestehende Kohlesäule *10*. Die Kohleringe werden auf einem Stift *12* geführt und stützen sich über die Isolierstücke *11* einerseits auf die schwingende Masse, andererseits auf das Gehäuse ab. Die nötige Vorspannung wird mit der Überwurfmutter *8* eingestellt. Durch den geringen Abstand der beiden Kohlesäulen wird der Einfluß von Querbeschleunigungen weitgehend aufgehoben, so daß tatsächlich nur in der Achsrichtung auftretende Beschleunigungskräfte gemessen werden. Das Gerät wird mit seiner Grundplatte *9* auf den zu messenden Körper aufgeschraubt und hat bei einem Durchmesser von 50 und einer Höhe von 85 mm ein Gewicht von 280 bzw. 380 g, wobei das kleinere Gewicht dem Meßbereich 2···25 g, das größere dem Meßbereich 8···50 g entspricht. Die Eigen-

Abb. 235. Kohledruck-Beschleunigungsmesser nach MERZ-NIEPEL (Ausführung Siemens & Halske AG.)

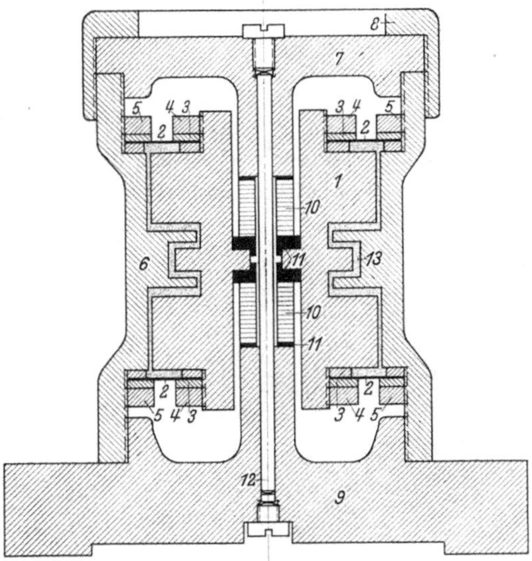

Abb. 236. Schnitt durch den Kohledruck-Beschleunigungsmesser der Siemens & Halske AG.

1 Schwingkörper; *2* Membran; *3* Membranhaltering; *4* Ringmutter zur Befestigung der Membran am Schwingkörper; *5* Ringmutter zur Befestigung der Membran am Gehäuse; *6* Gehäuse; *7* Gehäusedeckel; *8* Überwurfmutter; *9* Gehäuseboden; *10* Kohlesäule; *11* Isolierstück; *12* Führungsstift; *13* Ölfüllung.

frequenz des schwingungsfähigen Systems ist 400 bis 600 Hz, die Anzeigegenauigkeit $\pm 5\%$. Die Messung erfolgt in einer Wheatstone-Brücke oder in einer Differenzschaltung mit nahezu linearem Skalenverlauf und hinreichend kleinem Temperaturfehler. Wegen der Inkonstanz der Kohlesäulen ist von Zeit zu Zeit eine Nacheichung notwendig. Als Anwendungsgebiet kommt die Messung großer Beschleunigungen (über 2 g) bei großen bewegten Massen in Frage, da durch das Eigengewicht sonst eine erhebliche Fälschung des Beschleunigungsvorganges auftritt.

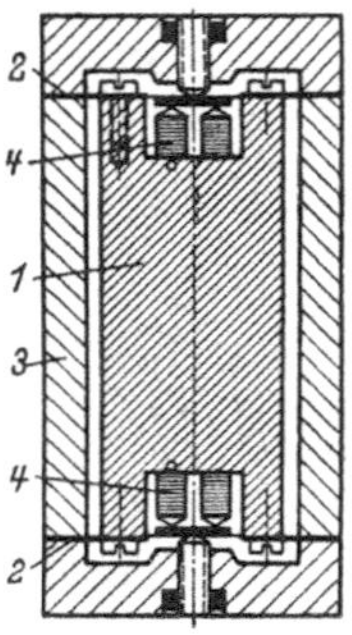

Abb. 237. Grundsätzlicher Aufbau des Askania-Kohledruck-Beschleunigungsmessers. [Aus BEHRMANN-RIXMANN: Antrieb von Rundschleifmaschinen. Masch.-Bau Betrieb Bd. 16 (1937) S. 609···610.] Gewicht 0,7 kg; Eigenfrequenz rd. 400 Hz. *1* Träge Masse; *2* Federn; *3* Gehäuse; *4* Kohlesäulen.

Ein ähnliches Gerät wird von den Askania-Werken A.G. hergestellt, es besteht aus einem rechtkantigen Al-Gehäuse (Abb. 237), in dem eine zylindrische Masse *1* mit acht Stahllamellen *2* federnd aufgehängt ist. Zwischen der Masse und dem Gehäuse *3* liegen auf jeder Seite drei elektrisch hintereinandergeschaltete Kohlesäulen *4* aus je 20 bis 25 Plättchen von 0,2 mm Dicke und 6 mm Dmr. Bei Beschleunigungen in der Längsrichtung werden die Kohlesäulen der einen Seite entlastet, die der anderen belastet, wodurch Widerstandsänderungen hervorgerufen werden. Die beiden Kohlesäulen bilden zwei Zweige einer Wheatstone-Brücke, deren Gegenzweige von einem Potentiometer gebildet sind, mit dem sich der Nullpunkt im Ruhezustand einstellen läßt. Die Kohlesäulen stehen unter mechanischem Vorspann, durch dessen Höhe die Empfindlichkeit geregelt werden kann. Eine weitere Veränderung der Empfindlichkeit ist durch Wahl der angelegten Spannung zwischen 2 und 6 V möglich. Die Geräte haben Eigenfrequenzen von 300···400 Hz und Gewichte von 0,7···1,2 kg. Ihre untere Meßbereichgrenze liegt bei Verwendung einer Oszillographenschleife als Anzeigegerät mit einer Stromkonstante von 0,15 mA/mm bei Beschleunigungen von 20 cm s^{-2} ohne Verstärker und 0,01 cm s^{-2} mit Verstärker. Abb. 238 ist eine Ansicht, Abb. 239 zeigt mit dem Gerät aufgenommene Erschütterungen im Erdboden und in einem Gebäude beim Vorüberfahren einer Zugmaschine.

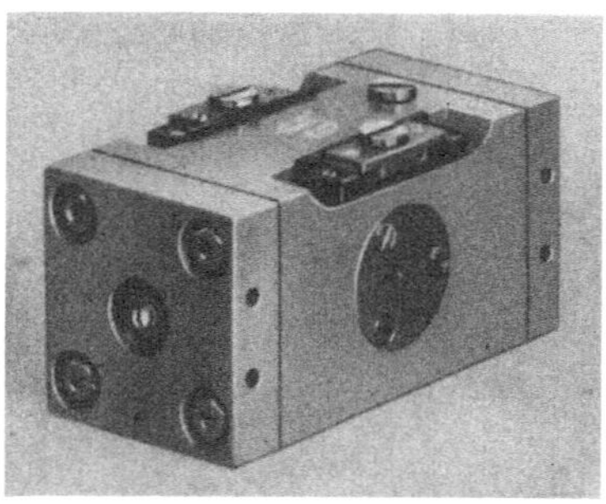

Abb. 238. Kohledruckbeschleunigungsmesser nach WAAS. Ausführung der Askania Werke. (Aus: Druckschrift Schwing 124, Askania Werke A.G.)

An Stelle der Widerstandsänderung einer Kohlesäule wird bei einem von GERLOFF angegebenen eigenartigen Apparat die Widerstandsänderung von Konstantandrähten mit der Zugspannung benutzt. Die bewegliche Masse des Gerätes ist an drei Systemen aus je 100 dünnen zwischen der Masse und dem Gestell straff ausgespannten Drähten federnd aufgehängt. Die senkrechten Drähte sind durch das Gewicht

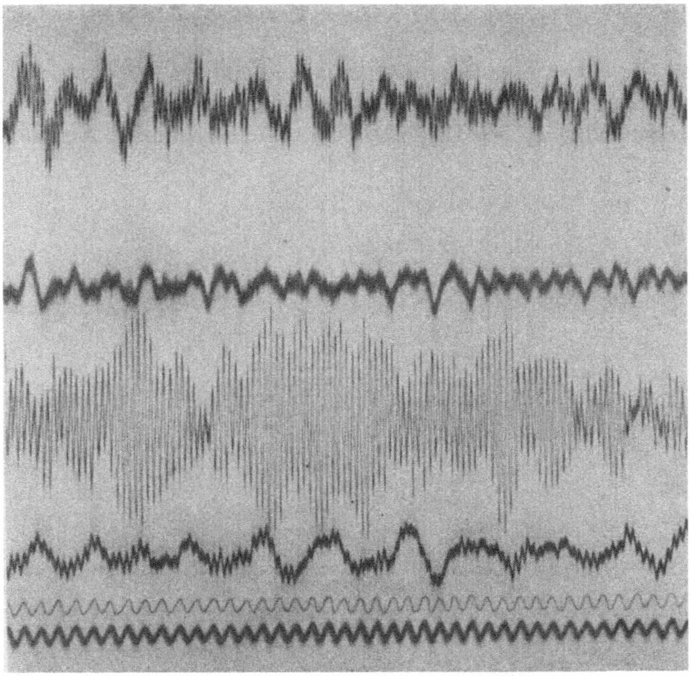

Abb. 239. Aufnahme von Schwingungen, hervorgerufen durch eine Zugmaschine mit leerem Anhänger. Meßstelle I Erdboden in geringer Entfernung von der Straße; Meßstelle II Erdboden in größerer Entfernung von der Straße; Meßstelle III in der Gebäudewand; Meßstelle IV Gebäudefußboden; V Zeitzeichen.

der Schwingmasse, die waagerechten durch Federn vorgespannt. Die Richtkraft dieser Federn ist gegenüber derjenigen der 100 Drähte zu vernachlässigen. Die 100 Drähte eines Systems sind elektrisch in Reihe geschaltet und von einem konstanten Gleichstrom durchflossen. Die Beschleunigungskräfte ändern den elastischen Spannungszustand der Drähte und rufen eine Widerstandsänderung hervor; die entsprechenden Spannungsänderungen werden verstärkt und gemessen. Bei der Beschleunigung b tritt eine Spannungsänderung de auf,

$$de = i \cdot \frac{l}{q^2} \cdot m \cdot \varrho \cdot \frac{1}{R} \cdot \frac{dR}{dS} \cdot b\,, \qquad (123)$$

darin bedeuten:

R Widerstand der in Reihe geschalteten Drähte,
S Zugkraft je belastetem Querschnitt,
ϱ spezifischer Widerstand,
m Größe der trägen Masse,
i Stromstärke,
q Querschnitt eines Drahtes,
l Länge eines Drahtes.

Das Gerät hat eine Eigenfrequenz von 200 Hz und den Meßbereich $1 \cdot 10^{-3} \cdots 3$ g. Die träge Masse ist ein Eisenzylinder von 4 cm Durchmesser und 4 cm Höhe. Die Spanndrähte sind 70 mm lang. Bei einem

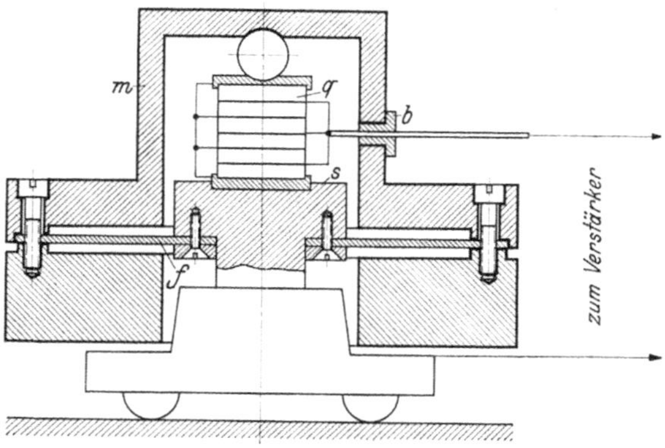

Abb. 240. Piezoquarz-Beschleunigungsmesser der PTR. (Aus TURETSCHEK: Beschleunigungsmeßgeräte. Arch. techn. Messen J 163—1.)
m Träge Masse; *q* Quarzsäule; *s* Stempel; *f* Membran; *b* Bernsteindurchführung.

Gesamtwiderstand von 1000 Ω/System beträgt die Widerstandsänderung 1%/1 g. Für Betriebsmessungen dürfte das Gerät in der vorliegenden Ausführung kaum in Frage kommen.

Piezoelektrischer Beschleunigungsmesser [*41*]. Ein hoch abgestimmter piezoelektrischer Beschleunigungsmesser wurde von der PTR entworfen (Abb. 240); er hat eine Eigenfrequenz von 4 kHz und ist ohne Dämpfung ausgeführt. Die 5 kg schwere träge Masse m des Gerätes ist mit der Tellerfeder f am Bock s aufgehängt und übt einen der Beschleunigung proportionalen Druck auf die Quarzsäule q aus. Die Ladungen des Meßquarzes werden dem hochisolierten Gitter einer Verstärkerröhre zugeführt und steuern nach zweistufiger Verstärkung einen Oszillographen oder ein Anzeigeinstrument aus. Die piezoelektrischen Beschleunigungsmesser haben die höchste Empfindlichkeit, und die Vergrößerung dieses und ähnlicher Beschleunigungsmesser beträgt $10^6 \cdots 10^7$. In Deutschland werden die piezoelektrischen Geräte vorwiegend mit

Quarzsäulen ausgerüstet, während die amerikanische Praxis Seignette-Salz (Rochelle-Salz $KNaC_4H_4O_6 + 4\,H_2O$) bevorzugt, das zwar einen großen piezoelektrischen Modul, jedoch gegenüber Quarz und Turmalin geringe Festigkeit, große Temperatur- und Feuchteabhängigkeit sowie eine gewisse Beschränkung der Linearität seiner piezoelektrischen Eigenschaften aufweist. Bei der Konstruktion von Geräten mit Seignette-Salz muß auf diese Eigenschaften Rücksicht genommen werden, außerdem

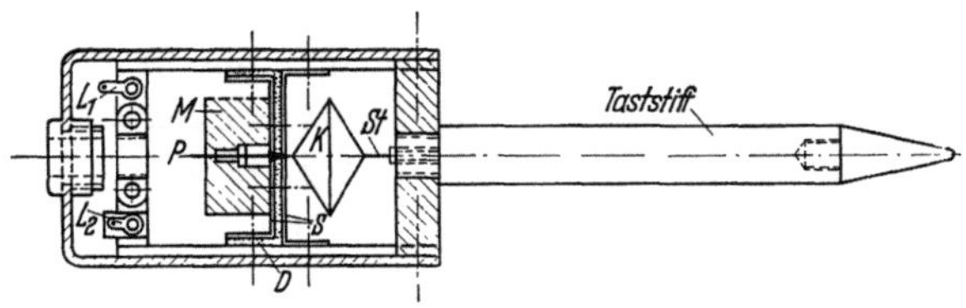

Abb. 241. Innerer Aufbau des AEG-Beschleunigungsmessers. Eingetragen ist die Richtung der auf den Kristall wirkenden Kraft *P*. [Aus SCHILLING: Schwingungsweiten und Schwingungsbeschleunigungsmessungen mit Kristallgebern. AEG-Mitt. 1940 S. 86, 87.]

D dämpfendes Material; *K* Kristall; L_1 L_2 Lötösen für die Ausführungen des Innen- und Außenbelages des Kristalls; *M* Hilfsmasse; *S* zwei Membranbleche; *St* Stahldraht.

ist eine häufige Nacheichung erforderlich. Die Seignettesalz-Säulen werden vorzugsweise aus dünnen Platten unter Zwischenlage von Zinnfolien zusammengekittet und an drei Ecken gefaßt, während auf die vierte Beschleunigungskräfte einwirken und eine Verbiegung des

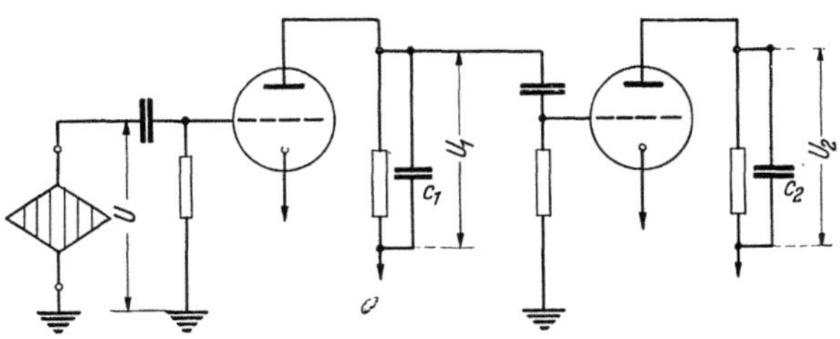

Abb. 242. Grundschaltung des integrierenden Verstärkers zum Piezobeschleunigungsmesser der AEG. [Aus SCHILLING: Schwingungsweiten und Schwingungsbeschleunigungsmessungen mit Kristallgebern. AEG-Mitt. 1940 S. 86, 87.]

Plattenpakets hervorrufen. Im Gegensatz zu dem Gerät der PTR wiegt der piezoelektrische Beschleunigungsmesser der AEG nur 110···190 g und seine träge Masse hat nur 8 g. Er wirkt also auf das zu untersuchende schwingende System nur geringfügig zurück (Abb. 241). In das Gehäuse des Geräts ist die Masse *M* mit zwei Membranblechen *S* federnd eingebaut. Den Zwischenraum zwischen den beiden Membranblechen füllt ein Dämpfungsmittel *D*. Das Gehäuse trägt einen Taststift zur Abnahme der Schwingungen. Zwischen dem Taststift und der federnd aufgehängten Masse liegt der Seignettesalz-Kristallkörper in Form einer vierseitigen hohlen Doppelpyramide, von deren Innen-

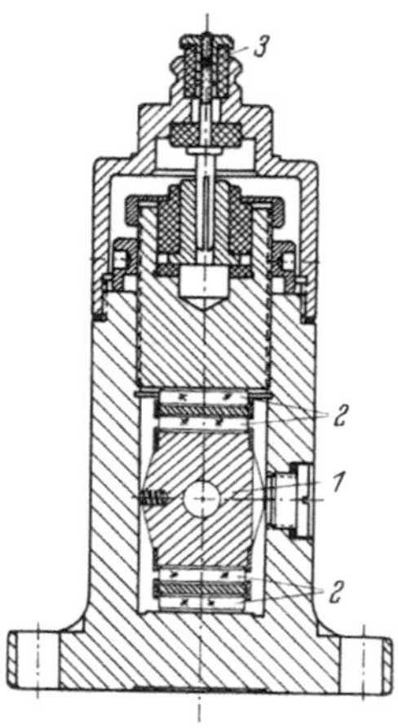

Abb. 243. Piezoelektrischer Beschleunigungsmesser der Zeiss-Ikon A. G. *1* Hilfsmasse; *2* Meßquarze; *3* Kabelanschluß.

Abb. 244. Ansicht des piezoelektrischen Beschleunigungsmessers der Zeiss-Ikon A. G. Meßbereich 5···10000 g; Empfindlichkeit 10^{-14} Coul·cm^{-1} s^{2}; Eigenfrequenz $\doteq$ 24 kHz; Dämpfungsgrad $\alpha = 0{,}03$.

und Außenbelägen die Verbindungen zu den Ablenkplatten eines Kathodenoszillographen führen. Der Meßbereich des Gebers reicht vom 6- bis 125fachen der Erdbeschleunigung; die untere Frequenzgrenze liegt bei 5···8 Hz. Bei niedrigeren Frequenzen sinkt die Empfindlichkeit infolge der Geberkapazität und des geringeren Verstärkungsgrades des Verstärkers. Die Eigenfrequenz liegt bei 3,5 kHz. Soll an Stelle der Beschleunigung die Schwingung selbst aufgezeichnet werden, so ist ein doppelt integrierender Verstärker nach Abb. **242** zu verwenden. Ist die Eingangsspannung $u = c \cdot y'' = -a \cdot \omega^2 \cdot \sin \omega t$, so erhält man hinter der ersten Verstärkerstufe gemäß der Gleichung $c_1 \cdot du_1 = i \cdot dt$ die Schwingungsgeschwindigkeit $u_1 = c_1 \cdot y' = a \cdot \omega \cdot \cos \omega t$ und hinter der zweiten Verstärkerstufe den Schwingungsweg $u_2 = c_2 \cdot y = a \cdot \sin \omega t$, wenn a die max. Amplitude der sinusförmigen Schwingung darstellt. Der Frequenzbereich des integrierenden Verstärkers deckt sich mit dem des Piezogebers, so daß die Amplitudentreue durch den Verstärker nicht beeinträchtigt wird.

Schnitt und Ansicht des piezoelektrischen Beschleunigungsmessers der Zeiss-Ikon AG. zeigen die Abb. **243** und **244**. Das Gerät entspricht im Aufbau völlig dem Kohledruck-Beschleunigungsmesser. Das Druckelement hat eine Eigenfrequenz von 24 kHz, der Meßbereich reicht von 5···10000 g.

Kapazitive Verfahren [*42*]. Völlig ähnlich sind die kapazitiven Beschleunigungsmesser aufgebaut, wie am Beispiel der Abb. **245** gezeigt ist. Ein festes Stahlgehäuse *1* ist unten durch die gewichttragende Membran *4* abgeschlossen. Im Gehäuse ist der Kondensator *5* auf den Isolatoren *2* angeordnet; er hat ein festes Dielektrikum, um kleinen Plattenabstand zu ermöglichen, ohne die Gefahr der Überbrückung durch feine Staubteilchen. Mit den Bezeichnungen

U Gleichspannung am Kondensator,
C Kondensatorkapazität,
h Plattenabstand,
ω Kreisfrequenz der Beschleunigung,
ω_0 Eigenkreisfrequenz des Meßgerätes,

wobei ω_0 sehr viel größer ist als ω, gilt ohne Berücksichtigung der Dämpfung für die Schwingung

$$a = a_0 \sin \omega t \tag{124}$$

$$\Delta h = \frac{a_0 \cdot \sin \omega t}{\omega_0^2} = \frac{a}{\omega_0^2} \tag{125}$$

$$\Delta U = -U \cdot \frac{\Delta C}{C} = U \cdot \frac{\Delta h}{h} = \frac{U}{h} \cdot \frac{a}{\omega_0^2}. \tag{126}$$

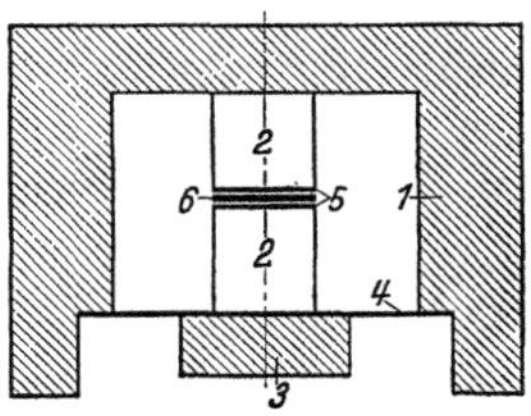

Abb. 245. Kapazitiver Beschleunigungsmesser von KLUGE-LINCKH.

1 Gehäuse; *2* Isolatoren; *3* träge Masse; *4* Membran; *5* Kondensatorbeläge; *6* festes Dielektrikum.

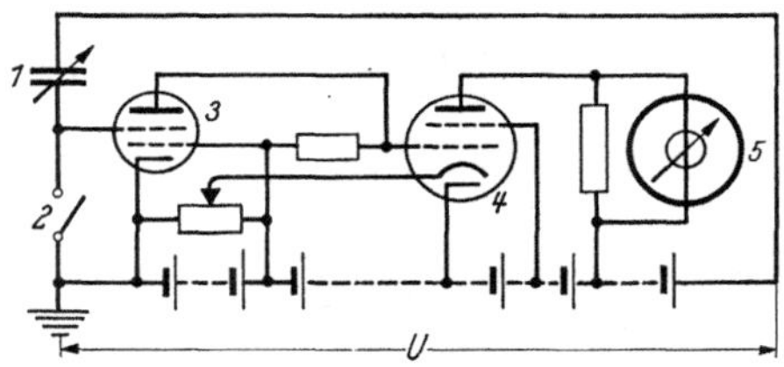

Abb. 246. Schaltung des kapazitiven Beschleunigungsmessers von KLUGE-LINCKH.

1 Geberkondensator; *2* Erdungsschalter; *3* Raumladegitterröhre als hochisolierte Eingangsstufe; *4* Schirmgitterröhre als Verstärker für Kathodenoszillographen; *5* Kathodenoszillograph; *U* Hilfsspannung des Gebers.

Mit dem Gerät können Beschleunigungen von einigen $\text{cm} \cdot \text{s}^{-2}$ bei Frequenzen bis zu 1000 Hz gemessen werden. Die Vergrößerung beträgt bei 1000 V Betriebsspannung $1 \cdot 10^6$. Die Schaltung geht aus Abb. 246 hervor. Durch Schließen des Schalters *2* wird der Kondensator auf die Meßspannung U aufgeladen und die Eingangsröhre *3* geerdet. Nach dem Öffnen des Schalters wirken die Spannungsänderungen ΔU auf das Gitter der Eingangsröhre und werden nach Verstärkung gemessen.

Induktiver Beschleunigungsmesser [*43*]. An die Stelle des kapazitiven Gebers kann natürlich auch ein induktiver treten, beispielsweise der tief abgestimmte Vibrograph von SIEBER (Abb. 247). Der Geber besteht aus einem in einem Gehäuse federnd aufgehängten und mit Ölbremsen aperiodisch gedämpften Bleiring, dessen Eigenfrequenz in gedämpftem Zustand etwa 3 Hz beträgt. Mit der Bleimasse sind zwei Transformatorkerne mit Luftspalt so verbunden, daß ihre Luftspalte im Ruhezustand gleich groß sind und sich bei Erschütterungen im umgekehrten Sinn ändern (Abb. 248). Die Primärwicklungen der beiden Transformatoren bilden mit der Anodendrossel und den Sperrkondensatoren den Schwingkreis eines rückgekoppelten 500-Hz-Röhrengenerators. Die gegeneinander geschalteten Sekundärwicklungen liegen am Eingang eines Verstärkers, dessen Ausgang über eine Gleichrichterschaltung einen Drehspul-Tintenschreiber speist. Abb. 249 ist eine Ansicht des ausgeführten Gerätes, auf der die Öldämpfung und die federnde Aufhängung gut zu erkennen sind. Als Verwendungsbereich werden die Grenzen 4 ··· 250 Hz angegeben. Der Temperatureinfluß wurde durch geeigneten Aufbau aus Messing und Invar bis auf einen kleinen Restfehler kompensiert. Der Einfluß kurzzeitiger Temperaturschwankungen wird durch eine wärmeisolierende und gleichzeitig die magnetische Abschirmung übernehmende Hülle unschädlich gemacht.

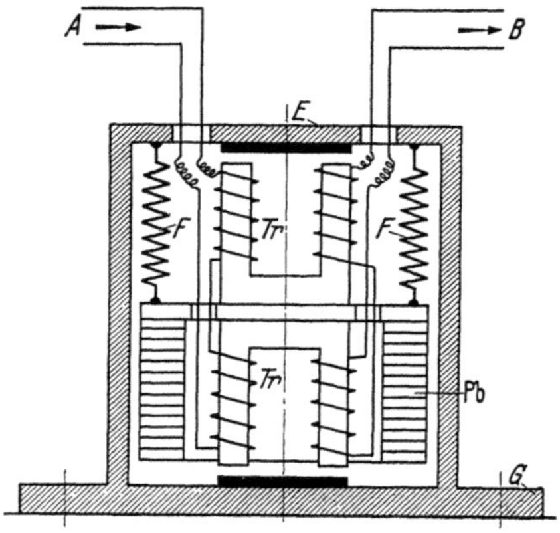

Abb. 247. Elektromagnetischer Vibrograph. (Aus SIEBER: Erschütterungsmessung an Maschinen. Arch. techn. Messen V 171—2.)
A Anschluß des Röhrengenerators; *B* Anschluß des Verstärkers; *E* Gehäuse; *F* Gegenfedern; *G* Grundplatte; *Tr* Transformator; *Pb* schwingende Masse.

E l e k t r o d y n a m i s c h e r S c h w i n g u n g s m e s s e r. Die Differentialgleichung für die Bewegung einer schwingungsfähigen trägen Masse lautet:

$$\frac{d^2\xi}{dt^2} + 2\,\varepsilon_s \cdot \frac{d\xi}{dt} + \omega_s^2\,\xi = -\,C_1 \cdot \frac{d^2x}{dt^2}. \qquad (127)$$

Darin bedeuten:

x Amplitude der aufzuzeichnenden Schwingung,
ξ relative Bewegung der trägen Masse,
ε die Dämpfungskonstante des Schwingungsmessers,
ω_s die ungedämpfte Eigenfrequenz des Schwingungsmessers,
C_1 eine Konstante.

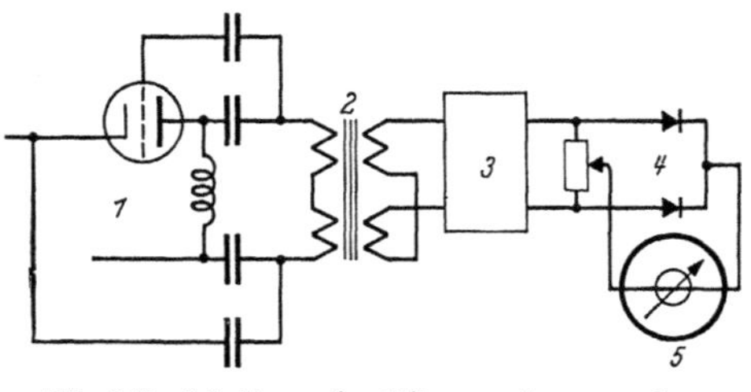

Abb. 248. Schaltung des Vibrographen von SIEBER.
1 Röhrengenerator; *2* induktiver Geber; *3* Verstärker; *4* Gleichrichter; *5* Tintenschreiber.

Beim elektrodynamischen Schwingungsmesser mit Tauchspule wird nun durch den Einbau eines differenzierenden Gliedes an Stelle der relativen Bewegung ξ die Geschwindigkeit $d\xi/dt$ mit einem zweiten schwingungsfähigen System aufgezeichnet entsprechend

$$\frac{d^2\varphi}{dt^2} + 2\,\varepsilon_G \cdot \frac{d\varphi}{dt} + \omega_G^2 \cdot \varphi = C_2\,\frac{d\xi}{dt}. \qquad (128)$$

Darin bedeuten:

- φ Ausschlag des Anzeigeinstruments,
- ε_G Dämpfungskonstante des Anzeigeinstruments,
- ω_G ungedämpfte Eigenfrequenz des Anzeigeinstruments,
- C_2 eine Konstante.

Abb. 249. Ansicht des Vibrographen von SIEBER, ohne Kappe. (Aus SIEBER: Erschütterungsmessung an Maschinen. Arch. techn. Messen V 171—2.)

Ist die aufzuzeichnende Meßgröße x eine sinusförmige Schwingung von der Frequenz ω, $x = c \cdot \sin \omega t$, so erhalten wir je nach dem Verhältnis der Eigenfrequenzen des Schwingungsgebers ω_s und des Anzeigesystems ω_G zu der Frequenz der aufzunehmenden Schwingung ω folgende Anzeigeverhältnisse:

a) Die Eigenfrequenzen des Schwingungsgebers und des Anzeigesystems sind sehr groß gegenüber der Frequenz der aufzunehmenden Schwingung $\omega_s \gg \omega$; $\omega_G \gg \omega$. Die Aufzeichnung ist proportional der Beschleunigung ($\varphi \sim \omega^3$).

b) Die Eigenfrequenz des Schwingungsgebers ist niedrig gegenüber der Meßfrequenz, die Aufzeichnung erfolgt jedoch mit einem Galvanometer hoher Eigenfrequenz $\omega_s \ll \omega$; $\omega_G \gg \omega$. Die Aufzeichnung ist proportional der Geschwindigkeit ($\varphi \sim \omega$).

c) Die Eigenfrequenz des Schwingungsgebers ist hoch gegenüber der Meßfrequenz, aber die Aufzeichnung erfolgt mit einem Meßgerät niederer Eigenfrequenz $\omega_s \gg \omega$; $\omega_G \ll \omega$. Die Aufzeichnung erfolgt proportional der Geschwindigkeit ($\varphi \sim \omega$).

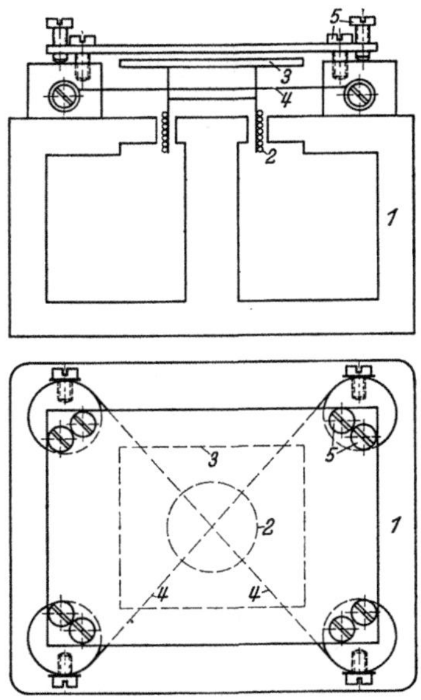

Abb. 250. Grundsätzliche Darstellung des elektrodynamischen Schwingungsgebers von H. MARTIN. [Aus MARTIN: Empfindlichkeit und Frequenzcharakteristiken eines neuen elektrodynamischen Erschütterungsmessers. Phys. Z. Bd. 40 (1939) S. 580.]
1 Lautsprechermagnet; *2* Schwingspule; *3* Dämpfungsplatte; *4* Spanndrähte; *5* Zug- und Druckschrauben zur Einstellung des Luftspaltes der Dämpfungsplatten.

d) Der Schwingungsgeber ist niedrig abgestimmt gegenüber der aufzunehmenden Schwingung und das Galvanometer hat ebenfalls eine niedrige Eigenfrequenz $\omega_s \ll \omega$; $\omega_G \ll \omega$. Die Aufzeichnung ist proportional dem integrierten Schwingweg ($\varphi \sim 1/\omega$).

Von praktischer Bedeutung sind in erster Linie die Ausführungsformen a und b.

Der elektrodynamische Schwingungsmesser besteht aus einer mit der schwingenden Masse verbundenen Tauchspule, die sich im ringförmigen Luftspalt eines Lautsprechermagnets bewegt. Die grundsätzliche Abb. 250 zeigt einen Erschütterungsmesser mit kleiner Masse (20 ··· 30 g), dessen

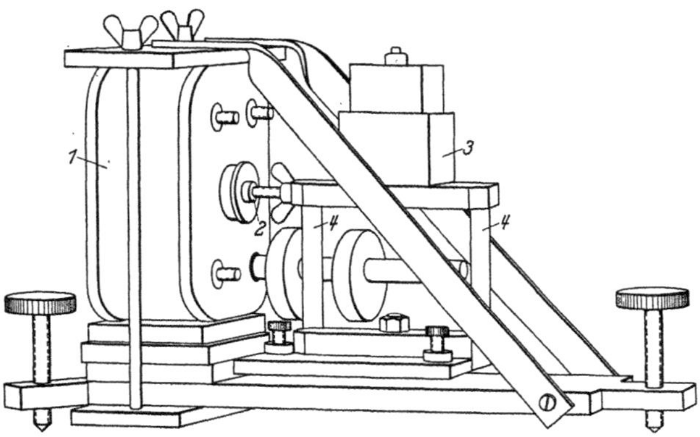

Abb. 251. Elektrodynamischer Schwingungsmesser mit schwerem System. [Aus MARTIN: Empfindlichkeit und Frequenzcharakteristiken eines neuen elektrodynamischen Erschütterungsmessers. Phys. Z. Bd. 40 (1939) S. 580.]
1 Lautsprechermagnet; *2* Schwingspule; *3* schwingende Masse; *4* Aufhängefedern.

Rückstellkraft durch zwei kreuzweise gespannte Stahldrähte gegeben ist, während Abb. 251 die Ansicht eines Gerätes mit großer Masse (0,5 ··· 1 kg) ist. Beim Anschluß eines stromverbrauchenden Anzeigeinstruments an einen solchen Schwingungsgeber tritt durch die Induktivität des Meßkreises ein Amplitudenfehler auf von der Größe

$$\Delta\varphi = \frac{1}{4} \cdot \omega \cdot \frac{L}{R} \cdot 100\,\% \, , \tag{129}$$

wenn ω die Kreisfrequenz der zu messenden Schwingung und L/R die Zeitkonstante des Meßkreises bezeichnen. Der Fehler wächst also mit steigender Frequenz und muß durch die Schaltung kompensiert werden.

Nach dem selbstdifferenzierenden Tauchspulen-Verfahren arbeitet auch der in Abb. 252 zur Hälfte dargestellte *Reutlinger*-Schwingungsmesser. Die schwingende Masse von 50 g Gewicht besteht aus zwei über die Stoßstange *e* gekuppelten Tauchspulen *d* und ist an den auswechselbaren Rückstellfedern *c* aufgehängt. Durch Wirbelströme in zwei auf die Tauchspulen aufgebrachten Kurzschlußwicklungen wird aperiodische Dämpfung erreicht. Die Tauchspulen bewegen sich im ringförmigen Luftspalt zweier durch die Wicklungen *b* erregter Topfmagnete *a*. Der Systemaufbau entspricht also vollkommen dem zweier gekuppelter elektrodynamischer Lautsprechersysteme. Die in den Tauchspulen induzierten Spannungen sind proportional der Bewegungsgeschwindigkeit, also der Schwingungsamplitude und Frequenz; sie werden bei bekannter Frequenz mit einem Drehspul-Gleichrichter-Instrument gemessen, bei unbekannter Frequenz mit einem Oszillographen aufgezeichnet. Das Gerät kann durch Austausch des beweglichen Systems wahlweise als Schwingungs- oder Beschleunigungsmesser verwendet werden. Sollen Schwingungsmessungen ausgeführt werden, so erhält das System Membranfedern von solcher Rückstellkraft, daß sich eine Eigenfrequenz von 20···25 Hz ergibt. Sollen Beschleunigungen gemessen werden, so wird die Eigenfrequenz durch Einbau stärkerer Federn auf 100···300 Hz erhöht. Die Amplitude des beweglichen Systems beträgt maximal ± 0,6 mm. Das Magnetfeld ist so weit homogen, daß eine Auslenkung von ± 1,5 mm ohne Abweichung von der Linearität zulässig wäre. Das radiale Magnetfeld ist 5···6 kG stark und verbraucht eine maximale Erregerleistung von 40 W bei einer Luftspaltbreite von 3 mm; gegebenenfalls können die Elektromagnete durch Dauermagnete ersetzt werden. Bei unzureichender Empfindlichkeit ist selbstverständlich eine Verstärkung der induzierten Spannung möglich. Der Widerstand der Meßspulen wird dem Anzeigegerät angepaßt. Die Normalausführung des Gerätes wiegt 3,5 kg, ein Kleingerät mit einer schwingenden Masse von 20 g wiegt nur 400 g. Beide Geräte weisen bis 80° keinen merkbaren Temperaturfehler auf.

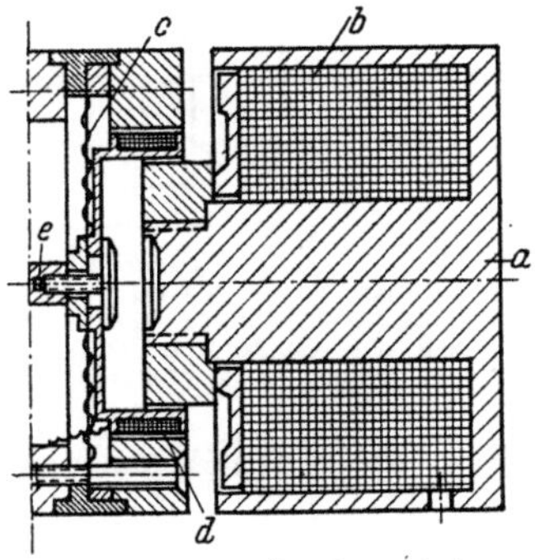

Abb. 252. Elektrodynamischer Schwingungsmesser nach REUTLINGER-TEMME. [Aus EMICKE-BENAD: Schwingungsuntersuchungen an Walzenschleifmaschinen. Z. VDI Bd. 80 (1936) S. 1159.]
a Joch; *b* Magnetspule; *c* Membran; *d* Induktionsspule; *e* Stoßstange.

V. Zeitmessung.

1. Synchronuhren [*44*].

Die Synchronuhr besteht aus einem Normalfrequenzgenerator und einem von ihm gesteuerten Synchronmotor mit Zeigerwerk. Zwischen der Frequenz f eines Schwingvorganges und der Zahl n der in der Zeit t ausgeführten Schwingungen besteht die Gleichung $f = n/t$. Bei hinreichend genau bekannter und konstanter Frequenz können somit Schwingungsvorgänge als Zeitmaßstab verwendet werden. Für die

Erzeugung der Normalfrequenz stehen Stimmgabelgeneratoren, Röhrensummer und Schwingquarze zur Verfügung. Besonders geeignet sind die durch ein Wechselfeld hervorgerufenen elastischen Schwingungen des Piezoquarzes, auf denen die Quarzuhren der PTR beruhen. Der Steuerquarz ist ein Bergkristallstäbchen von quadratischem Querschnitt mit den ungefähren Abmessungen 90 × 11 × 11 mm, das in seinen Bewegungsknoten gehaltert und durch ein Wechselfeld zu Längsschwingungen mit der ersten Oberwelle seiner longitudinalen Eigenfrequenz angeregt wird. Die Stabachse verläuft parallel der elektrischen Achse, die beiden Querschnittseiten parallel zur neutralen bzw. optischen Achse des Quarzkristalls. Diese Orientierung und das gewählte Längenverhältnis ergeben den kleinsten Temperatureinfluß. Der Quarzstab ist in seinen beiden Schwingungsknoten auf einem Metallbügel festgebunden und wird durch die in Abb. 253 gezeigte kastenförmige Elektrodenanordnung zu Längsschwingungen angeregt. Der Quarzstab ist in einen Glaskolben eingeschmolzen (Abb. 254) und arbeitet in einer Wasserstoffatmosphäre von 20 mm Quecksilberdruck. Die Steuerfrequenz ist 60 kHz, ihre Abhängigkeit von der Temperatur zeigt Abb. 255. Der Temperaturkoeffizient ist außergewöhnlich klein und beträgt zwischen 35 und 37° weniger als $5 \cdot 10^{-8}/°$. Als Betriebstemperatur wurden deshalb 36° gewählt, sie wird durch Einbau in einen Doppelthermostat mit Kontaktthermometern auf ± 0,002° konstantgehalten. Die grundsätzliche Schaltung ist in Abb. 256 gezeigt. Der Steuerquarz liegt zwischen Gitter und Kathode eines Steuersenders in der Schaltung von PIERCE und erregt den Anodenschwingkreis zu ungedämpften Schwingungen. Die Eigenfrequenz dieses Schwingkreises liegt 4,5% höher als die des Steuerquarzes. Nach Verstärkung in einer Widerstands- und einer Resonanzverstärkerstufe werden die hochfrequenten Schwingungen von 60 kHz in drei Frequenzteilerstufen auf 333 Hz heruntertransfor-

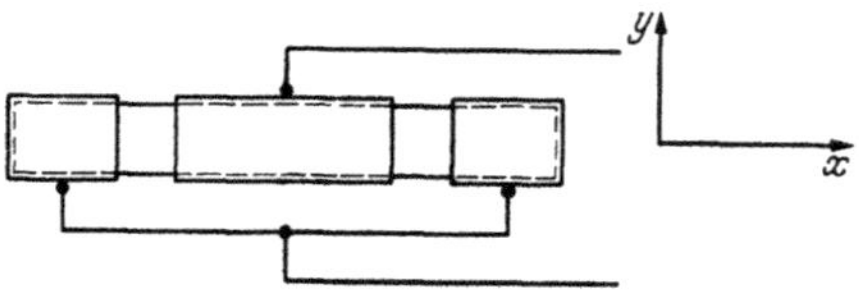

Abb. 253. Anordnung der Elektroden an dem Steuerquarz der Uhren III und IV der PTR. [Aus SCHEIBE-ADELSBERGER: Die technischen Einrichtungen der Quarzuhren der PTR. Hochfrequenztechn. Bd. 43 (1934) S. 37···47.]

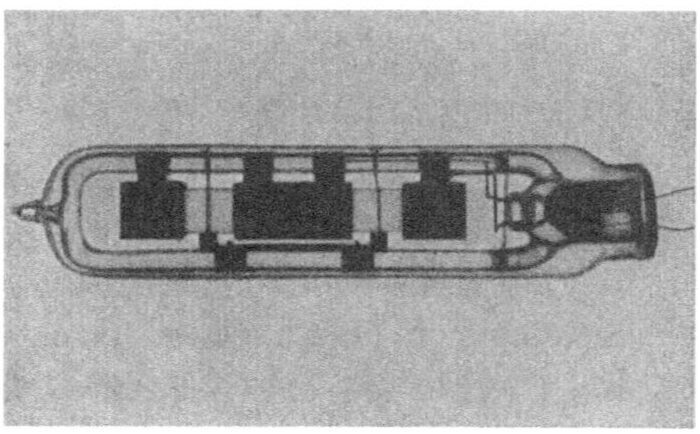

Abb. 254. Steuerquarz der Uhren III und IV der PTR. [Aus SCHEIBE-ADELSBERGER: Die technischen Einrichtungen der Quarzuhren der PTR. Hochfrequenztechn. Bd. 43 (1934) S. 37···47.]

miert. Jede Frequenzteilerstufe besteht aus einem induktiv rückgekoppelten Sender, dessen Anodenkreis auf die durch Teilung zu erreichende

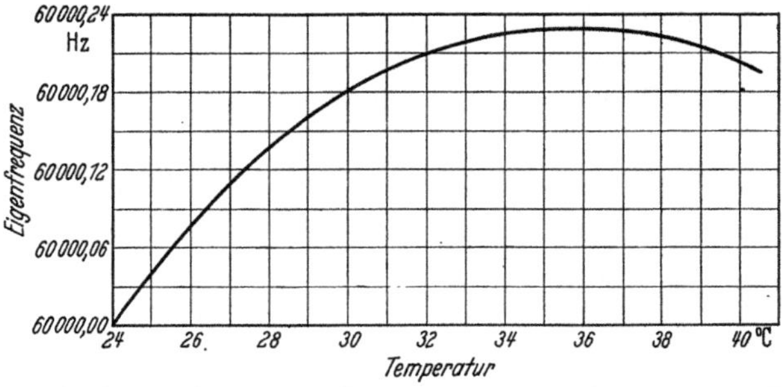

Abb. 255. Abhängigkeit der Eigenfrequenz des Steuerquarzes von der Temperatur. Betriebstemperatur 36°. [Aus SCHEIBE-ADELSBERGER: Die technischen Einrichtungen der Quarzuhren der PTR. Hochfrequenztechn. Bd. 43 (1934) S. 37···47.]

Frequenz abgestimmt ist und dem die zu teilende Frequenz als zusätzliche Gitterspannung aufgedrückt wird. An den letzten Frequenzteiler

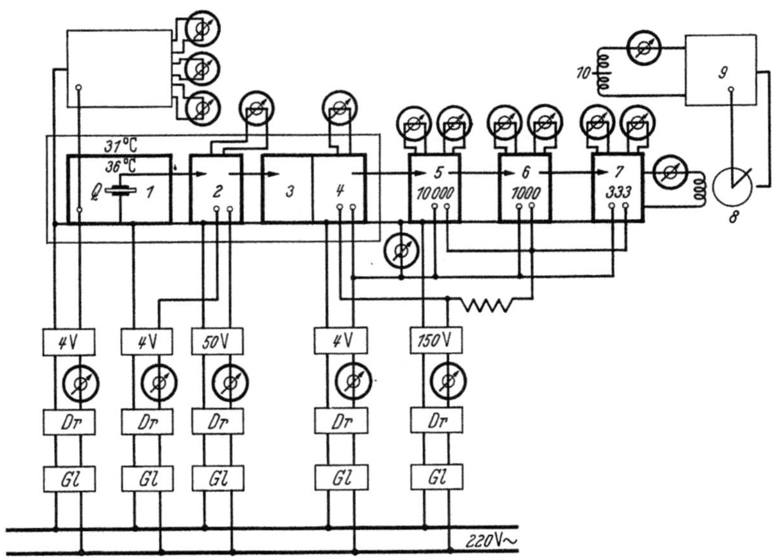

Abb. 256. Grundsätzliche Schaltung der Quarzuhr. [Aus SCHEIBE-ADELSBERGER: Die technischen Einrichtungen der Quarzuhren der PTR. Hochfrequenztechn. Bd. 43 (1934) S. 37···47.]

1 Steuerquarz; *2* Steuersender; *3* Widerstandsverstärkerstufe; *4* Resonanzverstärkerstufe; *5* Frequenzteiler für 10 kHz; *6* Frequenzteiler für 1 kHz; *7* Frequenzteiler für 333 Hz; *8* Synchronmotor; *9* Zeitmarkengeber; *10* Zeitschreiber.

ist ein Synchronmotor angeschlossen, dessen Kontakteinrichtung das Gitter einer weiteren Verstärkerröhre, den Zeitmarkengeber, steuert. Vom Zeitmarkengeber aus wird mittels Kondensatorentladungen ein Zeitschreiber betätigt. Die Zeitmarken dieses Schreibers werden mit dem Zeitzeichen der Sternwarten verglichen.

Die Schaltung des Steuerquarzes, Steuersenders und Verstärkers ist in Abb. 257 angegeben. Der Steuerquarz Q liegt parallel mit einem hochisolierten Kondensator C_g an Gitter und Kathode des Steuersenders. Heiz- und Anodenspannung des Steuersenders werden über Meß- (*10*, *11*) und Regeleinrichtungen (*17*, *18*) sowie Siebkreise (*1*, *2*, *5*, *6*) den Batterien B_1 und B_2 entnommen. Mit dem Anodenschwingkreis *I* des Steuersenders ist der zweistufige Verstärker induktiv gekoppelt, dessen beide

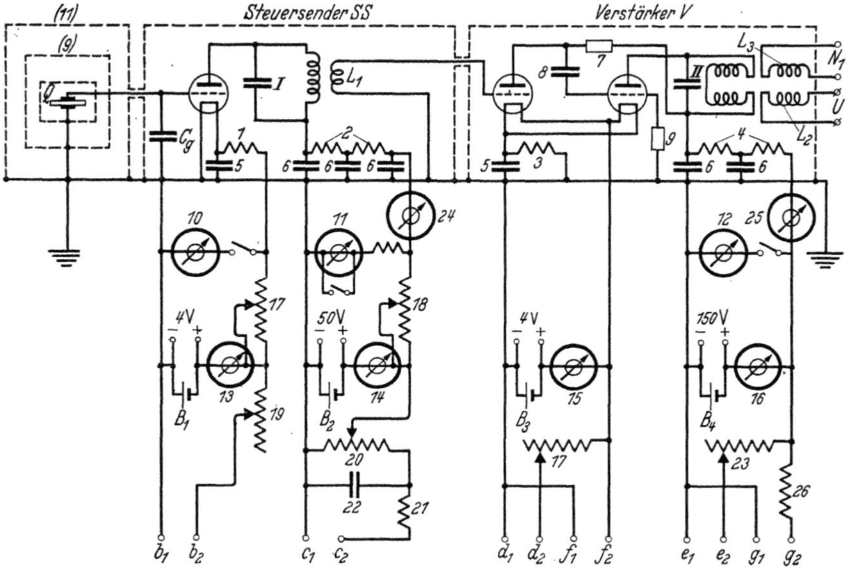

Abb. 257. Schaltung von Steuerquarz, Steuersender und Verstärker. [Aus SCHEIBE-ADELSBERGER: Die technischen Einrichtungen der Quarzuhren der PTR. Hochfrequenztechn. Bd. 43 (1934) S. 37 · · · 47.]
Q Schwingquarz; C_g Parallelkondensator; L_1 Kopplungsspule des Verstärkers; L_2 Kopplungsspule des Frequenzteilers; L_3 Kopplungsspule zur Entnahme der Normalfrequenz 60 kHz; B_1, B_3 Heizbatterien; B_2, B_4 Anodenbatterien; *I* Anodenschwingkreis des Steuersenders; *II* Anodenschwingkreis des Verstärkers; *1*, *2*, *4* · · · *6* Siebkreise für Heiz- und Anodenspannung; *3* Widerstand für die negative Gittervorspannung des Verstärkers; *7* · · · *9* Kopplungsglieder zwischen 1. und 2. Verstärkerstufe; *10* · · · *12* Spannungsmesser für Heiz- und Anodenspannungen; *13* · · · *16* Strommesser für die Batterieladeströme; *17* · · · *20*, *23* Regelwiderstände; *24*, *25* Anodenstrommesser.

Stufen durch Widerstands-Kapazitätsschaltung miteinander verbunden sind. Im Anodenkreis der zweiten Stufe liegt der auf 60 kHz abgestimmte Ausgangskreis, mit dem die beiden Spulen L_2 und L_3 gekoppelt sind. L_3 gestattet die Entnahme einer Normalfrequenz von 60 kHz, L_2 führt zum Eingang des dreistufigen Frequenzteilers (Abb. 258). Jede Frequenzteilerstufe besteht aus einem induktiv rückgekoppelten Sender, dessen Anodenkreis *III* · · · *V* auf die durch Teilung zu erreichende Frequenz abgestimmt ist. Im Gitterkreis liegen die Rückkopplungsspulen $L_{10} \cdots L_{12}$ in Reihe mit den Schaltelementen $S_1 \cdots S_3$ und den Kopplungsspulen L_5 und L_7, die mit dem Ausgangskreis der vorhergehenden Stufe gekoppelt sind. Die Gitterschaltelemente $S_1 \cdots S_3$ dienen zur Erzeugung der Gittervorspannung durch den Spannungsabfall, den der Gitterstrom selbst an den Widerständen R_g hervorruft. Für den Wechselstrom sind diese Widerstände durch Kondensatoren C_g überbrückt. An den Spulen L_4, L_6 und L_8 können die Normalfrequenzen der einzelnen Stufen 10000, 1000 und 333 Hz abgenommen werden. Mit den Strommessern *2* ··· *7* werden die Gitter- und Anodenströme überwacht. An die letzte Stufe des Frequenzteilers ist über die Kopplungsspule L_9 der Synchronmotor S_y (Abb. 259) angeschlossen, der über ein Schneckengetriebe und eine Schaltstange einen Federkontakt betätigt.

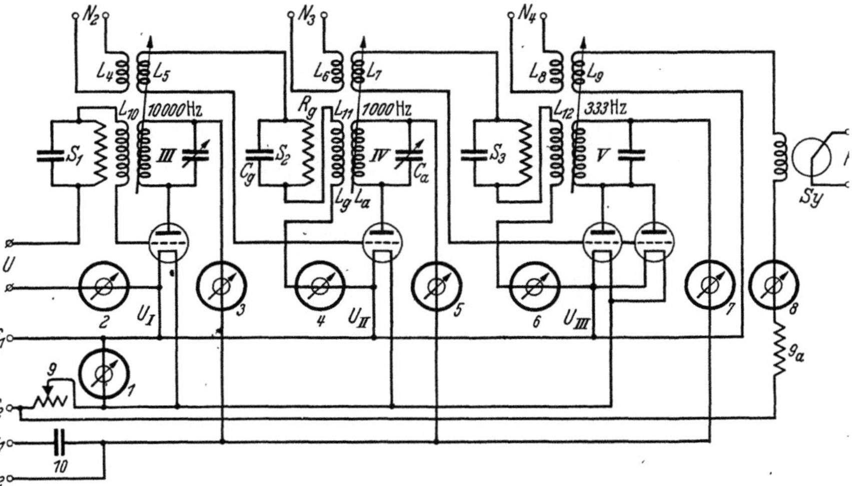

Abb. 258. Schaltung des Frequenzteilers. [Aus SCHEIBE-ADELSBERGER: Die technischen Einrichtungen der Quarzuhren der PTR. Hochfrequenztechn. Bd. 43 (1934) S. 37···47.]

III ··· *V* Anodenkreise der einzelnen Frequenzteilerstufen; $S_1 \cdots S_3$ Gitterschaltelemente zur Erzeugung der Gittervorspannungen; L_5 und L_7 Kopplungsspulen mit der vorhergehenden Stufe; L_4, L_6, L_8 Kopplungsspulen zur Abnahme der Stufenfrequenzen; $L_{10} \cdots L_{12}$ Rückkopplungsspulen; L_9 Kopplungsspule für den Synchronmotor S_y; *K* Anschluß für den Zeitgeber; *2* ··· *7* Gitter- und Anodenstrommesser; *8* Strommesser für den Synchronmotor.

Schaltstange und Schaltfeder sind verhältnismäßig lang, um eine möglichst genaue Kontaktgabe zu erzielen. Die Genauigkeit des Kontaktgebers ist $0{,}2 \cdot 10^{-3}$ s. Von diesem Kontakt wird der Zeitmarkengeber (Abb. 260) gesteuert. Der Zeitmarkengeber besteht aus einer Verstärkerröhre, die normalerweise durch negative Vorspannung blockiert ist und nur im Augenblick des Impulses vom Synchronmotor kurzzeitig freigegeben wird. Im Anodenkreis des Verstärkers wird der Kondensator *2* von der Anodenbatterie aufgeladen und gibt bei jedem ankommenden Impuls einen kurzen, scharfen Stromstoß auf den an die Klemmen *R* angeschlossenen Zeitschreiber. Auf diese Weise erhält man eine kurze, scharfe Zeitmarke auf dem Papierstreifen. Der Papierstreifen des Zeitschreibers wird ebenfalls von der Quarzuhr über einen Synchronmotor angetrieben und hat eine Geschwindigkeit von 100 mm/s. Die Lage der

Zeitmarken auf dem Streifen läßt sich auf $^1/_{10}$ mm genau bestimmen, entsprechend einer Zeit von $^1/_{1000}$ s.

Die Einrichtung steht und fällt mit der Konstanz des Steuerquarzes,

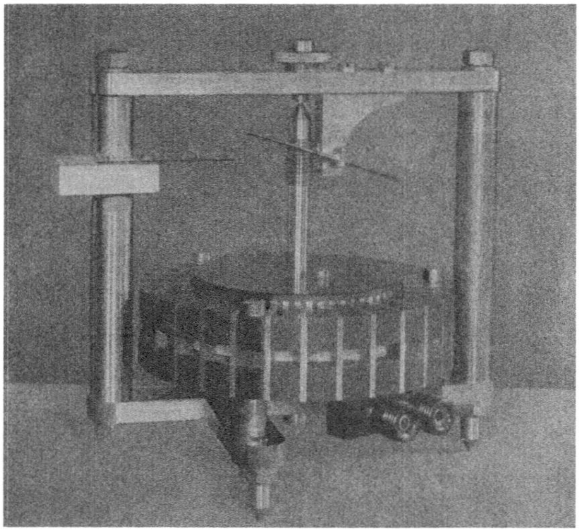

Abb. 259. Synchronmotor der Quarzuhr. [Aus SCHEIBE-ADELSBERGER: Die technischen Einrichtungen der Quarzuhren der PTR. Hochfrequenztechn. Bd. 43 (1934) S. 37···47.]

die zu $1 \cdot 10^{-8} = 0{,}001$ s/d angegeben wird. Um diese außergewöhnliche Genauigkeit zu erreichen, war es notwendig, alle Einflußgrößen weitgehend zu verringern, in erster Linie Spannung und Temperatur konstantzuhalten. Eine Abhängigkeit der Frequenz von der Heizspannung konnte zwischen 3 und 4 V nicht festgestellt werden. Die Abhängigkeit von der Anodenspannung beträgt $4 \cdot 10^{-8} = 0{,}003$ s je Tag und Volt. Die Temperatur des Quarzes, des Steuersenders und des Verstärkers wird durch Einbau in einen doppelten Thermostaten mit Quecksilberkontakt-Thermometern auf $36 \pm 0{,}002°$ konstantgehalten. Diese Uhren können als die genauesten derzeit verfügbaren Zeitnormalien angesehen werden und eignen sich für Lang- und Kurzzeitmessung gleich gut. Die Frequenz des mittleren Frequenzteilers von 1 kHz wird von der PTR über Telephonleitungen über-

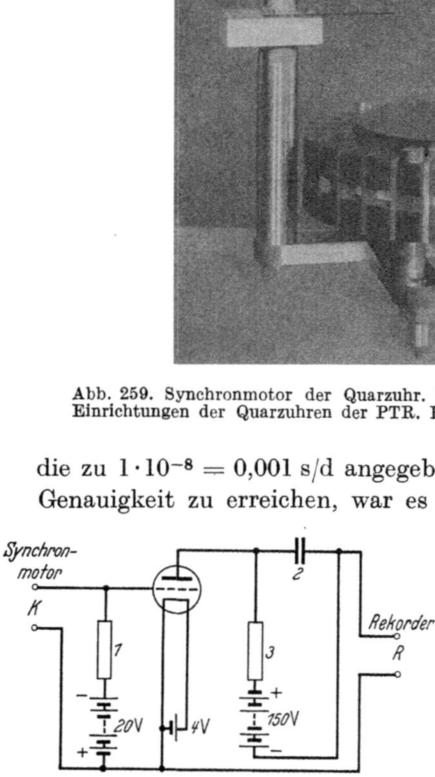

Abb. 260. Schaltung des Zeitmarkengebers zur Quarzuhr der PTR. [Aus SCHEIBE-ADELSBERGER: Die technischen Einrichtungen der Quarzuhren der PTR. Hochfrequenztechn. Bd. 43 (1934) S. 37···47.]

K Eingang der Impulse vom Synchronmotor; *R* Ausgang der Impulse zum Zeitschreiber.

tragen und steht somit einem großen Benutzerkreis als außergewöhnlich genaues Zeit- und Frequenznormal zur Verfügung.

Abb. 261 ist die Frontplatte einer Quarzuhr von ROHDE und SCHWARZ, für die eine Genauigkeit von $2 \cdot 10^{-3}$ s/d zugesagt wird. Die

Abb. 261. Frontplatte der Quarzuhr von ROHDE und SCHWARZ. [Aus ROHDE-LEONHARDT: Quarzuhr und Normalfrequenzgenerator. Elektr. Nachr.-Techn. Bd. 17 (1940) S. 117 · · · 124.]

Uhr wird an eine Gleichstromquelle von 220 V $\pm$ 5% angeschlossen und gestattet, Normalfrequenzen von 50, 1000 und 100000 Hz mit einer Frequenzunsicherheit von weniger als $1 \cdot 10^{-7}$ abzunehmen. Dabei erfolgt die Frequenzteilung von 100 auf 1 kHz im Gegensatz zu den Uhren der PTR mit-

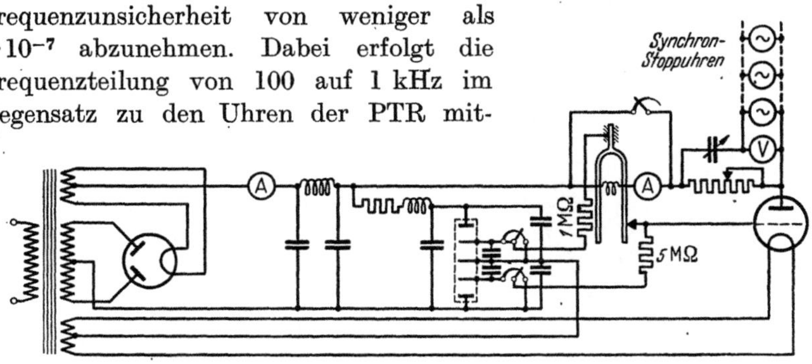

Abb. 262. Schaltung eines stimmgabelgesteuerten Röhrengenerators. [Aus TRITSCHLER: Elektrische Kurzzeitmesser hoher Genauigkeit. ETZ Bd. 60 (1939) S. 1133.]

tels eines synchronisierten Stimmgabelsenders in einer einzigen Stufe Das vollständige Gerät wiegt ohne Gestell 36 kg.

Für weniger genaue Messungen kann an Stelle der Quarzuhr ein Stimmgabelgenerator verwendet werden. Die Schaltung eines solchen Gerätes, das aus einer elektrisch erregten Stimmgabel und einem Verstärker besteht, zeigt die Abb. 262. Bei geschlossenem Stimmgabelkontakt hat das Gitter der Verstärkerröhre positives Potential. Der Anodenstrom durchfließt die zwischen den Gabelschenkeln liegende Erregerspule, und die Stimmgabelschenkel bewegen sich nach innen. Die Kontaktfeder vermag ihnen jedoch nur kurzzeitig zu folgen, dann legt sie sich gegen einen festen Anschlag, und die positive Gitterzuleitung wird unterbrochen. Das Gitter erhält nun negatives Potential, der Anodenstrom wird unterbrochen und die Stimmgabelschenkel federn zurück. Im Anodenkreis des Verstärkers liegt ein Regelwiderstand und parallel zu ihm ein Stromresonanzkreis, der aus einem Kondensator und den Induktivitäten der angeschlossenen Synchronmotoren gebildet wird. Durch diesen Resonanzkreis wird die rechteckige Kurvenform des Anodenstromes hinreichend sinusförmig verflacht, so daß ein einwandfreier Lauf der Synchronmotoren gewährleistet ist. Die Genauigkeit dieses einfachen Stimmgabelgenerators wird vom Verfasser zu $\pm 2 \cdot 10^{-4}$ angegeben, während von anderer Seite für die Stimmgabel mit mechanischem Kontakt kurzzeitig $1 \cdot 10^{-3}$, auf lange Sicht $20 \cdot 10^{-3}$, für die elektrisch erregte Stimmgabel $1 \cdot 10^{-6} \cdots 1 \cdot 10^{-8}$ genannt wird. Für genaue Messungen sind Temperatur und Luftdruck konstantzuhalten.

Abb. 263. Vorder- und Rückansicht eines Uhrenlaufwerks mit selbstanlaufendem Synchronmotor und Fallscheibe zum Kennzeichnen von Stromunterbrechungen (Ausführung Siemens & Halske AG.).

Im Gegensatz zu der Ausführung der PTR, wo der Synchronmotor nur zur Kontaktgabe dient, wird er bei den technischen Synchronuhren unmittelbar zur Bewegung des Zeigerwerks herangezogen Als Frequenzgenerator wird dabei nur in seltenen Fällen ein Normalfrequenzgeber (Quarz oder Stimmgabel) benutzt, da für die meisten technischen Messungen die Frequenzkonstanz der Kraftnetze ausreicht. Beispielsweise beträgt die maximale Frequenzabweichung des Berliner Netzes bei 50 Hz Grundfrequenz $\pm$ 0,02 Hz = $\pm$ 0,04%. Synchronuhren für Langzeitmessung mit selbstanlaufendem Synchronmotor erhalten eine Nullspannungs-Fallklappe zur Anzeige vorübergehender Stromunterbre-

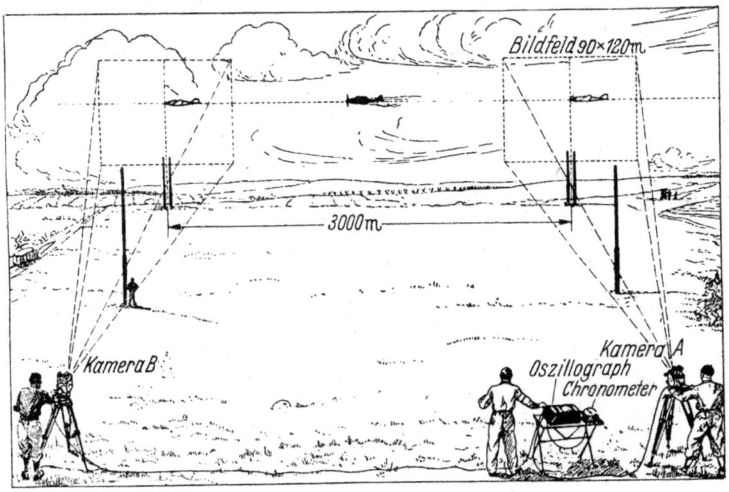

Abb. 264. Anordnung der Zielmarken für die kinematographische Geschwindigkeitsmessung. [Aus LINKE: Kinematographische Zeitmessung. Meßtechn. Bd. 15 (1939) S. 159···161.]

chung (Abb. 263). Synchronmotoren als Kurzzeitmesser werden von dem Meßvorgang ein- und ausgeschaltet bzw. bei ständig laufendem Motor elektromagnetisch mit dem Zeigerwerk gekuppelt, wobei die Masse der bewegten Teile möglichst klein zu halten ist, um den An- und Auslauffehler zu verringern. Solche Geräte sind bereits an vielen Stellen anstatt mechanischer Stoppuhren in Gebrauch und gestatten Zeitablesungen auf $^1/_{100}$ s. Als Beispiel sei die Geschwindigkeitsmessung bei Sportveranstaltungen erwähnt: Ein 200-Hz-Normalfrequenzgenerator (Stimmgabelgenerator) treibt einen Synchronmotor mit 10 Umdr/s an, der durch eine magnetische Kupplung mit drei konzentrischen Zifferblättern verbunden werden kann. Das erste Zifferblatt hat 60 Teilstriche und macht 1 Umdr/h, das zweite, ebenfalls 60teilige, 1 Umdr/min und das dritte mit 100 Teilstrichen läuft in 1 s einmal um. An den Zifferblättern können also min, s und $^1/_{100}$ s abgelesen werden; sie werden zusammen mit dem Zielbild von einer Filmkamera mit 128 Bildern/s aufgenommen. Die Kupplung des Synchronmotors mit den Zifferblättern erfolgt durch einen Kontakt an der Starterpistole. Das Verfahren weist einige kleine Ungenauigkeiten auf: Die Eigenzeit des Schlagbolzens, das ist der Zeitunterschied zwischen dem Schließen des Kontakts und der Entzündung der Patrone, die Laufzeit des Schalles von der Pistolenmündung bis zu den Startenden und die Kupplungs- und Beschleunigungszeit des Zeigerwerks. Für eine völlig exakte Zeitmessung müßte die Anlaufverzögerung des Zeigerwerks gleich der Zeit vom Betätigen des Kontaktes der Starterpistole bis zum Eintreffen des Schalles bei den startenden Läufern sein.

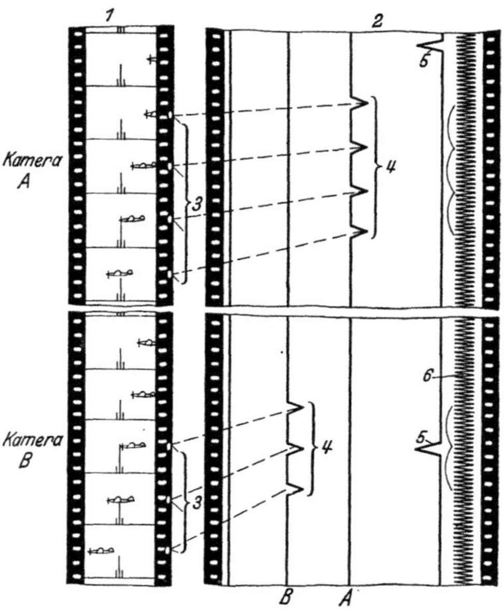

Abb. 265. Film und Oszillogramm der kinematographischen Geschwindigkeitsmessung. [Aus Linke: Kinematographische Zeitmessung. Meßtechn. Bd. 15 (1939) S. 159 bis 161].

1 Filmstreifen mit Zielbild; *2* Oszillogramm; *3* Lichtmarken auf dem Film; *4* zugehörige Zeitmarken; *5* Sekundenimpulse der Normaluhr; *6* 500-Hz-Normalfrequenz; *A* Zeitzeichen für Filmkammer A; *B* Zeitzeichen für Filmkammer B.

Die Geschwindigkeit von Flugzeugen kann nach dem kinematographischen Verfahren der *Askania-Werke AG.* ermittelt werden. Als Zeitnormal wird eine Normalfrequenz von 500 Hz verwendet, als Aufnahmegeräte dienen zwei Kinokameras und ein Oszillograph. Die Meßstrecke ist durch drei Pfähle in Form eines Balkenvisiers abgesteckt und die Filmkammer in der Visierebene aufgestellt (Abb. 264). Jede Kamera hat ein Blickfeld von $90 \cdot 120\ m^2$. Etwa 500 m vor dem Anflug wird die Kamera A mit 50 Bildern/s und einer Belichtungszeit von $^1/_{600}$ s eingeschaltet. Beim Eintritt des Flugzeuges in das Blickfeld wird ein Kontaktkreis geschlossen, der vom Kameramotor gesteuert wird und bei jeder Belichtung eine auf die Kamera aufgebaute Glimmlampe sowie eine Oszillographenschleife kurzzeitig einschaltet. Die Glimmlampe erzeugt einen Lichtpunkt auf dem Rand des Filmstreifens, die Oszillographenschleife gibt Zeitmarken; zusammengehörende Bilder und Zeitmarken sind also ohne weiteres kenntlich. Zur Zeitorientierung der einzelnen Marken werden auf dem Oszillographenstreifen außerdem die Impulse einer Sekundenuhr und die 500-Hz-Normalfrequenz aufgezeichnet. Nachdem das Flugzeug das Bildfeld verlassen hat, wird die Filmkammer A ausgeschaltet und die Filmkammer B in Betrieb genommen, der Oszillograph ist für beide gemeinsam. Abb. 265 zeigt den Filmstreifen mit dem zugehörigen Oszillogramm. Die Genauigkeit hängt natürlich von der Toleranz der Sekundenuhr und der Normalfrequenz sowie der Schärfe der Zeitmarken ab und wird zu $1 \cdot 10^{-3}$ s angegeben.

2. Zeitregistriergeräte [*45*].

Zeitschreiber sind Geräte zum Überwachen des zeitlichen Ablaufs eines oder mehrerer Vorgänge; sie zeichnen mechanisch, optisch oder elektrisch, meist mit einer Vielzahl von Schreibeinrichtungen, Zeitmarken auf einem mit konstanter Geschwindigkeit ablaufenden oder umlaufenden Papier- oder Filmstreifen auf. Die Zeitschreiber eignen sich für statistische Erhebungen und Kontrolle von Arbeitsvorgängen jeder Art, beispielsweise für die Überwachung der Arbeitszeit und Arbeitsgeschwindigkeit von Maschinen, zur Ermittlung der Stillstand- und Laufzeiten, zur Feststellung der Belegung von Vor- oder Gruppenwählern in der automatischen Telephonie, zur Bestimmung der Hauptverkehrszeiten von Nachrichten- und Verkehrseinrichtungen, zum Aufzeichnen der Häufigkeit, Dauer und zeitlichen Lage von Telephongesprächen, zum Überwachen von Schutzeinrichtungen in Elektrizitätsversorgungsnetzen, zur Kontrolle von Feuermelde- und Alarmanlagen, zum Feststellen der Dauer, Geschwindigkeit und Regelmäßigkeit einer Produktion usw. Einige gebräuchliche Verfahren zum Erzeugen der Zeitmarken sind (Abb. 266):

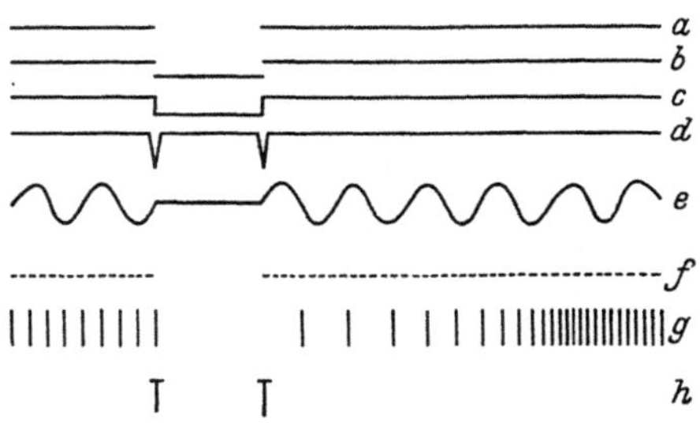

Abb. 266. Verschiedene Aufzeichnungsverfahren von Zeitschreibern.

a) Das Schreibwerk schreibt nur während der Dauer des elektrischen Impulses eine gerade Linie.

b) Der Schreiber zeichnet jeden Vorgang mit zwei Schreibwerken auf, von denen das eine während der Impulspause, das andere während des Impulses schreibt.

c) Das Schreibwerk schreibt im Ruhezustand eine gerade Linie, die während der Impulsdauer seitlich versetzt wird.

d) Das Schreibwerk schreibt im Ruhezustand eine gerade Linie und gibt bei jedem Impuls unabhängig von seiner Dauer eine Zeitmarke.

e) Das Schreibwerk schreibt im Ruhezustand eine gerade Linie, während der Impulsdauer Sinusschwingungen mit konstanter Frequenz.

f) Das Schreibwerk schreibt im Ruhezustand gar nicht und zeichnet während des Betriebs Zeitmarken in einem konstanten Rhythmus.

g) Das Schreibwerk schreibt im Ruhezustand gar nicht und gibt während der Impulsdauer Zeitmarken in einem Rhythmus, der von einer Meßgröße gesteuert wird.

h) Das Schreibwerk ruht während der Impulspause und gibt bei jedem Impuls eine Zeitmarke, die unabhängig von der Impulsdauer ist.

Dies sind nur einige Möglichkeiten; sie lassen sich untereinander oder mit anderen Aufzeichnungsverfahren beliebig kombinieren. Die Aufzeichnung erfolgt mit einem der bekannten Naß- oder Trocken-

Abb. 267. Siemens-Drehspul-Morse-Schnellschreiber. (Aus Druckschrift SH 7349: Das Siemens-Schnellmorsesystem.)
1 Vorratsrolle; *2* Schreibrolle; *3* Führungsrolle; *4* Schreibsystem; *5* Tintenbehälter; *6* Aufwickeltrommel; *7* Geschwindigkeitsregler.

Schreib- oder -Druckverfahren in Tintenschrift, mit Farbband, Ruß-, Wachs- oder Elektrolytpapier. Wesentlich für alle Geräte ist konstante Ablaufgeschwindigkeit des Papiers. Dem Papierantrieb ist deshalb besondere Sorgfalt zuzuwenden; wo kein konstanter Papierablauf gewährleistet ist, muß eines der Schreibwerke Zeitmarken einer Präzisionsuhr oder eine Normalfrequenz aufzeichnen, doch wird die Auswertung dann recht umständlich. Ferner ist die Eigenfrequenz bzw. die Ansprechzeit der Schreibwerke von großer Wichtigkeit. Sie muß auf jeden Fall so kurz sein, daß sie gegenüber der Dauer des aufzunehmenden Vorgangs keine Rolle spielt, oder aber es müssen Ein- und Ausschaltzeiten entgegengesetzt gleich sein. Die Schreibwerke können durch beliebige Kontakteinrichtungen gesteuert werden. Die mechanischen Zeitschreiber werden mit Papiergeschwindigkeiten bis 500 mm/s, die optischen bis 50 m/s ausgeführt. Ihr Anwendungsgebiet ist nahezu unbegrenzt; sie dienen zum Aufzeichnen des Zeitpunktes, der Dauer, Geschwindigkeit, Zahl, Häufigkeit und zeitlichen Folge von Ereignissen oder der Art und Dauer eines Zustandes auf allen Gebieten.

Chronographen. Die Chronographen wurden ursprünglich zur Aufnahme von Telegraphiezeichen entwickelt; sie eignen sich jedoch in gleicher Weise zum Aufzeichnen der Länge eines Stromstoßes, des Abstandes zweier Stromstöße oder Ereignisse sowie der zeitlichen Folge mehrerer Vorgänge. Ein Chronograph mit einem Schreibsystem ist der in Abb. 267 gezeigte Siemens-Morse-Schnellschreiber, der auf einem 10 mm breiten Papierstreifen in Tintenschrift aufzeichnet und ursprünglich als Empfänger beim Schnellmorsesystem entwickelt wurde, jedoch auch als Zeitschreiber verwendet werden kann. Der Apparat eignet sich besonders zur Aufzeichnung der Dauer eines Vorganges oder des zeitlichen Abstandes mehrerer Vorgänge bei sehr hoher Papiergeschwindigkeit. Er kann mit Gleich- oder Wechselstrom betrieben werden und zeichnet in einem Fall in einer gebrochenen Geraden gemäß Abb. 266c, im anderen Fall in Sinuslinien gemäß Abb. 266e auf. Das Gerät besteht aus zwei getrennten Teilen, dem eigentlichen Schreiber und dem Aufwickler. Der Schreiber hat ein Drehspulsystem mit sehr langer und schmaler Drehspule (Abb. 268), um eine hohe Empfindlichkeit bei geringem Trägheitsmoment zu erzielen. Die Drehspule ist an stählernen Spannbändern, die gleichzeitig den Strom zuführen,

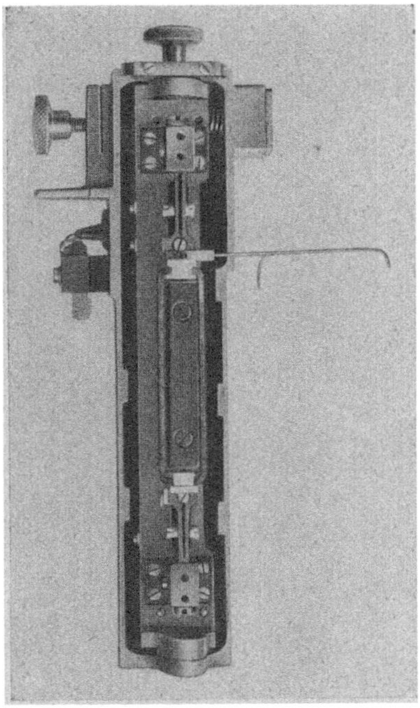

Abb. 268. Einsatzsystem des Siemens-Morse-Schnellschreibers. (Aus Druckschrift SH 7349.)

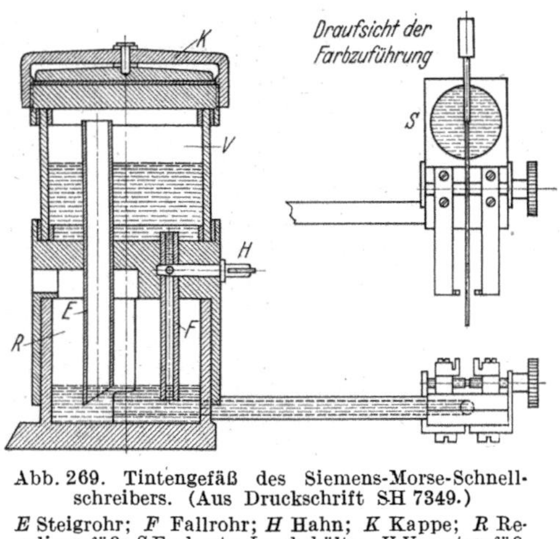

Abb. 269. Tintengefäß des Siemens-Morse-Schnellschreibers. (Aus Druckschrift SH 7349.)
E Steigrohr; *F* Fallrohr; *H* Hahn; *K* Kappe; *R* Reguliergefäß; *S* Farbentnahmebehälter; *V* Vorratsgefäß

reibungsfrei im Feld eines starken Elektromagnets aufgehängt. Die Länge der Spannbänder und damit die Eigenfrequenz des schwingenden Systems

Abb. 270. Diagramm des Morse-Schnellschreibers der Siemens&Halske A G. (Aus Druckschrift SH 7349.)

Abb. 271. Vorder- und Rückansicht des Streifen-Chronographen mit drei Schreibstellen von H. Wetzer, Pfronten.

kann durch Verschieben zweier Elfenbeinschneiden von außen während des Betriebes eingestellt werden; die größte erreichbare Eigenfrequenz ist etwa 150 Hz. Das gesamte Meßsystem ist in einem leicht auswechsel-

Abb. 272. Streifen-Chronograph mit drei Schreibstellen und Papieraufwickler (Hersteller: H. Wetzer Pfronten). (Aus Liste: Registriergeräte von H. Wetzer, Ausgabe E.)

Abb. 273. Streifen-Chronograph mit 2 × 4 Schreibstellen in zwei Schreibebenen (Hersteller: H. Wetzer, Pfronten).

baren Einsatzstück untergebracht. Mit dem Drehspulsystem fest verbunden ist der Schreibarm mit der einhängbaren Kapillarfeder. Die Tintenzuführung zur Schreibfeder erfolgt selbstregelnd aus einem luftdicht verschlossenen Vorratsbehälter (Abb. 269). Die Tinte fließt aus dem luftdichten Behälter V durch das Fallrohr F in das Regelgefäß R. Ist der Flüssigkeitsspiegel in R so weit gesunken, daß durch das Steigrohr E Luft in das Vorratsgefäß eindringen kann, so fließt neue Tinte nach. Die Höhe des Flüssigkeitsspiegels in R läßt sich durch Höher-

Abb. 274. Band-Chronograph mit 30 Schreibstellen von H. Wetzer, Pfronten.

oder Tieferschrauben des Vorratsbehälters einstellen. Vom Regelgefäß fließt die Tinte in das eigentliche Schreibgefäß und wird von dort durch eine Kapillarfeder auf das Papier gesaugt. Der Schreibdruck ist durch Verstellen der Schreibrolle einstellbar. Die Papiergeschwindigkeit wird durch den Aufwickler bestimmt, der einen Gleichstrommotor mit Fliehkraftregler und ein Reibscheibengetriebe mit wählbarem Übersetzungsverhältnis enthält. Die größte Papiergeschwindigkeit ist $5\,m\cdot s^{-1}$. Abb. 270 ist ein Diagramm des Zeitschreibers bei der Aufnahme von Morsezeichen und einer Telegraphiergeschwindigkeit von 150 Worten/min.

Während bei dem vorher beschriebenen Siemens-Morseschreiber ein Drehspulsystem als Meßwerk verwendet wird, die Amplitude der Aufzeichnung also von der Intensität des Stromstoßes abhängig ist, arbeiten die folgenden Chronographen von H. Wetzer, Pfronten, mit elektromagnetischen Klappankerrelais in verschiedenen Ausführungsformen. Die Amplitude ist also durch die Einstellung des Ankerhubs ein für allemal gegeben und unabhängig von der Stromstärke, und die Aufzeichnung erfolgt in einem gebrochenen Linienzug. Einen Streifen-Chronographen dieser Art

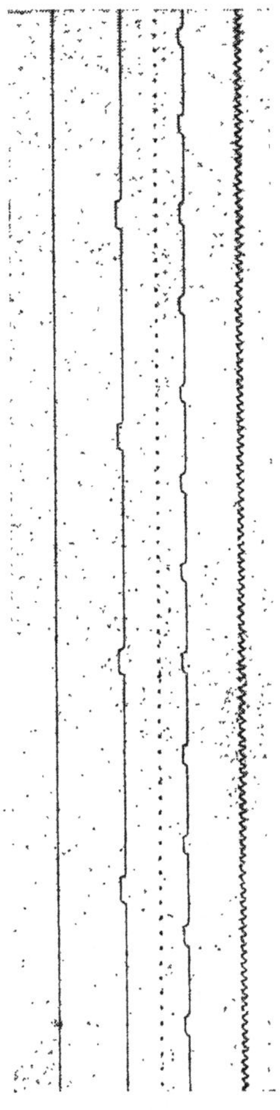

Abb. 275. Wachspapier-Niederschrift eines Streifen-Chronographen von H. Wetzer, Pfronten.

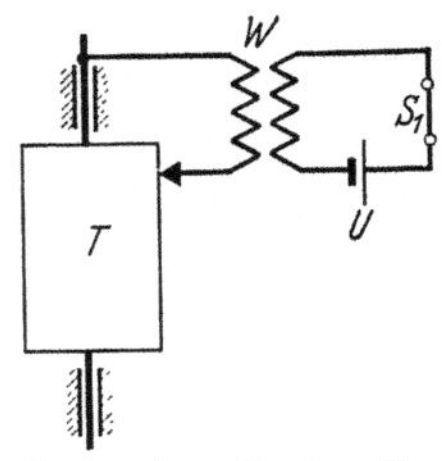

Abb. 276. Schaltung eines Funken-Chronographen für Geschoßgeschwindigkeitsmessung.
T Registriertrommel; *W* Übertrager; *U* Gleichspannungsquelle; S_1 Ausschalter (Bensberg-Gitter).

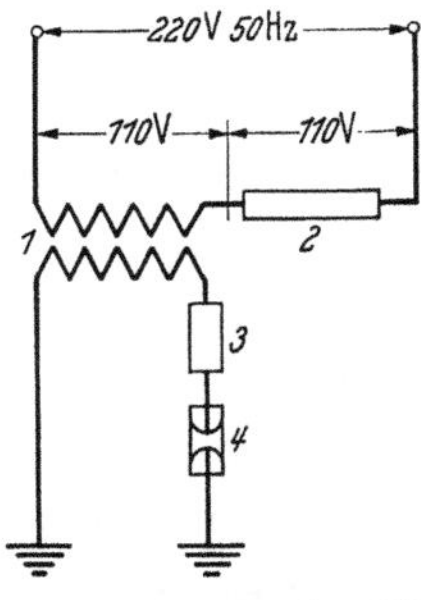

Abb. 277. Funkenerzeugung aus dem Wechselstromnetz. *1* Hochspannungswandler; *2* Vorwiderstand auf der Primärseite; *3* Vorwiderstand auf der Sekundärseite; *4* Funkenstrecke.

mit Uhrwerksantrieb und drei elektromagnetischen Schreibwerken zeigt Abb. 271. Die Schreiber werden mit Papiergeschwindigkeiten von 5···250 mm/s ausgeführt und lassen sich während des Betriebes auf verschiedene Geschwindigkeiten umschalten. Bei 10 mm Vorschub ist die Laufzeit des Uhrwerks 18 min, sie verkürzt sich umgekehrt proportional der Geschwindigkeit. Die Schreiber werden mit 2···36 Schreibstellen und Papierbreiten von 20···350 mm hergestellt. Die Registrierung erfolgt mit Tinte, auf Wachspapier oder mit Nadelstichen. Das elektromagnetische Relais vermag 250 Schaltungen/s auszuführen, hat also eine außerordentlich kurze Eigenzeit. Abb. 272 ist eine Ausführung mit drei Schreibstellen und Papieraufwickler, während Abb. 273 die Anordnung von acht Schreibstellen in zwei Schreibebenen zeigt. Bei der Auswertung der Diagramme muß also der Abstand der beiden Schreibebenen berücksichtigt werden, ein Nachteil, der bei dem in Abb. 274 gezeigten Bandschreiber mit 30 Schreibfedern vermieden ist. Ein auf Wachspapier geschriebenes Diagramm, dessen außerordentlich dünne Strichstärke für alle Wachspapieraufzeichnungen charakteristisch ist, zeigt die Abb. 275. Die Aufzeichnung kann bei den Chronographen mit Wachspapier außer durch Auskratzen der Wachsschicht mit einem Stichel auch durch Ausschmelzen mit einem geheizten Schreibstift oder durch einen Funkenüberschlag erfolgen. Die Wachsfunkenschrift bietet gegenüber der älteren Funkenaufzeichnung

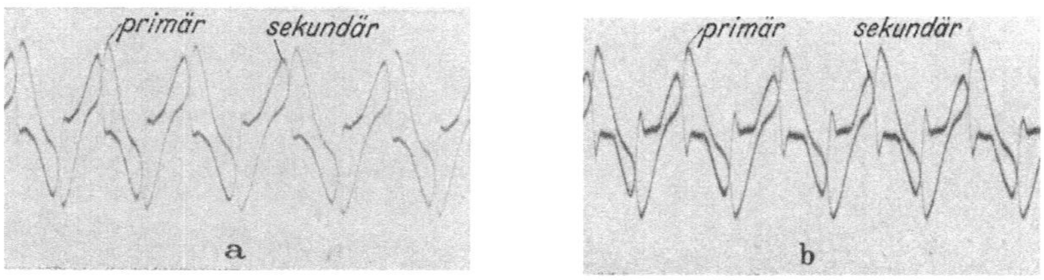

Abb. 278. Primär- und Sekundärspannung des Funkenerzeugers.
a mit kurzgeschlossener Funkenstrecke; b mit eingeschalteter Funkenstrecke.

auf Rußpapier den Vorteil der größeren Sauberkeit, gegenüber der reinen Wachsschrift den der besseren Pausfähigkeit. Die Funken werden je nach Art der Aufzeichnung und nach der Schreibgeschwindigkeit auf verschiedene Weise erzeugt. Überschläge für einzelne Zeitmarken, beispielsweise bei der Messung von Geschoßgeschwindigkeiten, erzeugt man durch den Spannungsstoß, der im Sekundärkreis eines Übertragers beim Öffnen des Primärstromkreises induziert wird, beispielsweise beim Zerstören eines Bensberg-Gitters (Abb. 276). Ständige Funkenströme werden von Unterbrechern und Induktorien oder von Hochspannungswandlern aus dem Netz geliefert. Mit dem Hammerunterbrecher erzielt man etwa 20 Funken/s, mit Motorunterbrechern 50···70, während ein 50periodiger Wechselstrom 100 Funken/s gibt. Die Schaltung für die Funkenerzeugung aus dem 50-Hz-Netz zeigt Abb. 277. Der primäre Vorwiderstand hat den Zweck, die Spannungskurve zu verzerren, da eine möglichst spitze Kurvenform zum Erzielen eines kurzen und rasch abreißenden Funkens erwünscht ist. Abb. 278a und b sind zwei Oszillogramme der Primär- und Sekundärspannung des Funkenerzeugers. Beim Oszillogramm *a* war die Funkenstrecke kurzgeschlossen, bei *b* ist die Funkenstrecke in Betrieb. Der Funkenüberschlag ist durch die Einsattelung der Spannungskurve deutlich zu erkennen. Bei allen Funkenschreibern ist eine sorgfältige Entstörung notwendig, um eine Beeinträchtigung des Rundfunkempfangs zu vermeiden.

Einen Wachsfunken-Chronographen der Bell Laboratories zum Überwachen von Uhren zeigt Abb. 279. Bei diesem Gerät läuft das Wachspapier über eine als scharfe Metallkante ausgebildete Hochspannungs-

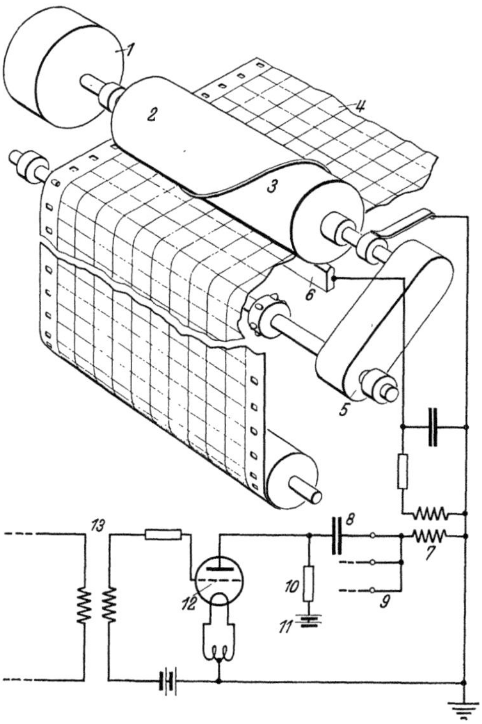

Abb. 279. Anordnung des Wachsfunken-Chronographen der Bell Laboratories. [Aus MARRISON: The spark chronograph. Bell Labor. Rec. Bd. 18 (1939) S. 55.]
1 Antriebsmotor; *2* Schreibtrommel; *3* Spiralelektrode; *4* Wachspapier; *5* Papierantrieb; *6* Hochspannungselektrode; *7* Übertrager; *8* Kondensator; *9* Anschlüsse für weitere Impulsgeber; *10* Vorwiderstand; *11* 200-V-Batterie; *12* Schaltröhre; *13* Eingangsübertrager.

elektrode, während die geerdete Gegenelektrode in Form einer Schraubenlinie um eine Metalltrommel gelegt ist und das Wachspapier nicht berührt. Die Funkenstrecke wandert also bei jeder Trommelumdrehung einmal quer über das Papier. Die Trommel wird von einer Normaluhr synchron angetrieben. Wenn die Impulse der zu vergleichenden Uhr in Abständen eintreffen, die ein ganzzahliges Vielfaches der Trommelumlaufzeit darstellen, so entstehen die Funkenmarken stets an derselben Stelle der Trommelbreite, und auf dem Registrierpapier erscheint eine senkrechte Reihe von Funkenmarken. Eine Neigung der Registriermarken nach der einen oder anderen Seite bedeutet eine

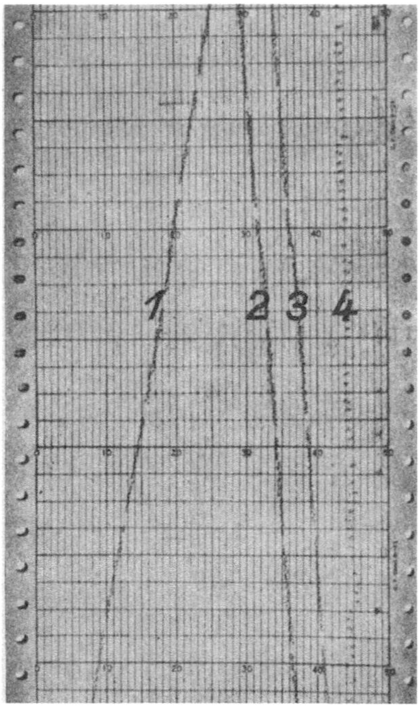

Abb. 280. Diagramm des Wachsfunkenschreibers der Bell Laboratories. [Aus MARRISON: The spark chronograph. Bell Labor. Rec. Bd. 18 (1939) S. 55.]

1 ··· *3* Aufzeichnung des Ganges von Quarzuhren; *4* Rundfunk-Zeitsignal.

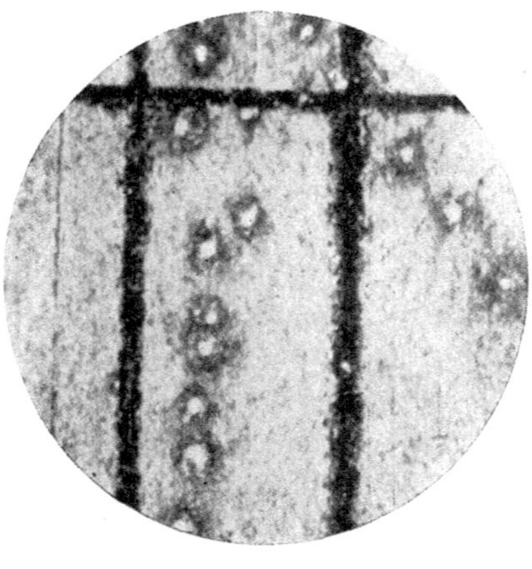

Abb. 281. Mikrophotographie von Funkenmarken auf Wachspapier. [Aus MARRISON: The spark chronograph. Bell Labor. Rec. Bd. 18 (1939) S. 55.]

Gangdifferenz zwischen der Normal- und der X-Uhr; ihre Größe läßt sich aus dem Neigungswinkel ermitteln. Die Umlaufzeit der Trommel ist 0,5 s, und dieselbe Zeit entspricht demnach einer vollen Papierbreite. Der Papiervorschub ist 75 mm/d, die Ablesegenauigkeit 1 ms. Die Hochspannungsfunken werden durch Induktion erzeugt. Der Anodenkondensator *8* wird von einer 200-V-Batterie *11* über den Widerstand *10* allmählich aufgeladen und entlädt sich beim Ankommen eines Impulses über die Primärwicklung *7* des Wandlers und die Schaltröhre *12*. Der auf der Sekundärseite des Wandlers induzierte Spannungsstoß ruft den Überschlag der Funkenstrecke hervor. Es können mehrere Impulsgeber an denselben Funkenschreiber angeschlossen werden. Zur Unterscheidung der einzelnen Aufzeichnungen wird alle paar Stunden eine besondere Impulsfolge als Schlüssel gesendet. In Abb. 280 ist die Aufzeichnung eines solchen Wachsfunkenschreibers vom Gang dreier Quarzuhren sowie eines Rundfunk-Zeitzeichens wiedergegeben.

Abb. 281 ist eine Mikrophotographie des Diagramms und zeigt die wesentlich bessere Erkennbarkeit der Wachsfunkendurchschläge gegenüber Funkendurchschlägen durch gewöhnliches Papier.

Zeitschreiber. Der Siemens-Zeitschreiber (Abb. 282) wird mit 6 oder 12 elektromagnetischen Relais ausgeführt und zeichnet ebenso viele Vorgänge auf einem ablaufenden Papierstreifen von 120 mm Breite und 30 m Länge in Tintenschrift auf. Die Vorschubgeschwindigkeit des Schreibstreifens kann zwischen 10 mm/h und 20 mm/s gewählt werden. Die kurze Ansprechzeit der Relais rechtfertigt auch hohe Papiergeschwindigkeiten für rasch ablaufende Vorgänge. Die Schreibfedern werden entweder als Konusfedern aus einzelnen kegelförmigen Tintennäpfchen oder als Kapillarfedern aus einem gemeinsamen Tintentrog gespeist. Das Diagramm zeigt rechtwinkelig gebrochene,

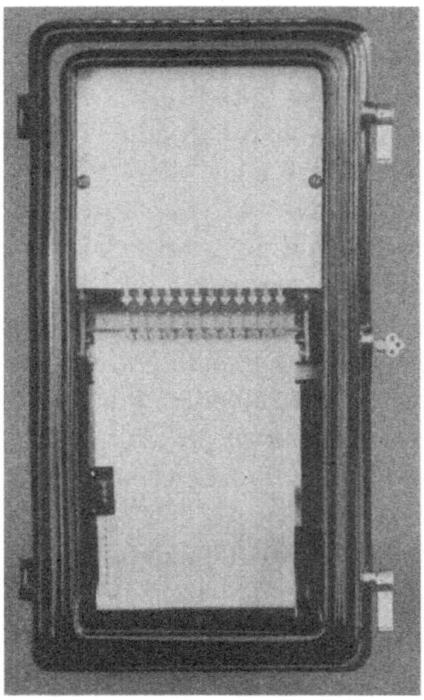

Abb. 282. Siemens-Zeitschreiber mit 12 Schreibfedern.

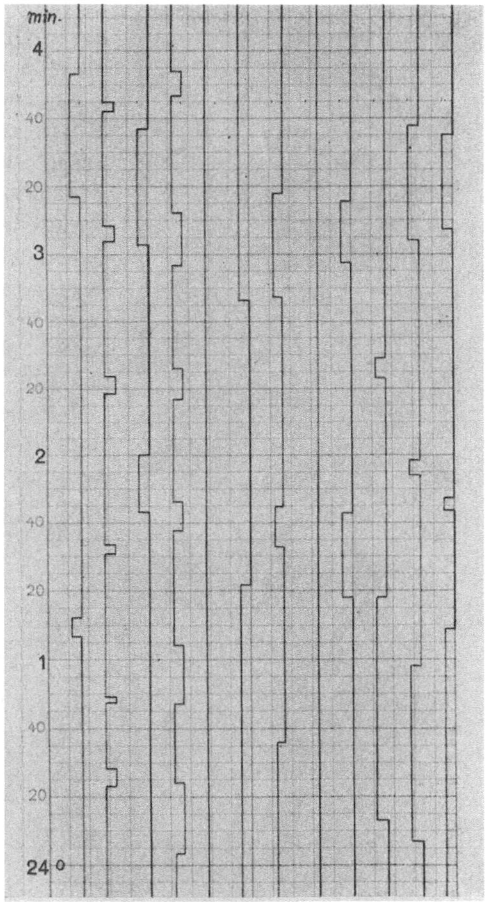

Abb. 283. Diagrammstreifen eines Siemens-Zeitschreibers.

senkrechte Linien, deren einzelne Auslenkungen den Zeitpunkt des aufgezeichneten Ereignisses angeben (Abb. 283). Das Relais hat eine Umschlagzeit von 60 ms, vermag also acht Vorgänge/s ohne Schwierigkeiten aufzunehmen und ist für Gleich- und Wechselstrom geeignet. Sein Verbrauch ist 0,5 W bei Gleichstrom und 0,8 VA bei Wechselstrom. Die Schreiberrelais können mit normalen Schaltern oder mit besonderen Schalteinrichtungen betätigt werden, die dem jeweiligen

Verwendungszweck angepaßt sind. Eine Schaltung zum Überwachen des Ansprechens von Schutzrelais ist in Abb. 284 angegeben. Bei dieser Ausführung steht das Papier normalerweise still und wird erst bei einer Störung mit einer Geschwindigkeit von 10 mm/s angetrieben und nach Beendigung der Störung wieder stillgesetzt. Die Schutzrelais *1* schalten die Hilfsschütze *2* und die in Reihe mit ihnen liegenden Zeitschreiberrelais *3* ein; von den Hilfsrelais wird das Schnelläuferuhrwerk *4* ausgelöst und ein Alarmsignal *5* betätigt. Die Zeitschreiberaufzeichnung gibt also Aufschluß über die Reihenfolge und den zeitlichen Abstand der Relaisbetätigungen und Schalterauslösungen und gestattet somit einen vollkommenen Überblick über das Arbeiten des Schutzes und der Leistungsschalter. Der Siemens-Zeitschreiber eignet sich vorwiegend für die Aufzeichnung der Art und Dauer eines Zustandes, der Häufigkeit und des Zeitpunktes von Zustandsänderungen absolut und relativ zu anderen Vorgängen.

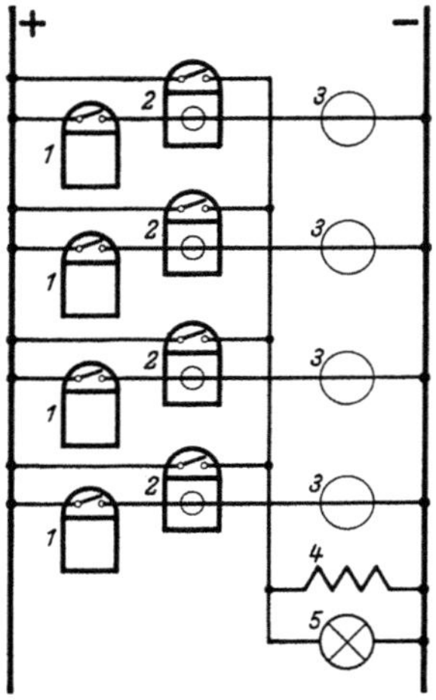

Abb. 284. Schaltung eines Zeitschreibers zum Überwachen von Schutzrelais.
1 Schutzrelais; *2* Hilfsschütze; *3* Schreibrelais; *4* Uhrwerkauslösung; *5* Alarmsignal.

Abb. 285. Zeitschreiber der Fa. Ericsson.

Im Gegensatz zu dem mit Tinte geschriebenen Liniendiagramm des Siemens-Zeitschreibers gibt der Ericsson-Zentralograph ein Punktdiagramm in Trockenschrift mit Farbband. Der in Abb. 285 gezeigte Schreiber enthält 30 Schreibrelais, deren hammerartig ausgeführte Anker bei jedem Stromstoß auf das Papier schlagen und eine Schreibmarke in Form eines 2 mm breiten Querstriches hinterlassen. Zu jedem Schreibrelais gehört eine ständig arbeitende Kontakteinrichtung, deren Impulshäufigkeit der Geschwindigkeit des überwachten Vorganges verhältnisgleich ist. Das Diagramm besteht sonach aus senkrechten Reihen kleiner Querstriche, deren Zahl je Zeiteinheit proportional der Arbeitsgeschwindigkeit ist und die beim Stillstand des überwachten Gerätes eine Lücke aufweisen, wie aus dem

Diagramm Abb. 286 zu ersehen ist. Der Apparat eignet sich für die Aufzeichnung der Betriebsdauer und Arbeitsgeschwindigkeit von Maschinen und Geräten absolut und relativ zu anderen Vorgängen. Er eignet sich dagegen nicht zur Überwachung von Zuständen und Zustandsänderungen so-

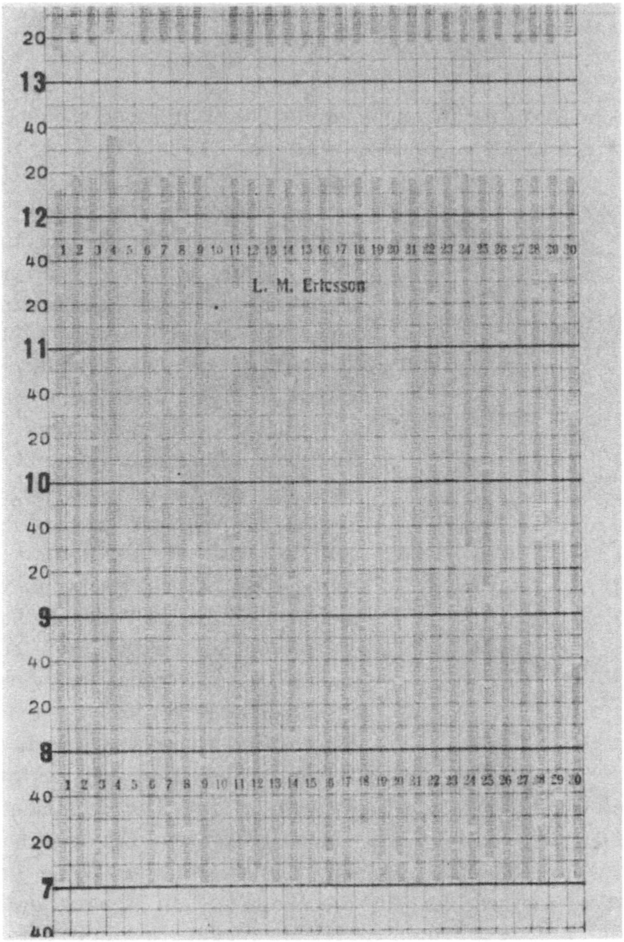

Abb. 286. Diagramm des Zeitschreibers der Fa. Ericsson.

wie deren zeitlicher Folge; er hat aber den Vorzug geringer Wartung und hoher Schreibstellenzahl. Die Aufzeichnungen beider Schreiber sind insofern nicht völlig eindeutig, als die Schreibrelais keine besondere Störungsmeldung haben, die Stellungen „Aus" und „Stromlos" also übereinstimmen. Dieser Mangel läßt sich durch Überwachung jedes Vorganges mit zwei Schreibrelais beheben. Es ergibt sich dann folgende Aufzeichnung:

Relaisstellung	Zustand des überwachten Vorganges oder Gerätes
Relais 1 in Arbeitsstellung Relais 2 in Ruhestellung	A
Relais 1 in Ruhestellung Relais 2 in Arbeitsstellung	B
Relais 1 in Ruhestellung Relais 2 in Ruhestellung	Störung am Gerät

Eine besondere Ausführungsform des Zeitschreibers ist der nicht auf dem Markt erschienene Stückzeitschreiber (Abb. 287). Der Stückzeitschreiber gestattet ebenso wie der Zeitschreiber die Häufigkeit und den Zeitpunkt eines Vorganges zu ermitteln; während aber der Zeitschreiber für mehrere Vorgänge bestimmt ist und in erster Linie Dauer und Zeitpunkt bequem abzulesen gestattet, überwacht der Stückzeitschreiber nur einen Vorgang und gibt in erster Linie einen guten Überblick über die Häufigkeit und Regelmäßigkeit seiner Wiederkehr. Auf eine sehr genaue Zeitermittlung kommt es dabei weniger an. Der Zeitschreiber ist also mehr für einmalige Vorgänge bestimmt, die zu einem unbekannten Zeitpunkt eintreten und rasch ablaufen, der Stückzeitschreiber dagegen für periodisch wiederkehrende Vorgänge, deren Zeitpunkt bekannt ist, zur Summenbildung und zur Fabrikationsüberwachung. Die Schreibeinrichtung des Gerätes (Abb. 288) besteht aus einem Elektromagnet, der bei jedem ankommenden Stromstoß über ein Klinkwerk eine Welle um einen kleinen Betrag weiterdreht. Auf die Welle ist ein Rechts- und Linksflachgewinde aufgeschnitten, und auf diesem Gewinde wandert ein Schreibwagen mit Parallelführung bei jedem Stromstoß um einen kleinen Betrag weiter, bis er einen Anschlag erreicht, wo er umkehrt und in entgegengesetzter Richtung zurückwandert. Das Papier ist 70 mm breit, die Zahl der Stromstöße für eine Bewegung des Schreibschlittens über die volle Papierbreite beträgt 100. Das Schreibpapier wird von einem Uhrwerk mit konstanter und wählbarer Geschwindigkeit angetrieben. Aus dem Diagramm können also ohne weiteres folgende Feststellungen getroffen werden:

Abb. 287. Stückzeitschreiber.

Die Gesamtzahl der Überschreibungen des Papiers gibt die Gesamtzahl der aufgezeichneten Vorgänge an, da der von der Schreibfeder zurückgelegte Weg verhältnisgleich der Summe der Stromstöße ist. Die Neigung der geschriebenen Linienzüge gegen die Senkrechte ist ein Maß für die Stromstoßfrequenz, also für die Arbeitsgeschwindigkeit. Je stärker der Linienzug geneigt ist, desto schneller folgten die Stromstöße aufeinander. Ein senkrechter Diagrammstrich bedeutet, daß kein Stromstoß ankam, das überwachte Gerät also stillstand oder die Hilfsstromquelle abgeschaltet war. Der Zeitpunkt und die Dauer solcher Stillstände oder eines einzelnen Vorganges sind aus der Zeiteinteilung

Abb. 288. Registrierwerk des Stückzeitschreibers.

des Papiers zu ersehen. Abb. 289 zeigt beispielsweise die Anwendung des Stückzeitschreibers zum Ermitteln der Besetzung einer Schreibmaschine. Die Stenotypistin begann um 8 Uhr die Diktate des Vortages aufzuarbeiten, ging um 9^{23} Uhr zum Diktat und begann um 13^{20} Uhr mit der neuen Niederschrift. Die reine Schreibzeit während des Tages betrug 2 h 48 min und die maximale Schreibgeschwindigkeit 2000 Anschläge in 8¾ min oder 4 Anschläge/s, die Gesamtzahl der Anschläge während des Tages 25800. Das nächste Diagramm (Abb. 290) wurde in einer Spritzgießerei aufgenommen. Während der 22stündigen Arbeitszeit wurden insgesamt 994 Stück gespritzt, die reine Arbeitszeit war 12 h, die Stillstandszeiten der Maschine 10 h. Die Maschine arbeitete also nur etwas über die halbe Zeit und war sehr schlecht ausgenutzt. Die höchste Arbeitsgeschwindigkeit betrug 100 Stück in 54 min oder 1 Stück in 32,5 s.

Oszillographen [*46*]. An Stelle der mechanischen Zeitschreiber kann auch der Oszillograph zu Zeitaufnahmen herangezogen werden. Der

Schleifenoszillograph eignet sich infolge des schnellen Papiervorschubs und der hohen Eigenfrequenz der Meßschleife besonders für sehr kurze

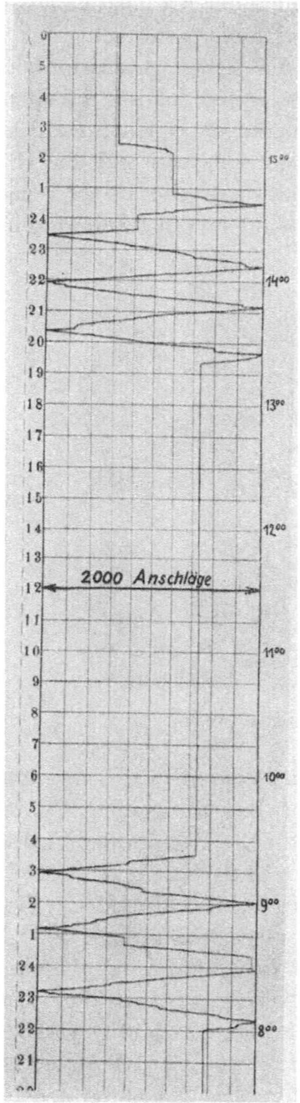

Abb. 289. Stückzeitschreiber an einer Schreibmaschine.
1 Papierbreite = 2000 Anschläge, Papiervorschub = 40 mm/h.

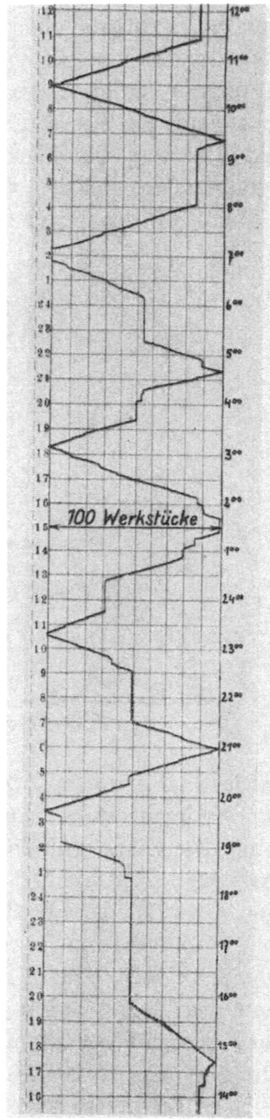

Abb. 290. Stückzeitschreiber an einer Spritzmaschine.
1 Papierbreite = 100 Werkstücke, Papiervorschub = 20 mm/h.

Zeiten und kann in Verbindung mit einem passenden Anwurfgerät auch für ungesteuerte Vorgänge verwendet werden. Aufgezeichnet wird durch seitliches Auslenken der Meßschleife mittels Gleichstrom, Wechselstrom oder Impulsen (Abb. 266c···e); der Zeitmaßstab wird durch die Papierablaufgeschwindigkeit bestimmt. Für die höchste ausgeführte Papiergeschwindigkeit von 50 m/s und einen Abstand der Zeitmarken

Abb. 291. Universaloszillograph von Siemens & Halske.
1 Meßschleifengestell; *2* Meßschleifen; *3* Seitenverstellung der Meßschleifen; *4* Höhenverstellung der Meßschleifen; *5* Zeitschreiber; *6* Schalter für den Zeitschreiber; *7* Regelwiderstände für die Amplitudeneinstellung; *8* Aufnahmegerät; *9* Lampengehäuse; *10* Universal-Antriebsmotor; *11* Motorgetriebe; *12* Anschlußklemmen des Motors; *13* Vorwiderstände für Lampe und Motor; *14* Beobachtungseinrichtung; *15* Ablaufkassette; *16* Aufnahmetrommel für das belichtete Papier; *17* Anzeiger für den Papiervorrat; *18* Kupplung für den Papierablauf; *19* Schalter für die Lichtquelle; *20* Schalter für den Antriebsmotor; *21* Drehzahlregler des Antriebsmotors; *22* Schalter zum Öffnen und Schließen des Verschlusses für Zeitaufnahmen; *23* Auslösung des Momentverschlusses; *24* Schauzeichen für den Aufzugzustand des Verschlusses; *25* Steuerschalter für gezielte Aufnahmen; *26* Umschalter für Zeit- und Momentaufnahmen.

von 1 mm ergibt sich als kleinste meßbare Zeit 20 μs. Beim Antrieb des Papiers durch Synchronmotor von einem frequenzgeregelten Netz und mäßigen Genauigkeitsansprüchen ist die Ablaufgeschwindigkeit allein ein hinreichend genauer Zeitmaßstab, bei ungeregelten Wechselstromnetzen und bei Gleichstromnetzen muß ein Zeitmaßstab mit aufgezeichnet werden, der entweder durch Impulse einer Normaluhr oder durch eine

Normalfrequenz gegeben wird. Die Normalfrequenz kann unmittelbar auf die Zeitmeßschleife gegeben oder mit einem besonderen Schwingungssystem aufgezeichnet werden. Die Siemens-Oszillographen werden mit einem besonderen Zeitschreiber für verschiedene Normalfrequenzen geliefert. Abb. 291 zeigt den Siemens-Universaloszillographen mit sechs Meßschleifen und einem Zeitschreiber. Das Gerät ist auf einem besonderen Tisch aufgebaut und besteht aus dem Meßschleifengestell, dem Aufnahmeapparat und den Regelorganen. Die Meßschleifen enthalten eine schmale stromdurchflossene Drahtschleife im Feld eines Dauermagnets, auf deren Mitte ein kleiner Spiegel aufgekittet ist; sie werden mit Eigenfrequenzen bis 20 kHz ausgeführt und sind zwecks Dämpfung in ein ölgefülltes Isolierstoffgehäuse eingesetzt. Die Meßschleifen werden mit 12 kV Prüfspannung gegeneinander und gegen Erde geprüft. Das Aufnahmegerät enthält die Lichtquelle, die Optik, eine Beobachtungsmattscheibe sowie den Antriebsmotor mit Getriebe und sämtliche Schalt-

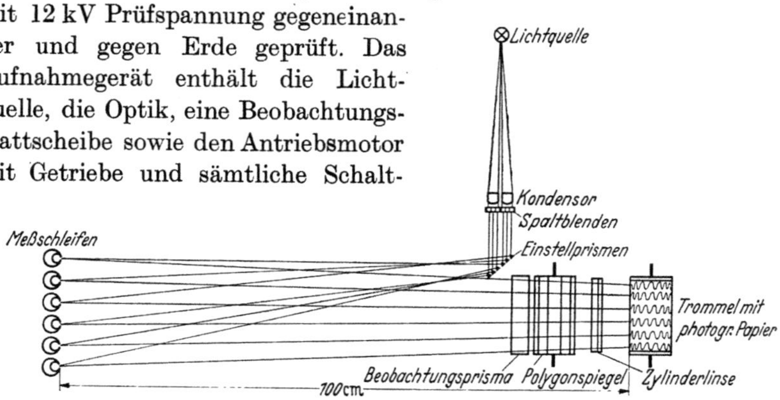

Abb. 292. Strahlengang der sechs Meßschleifen im Universaloszillographen von Siemens & Halske.

und Regelorgane. An das Aufnahmegerät wird eine Trommel- oder Ablaufkassette seitlich angeschoben. Aufgezeichnet wird in rechtwinkeligen Koordinaten auf 120 mm breitem Papier. Die höchste Papiergeschwindigkeit ist bei der Trommelkassette 10, bei der Ablaufkassette 2 m/s. Der Antriebsmotor ist für Gleich- oder Drehstrom verwendbar. Den Strahlengang des Oszillographen zeigt Abb. 292. Das Licht der Bogenlampe wird zunächst durch einen Kondensor parallelgerichtet, dann werden mit sechs Spaltblenden die Strichdicken eingestellt und die einzelnen Strahlen mit drehbaren Prismen auf die Spiegel der Meßschleifen geworfen, die sie in den Aufnahmeapparat reflektieren. Zur Aufnahme wird jeder Lichtstrahl in zwei Teile gespalten. Ein Teil geht über einen umlaufenden Polygonspiegel zur Beobachtungsmattscheibe, der andere, durch eine Zylinderlinse auf einen Lichtpunkt zusammengezogen, auf die Schreibfläche. Abb. 293 zeigt eine Sonderausführung des Gerätes mit sieben Meßschleifen und Trommelkassette für Papiergeschwindigkeiten bis 50 m/s auf einem fahrbaren Rohrgestell. Abb. 294

ist eine tragbare Ausführung mit drei Meßschleifen. Der Apparat wird mit mehreren Einsatzkassetten für Standaufnahmen in der Größe 9×12 cm oder Ablaufaufnahmen auf 9 cm breitem Papier und 1 m/s Höchstgeschwindigkeit geliefert. Ein Oszillogramm vom Bewegungsvorgang eines Relaisankers zeigt Abb. 295. Für die Aufnahme wurde

Abb. 293. 50-m-Oszillograph von Siemens & Halske.
1 Meßschleifengestell; *2* Meßschleifen; *3* Seitenverstellung der Meßschleifen; *4* Höhenverstellung der Meßschleifen; *5* Meßstellenumschalter; *6* Zeitschreiberschleife; *7* Amplitudenregler; *8* Aufnahmegerät; *9* Lampengehäuse; *10* Steuerwalze; *11* Vorwiderstände für die Lampe; *12* Umschaltung des Zeitschreibers auf verschiedene Normalfrequenzen; *13* Vorwiderstände für den Motor; *14* Beobachtungseinrichtung; *15* Trommelkassette; *16* Drehzahlmesser für die Trommelkassette; *17* Hauptschalter für die Meßvorgänge; *18* Kupplungshebel für die Papiertrommel; *19* Schalter für die Lichtquelle; *20* Schalter für den Antriebsmotor; *21* Drehzahlregler des Antriebsmotors; *22* Schalter zum Öffnen und Schließen des Verschlusses; *23* Auslösung des Momentverschlusses; *24* Schauzeichen für den Aufzugzustand des Verschlusses; *25* Steuerschalter für gezielte Aufnahmen; *26* Umschalter für Zeit- und Momentaufnahmen; *27* Normalfrequenzgeber.

der Relaisanker mit einem aufgekitteten Meßschleifenspiegel an Stelle einer Meßschleife in den Strahlengang des Oszillographen gebracht. Durch gleichzeitiges Aufzeichnen des Relaisstromes, der Ankerbewegung und einer Normalfrequenz erhält man einen Einblick in die Arbeitsweise des Relais und kann die Zeiten für Anzug und Abfall des Ankers genau ermitteln. In ähnlicher Weise zeigt die Abb. 296

den Einschwingvorgang eines Meßgerätes zwecks Ermittlung der Beruhigungszeit. Die Aufnahme wurde durch Aufkitten eines Spiegels auf

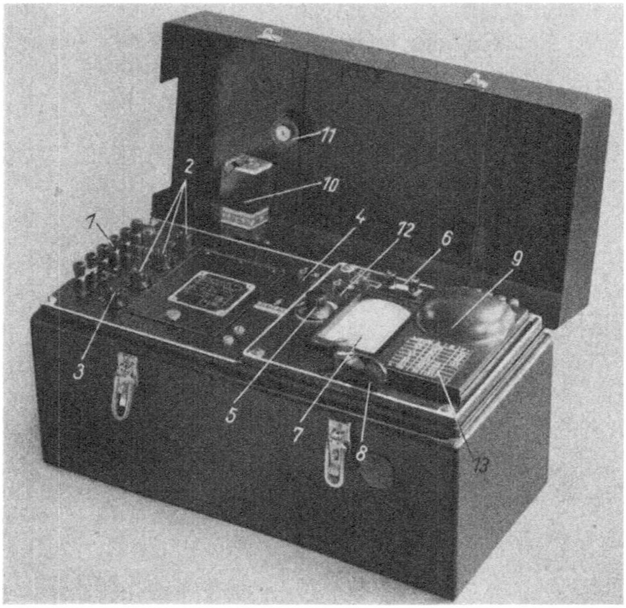

Abb. 294. Tragbarer Oszillograph der Siemens & Halske AG.
1 Anschlüsse für die Lampe; *2* Seitenverstellung der Meßschleifen; *3* Seitenverstellung des Nullpunktspiegels; *4* Lampenschalter; *5* Drehzahlregler; *6* Anschlußklemmen für den Motor; *7* Beobachtungsmattscheibe; *8* Papiertransportschalter; *9* Ablaufkassette; *10* Reservelampe; *11* Wechselräder; *12* Motorschalter; *13* Tabelle für Wechselgetriebe.

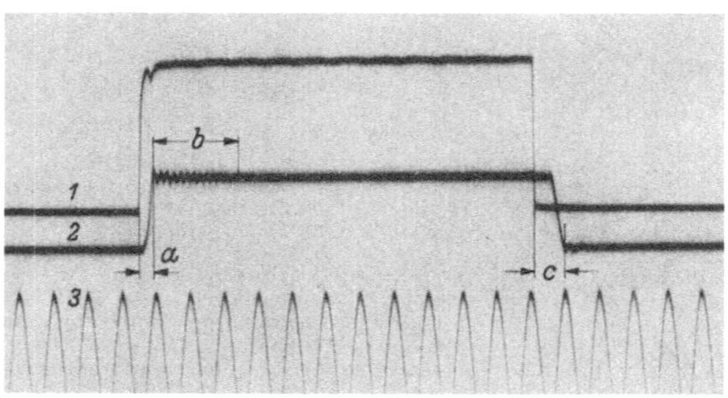

Abb. 295. Oszillogramm der Bewegung eines Relaisankers.
1 Relaisstrom; *2* Ankerbewegung; *3* Normalfrequenz 50 Hz; *a* Anzugzeit des Ankers 8 ms; *b* Ankerprellungen 56 ms; *c* Abfallzeit des Ankers 17 ms.

die Meßwerkachse und Einsetzen des Meßgerätes an Stelle einer Oszillographenschleife ermöglicht. Die Zeitkurve wurde mit einer 50-Hz-Normalfrequenz geschrieben. Ein anderes Verfahren zu dem gleichen

Zweck zeigt Abb. 297. Bei dieser Aufnahme wurde eine mit der Normalfrequenz betriebene Meßschleife über die ganze Papierbreite ausgesteuert, also die volle Papierbreite mit engliegenden Sinuskurven beschrieben, die unmittelbar als Zeitlinien dienen können. In den Strahlengang der Meßschleife wird der Zeiger des Meßgerätes gebracht, dessen Einschwingvorgang nunmehr als weiße Schattenlinie erscheint.

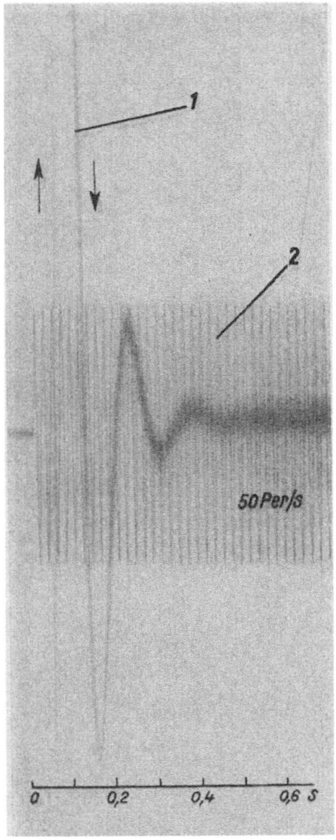

Abb. 296. Messen der Beruhigungszeit eines schnellschwingenden Systems. [Aus PFLIER: Anwendung des Oszillographen im Instrumentenbau. Siemens-Z. Bd. 13 (1933) S. 206.]
1 Bewegung des Meßwerks; 2 Vergleichsfrequenz 50 Hz.

Für besonders kurze Zeiten wird der Elektronenstrahloszillograph eingesetzt. Beim Elektronenoszillographen werden die von einer Kathode ausgehenden Elektronen durch eine Elektronenoptik zu einem feinen Strahlenbündel vereinigt und auf einen Leuchtschirm geworfen. Auf diesen Elektronenstrahl wirken zwei ablenkende elektrostatische Kräfte ein, die entweder beide verhältnisgleich den zu messenden Größen sind oder von denen eine der Zeit proportional ist. Werden die Ablenkplatten in zwei aufeinander senkrechten Richtungen angeordnet, so erfolgt die Aufzeichnung der Meßgröße in rechtwinkeligen Koordinaten als Funktion einer zweiten elektrischen Größe (LISSAJOUS-Figur) oder als Funktion der Zeit. Legt man an die beiden senkrecht aufeinander stehenden Ablenkplattenpaare um 90 elektrische Grade gegeneinander verschobene Spannungen, so entsteht ein Drehfeld und der Elektronenstrahl beschreibt einen Kreis. Wird nun die Meßspannung an einen Zylinderkondensator gelegt, so erfolgt die Aufzeichnung in Polarkoordinaten. Abb. 298 zeigt eine Hochvakuum-Zweistrahlröhre der Siemens & Halske AG., mit der gleichzeitig zwei verschiedene Vorgänge aufgezeichnet werden können. Die beiden Elektronenstrahlen werden von getrennten Glühkathoden erzeugt und von getrennten Elektronenoptiken gebündelt. Die Optik besteht aus einer Steuerelektrode zur Helligkeitssteuerung, einer Linsenelektrode zur Scharfeinstellung und einer Anode. Auf jeden Elektronenstrahl wirken zwei Ablenkplattenpaare ein. Der Schirmdurchmesser beträgt etwa 180 mm, die Empfindlichkeit in einer Achse etwa $\frac{720}{U_a}$ mm/V, in der anderen etwa $\frac{640}{U_a}$ mm/V. Die Anodenspannung U_a ist zwischen 1000 und 4000 V wählbar. Wie aus den Angaben hervorgeht, sinkt die Empfindlichkeit mit wachsender

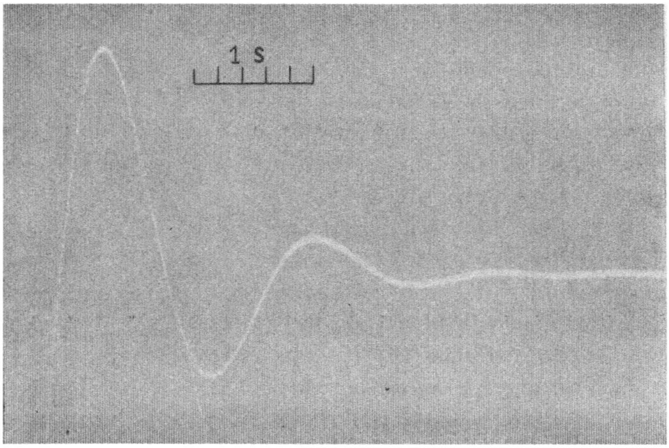

Abb. 297. Einschwingen eines Flachprofil-Drehspul-Instruments; Überschreiben des Diagramms mit einer Sinuslinie; Anordnung des Systems vor dem Aufnahmeapparat.

Anodenspannung U_a der BRAUNschen Röhre in gleichem Verhältnis. Bei der größten Helligkeit, nämlich bei Betrieb mit 4000 V, herrscht

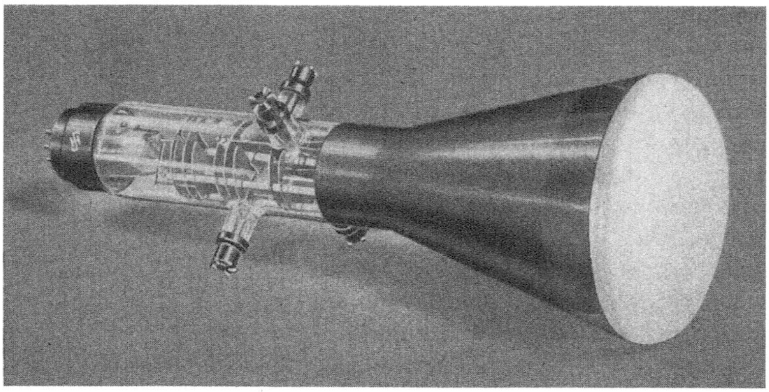

Abb. 298. Elektronen-Zweistrahlröhre von Siemens & Halske.

demnach $^1/_4$ der Empfindlichkeit bei $U_a = 1000$ V. Beim Anlegen einer sinusförmigen Wechselspannung erhält man die 2,8fachen Werte der für Gleichspannung angegebenen Ausschläge. Zur Aufzeichnung können an die Kathodenoszillographen photographische Kameras angesetzt werden.

Abb. 299 zeigt einen AEG-Kathodenoszillographen mit angesetzter Kamera zur Aufnahme des Leuchtschirmbildes. Das Öffnungsverhältnis

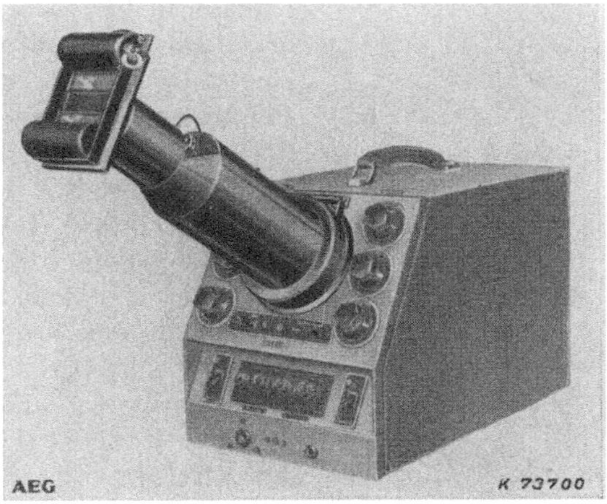

Abb. 299. Kathodenoszillograph mit angesetzter Photographiereinrichtung (Ausführung der AEG).

des Objektivs ist 1 : 2,9, und es können einmalige Vorgänge bis zu Schreibgeschwindigkeiten von etwa 1 km/s, mit Nachbeschleunigungs-

Abb. 300. Trommelkammer zum Siemens-Elektronenoszillographen. (Aus Druckschrift SH. 7013a.)

einrichtung sogar bis 15 km/s aufgenommen werden. Abb. 300 ist eine Trommelkammer der Siemens & Halske AG., deren Umfangsgeschwindigkeit bei einer Schreibbreite von 9 cm und einem Trommelumfang von 63 cm von 1···80 m/s geregelt werden kann und damit die elektrische Zeitablenkung ersetzt. Die Optik der Kamera hat ein Öffnungsverhältnis $f = 1:2$. Der Compurverschluß ermöglicht Zeit- und Momentaufnahmen bis $^1/_{200}$ s, er wird nach der Umdrehungszahl des Motors so eingestellt, daß die Belichtung der Filmtrommel während einer Umdrehung erfolgt.

Abb. 301. Tragbarer Elektronenoszillograph von Siemens & Halske.

Eine besonders bequem tragbare Ausführung für Vollnetzanschluß mit dem geringen Gewicht von 9 kg zeigt Abb. 301. Das Gerät enthält eine Vakuumröhre mit 75 mm Schirmdurchmesser, 650 V Anodenspannung und einer Empfindlichkeit von 0,5 mm/V in der waagerechten und 0,37 mm/V in der senkrechten Achse. Durch einen von 10 Hz bis 30 kHz verwendbaren Verstärker kann die Empfindlichkeit in der senkrechten Achse auf 37 mm/V gesteigert werden; der Verstärker läßt sich auch für die Verstärkung von Gleichspannungskomponenten umschalten, so daß er von 0···30 kHz verwendbar wird, die Empfindlichkeit in dieser Schaltung beträgt jedoch nur 18 mm/V. Die Kippfrequenz läßt sich von 30 Hz bis 120 kHz regeln, wodurch sich ein Frequenzbereich von 10 Hz bis 120 kHz ergibt. Die höchste Kippgeschwindigkeit, das ist der größte sekundliche Kippspannungsanstieg, beträgt $15 \cdot 10^6$ V/s, der größte Zeitmaßstab $7{,}5 \cdot 10^6$ mm/s und die größtmögliche Auflösung bei 1 MHz Nennfrequenz 7,5 mm. Die photographische Aufnahme der Kurven erfolgt bei diesem Gerät mit einer normalen Standkamera. Bis zu Geschwindigkeiten von etwa 1 km/s lassen sich auch einmalig über den Schirm geschriebene Vorgänge aufnehmen. Die Kippgeschwindigkeit des Elektronenoszillographen, also die Zeitablenkung, entspricht der

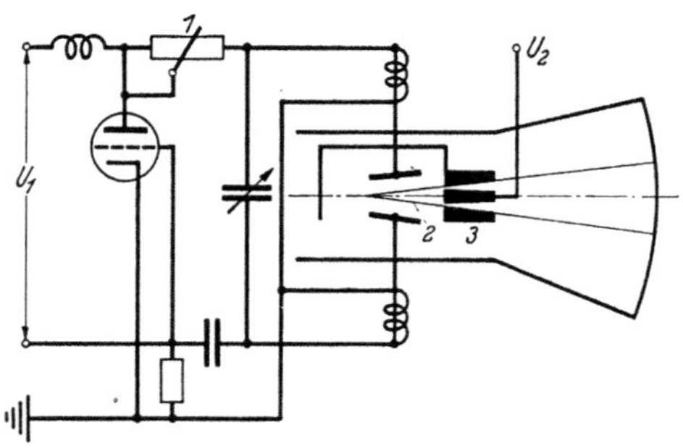

Abb. 302. Grundschaltung eines Polarkoordinaten-Oszillographen. [Aus v. ARDENNE: Ein neuer Polarkoordinaten-Elektronenstrahl-Oszillograph mit linearem Zeitmaßstab. Z. techn. Phys. Bd. 17 (1936) S. 660···666.]

U_1 Synchronspannung; U_2 Meßspannung; 1 Regler für den Skalendurchmesser; 2 Einstellen der Kreisform durch Abgleich der Ablenkamplitude; 3 Zylinderkondensator zur radialen Auslenkung.

Papiergeschwindigkeit beim Schleifenoszillographen und muß deshalb für Zeitaufnahmen absolut konstantgehalten werden, sofern nicht besondere Zeitmarken mit aufgezeichnet werden. Bei Verwendung der Trommelkammer mit umlaufendem Film ist die Drehzahl konstantzuhalten. Bei Mehrstrahloszillographen kann mit einem der Strahlen eine Normalfrequenz als Zeitmaßstab mitgeschrieben werden, die Ablenkgeschwindigkeit braucht also nicht bekannt zu sein. Bei Einstrahloszillographen kann die Zeitmarkierung durch eine mit bekannter Frequenz gespeiste Glimmlampe oder einen mit bekannter Frequenz schwin-

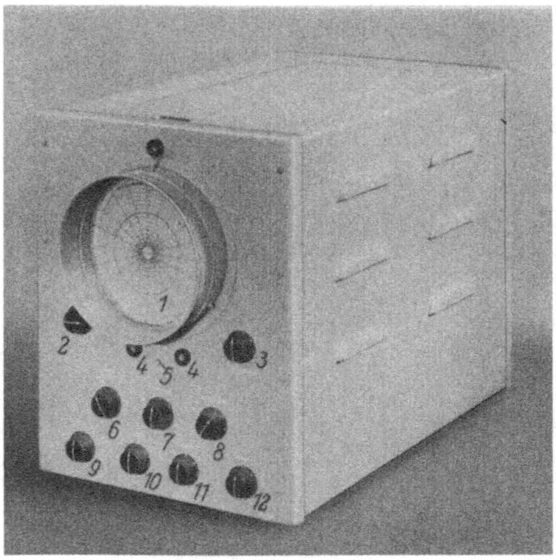

Abb. 303. Polar-Oszillograph.

1 Leuchtschirm in Polarkoordinaten; *2* Einstellung der Kreisform des Kathodenstrahls; *3* Einstellung des Diagramm-Durchmessers; *4* Anschluß der Steuerspannung; *5* Erdungsanschluß; *6* Umschalter für Eigen- und Fremderregung; *7*, *8* Grob- und Feinregler für die Frequenz; *9* Einstellung der Punktlage waagerecht; *10* Einstellung der Punktschärfe; *11* Einstellung der Punkthelligkeit; *12* Einstellung der Punktlage senkrecht.

genden Spiegel erfolgen. Ein besonders einfaches Verfahren besteht darin, durch überlagerte kurze Spannungsstöße bekannter Frequenz zeitproportionale Helligkeitsschwankungen in der aufgezeichneten Kurve zu erzeugen.

Beim Polarkoordinaten-Oszillographen wird als Ablenksystem ein Zylinderkondensator, für die Zeitablenkung ein Drehfeld in der Schaltung der Abb. 302 verwendet. Der Elektronenstrahl beschreibt somit unter dem Einfluß der Zeitablenkung einen Kreis um die Röhrenachse, dem die Meßamplituden in radialer Richtung überlagert sind. Der Lichtkreis wird mit dem — der Skala des Meßgerätes entsprechenden — Nullkreis hinsichtlich Mittelpunktlage und Durchmesser durch Regler zur Deckung gebracht. Der Umfang des Nullkreises ist 300 mm, die kürzeste Umlaufzeit des Elektronenstrahles 5 μs, somit ergibt sich für einen Weg des Elektronenstrahles von 1 mm als kleinste meßbare Zeit 0.0166 μs. Die größte meßbare Zeit ist die Zeit für einen vollen

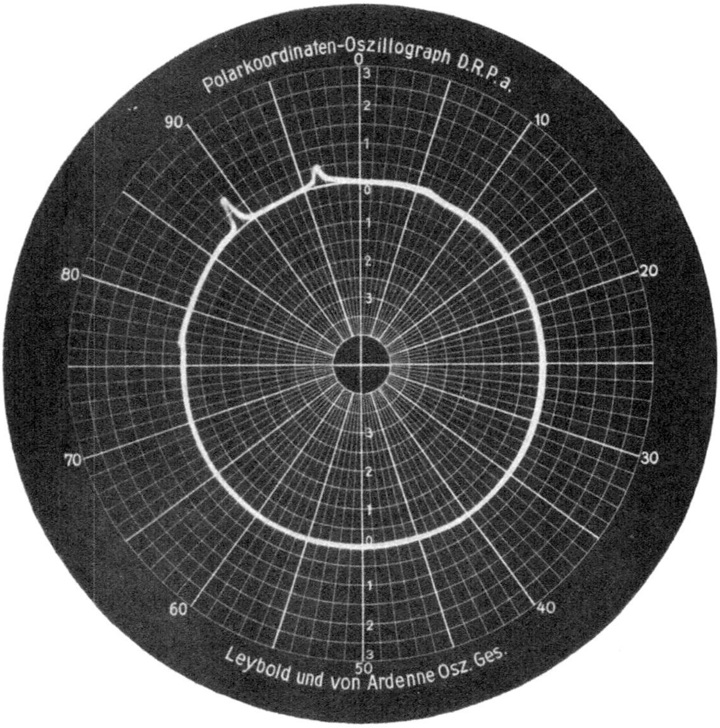

Abb. 304. Oszillogramm eines Polar-Oszillographen zum Bestimmen des zeitlichen Abstandes zweier Impulse. [Aus v. ARDENNE: Ein neuer Polarkoordinaten-Elektronenstrahl-Oszillograph mit linearem Zeitmaßstab. Z. techn. Phys. Bd. 17 (1936) S. 660···666.]
1 Umlauf des Elektronenstrahles = 5 μs.

Umlauf des Elektronenstrahles, sie beträgt bei der Normalausführung maximal 1,66 ms, bei einer Sonderausführung 20 ms. Abb. 303 ist eine Ansicht des Gerätes, Abb. 304 ein Oszillogramm des zeitlichen Abstandes zweier Impulse.

3. Kurzzeitmesser [*47*].

Zeitmessung mit dem Drehspul-Instrument. Gibt man auf ein Drehspul-Instrument einen Stromstoß i, dessen Dauer t klein ist gegen die Eigenschwingungszeit des Galvanometers, so ist der Ausschlag $\alpha = \frac{i \cdot t}{C}$, wenn C die ballistische Konstante des Galvanometers bezeichnet. Das Gerät ist also ein Amperesekundenmesser, der durch Konstanthalten des Stromes zum reinen Zeitmesser wird. Die notwendige große Schwingungszeit kann auf zweierlei Weise erzielt werden.

Beim ballistischen Galvanometer wird die gewünschte niedrige Eigenfrequenz durch ein sehr großes Trägheitsmoment erreicht. Die Dämpfung ist normal, und der Zeiger kehrt nach der Messung in die Ruhelage zurück. Im Gegensatz dazu hat das Kriechgalvanometer kleines Trägheitsmoment, und die hohe Eigenschwingungszeit wird durch ein sehr kleines Richtmoment erzielt. Die Dämpfung ist stark überaperiodisch, und der Zeiger muß nach der Messung durch besondere Mittel in die Nullage zurückgeführt werden. Der Meßbereich dieser Zeitmesser reicht etwa von 1 ms bis 30 s. Die einfachste Schaltung des ballistischen Galvanometers zeigt Abb. 305. Bezeichnet R den Widerstand, L die Selbstinduktion des Meßkreises, U die Meßspannung, i den Strom im Meßkreis, C die ballistische Konstante und α den Ausschlag des Galvanometers, so gilt

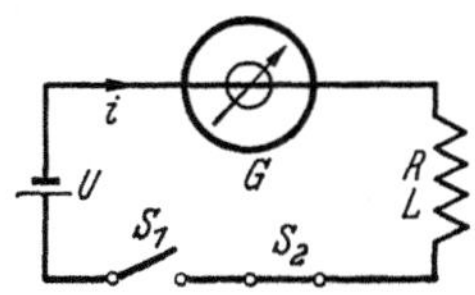

Abb. 305. Zeitmessung mit dem ballistischen Galvanometer mit Ein- und Ausschalter.
U Meßspannungsquelle; R Widerstand des Meßkreises; L Selbstinduktion des Meßkreises; i Meßstrom; S_1 Einschalter; S_2 Ausschalter.

$$U = i \cdot R + L \cdot \frac{di}{dt} \tag{130}$$

oder

$$i = \frac{U}{R}\left(1 - e^{-\frac{R}{L} \cdot t}\right). \tag{131}$$

In der Zeit t zwischen dem Schließen des Schalters S_1 und dem Öffnen des Schalters S_2 fließt durch das Galvanometer die Elektrizitätsmenge

$$Q = \int_0^t i \cdot dt = \frac{U}{R}\left[t - \frac{L}{R}\left(1 - e^{-\frac{R}{L} \cdot t}\right)\right] = C \cdot \alpha. \tag{132}$$

Dabei ist zur Zeit $t = 0$; $Q = 0$ und $i = 0$ gesetzt. Für einen Stromkreis mit vernachlässigbarer Selbstinduktion folgt daraus

$$Q = \frac{U}{R} \cdot t = C \cdot \alpha \tag{133}$$

oder

$$t = \frac{Q \cdot R}{U} = C \cdot \alpha \cdot \frac{R}{U}. \tag{134}$$

Da die ballistische Konstante C, Widerstand des Stromkreises R und Meßspannung U Konstante der Meßanordnung sind, ist also der Ausschlag α ein Maß für die gesuchte Zeit t. Die ballistische Konstante C wird entweder durch Rechnung oder durch Eichen mit einer bekannten Zeit t ermittelt. Nach RAMSAUER ist dieses Verfahren einwandfrei bis zu Zeiten von $t = 1 \cdot 10^{-6}$ s. Bei dieser Schaltung ist ein Ein- und ein Ausschalter notwendig. Häufig ist es aber wünschenswert, statt dessen mit zwei Unterbrechungen zu arbeiten. Die Einrichtung wird dann nach

Abb. 306 geschaltet. Solange beide Schalter S_1 und S_2 geschlossen sind, ist die Brücke im Gleichgewicht und das Galvanometer G stromlos. Durch Öffnen des Schalters S_1 wird die Brücke verstimmt, und in der Brückendiagonale beginnt der Meßstrom zu fließen. Durch Öffnen des Schalters S_2 wird das Galvanometer wieder stromlos. Eine Röhrenschaltung mit zwei Einschaltern wurde von BÜGE angegeben (Abb. 307). Die Röhre V ist so geheizt, daß sie nach dem Schließen des Schalters S_1 ihren Sättigungsstrom liefert. Nach dem Schließen des Schalters S_2 fließt durch den kleinen Widerstand W_2 ein großer Strom und ruft am Widerstand W_1 einen so großen Spannungsabfall hervor, daß das Gitter der Verstärkerröhre ein hinreichend großes negatives Potential zum völligen Sperren des Anodenstromes erhält. Das ballistische Galvanometer erhält also in der Zeit zwischen dem Schließen von S_1 und S_2 einen Stromstoß mit dem Sättigungsstrom der Verstärkerröhre. An die Stelle des Galvanometers kann auch ein Kondensator gelegt werden, dessen Spannung nach der Aufladung gemessen wird.

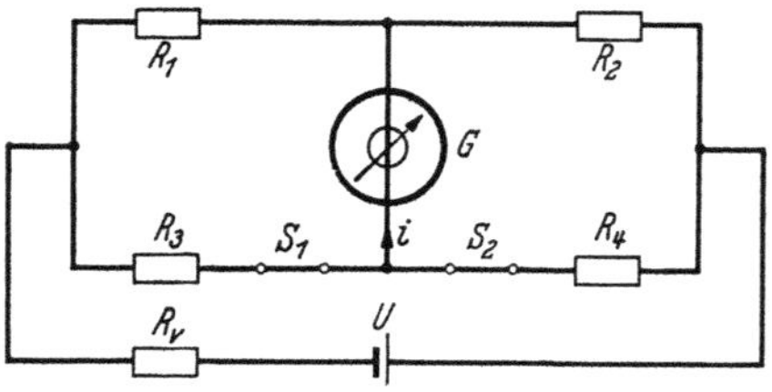

Abb. 306. Zeitmessung mit dem ballistischen Galvanometer in Brückenschaltung mit zwei Ausschaltern nach RAMSAUER.
U Meßspannung; $R_1 \cdots R_4$ Brückenwiderstände; R_v Vorwiderstand; i Meßstrom; S_1, S_2 Ausschalter.

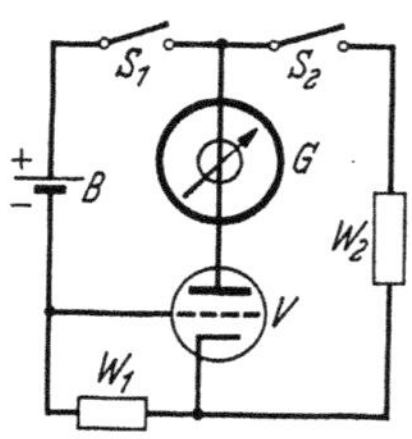

Abb. 307. Kurzzeitmessung mit ballistischem Galvanometer mit zwei Einschaltern nach BÜGE.
S_1, S_2 Schalter; B Anodenbatterie; W_1, W_2 Widerstände; G ballistisches Galvanometer; V Verstärker.

Aufladung eines Kondensators. Bezeichnet i den Lade- oder Entladestrom, C die Kapazität und t die Lade- oder Entladedauer eines Kondensators, so gilt für seine Klemmenspannung

$$U = \frac{i}{C} \cdot t \,. \tag{135}$$

Bei konstantem Ladestrom kann somit die Klemmenspannung als Maß für die Ladezeit gelten, es ist jedoch nicht erforderlich, die Ladestromstärke konstantzuhalten. Betrachtet man die an einer Gleichspannungsquelle liegende Reihenschaltung eines Kondensators C mit einem Ohmschen Widerstand R nach Abb. 308, so gilt für die Ladung Q zur Zeit t nach dem Schließen des Schalters S

$$Q = U \cdot C \cdot \left(1 - e^{-\frac{t}{R \cdot C}}\right). \tag{136}$$

Da die Daten des Stromkreises U, C und R konstant sind, kann also die Zeit t aus der mit elektrostatischem Spannungsmesser oder ballistischem Galvanometer ermittelten Kondensatorspannung bzw. Kondensatorladung bestimmt werden. In gleicher Weise kann die Entladung eines auf die Anfangsspannung U_a geladenen Kondensators C über einen Widerstand R zur Zeitmessung herangezogen werden. Die Ladung Q zur Zeit t nach dem Schließen des Entladeschalters beträgt

$$Q = U \cdot C \cdot e^{-\frac{t}{R \cdot C}} . \tag{137}$$

Nach dem Kondensatorverfahren wurden verschiedene Kurzzeitmesser durchgebildet. Abb. 309 zeigt das absolute Verfahren mit dem ballistischen Galvanometer, so genannt, weil die ballistische Konstante des Galvanometers nicht in die Messung eingeht. Zu Beginn der Messung sind die Schalter S_1 und S_2 geschlossen und die Kapazität C auf die Spannung U aufgeladen. Eine Messung der auf dem Kondensator befindlichen Elektrizitätsmenge Q_0 mit dem ballistischen Galvanometer G durch Umlegen des Schalters S_3 gibt den Galvanometerausschlag α_0. Nach dem Öffnen des Schalters S_1 entlädt sich der Kondensator über den Widerstand R, bis das Öffnen von S_2 die Entladung beendet. Die Messung der Restladung Q gibt den Galvanometerausschlag α. Nun ist

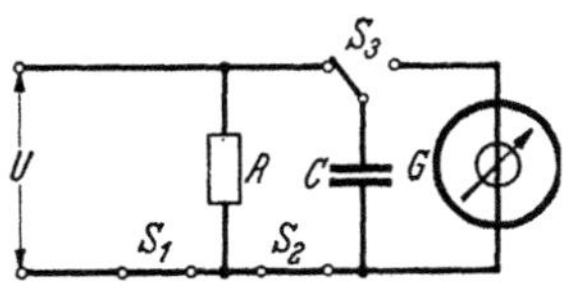

Abb. 309. Absolutes Verfahren der Zeitmessung durch Kondensatorentladung mit dem ballistischen Galvanometer. U Meßspannung; R Entladewiderstand; C Meßkapazität; G ballistisches Galvanometer; S_1, S_2 Ausschalter; S_3 Umschalter.

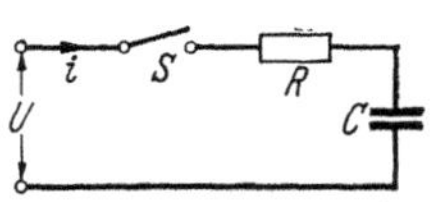

Abb. 308. Aufladung eines Kondensators von einer Gleichspannungsquelle.

$$Q_0 = U \cdot C , \tag{138}$$

$$Q = U \cdot C \cdot e^{-\frac{t}{R \cdot C}} , \tag{139}$$

$$t = R \cdot C \cdot \ln \frac{Q_0}{Q} = R \cdot C \cdot \ln \frac{\alpha_0}{\alpha} . \tag{140}$$

Das Verfahren eignet sich für den Meßbereich $1 \cdot 10^{-1} \cdots 1 \cdot 10^{-6}$ s und hat seine größte Genauigkeit bei einem Verhältnis der Galvanometerausschläge $\frac{\alpha_0}{\alpha} = 3$.

Nach dem Kondensatorentladeverfahren arbeitet die Schaltung von Püschel, bei der die mechanischen Schalter durch nahezu trägheitslos schaltende Ionenröhren ersetzt sind (Abb. 310). Der Meßkondensator C wird von der Batterie B_1 auf die Spannung U_1 aufgeladen und der Schalter S geöffnet. Solange die beiden Ionenröhren gesperrt sind, ist ihr Widerstand sehr hoch, und der Kondensator entlädt sich praktisch nicht. Zu Beginn der Zeitmessung wird nun die Ionenröhre T_1 durch einen Gitterimpuls gezündet, so daß sich der Kondensator über R_1 und T_1 entladen kann. Am Ende der zu messenden Zeit t wird sie durch einen Impuls auf das Gitter der zweiten Röhre T_2 wieder gelöscht und die Entladung des Kondensators unterbrochen. Die Zeit t zwischen den beiden Impulsen läßt sich dann aus Anfangs- und Endspannung gemäß der obigen Gleichung bestimmen. Dabei macht jedoch die Bestimmung des Widerstandes im Entladekreis, der sich aus der Reihenschaltung von R_1 und dem inneren Widerstand von T_1 zusammensetzt, einige Schwierigkeit, da der innere Widerstand der Ionenröhre spannungsabhängig ist. Aus diesem Grunde ist es notwendig, eine Eichkurve aufzunehmen, was mit einem Schleifenoszillographen mit hoher Papiergeschwindigkeit geschehen kann. An Stelle des elektrostatischen Spannungsmessers kann auch ein hochempfindliches Lichtmarkengalvanometer mit sehr kleinem Eigenverbrauch gewählt werden. Mit dem Gerät lassen sich Zeiten von $50 \cdot 10^{-6}$ bis $10 \cdot 10^{-3}$ s auf $\pm 10\%$ genau messen, und es kann zur Messung von Geschoßgeschwindigkeiten, Geschoßlaufzeiten im Rohr sowie der Schußentwicklungszeit von Bergwerkszündern verwendet werden. Die Messung noch kürzerer Zeiten scheitert an der durch den Gasinhalt verursachten Zündverzögerung der Ionenröhren.

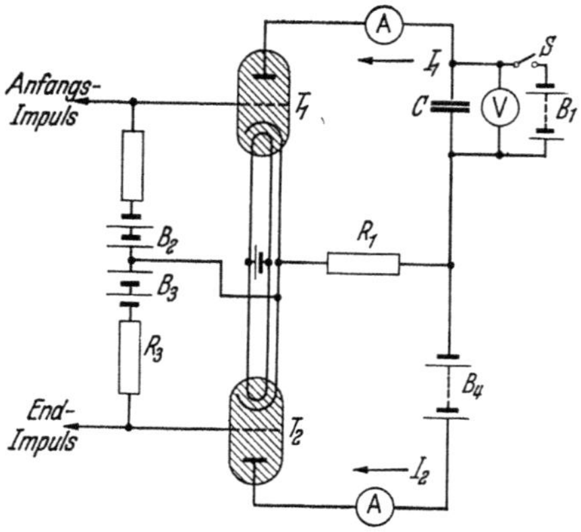

Abb. 310. Grundschaltbild für elektrische Kurzzeitmessung mittels Kondensator und Ionenröhre. [Aus PÜSCHEL: Elektrische Kurzzeitmessung mittels Kondensator und Thyratron. Arch. techn. Messen V 142—5 (1941).]

Bei dem Verfahren von MELZER (Abb. 311) zum Messen von Fahrzeuggeschwindigkeiten wird beim Durchfahren der Lichtschranke P_1 die Ionenröhre T_1 gezündet und der Spannungsabfall an W_4 lädt den Meßkondensator C über den Widerstand W_L auf. Beim Durchfahren der zweiten Lichtschranke P_2 zündet die Ionenröhre T_2 und die Spannung an W_4 bricht zusammen. Der Kondensator C wird also nur in der Zeit zwischen der Betätigung der beiden Lichtschranken geladen. Der Wider-

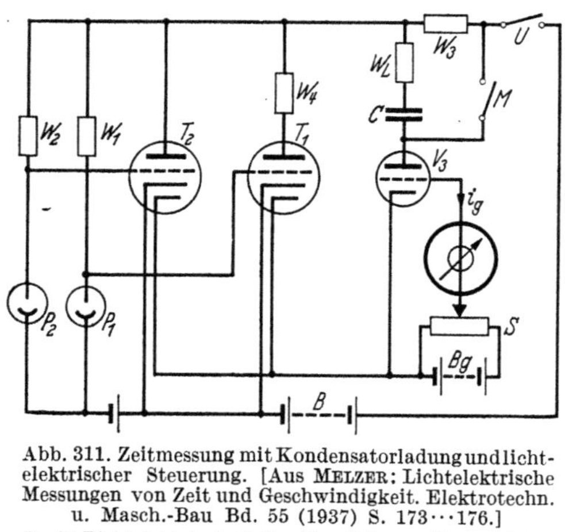

Abb. 311. Zeitmessung mit Kondensatorladung und lichtelektrischer Steuerung. [Aus MELZER: Lichtelektrische Messungen von Zeit und Geschwindigkeit. Elektrotechn. u. Masch.-Bau Bd. 55 (1937) S. 173···176.]
P_1, P_2 Lichtelektrische Zelle; T_1, T_2 Ionenröhre; C Meßkondensator; V_3 Röhrenspannungsmesser; M Entladeschalter; U Einschalter; B Anodenbatterie; Bg Gitterbatterie; S Potentiometer für Nulleinstellung.

stand W_3 nimmt die um die Brennspannung verminderte Anodenspannung B auf und die Röhre V_3 des Röhrenspannungsmessers verhindert die Entladung des Kondensators. Gemessen wird der Gitterstrom i_g der Röhre V_3, nachdem vor der Messung der Gitterruhestrom bei entladenem Meßkondensator mit dem Potentiometer S kompensiert wurde. Nach der Messung wird der Kondensator durch Schließen des Schalters M entladen und die Ionenröhren durch Öffnen des Schalters U gelöscht.

Bei der folgenden Schaltung (Abb. 312) werden zwei Verstärkerröhren in Gegentaktschaltung verwendet. Gitter und Anoden der Verstärkerröhren V_1 und V_2 sind kreuzweise über Widerstände und Photozellen miteinander verbunden und blockieren sich gegenseitig. Durch

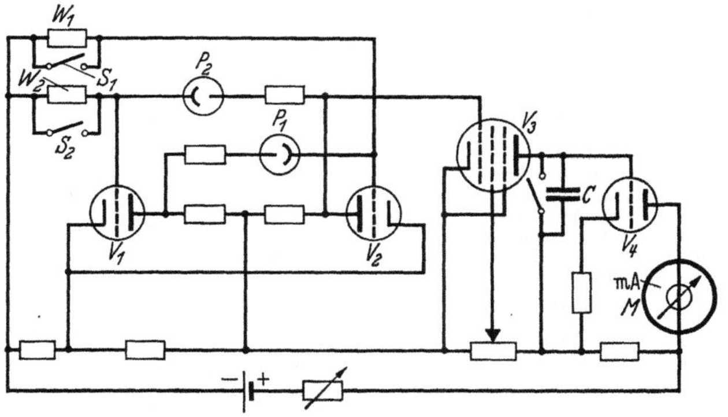

Abb. 312. Messung von Geschoßgeschwindigkeiten durch Kondensatorladung. [Aus REICH-TOOMIM: Electronic circuits for the measurement of time and speed. Rev. sci. Instrum. Bd. 8 (1937) S. 502.] S_1, S_2 Schalter; V_1, V_2 Dreipolröhre; P_1, P_2 lichtelektrische Zelle; V_3 Verstärkerspannungsmesser; V_4 Röhrenspannungsmesser; C Meßkondensator; M Drehspul-Instrument; W_1, W_2 Gitterwiderstand.

Kurzschließen eines Gitterwiderstandes W_1, W_2 oder Änderung der Gitterspannung geht der Strom sprunghaft von einer auf die andere Röhre über. Diese Umschaltung wird entweder mechanisch durch die Kontakteinrichtungen S_1 und S_2 oder lichtelektrisch durch Verdunklung der Photozellen P_1, P_2 gesteuert. Durch Schließen von S_1 oder Verdunklung von P_1 springt der Strom nach der Röhre V_1, die Röhre V_2 wird gesperrt. Durch Schließen von S_2 oder Verdunklung von P_2 springt er nach V_2 zurück. V_2 wird also zwischen zwei Schaltvorgängen stromlos und gibt in dieser Zeit das Steuergitter der Röhre V_3 frei, deren Anodenstrom den Meßkondensator C auflädt. Die Kondensatorspannung wird mit dem Röhrenspannungsmesser V_4 gemessen und ist ein Maß für das Zeitintervall zwischen den Kontaktbetätigungen. Die Anordnung bleibt lange Zeit konstant, wenn die Schirmgitterspannung von V_3 und somit der Kondensatorladestrom konstant ist.

Der Zeittransformator. Auch der Zeittransformator beruht auf der Kondensatorladung. Ein Kondensator wird während der Meßzeit t_1 mit dem konstanten Ladestrom i_1 aufgeladen und entlädt sich während der Zeit t_2 mit dem ebenfalls konstanten, wesentlich kleineren Strom i_2. Dann ist

$$\frac{i_1}{i_2} = \frac{t_2}{t_1} = \ddot{u}\,, \tag{141}$$

wenn $\ddot{u}$ das Übersetzungsverhältnis des Zeittransformators bedeutet. Man ist also in der Lage, die Meßzeit durch Wahl der Ströme i_1 und i_2 beliebig zu strecken. Die Schaltung ist in Abb. 313 gezeigt. Nach dem Schließen des Schalters S_1 lädt die Spannung U_1 den Meßkondensator C über das mit seinem Sättigungsstrom i_1 arbeitende Ventil T_1 auf. Der Spannung U_1 wirkt die Spannung U_2 entgegen, der Ladestrom kann also nur fließen, wenn U_1 größer als U_2 ist. Wird der Schalter S_2 geschlossen, so wird die Ladung unterbrochen, und der Kondensator C entlädt sich nun über das Ventil T_2, dessen Sättigungsstrom i_2 sehr viel kleiner als i_1 ist. Die Hilfsspannung U_3 treibt den Sättigungsstrom i_2 auch dann noch durch das Ventil T_2, wenn die Kondensatorspannung allein nicht mehr dazu in der Lage wäre. Die Spannung des Kondensators betätigt über einen Verstärker einen Zeitschreiber, der die Entladedauer t_2 aufzeichnet und damit die Ermittlung von t_1 aus dem bekannten Übersetzungsverhältnis $\ddot{u}$ gestattet. Der Fehler durch die Entladung des Kondensators über seinen Isolationswiderstand R_i beträgt

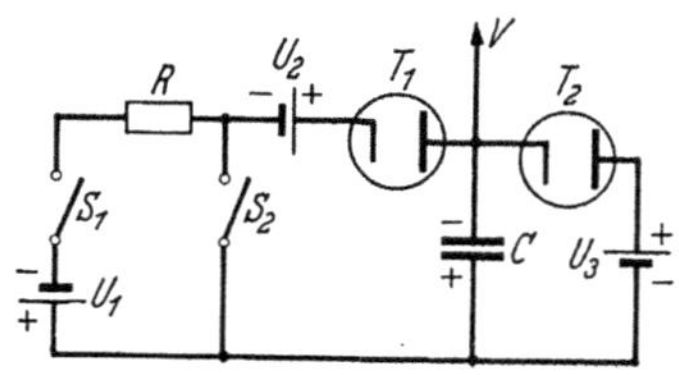

Abb. 313. Zeittransformator. [Aus STEENBECK-STRIGEL: Ein Zeittransformator zur automatischen Registrierung kurzer Zeiten. Arch. Elektrotechn. Bd. 26 (1932) S. 831···840.]

S_1, S_2 Schalter; U_1 Hauptspannung; U_2 Gegenspannung; U_3 Hilfsspannung; C Meßkondensator; T_1, T_2 Ventilröhre; V Verstärkeranschluß; R Vorwiderstand.

$$\frac{\Delta t_1}{t_1} = \frac{1}{2} \cdot \frac{t_2}{R_i \cdot C}\,. \tag{142}$$

In der praktischen Ausführung werden die Batterien durch Netzanschlußgeräte ersetzt und die Spannungen über Gleichhalter konstantgehalten. Der Meßkreis hat hochwertige Bernstein-Isolation. Während der Meßpausen wird der Kondensator C geerdet, damit er zu Beginn der Messung keine Ladung aufweist. Mit der Einrichtung können Zeiten bis herab zu 10^{-6} s mit einer Genauigkeit von $\pm 10\%$ gemessen werden. Das Übersetzungsverhältnis $\ddot{u}$ läßt sich bis auf 10^8 steigern.

4. Zeitwaagen [*48*].

Für die Untersuchung und Schnellregelung von Uhren kamen unter verschiedenen Handelsnamen elektrische Geräte auf den Markt, bei denen der Unterschied zwischen der Schlagfrequenz der zu prüfenden

Uhr und einer Normalfrequenz zur unmittelbaren Anzeige des Uhrenganges dient. Sofern diese Geräte zur Schnellregelung verwendet werden, setzen sie gleichmäßigen Gang der Prüfuhr voraus, da die Gangschwankungen zwischen Vollaufzug und Ablauf der Feder bei einer Kurzprüfung nicht erkannt werden können, andererseits gestatten sie erstmalig, den augenblicklichen Gang einer Uhr festzustellen. Neben einer ganzen Reihe stroboskopischer, akustischer und elektronenoptischer Verfahren, die nur zur Gangregulierung verwendet werden, haben deshalb die schreibenden Ausführungen, mit denen der Gesamtablauf eines Uhrwerks überwacht werden kann, erhöhte Bedeutung für die Entwicklung und Prüfung von Uhrwerken.

Abb. 314. Akustische Zeitwaage der Bell Telephone Laboratories. (Aus PFLIER: Zeitwaagen. Arch. techn. Messen J 154—9.)

1 Mikrophon; *2* Dielektrikum; *3* Isolierstoffplatte; *4* Gehäuse für die erste Verstärkerröhre; *5* Schwenkeinrichtung; *6* Verstärker; *7* Lautstärkerregler.

Akustische Zeitwaagen. Die einfachsten Zeitwaagen beruhen auf einem akustischen Vergleich der Schlagzahl der X-Uhr mit einer Normalfrequenz gleicher Größe. Wegen des leisen Ganges kleiner Uhren benötigen sie Verstärker, die verzerrungsfrei arbeiten müssen, sofern aus dem Klang des Uhrenschlages Schlüsse auf die Güte der Uhr gezogen werden sollen. Bei der Ausführung der Bell Telephone Mfg. Co. wird das Metallgehäuse der Uhr als der eine Belag eines Kondensatormikrophons benutzt und durch ein Stück dünnes Kondensatorpapier von einer ungefähr gleich großen festen Metallplatte getrennt. Durch die kleinen Bewegungen des Uhrengehäuses beim Schlag treten Kapazitäts- und somit Spannungsschwankungen auf, die nach entsprechender Verstärkung auf einen Kopfhörer übertragen werden. Die Uhr wird durch eine Feder mit Gummipuffer gehalten und kann in jede Gebrauchslage gedreht werden (Abb. 314). Die Gegenelektrode ist in

Isolierstoff eingebettet, unmittelbar unter ihr liegt die erste Verstärkerröhre, um Streukapazität und Störspiegel klein zu halten. Ein guter Isolationszustand ist für ein einwandfreies Arbeiten der Anlage unerläßlich, da zu geringe Isolation die Empfindlichkeit mindert und Isolationsschwankungen Störgeräusche verursachen. Eine Schwammgummi-Unterlage hält die Gebäudeerschütterungen fern. Durch Verdoppelung der Einrichtung und durch Benutzung einer Normaluhr ist

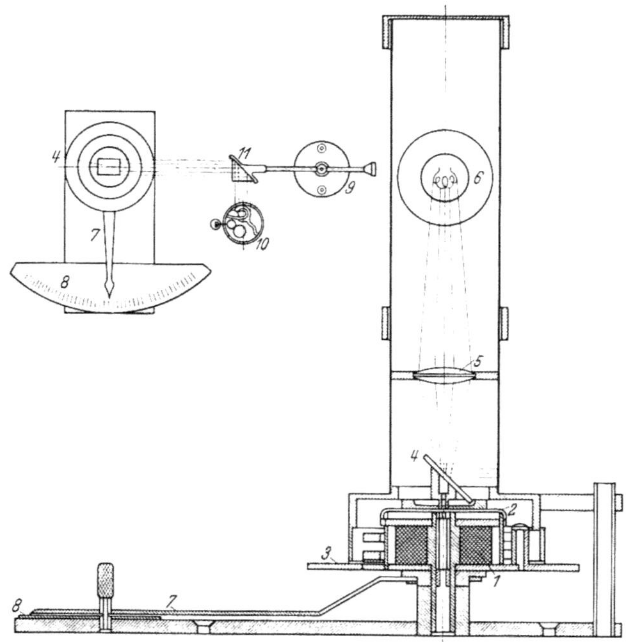

Abb. 315. Zeitmikroskop. (Aus PFLIER: Zeitwaagen. Arch. techn. Messen J 154—9.)
1 Motorständer; *2* Motorläufer; *3* Rutschkupplung; *4* Spiegel; *5* Sammellinse; *6* Lichtquelle; *7* Zeiger; *8* Skala; *9* Schwenkeinrichtung; *10* Uhr; *11* Prisma.

man in der Lage, das Gerät, das ursprünglich nur zum Verstärken des Uhrenschlages gedacht war, zur Schnellregelung von Uhren zu verwenden. Die Schläge der X- und der N-Uhr werden durch Verstärkungsregelung auf gleiche Lautstärke gebracht und gleichzeitig abgehört. Mit dem Apparat lassen sich bereits sehr kleine Schlagdifferenzen feststellen; eine genaue Eichung erfolgt durch Messen der Zeit zwischen zwei Koinzidenzen.

Stroboskopische Zeitwaagen. Bei diesen Einrichtungen wird entweder ein stroboskopisches Bild durch Ändern der Normalfrequenz zum Stillstand gebracht oder der in einer bestimmten Zeit zurückgelegte Weg gemessen.

Beim Zeitmikroskop (Abb. 315) wird von einem Normalfrequenzgenerator ein Synchronmotor *2* mit 5 U/s betrieben . Auf die Motorachse ist unter 45° geneigt, ein Spiegel *4* aufgekittet, auf dem über die Sammellinse *5* ein Bild der Lampe *6* entworfen wird und der über das Prisma *11* Lichtblitze auf die zu untersuchende Uhr *10* wirft. Das Prisma ist schwenkbar, so daß die Uhr in alle Gebrauchslagen gebracht werden kann. Durch Verdrehen des Motorständers *1* mit der Rutschkupplung *3* wird die Phase der Lichtblitze so eingestellt, daß der Unruhearm im Augenblick seiner größten Geschwindigkeit in beiden Durchgangsrichtungen beleuchtet wird und ein einziges stroboskopisches Bild entsteht. Bei jedem Gangunterschied zwischen den Lichtblitzen und der Unruhe beginnt das eingestellte Bild zunächst unruhig zu werden und zu flackern, dann zerfällt es in zwei Bilder, die sich nach entgegengesetzten Richtungen von der Ursprungslage fortzubewegen scheinen. Nach einer Beobachtungszeit von 1 min werden die Bilder durch Neueinstellung der Beleuchtungsphase mit dem Zeiger *7* wieder zur Deckung gebracht und an der Skala *8* der Gang der Uhr unmittelbar abgelesen. Die kleinste ablesbare Zeigerverdrehung von $^1/_4{}^\circ$ entspricht einer Gangabweichung von $^1/_5$ s/d. Diese Phasenabweichung zwischen Unruheschwingung und Lichtblitz ruft bereits ein merkliches Flackern des stroboskopischen Bildes hervor. Die Genauigkeit der Einrichtung ist natürlich in erster Linie durch die Frequenzgenauigkeit der Lichtblitze bedingt, und es wurde deshalb ein besonderer Frequenzgenerator entwickelt, bestehend aus einer Pendeluhr mit einer Ganggenauigkeit von einigen Hundertstel s/d, die mit einer Kontakteinrichtung in Abständen von 1 s Stromstöße auf ein $^1/_5$-s-Pendel gibt. Das $^1/_5$-s-Pendel seinerseits trägt einen Quecksilberkontakt und erregt eine 60-Hz-Stimmgabel, deren Zinken eine feste Spulenanordnung gegenübersteht. Die induzierte 60-Hz-Spannung wird verstärkt und treibt den Synchronmotor des Stroboskops.

Zeitwaagen mit Elektronenoszillograph. Eine Einrichtung dieser Art wird von der Bell Telephone Mfg. Co. geliefert. Die Normalfrequenz wird für die Zeitablenkung des Elektronenstrahles benutzt, während der Schlag der zu untersuchenden Uhr durch ein Mikrophon in niederfrequente Impulse umgewandelt wird und eine Auslenkung des Kathodenstrahles entsprechend dem Uhrengeräusch hervorruft. Bei Synchronismus zwischen Uhrenschlag und Normalfrequenz erscheint das Bild des Uhrenschlages stets an derselben Stelle des Bildschirmes. Bei Gangdifferenzen wandert das Bild, und es kann aus der Wanderungsgeschwindigkeit auf die Gangabweichung geschlossen werden. Eine vollkommen gleiche Einrichtung wurde von R. Tamm bei der Siemens & Halske AG. entwickelt, erschien jedoch nicht auf dem Markt, da in Deutschland die schreibende Zeitwaage bevorzugt wird. Bei einer anderen Ausführung wird die sinusfömige Normalfrequenz einem ersten Paar von Ablenkplatten unmittelbar, einem zweiten dazu senkrechten

Paar Ablenkplatten über eine 90°-Schaltung zugeführt. Es entsteht also ein ablenkendes Drehfeld, und der Kathodenstrahl beschreibt einen Kreis, dessen Durchmesser durch die Amplitude der Normalfrequenz gegeben ist und auf einen Normalwert eingeregelt werden kann. Der verstärkte Uhrenschlag wird einer Ringelektrode zugeführt und ruft eine radiale Auslenkung des Kathodenstrahles hervor (Abb. 304). Die Wanderung dieser Auslenkung ist wieder ein Maß für den Uhrengang. Bei einer Normalfrequenz von 330 Hz macht der Kathodenstrahl in 1 s 330 volle Umläufe, legt also einen Winkel von 118800° zurück. Eine Gangabweichung von 1 s/d bedeutet in 30 s eine Abweichung von $^1/_{2880}$ s. Das Bild des Uhrenschlages erscheint demnach nach 30 s an einer um 41° entfernten Stelle. Man erhält also bereits bei 330 Hz Normalfrequenz und sehr kurzer Prüfzeit eine ganz außerordentliche Anzeigegenauigkeit und kann sie durch Erhöhen der Frequenz oder Verlängern der Beobachtungszeit nahezu beliebig steigern.

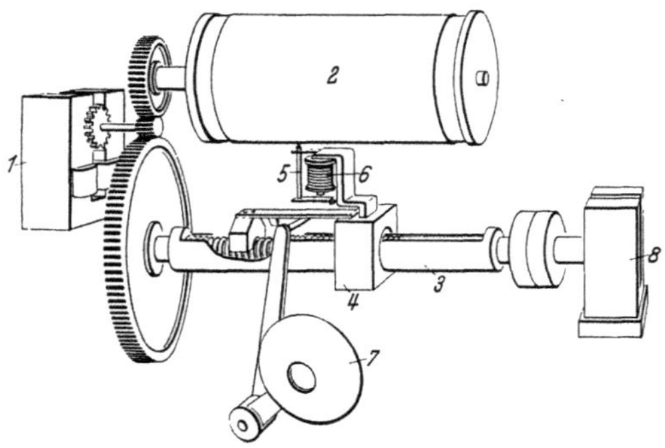

Abb. 316. Vereinfachte Darstellung der Schreibeinrichtung des Watch-Rate Recorders. (Aus PFLIER: Zeitwaagen. Arch. techn. Messen J 154—9.)

1 Synchronmotor; *2* Schreibtrommel; *3* Leitspindel; *4* Führungsschlitten; *5* Schreibstift; *6* Elektromagnet; *7* Einschalt- und Rückstellhebel; *8* Asynchronmotor.

Schreibende Zeitwaagen. Der Watch-Rate Recorder der Bell Telephone Mfg. Co. vergleicht die Frequenz des Uhrenschlages mit der Normalfrequenz einer 300-Hz-Stimmgabel. Die Stimmgabel ist aus einer Sonderlegierung hergestellt und wird in einem Thermostat auf gleichbleibender Temperatur gehalten. Der Verstärker liefert sowohl die Erregerleistung für die Stimmgabel als auch die Leistung für einen im Aufnahmegerät sitzenden Synchronmotor. Die Genauigkeitstoleranz des Frequenzgenerators ist 1 : 100000, entsprechend einem Gangfehler von 0,86 s/d. Der mit der Normalfrequenz laufende Synchronmotor *1* in Abb. 316 treibt einerseits eine Schreibtrommel *2* mit 5 Umläufen/s an, andererseits über ein Wechselgetriebe eine Leitspindel *3*, auf der sich ein Führungsschlitten *4* mit einem Schreibstift *5* und einem Elektromagnet *6* parallel zu einer Mantellinie der Trommel bewegt. Die Geschwindigkeit des Schreibschlittens kann mit dem Wechselgetriebe zu 5 oder 30 s für die ganze Papierbreite gewählt werden; sobald er seine rechte Endstellung erreicht, schaltet er den Synchronmotor ab. Mit dem Hebel *7* wird der Schreibschlitten in die linke Ausgangslage zurückgebracht und gleichzeitig der nicht selbstanlaufende Synchronmotor *1* durch den Asynchronmotor 8 wieder angeworfen. Bei jedem Ticken der Uhr erhält nun der Elektromagnet einen Stromstoß und schlägt den Schreibhebel kurzzeitig auf die umlaufende Trommel, wo er mittels

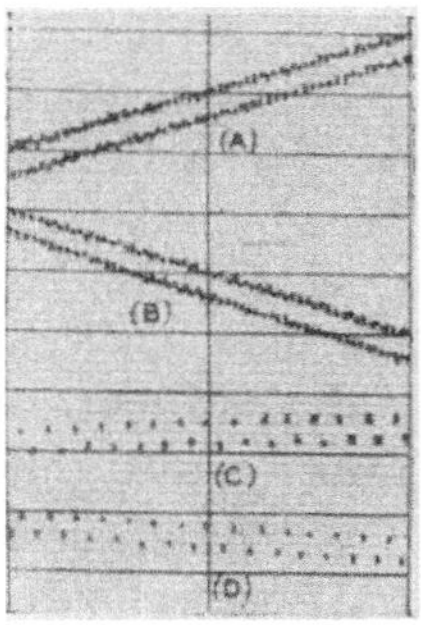

Kurve	Registrier-dauer	Maßstab: 1 Teilstrich entspricht	Genauigkeit	Gangfehler der X-Uhr
A	30 s	5 s/d	2 s/d	+ 60 s
B	30 s	5 s/d	2 s/d	− 60 s
C	5 s	30 s/d	15 s/d	+ 60 s
D	5 s	30 s/d	15 s/d	− 60 s

Die Uhr hinkt (d. h. die Zeitdauer zwischen Tick-Tack stimmt nicht überein mit der Zeitdauer zwischen Tack-Tick) und es entsteht eine Doppelkurve, von der für die Auswertung nur eine berücksichtigt zu werden braucht.

Abb. 317. Diagramm des Watch-Rate Recorders. (Aus PFLIER: Zeitwaagen. Arch. techn. Messen J 154—9.)

eines zwischengelegten Farbbandes einen Punkt hinterläßt. Bei richtiggehender Uhr bilden diese Punkte eine waagerechte Gerade; Gangabweichungen drücken sich durch Neigung der Geraden nach oben oder unten aus (Abb. 317).

Abb. 318. Aufnahmegerät und Verstärker des Watch-Rate Recorders. (Aus PFLIER: Zeitwaagen. Arch. techn. Messen J 154—9.)

1 Abreißvorrichtung; *2* Schreibtrommel; *3* Uhrenhalter; *4* Übertragungsglied; *5* Mikrophongehäuse; *6* Verstärker; *7* Einschalthebel; *8* Empfindlichkeitsregler.

Für die Umwandlung der Uhrschläge in die Stromstöße des Elektromagnets wird ein Tonabnehmer mit Verstärker verwendet, der in Abb. 318 gezeigt ist. Von der Einspannvorrichtung *3* wird der Körperschall durch einen steifen Draht *4* auf das elektromagnetische Mikrophon übertragen, das in einem schweren, gummigelagerten Bleigehäuse *5* untergebracht ist, um Raumgeräusche und Gebäudeerschütterungen abzuhalten. Ein Permalloy-Schirm schützt die zu prüfende Uhr vor dem Feld der Tonabnehmer-Magnete. Der Uhrenhalter läßt sich in alle Gebrauchslagen schwenken. Größere Uhren, die sich nicht einspannen lassen, werden durch einen steifen Draht mit dem Mikrophon verbunden. Der Draht überträgt die Körpergeräusche vollkommen hinreichend, um nach zweistufiger Verstärkung eine Ionenröhre auszusteuern, an deren Ausgang der Elektromagnet der Schreibvorrichtung liegt (Abb. 319). Solange keine Uhr auf dem Mikrophon liegt, führt der Ausgangskreis der Ionenröhre Kippschwingungen im $^1/_3$-s-Takt aus. Durch die verstärkten Mikrophonströme ändert sich dieser Takt auf $^1/_5$ s. Damit ist ein einfaches Mittel zum Einstellen des Verstärkungsgrades auf die Lautstärke der X-Uhr gegeben. Wenn nach dem Auflegen der Uhr auf das Mikrophon der $^1/_3$-s-Takt noch aufrechterhalten bleibt, was durch die Schläge des Schreibstiftes oder einen ansteckbaren Kopfhörer leicht feststellbar ist, muß die Verstärkung vergrößert werden. Der Papiervorrat liegt im Innern der Schreibtrommel *2*, die Diagramme werden mit der über der Trommel sichtbaren Abreißvorrichtung *1* abgenommen. Der Trommelumfang ist 152 mm, die Papiergeschwindigkeit 760 mm/s. Daraus errechnet sich die Ablesegenauigkeit für die Grobjustierung von 5 s Dauer zu 15 s/d, für die Feinjustierung von 30 s Dauer zu 2 s/d, und ein Teilstrich des Diagramms entspricht bei 5 s Schreibdauer 30 s/d, bei 30 s Schreibdauer 5 s/d. Das Gerät ist zunächst für Uhren mit 5 Schlägen/s bestimmt; es können jedoch auch Uhrwerke mit anderen Schlagzahlen untersucht werden, nur erhält man dann auch bei richtigem Gang eine geneigte Gerade. Zur Auswertung solcher Diagramme (Abb. 320) wird von der Herstellerfirma eine Korrekturtabelle mitgegeben; zweckmäßig erfolgt die Ablesung mit einem durchsichtigen Ableselineal, auf dem die Neigung der Geraden bei richtigem Gang angegeben ist. Die Gangfehler drücken sich als Abweichungen von diesen Geraden aus und können ebenso wie bei einer Uhr mit $^1/_5$-s-Schlag unmittelbar abgelesen werden.

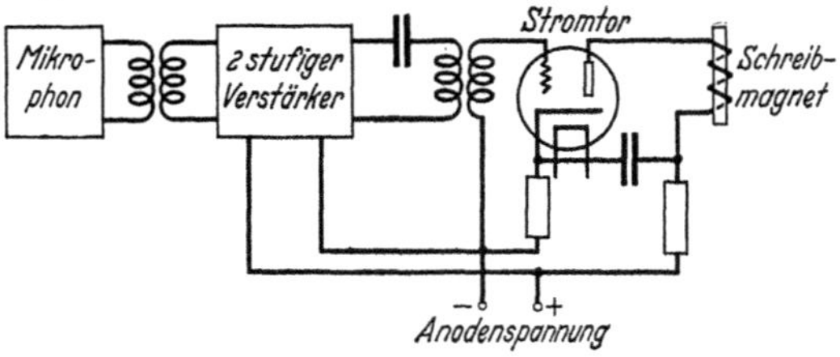

Abb. 319. Grundschaltung des Verstärkers zum Watch-Rate Recorder. (Aus PFLIER: Zeitwaagen. Arch. techn. Messen J 154—9.)

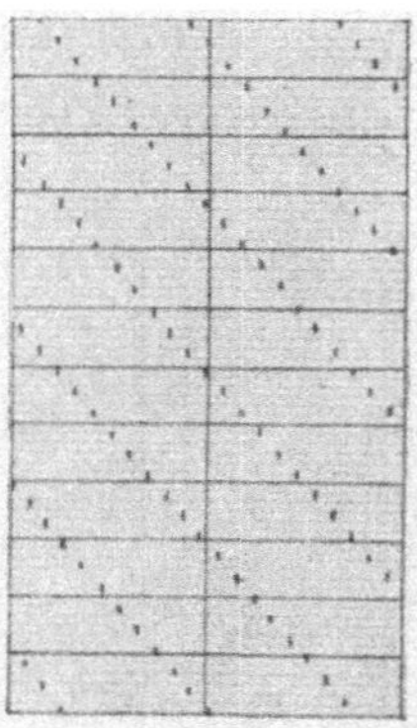

Abb. 320. Diagramm einer richtiggehenden Uhr mit 20944 Schlägen/h, aufgenommen mit dem Watch-Rate Recorder. (Aus PFLIER: Zeitwaagen. Arch. techn. Messen J 154—9.) Wenn die Punktreihen weniger stark nach unten oder nach oben geneigt sind, geht die Uhr vor, wenn sie stärker nach unten geneigt sind, geht sie nach.

Der Printing Watch-Timer von Gibbs hat eine gewisse Ähnlichkeit mit dem Watch-Rate Recorder und vergleicht wie dieser die Schlagfrequenz der Uhr mit einer Normalfrequenz. Im einzelnen sind jedoch Unterschiede vorhanden, insbesondere wird auf einem ablaufenden

Papierstreifen aufgezeichnet, und die Beobachtungszeit kann beliebig gewählt werden. Es besteht also die Möglichkeit, den Gesamtablauf der Uhr aufzuzeichnen.

Der Frequenzgenerator ist eine Quarzuhr mit Frequenzteiler und Kraftverstärker, der an ein 60-Hz-Wechselstromnetz angeschlossen wird und zweckmäßig dauernd eingeschaltet bleibt.

Das Mikrophon ist piezoelektrisch und besteht im wesentlichen aus zwei dünnen quadratischen Platten aus Rochelle-Salz, die an drei Ecken fest gelagert sind, während auf die vierte Ecke die Schwingungen

Abb. 321. Printing Watch-Timer. (Aus PFLIER: Zeitwaagen. Arch. techn. Messen J 154—9.) *1* Diagrammstreifen; *2* Papiertransportrolle; *3* Druckbügel; *4* Antrieb für den Druckbügel; *5* Farbband; *6* Farbbandrolle; *7* Farbbandantrieb; *8* Papierantrieb; *9* Elektromagnet für Druckbügel-Betätigung; *10* Druckräder; *11* Synchronmotor.

des Uhrgehäuses über eine Blattfeder und einen Metallstift übertragen werden. Das Mikrophongehäuse ist nur vom Taststift durchbrochen und gewährt vollkommenen Schutz gegen äußere mechanische, akustische und elektrische Schwingungen. Bei jedem Uhrenschlag tritt eine leichte Verbiegung des Kristalls und eine Ladungsänderung auf, die nach entsprechender Verstärkung eine Ionenröhre steuert und eine Kondensatorentladung auslöst, mit der zwei Elektromagnete (*9* in Abb. 321) kurzzeitig erregt werden und den Druckbügel *3* mittels der Zugstange *4* leicht durchbiegen.

Das Registriergerät wird durch den an der Normalfrequenz liegenden Synchronmotor *11* von etwa 10 W Leistung angetrieben. Die Ausgangswelle dieses Motors macht 5 U/s und trägt zwei Druckscheiben mit elf bzw. zwölf Zähnen, die durch Verschieben auf der Achse wahlweise in Druckstellung gebracht werden können. Die Druckscheiben laufen unterhalb des Papiers und quer zu seiner Vorschubrichtung. Die Papierbahn *1* wird an dieser Stelle durch ein Führungsblech entsprechend dem Radius der Druckscheiben gekrümmt. Schräg über die Papierbahn führt ein in beide Richtungen umschaltbares Farbband *5*, und über diesem liegt der von dem Elektromagnet *9* betätigte Druckbügel *3*. Der Abstand zwischen Druckscheibe, Papierbahn, Farbband und Druck-

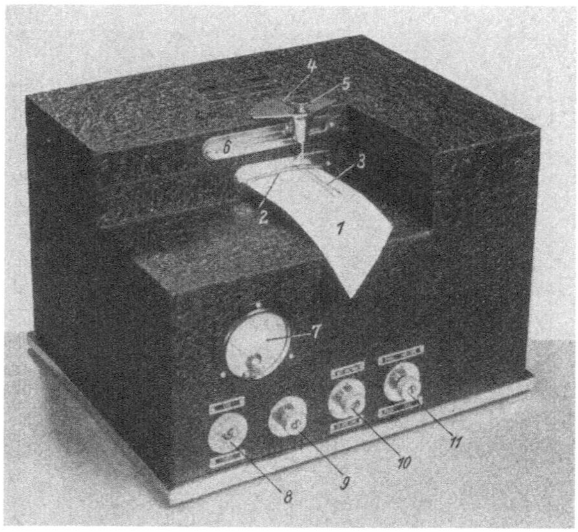

Abb. 322.
Ansicht des Printing Watch-Timer. (Aus PFLIER: Zeitwaagen. Arch. techn. Messen J 154—9.)
1 Diagrammstreifen; *2* Abreißblech; *3* Ableselineal; *4* Ableseskala; *5* Drehknopf für das Ableselineal; *6* Schlittenführung für das Ableselineal; *7* Spannungsmesser; *8* Einschalter; *9* Verstärkungsregler; *10* Spannungsregler; *11* Umschalter für verschiedene Schlagzahlen (300···330 und 360 Schläge je Minute).

bügel ist außerordentlich klein. Die Farbbandrollen *6* und die Papiertransportrolle *2* werden über die Zahnräder *7* und *8* gleichfalls von dem Synchronmotor angetrieben. Der Druckbügel preßt nun bei jedem Uhrschlag Farbband und Diagrammstreifen gegen einen Zahn der Druckscheibe, wodurch ein kurzer Querstrich auf dem Papier entsteht. Da die Länge des Druckstückes einer Zahnteilung entspricht, befindet sich in jedem Augenblick ein Zahn in Druckstellung unterhalb des Bügels. Nach dem Einschalten des Gerätes mit dem Hebel *8* in Abb. 322 wird zunächst die Spannung mit dem Spannungsmesser *7* und dem Drehregler *10* auf den richtigen Wert gebracht, dann die X-Uhr auf das Mikrophon gelegt und die Verstärkung mit dem Drehknopf *9* so eingestellt, daß saubere Striche geschrieben werden. Danach wird der Papiervorschub eingeschaltet. Die Druckscheibe macht 5 Umdrehungen und die Uhr 5 Schläge in 1 s. Es kommt also stets derselbe Zahn zum Drucken. Der Augenblick des Druckens und damit die Lage der Schreibmarke auf dem Papier hängen jedoch vom Gang der Uhr ab. Bei richtiggehender Uhr druckt der Zahn stets an derselben Stelle der Papierbreite, und das entstehende Strichdiagramm verläuft parallel zum Papierrand. Bei falschgehender Uhr laufen die Druckspuren schräg über das Papier (Abb. 323). Der Abstand zweier Schreibmarken entspricht $^1/_5$ s, und der Papiervorschub ist zu 2,54 mm/s gewählt. Der Diagrammstreifen hat Querlinien in Abständen von 38 mm und eine Längslinierung in Abständen von 3,18 mm. Die Zeit zwischen zwei Querlinien entspricht 15 s, zwischen zwei Längsstrichen 1,39 ms. Überschreitet also das Diagramm innerhalb einer Querteilung eine Längsteilung, so entspricht dies einem Gangfehler der Uhr von 8 s/d oder allgemein, wenn a die Zahl der gekreuzten Querteilungen und b die Zahl der gekreuzten Längsteilungen ist, beträgt der Gangfehler der Uhr $f = 8 \cdot \frac{b}{a}$ s/d. Man hat es also durch Verlängern der Beobachtungszeit in der Hand, die Ablesegenauigkeit beliebig zu steigern, im allgemeinen werden jedoch 15 ··· 30 s ausreichend sein. Das Diagramm kann unmittelbar nach der Aufnahme an dem Abreißblech *2* abgerissen und der geprüften Uhr beigefügt werden. Ohne Rechnung, jedoch weniger genau, läßt sich der Uhrengang an der Ableseeinrichtung ermitteln. Dazu setzt man den Papiervorschub still und bringt das Ableselineal *3* durch Verschieben in der Schlittenführung *6* und Drehen des Knopfes *5* mit dem Diagramm zur Deckung. Der Uhrengang wird dann an der Skala *4* unmittelbar in s/d abgelesen. Uhren mit

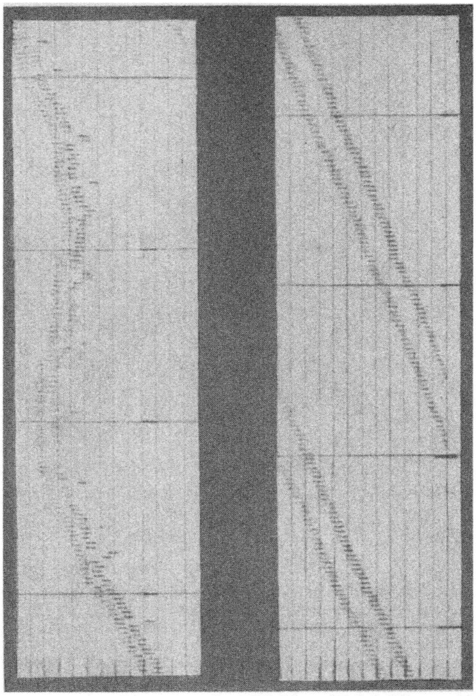

Abb. 323. Diagramm des Printing Watch-Timer. (Aus PFLIER: Zeitwaagen. Arch. techn. Messen J 154—9.) Links Weckeruhr mit unregelmäßigem Gang, rechts Weckeruhr mit einer Fehlweisung von 40 s/d; beide Uhrwerke hinken.

ungleichem Schlag ergeben ebenso wie beim Watch-Rate Recorder eine Doppel-Aufzeichnung, ohne daß dadurch eine Genauigkeitseinbuße auftritt. Gangwerke mit $5^1/_2$ Schlägen/s werden gleichfalls mit der elfzähnigen Druckscheibe aufgenommen, bei Uhren mit 6 Schlägen in der Sekunde wird mit dem Knopf *11* das zweite zwölfzähnige Druckrad unter den Druckbügel gebracht.

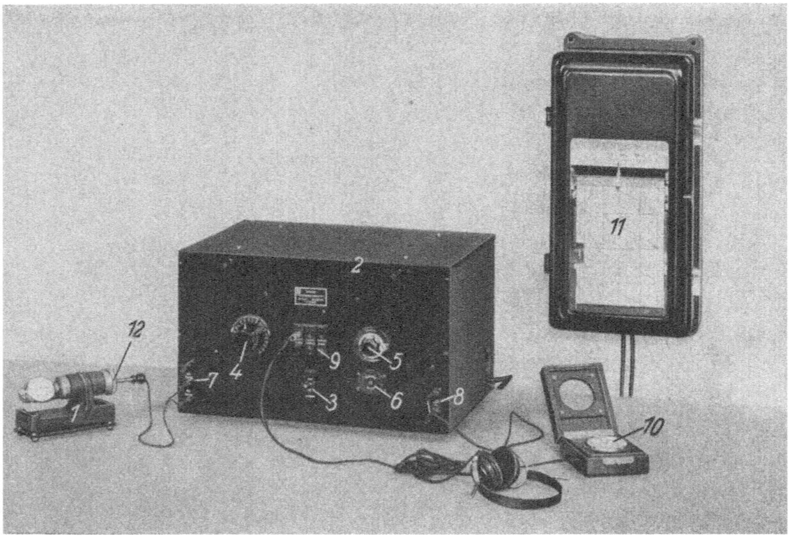

Abb. 324. Ansicht der Siemens-Zeitwaage.
1 Mikrophon; *2* Verstärker; *3* Umschalter für Gang- oder Schlagstärke-Registrierung; *4* Einstellung des Verstärkungsgrades; *5* Nulleinstellung für die Lautstärke-Registrierung; *6* Nulleinstellung des Schreibers; *7* Anschlüsse für ein magnetisches oder ein Kohlemikrophon; *8* Anschluß für Normaluhr; *9* Anschlüsse für die Kopfhörer an Gang oder Lautstärke der Prüfuhr bzw. Gang der Normaluhr; *10* Normaluhr mit mechanischem Kontakt; *11* Schreibgerät; *12* Schwenkeinrichtung für die Prüfuhr.

Bei der Siemens-Zeitwaage wird die Normalfrequenz von 5 Imp./s von einer Normaluhr mit mechanischer Kontakteinrichtung oder von einem $^1/_5$-s-Pendel gegeben. Die Schläge der X-Uhr werden mit einem Mikrophon abgenommen. Nach entsprechender Verstärkung schalten die Impulse der Normaluhr eine Ionenröhre ein, die Impulse der X-Uhr löschen sie wieder. Bei völligem Gleichlauf beider Uhren ist die Zeit zwischen Ein- und Ausschalten konstant, und der Verstärker gibt Stromstöße gleicher Dauer und gleicher Höhe, deren arithmetischer Mittelwert von einem Drehspul-Schreiber als senkrechte Gerade aufgezeichnet wird. Bei verschiedenem Gang der beiden Uhren ändert sich die Dauer dieser Stromstöße, ihr arithmetischer Mittelwert ist also nicht mehr konstant, und das Registriergerät schreibt eine schräge Gerade. Hat die Gangdifferenz zwischen den beiden Uhren 0,2 s erreicht, so fallen Ein-

und Ausschaltimpuls zusammen und der Meßstrom wird Null; sodann wächst er wieder langsam bis zu seinem höchsten Wert kurz vor der nächsten Koinzidenz an. Die Schreibfeder des Registrierapparates wandert also schräg über das Papier und springt nach Erreichen der Endlage auf die Anfangslage zurück. Jede volle Überschreibung des Registrierpap

Abb. 325. Schreibgerät der Siemens-Zeitwaage.

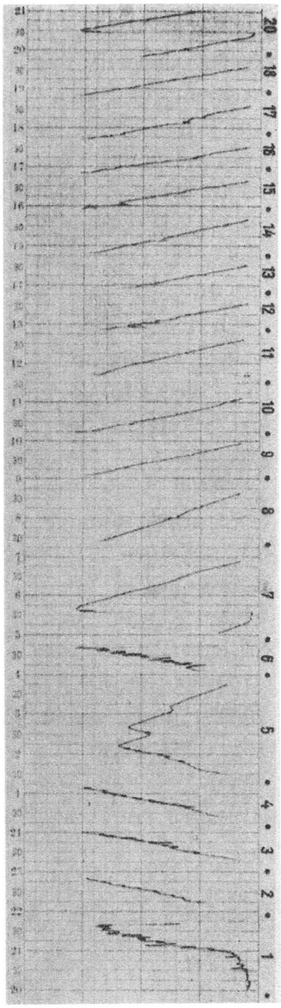

Abb. 326. Diagramm der Siemens-Zeitwaage. (Aus KEINATH: Die Zeitwaage. Arch. techn. Messen J 154—7.) Sehr billige deutsche Taschenuhr (3.— RM), Zifferblatt oben. Geht von 1 ··· 4 Umdr. des Kronenrads nach, bei 5 wechselt sie die Gangrichtung, für den übrigen Teil der Laufzeit geht sie ziemlich regelmäßig 100 ··· 200 s/d vor. Der Schlag ist im allgemeinen unsauber und kratzend. Bei 7 ist er am reinsten, in Übereinstimmung mit dem Diagramm. Ab 15 Umdr. werden die Nebengeräusche stärker. Prellen tritt nicht ein.

Gangdifferenz von 0,2 s. Je nachdem ob die Vergleichsuhr vor- oder nachgeht, steigen die Ganggeraden nach links oder rechts an, und aus ihrer Neigung oder aus der Zeitdifferenz zwischen zwei Koinzidenzen, also einer vollen Überschreibung, kann der Uhrgang abgelesen werden. Die Einrichtung eignet sich für Dauerbeobachtung und Schnellregelung. Ihre Genauigkeit hängt lediglich von der Genauigkeit der Normalfrequenz und der Beobachtungsdauer ab.

Abb. 324 zeigt die vollständige Anlage. Die

zu untersuchende Uhr wird mit leichtem Federdruck in das elektromagnetische Mikrophon *1* eingesetzt, das an die Klemmen *7* des Verstärkers *2* angeschlossen wird. Außer diesen Klemmen ist noch eine weitere Anschlußklemme für ein Kohlemikrophon vorgesehen. Auf der anderen Seite des Verstärkers liegen die Klemmen *8* für eine Normaluhr mit mechanischem Kontakt oder für ein $^1/_5$-s-Pendel. Mit dem Drehknopf *4* kann der Verstärkungsgrad für die Impulse der X-Uhr gewählt werden. Gleichzeitig kann man den Schlag der X- oder N-Uhr durch Einstecken in das linke oder rechte Buchsenfeld des Verteilers *9* abhören. Der Nullpunkt des Schreibers *11* wird mit der Schraube *6* eingeregelt. Das Gerät kann entweder zur Gangaufzeichnung oder nach Umschalten des Kippschalters *3* zur Aufzeichnung der Schlagstärke verwendet werden. Die Lautstärke-Registrierung hat den Zweck, die Schlagstärke, also das Drehmoment der Uhr, während des Ablaufes zu verfolgen. Der Nullpunkt der Lautstärkeregulierung wird mit dem Drehknopf *5* eingeregelt.

Eine Ansicht des Schreibers mit dem Diagramm einer regelmäßig, aber stark nachgehenden Uhr zeigt Abb. 325. Der Schreiber enthält einen Kippschalter, mit dem er auf Gang- oder Lautstärke-Aufzeichnung umgeschaltet werden kann. Abb. 326 zeigt das mit der Siemens-Zeitwaage aufgenommene Diagramm des vollständigen Ablaufs einer sehr billigen Taschenuhr. Die Zahlen am rechten Bildrand bezeichnen den Aufzugszustand. Die Uhr geht vom Vollaufzug bei 20 Kronenrad-Umdrehungen bis etwa 7 Kronenrad-Umdrehungen ziemlich regelmäßig 100···200 s am Tag vor. Zwischen 6 und $4^1/_2$ Kronenrad-Umdrehungen kehrt sich der Gang mehrfach um, und während des letzten Teiles des Ablaufes geht die Uhr stark nach.

Schrifttum.

[1] *Röhrenregler.* ASHWORTH, J. A., u. J. C. MOUZON: A voltage stabilizer circuit. Rev. sci. Instrum. Bd. 6 (1937) S. 127···129. — BERTHOLD, R. G., u. A. v. ENGEL: Neuere Entwicklung der Elektronenröhren-Feinregler und ihre Anwendungen. Siemens-Z. Bd. 14 (1934) S. 214···222. — BERTHOLD, R. G.: Spannungsfeinregelung von Maschinen mit Elektronenröhren. Arch. techn. Messen J 062—1. — BORDEN, P. A., u. M. F. BEHAR: Automatic control of voltage and current. Instruments Pittsb. Pa. Bd. 9 (1936) S. 201···210, 235···238, 259···262. — GULLIKSEN, F. H.: Electronic regulator for a.c.-generators. Electr. Engng. Bd. 53 (1934) S. 877···881. — HAUKE, H.: Röhrenregler für Zählereichstationen. ETZ Bd. 57 (1936) S. 873···876. — HUNT, F. V., u. R. W. HICKMAN: On electronic voltage stabilizers. Rev. sci. Instrum. Bd. 10 (1939) S. 6···21. — KELLER, F.: Röhrengesteuerte Spannungsgleichhalte-Einrichtung. AEG-Mitt. 1936, S. 329···333. — LUDWIG, E. H.: Die neuen Einheits-Röhrenfeinregler mit Elektronenröhrenendstufe. Siemens-Z. Bd. 21 (1941) S. 61···67. — MEHLHORN, H.: Die Stromversorgung von Zählereichanlagen mit konstanter Spannung. Siemens-Z. Bd. 12 (1932) S. 428···434. — NEHER, H. V., u. W. H. PICKERING: Two voltage regulators. Rev. sci. Instrum. Bd. 10 (1939) S. 53···56.

[2] *Magnetische Konstanthalter.* BECK, E.: Die Erweiterung des Regelbereichs magnetischer Spannungsgleichhalter. ETZ Bd. 63 (1942) S. 57 ··· 60. — GEYGER, W.: Selbsttätige Strom- und Spannungsregler, Beschreibung und Eigenschaften der elektromagnetischen Verfahren. Arch. techn. Messen J 062—7/8. — GEYGER, W.: Elektromagnetische Spannungsgleichhalter für Meßzwecke. Siemens-Z. Bd. 15 (1935) S. 464···467. — GREINER, R.: Über einen magnetischen Netzspannungs-Gleichhalter. ETZ Bd. 57 (1936) S. 489 ··· 491.

[3] *Glimmlampen-Konstanthalter.* GOCKEL, H.: Über die Spannungskonstanz von Stabilovoltröhren bei Dauerbelastung. Phys. Z. Bd. 38 (1937) S. 65···67. — KÖRÖS, L.: Glimmstrecken-Spannungsteiler für Netzanschluß der Anoden- und Gitterspannungen. ETZ Bd. 50 (1929) S. 786···788. — KÖRÖS, L., u. R. SEIDELBACH: Die Grundlagen der durch Glimmteiler stabilisierten Stromquellen. Arch. Elektrotechn. Bd. 26 (1932) S. 539···552. — MORTON, C.: The application of the gaseous discharge tube to problems of voltage regulation. J. sci. Instrum. Bd. 14 (1937) S. 161···164. — *Stabilovolt G.m.b.H.:* Glimmteilerröhre „Stabilisator" für selbsttätige Spannungsregelung. Arch. techn. Messen J 062—9.

[4] *Thermische Konstanthalter.* GEYGER, W.: Selbsttätige Strom- und Spannungsregler, Thermische Verfahren. Arch. techn. Messen J 062—6. — Selbsttätige Konstanthaltung von Meßspannungen mit gewöhnlichen Metalldraht-Glühlampen. Arch. Elektrotechn. Bd. 28 (1934) S. 270···273.

[5] *Photoelektrische Konstanthalter. Anonym:* High-speed automatic potentiometer. Instruments Bd. 8 (1935) S. 343. — GILBERT, R. W.: A potentiometric d. c. amplifier and its applications. Proc. Inst. Radio Engrs., N. Y. Bd. 24 (1936) S. 1239···1246. — Practical standardization of power sources for instrument calibration. Instruments Bd. 11 (1938) S. 111···114. — MERZ, L.: Lichtelektrische Gleichstromverstärker. Arch. techn. Messen Z 64—3 (1937). — Messung und Aufzeichnung kleiner Gleichspannungen mit einem lichtelektrischen Kompensator. VDE-Fachber. Bd. 10 (1938) S. 134.

[6] *Kohledruckregler.* HOFFMANN, F.: Kohledruckwiderstände. ETZ Bd. 58 (1937)

S. 1111···1115, 1138···1142. — SCHAD: Wirkungsweise und Verwendung des Kohledruckreglers. Helios, Lpz. Bd. 39 (1933) S. 405···406.

[7] *Kreuzspul-Meßgeräte.* BLAMBERG, E.: Einiges über die Summierung mit Kreuzspul-Ohmmetern. Arch. Elektrotechn. Bd. 24 (1930) S. 21···28. — Kreuzspul-Instrumente. Arch. techn. Messen J 726—2. — DALLMANN, H.: Die Anpassung von Quotienten-Meßgeräten. Arch. Elektrotechn. Bd. 28 (1934) S. 265···269. — GRÜSS, H.: Eine neue Form von Kreuzspul-Instrumenten. Wiss. Veröff. Siemens-Werke Bd. 10 (1931) S. 137···152. — Elektrische Quotienten-Meßgeräte. Meßtechn. Bd. 9 (1933) S. 233···238. — KEINATH, G.: Die Technik elektrischer Meßgeräte, 3. Aufl., Bd. 1, S. 350. München: Oldenbourg 1928. — LORENZ, J.: Kreuzspul-Instrumente. Arch. techn. Messen J 726—3 u. 4 (1939). — Fernübertragung von Meßwerten mit Widerstandsgeber und Kreuzspulgerät. Arch. techn. Messen V 3821—4 u. 5. — Ein Kreuzspulgerät zur photographischen Aufzeichnung. ETZ Bd. 60 (1939) S. 864. — PALM, A.: Elektrische Meßgeräte und Meßeinrichtungen, S. 36···39. Berlin: Springer 1937.

[8] *Spannungsunabhängige Dynamometer.* BLAMBERG, E.: Über ein neues eisengeschlossenes Elektrodynamometer ohne mechanische Richtkraft für Wechselstrom und dessen verschiedene Verwendungsmöglichkeiten. Arch. Elektrotechn. Bd. 17 (1926) S. 281···315. — BOEKELS, H., u. F. W. MÜLLER: Hochempfindliche Zeigerfrequenzmesser. ETZ Bd. 57 (1936) S. 1259···1261. — DUBUSC, M. R.: Un nouveau fréquencemètre enregistreur électrodynamique de haute précision. Bull. Soc. franç. Électr. Bd. 6 (1936) S. 845···854. — KAFKA, H.: Über elektrische Meßinstrumente für Wechselstrom mit elektromagnetischem Richtmoment. Elektrotechn. u. Masch.-Bau Bd. 42 (1924) S. 1···5. — PALM, A.: Elektrische Meßgeräte und Meßeinrichtungen, S. 61···71. Berlin: Springer 1937. — TÄUBER-GRETLER, A.: Ein Beitrag zur Messung der Wicklungstemperatur an elektrischen Maschinen und Apparaten. Bull. schweiz. eletrotechn. Ver. Bd. 13 (1922) S. 225···236.

[9] *Dreheisen-Quotientenmesser.* GEYGER, W.: Dreheisen-Quotientenmesser. Arch. techn. Messen J 733—2. — Ein neuer Dreheisen-Quotientenmesser für Wechselstrom und seine Verwendung in wärmetechnischen Überwachungsanlagen. Arch. Elektrotechn. Bd. 25 (1931) S. 1···16. — Neue Anwendungen des Ringeisen-Quotientenmessers. Arch. Elektrotechn. Bd. 25 (1931) S. 655···658. — JOENS, W. H.: Ringeisen-Quotientenmesser. Arch. techn. Messen J 733—3. — KEINATH, G.: Dreheisen-Quotientenmesser. Arch. techn. Messen J 733—1.

[10] *Auflösungsvermögen.* GEIGER, J.: Messung von zeitlich rasch veränderlichen mechanischen Größen. Elektrotechn. u. Masch.-Bau Bd. 59 (1941) S. 190···201. — HOFMANN, W.: Dämpfung von Meßgeräten. Arch. techn. Messen J 014—1, 5 usw. — HOFMANN, W., u. P. M. PFLIER: Der Siemens-Störungsschreiber. Siemens-Z. Bd. 11 (1931) S. 325···333. — MERZ, L.: Die wichtigsten Kennziffern des Drehspulgalvanometers und ihre Bestimmung aus dem periodischen Einschwingvorgang. Z. Instrumentenkde. Bd. 58 (1938) S. 324. — Die Energiebilanz der elektrischen Meßgeräte unter besonderer Berücksichtigung der empfindlichen Spannungsmesser. VDE-Fachber. Bd. 11 (1939) S. 57···61. — PFLIER, P. M.: Betriebs-Meßgeräte. Siemens-Z. Bd. 18 (1938) S. 1···7. — ZÖLLICH, H.: Aufzeichnung schnellveränderlicher Vorgänge. Arch. techn. Messen V 365—1—7. — Dämpfungsbeeinflussung. Arch. techn. Messen J 014—6.

[11] *Übertragungsentfernung.* PFLIER, P. M.: Begrenzung der Übertragungsentfernung durch den Leitungswiderstand. Arch. techn. Messen V 381—1. — SCHLEICHER, M.: Die elektrische Fernüberwachung und Fernbedienung für Starkstromanlagen und Kraftbetriebe. Berlin: Springer 1932.

[12] *Ausführung von Rechenoperationen.* CAUER, W.: Elektrische Methoden und Maschinen zur Auflösung von Systemen linearer Gleichungen. Elektr. Nachr.-Techn. Bd. 12 (1935) S. 147···157. — GARDNER, G. F.: Simple mathematical

operations performed by electrical instruments. Gen. Electr. Rev. Bd. 37 (1934) S. 148···154. — GEYGER, W.: Summen- und Differenzbildung. Arch. techn. Messen J 0821—2. — GÖRNER, J.: Differentiation einer elektrischen Spannung. Arch. techn. Messen J 082—3 (1940). — HERR, D. L., u. R. S. GRAHAM: An electrical algebraic equation solver. Rev. sci. Instrum. Bd. 9 (1938) S. 310···315. — Int. Stand. Electric. Co. N. Y. DRP. 704559: Schaltung zum Bilden von Differential- und Integralwerten. — KRÖNERT, J.: Meßbrücken und Kompensatoren, Bd. 1, S. 127. München: Oldenbourg 1935. — Elektrische Rechenoperationen. Arch. techn. Messen J 082—2. — LIENEWEG, F.: Darstellung von Parameterfunktionen mittels elektrischer Meßanordnungen. Wiss. Veröff. Siemens-Werke Bd. 15 (1936) H. 3, S. 92···108. — RECK, M.: Elektrisches Gerät zur selbsttätigen Auflösung von Gleichungen ersten und höheren Grades. Arch. Elektrotechn. Bd. 32 (1938) S. 190 bis 197. — SCHEMMRICH, O.: Integral- und Mittelwertbestimmung durch ein elektrisches Meßverfahren. Arch. techn. Messen J 082—4 (1941). — SEWIG, R.: Durchführung von Rechenaufgaben auf elektrischem Wege. Z. Instrumentenkde. Bd. 55 (1935) S. 34···36. — STROBEL, CH.: Elektrische Darstellung mathematischer Funktionen. Arch. Elektrotechn. Bd. 34 (1940) S. 334.

[13] *Elastischer Spannungszustand und spezifischer Widerstand.* CZERLINSKY, E.: Untersuchungen über die Widerstandsänderung von Drähten durch Zug. Jb. dtsch. Luftfahrtforschung Bd. 2 (1938) S. 377···381. Ref. ETZ Bd. 60 (1939) S. 520. — GRÜNEISEN: Metallische Leitfähigkeit. GEIGER-SCHEEL, Handbuch der Physik Bd. 13, S. 34. — KOHLRAUSCH: Elektrisches Widerstandsmanometer. Lehrbuch der praktischen Physik, 15. Aufl., S. 120. Leipzig: B. G. Teubner 1927.

[14] *Magnetoelastizität.* BECKER, R.: Zur Theorie der Magnetisierungskurve. Z. Phys. Bd. 62 (1930) S. 253···269. — BECKER, R., u. M. KERSTEN: Die Magnetisierung von Nickeldraht unter starkem Zug. Z. Phys. Bd. 64 (1930) S. 660···681. — KERSTEN, M.: Über die Abhängigkeit der magnetischen Eigenschaften des Nickels von den elastischen Spannungen. Z. Phys. Bd. 71 (1931) S. 553···592. — MERZ, L., u. H. SCHARWÄCHTER: Magnetoelastische Druckmessung. Arch. techn. Messen V 132—15. — PFANNENMÜLLER, H.: Überblick über die Meßverfahren mit Gleichrichtern. Arch. Elektrotechn. Bd. 28 (1934) S. 356···384. — Zur Wirkungsweise schaltgesteuerter Gleichrichter. Wiss. Veröff. Siemens-Werke Bd. 13 (1934) S. 1···12. — PREISACH, F.: Untersuchungen über den Barkhausen-Effekt. Ann. Phys., Lpz. Bd. 395 (1929) S. 737···799. — STEINHAUS, W.: Änderung der magnetischen Eigenschaften durch mechanische Eingriffe. GEIGER-SCHEEL: Handbuch der Physik Bd. 15, S. 196. Berlin: Springer 1927.

[15] *Elastischer Spannungszustand und Thermokraft.* BAEDEKER, K., u. W. VEHRIGS: Die durch Deformation hervorgerufenen Thermokräfte und ihre Benutzung zur Messung der elastischen Hysteresis. Ann. Phys. Bd. 44 (1914) S. 783···800. — LASKI, G.: Thermoelektrizität. GEIGER-SCHEEL: Handbuch der Physik Bd. 13, S. 207. Berlin: Springer 1928. — LICHTENBERGER, F.: Thermoelastische Spannungsmessung. Arch. techn. Messen V 1376—1 (1941). — WAGNER, E.: Über den Einfluß des hydrostatischen Drucks auf die Stellung der Metalle in der thermoelektrischen Spannungsreihe. Ann. Phys. Lpz. Bd. 27 (1908) S. 955···1001.

[16] *Röntgenverfahren.* BERTHOLD, R.: Grundlagen der technischen Röntgendurchstrahlung. Leipzig: Johann Ambrosius Barth 1930. — MÜLLER, E. A. W.: Fehlererkennbarkeit bei der technischen Röntgendurchstrahlung. Arch. techn. Messen V 9114—11 (1939). — Tragbare Einrichtungen für die technische Röntgendurchstrahlung. ETZ Bd. 62 (1941) S. 305 · · · 308. — NEUERT, H.: Zählrohre und ihre Verwendung in der Meßtechnik. Arch. techn. Messen J 076—1 (1941). Zählrohre in der Röntgenmeßtechnik. Arch. techn. Messen V 61—2 (1942). — TROST, A.: Ionisationskammer und Zählrohr. T./Rö. 10/4—6. In BERTHOLD: Atlas der zerstörungsfreien Prüfverfahren. Leipzig: Johann Ambrosius Barth 1938.

[17] *Magnete.* Betteridge, W.: Nickel-Iron-Aluminium permanent-magnet alloys. Engineering Bd. 147 (1939) S. 632···634. — Dehler, H.: Herstellung und Eigenschaften gepreßter Dauermagnete. Elektrotechn. Z. Bd. 62 (1941) S. 601 bis 606. — Geiger-Scheel: Abhängigkeit der Magnetisierung von der Temperatur. Handbuch der Physik Bd. 15, S. 189. Berlin: Springer 1927. — Keinath, G.: Elektrische Drehzahlmesser. Arch. techn. Messen J 162—1. — Köster, W.: Dauermagnetwerkstoffe auf der Grundlage der Ausscheidungshärtung. Stahl u. Eisen Bd. 53 (1933) S. 849···856. — Kussmann, A.: Neue Werkstoffe für Dauermagnete. Z. VDI Bd. 79 (1935) S. 1171···1173. — Messkin, W. S., u. B. Somin: Eigenschaften von Ni-Al-Magnetstahl. Arch. Eisenhüttenw. Bd. 8 (1935) S. 315···318. — Whiffin, A. C.: The effect of change of temperature on the strength of permanent magnets, with special reference to modern magnet steels. J. Instn. electr. Engrs. Bd. 81 (1937) S. 727···740. — Williams, C. S.: Permanent magnet materials. Electr. Engng. Bd. 55 (1936) S. 19···23.

[18] *Piezoelektrizität.* Baldwin, C. F.: Quartz crystals, their piezoelectric properties and use in control of high frequencies. Gen. Electr. Rev. Bd. 43 (1940) S. 237. — Baxter, H. W.: Piezoelectricity. Electrician Bd. 113 (1934) S. 121···122. — Falkenhagen, H.: Pyro- und Piezoelektrizität. Geiger-Scheel Handbuch der Physik Bd. 13, S. 291. Berlin: Springer 1928. — Hinz, H.: Elastische Deformationen am Seignettesalz. Z. Phys. Bd. 111 (1939) S. 617···636. — Kluge, J., u. H. E. Linckh: Piezoelektrische Messungen von Druck- und Beschleunigungskräften. Z. VDI Bd. 73 (1929) S. 1311···1314. — Piezoelektrische Messung mechanischer Größen. Forsch. Ing.-Wes. Bd. 2 (1931) S. 153. — Piezoelektrische Druckmessungen mit der Braunschen Röhre. Forsch. Ing.-Wes. Bd. 4 (1933) S. 177···181. — Langevin, A.: Utilisation du quartz piézoélectrique pour l'étude des pressions variables et des vibrations à fréquences élevées. Rev. gén. Électr. Bd. 37 (1935) S. 3···10. — Mattiat, O.: Über Schwingkristalle aus Seignettesalz. Z. Hochfrequenztechn. Bd. 50 (1937) S. 115···121. Ref. ETZ Bd. 60 (1939) S. 701. — Meurer, S.: Beitrag zum Bau piezoelektrischer Indikatoren. Forsch. Ing.-Wes. Bd. 8 (1937) S. 249···260. — Röntgen, W. C.: Über die Elektrizitätsleitung in einigen Kristallen und über den Einfluß der Bestrahlung darauf. Ann. Phys. Bd. 41 (1913) S. 449. — Scheibe, A.: Piezoelektrizität des Quarzes. Dresden: Theodor Steinkopff 1938. — Sengewitz, L.: Der Seignettesalzkristall und seine Anwendung im Fernsprechgebiet. ETZ Bd. 62 (1941) S. 463···465.

[19] *Impulssender.* Brandenburger, L.: Das Impulszeit-Fernmeßverfahren. Arch. techn. Messen V 384—1. — Pflier, P. M.: Die Fernmeßverfahren. Arch. techn. Messen V 380—2. — Das Impulszahl-Fernmeßverfahren. Arch. techn. Messen V 384—2. — Das Impulsfrequenz-Fernmeßverfahren. Arch. techn. Messen V 384—3. — Impulskompensations-Fernmeßverfahren. Arch. techn. Messen V 384—4. — Schleicher, M.: Die elektrische Fernüberwachung und Fernbedienung für Starkstromanlagen und Kraftbetriebe. Berlin: Springer 1932.

[20] *Widerstandssender. Anonym:* Electronic micrometer and its use in mechanical measurements. Electronics 1940 (Sept.), S. 72. — *Anonym:* Untersuchung mechanischer Spannungen an Teilen eines Dieselmotors mit Hilfe des Kathodenstrahloszillographen. Philips techn. Rdsch. Bd. 6 (1941) S. 94···95. — *Askania*: Schleifdraht-Verschiebungsmesser. Druckschrift Schwing 525. — Geyger, W.: Fernübertragung von Meßwerten mit Widerstandsgebern. Arch. techn. Messen V 3821—1 u. 3. — Gunn, R.: A convenient electrical micrometer and its use in mechanical measurement. J. appl. mech. Bd. 7 (1940) Nr. 2 A 49···52. — Hunsinger, W.: Elektrisches Meßinstrument für photographische Registrierung. Meßtechn. Bd. 12 (1936) S. 88 bis 90. — Krönert, J.: Meßbrücken. Arch. techn. Messen J 910—1. — Gleichstrombrücken. Arch. techn. Messen J 912—1. — Lorenz, J.: Fernübertragung von Meßwerten mit Widerstandsgeber und Kreuzspulgerät. Arch. techn. Messen V 3821—4

und 5. — PFLIER, P. M.: Isolationsmessung. Arch. techn. Messen V 35193—1/2. — THEIS, A.: Bestimmung von Materialbeanspruchung und Untersuchung mechanischer Schwingungsvorgänge mit Streifen- und Ringgebern. Z. techn. Phys. Bd. 22 (1941) S. 273···280.

[21] *Bolometergeber.* MASON, C. C.: The trends of instrument design. J. sci. Instrum. Bd. 15 (1938) S. 328. — MERZ, L.: Theorie der selbstkompensierenden Gleichstromverstärker mit direkt wirkender mechanischer Steuerung. Arch. Elektrotechn. Bd. 31 (1937) S. 1···23. — Bolometerverstärker. Arch. techn. Messen Z 64—2 (1937). — MERZ, L., u. H. NIEPEL: Messung kleiner Ströme und Spannungen und kleiner Längenänderungen mit dem bolometrischen Kompensator. Wiss. Veröff. Siemens-Werke Bd. 18 (1939) S. 148···160. — PFLIER, P. M.: Bolometer-Anordnung zur Meldung und Messung von Bewegungen. Arch. techn. Messen J 23—1. — REISS, K. H.: Ein neues thermisches Meßprinzip. Z. techn. Phys. Bd. 15 (1934) S. 83···85. — SELL, H.: Demonstration einer Schalldüsenwirkung. Z. techn. Phys. Bd. 5 (1924) S. 573. — Drei Demonstrationsversuche auf dem Gebiet der Schwingungstechnik. Z. techn. Phys. Bd. 8 (1927) S. 222. — Ein mechanisch gesteuertes Bolometer und seine Anwendung für hochempfindliche qualitative Relais und quantitative Verstärker. Z. techn. Phys. Bd. 13 (1932) S. 320. — Über einige Anwendungen des mechanisch gesteuerten Düsenbolometers (Bolometerschreiber). Z. techn. Phys. Bd. 15 (1934) S. 112···116, 129···135.

[22] *Druckabhängige Halbleiterwiderstände.* GLAMANN, W.: Druckmessung mit Halbleitern. Arch. techn. Messen V 132—12. — LOSENHAUSEN: Elastischer Kraftmesser für die Fernanzeige von Walzdrücken. Z. VDI Bd. 79 (1935) S. 1149.

[23] *Lichtelektrizität. a) Allgemeines.* BRÜCHE, E., u. A. RECKNAGEL: Elektronengeräte. S. 149. Berlin: Springer 1941. — GUDDEN, B.: Lichtelektrische Erscheinungen. GEIGER-SCHEEL: Handbuch der Physik Bd. 13, S. 103. Berlin: Springer 1928.

[23b] *Alkaliphotozellen. AEG:* Technische Photozellen. Arch. techn. Messen J 391—2. — BAY, Z.: Electron multiplier as an electron counting device. Rev. sci. Instrum. Bd. 12 (1941) S. 127···133. — DÉJARDIN, G.: Allgemeine Eigenschaften der lichtelektrischen Kathoden. Rev. gén. Électr. Bd. 34 (1933) S. 515 bis 526. — GEEST, H.: Laufzeiterscheinungen an Photozellen. Hochfrequenztechn. Bd. 57 (1941) S. 75···83. — GEHLHOFF, K.: Photozellen. Feinmech. u. Präz. Bd. 47 (1939) S. 284···287. — GÖRLICH, P., u. H. Sauer: Über neue lichtelektrische Zellen mit durchsichtigen Kathoden. Z. Instrumentenkde. Bd. 56 (1936) S. 423. — GÖRLICH, P.: Über die Charakteristik von Hochvakuumphotozellen mit Sekundärstrahlung. Z. Phys. Bd. 96 (1935) S. 588···592. — Über Photozellen und ihre Anwendung. Kinotechn. Bd. 17 (1935) S. 307···310. — KIEPENHEUER, K. O.: Über Zählrohre für das sichtbare Spektralgebiet. Z. Phys. Bd. 107 (1937) S. 145 bis 152. — KLUGE, W.: Physikalische Eigenschaften und technische Gestaltung von Photozellen für Tonfilmzwecke. Z. techn. Phys. Bd. 12 (1931) S. 649···661. — MICHEL, G.: Alkali-Photozellen. Arch. techn. Messen J 391—3. — SEWIG, R.: Photozellen. Arch. techn. Messen J 391—1. — TEVES, M. C.: Der lichtelektrische Effekt und seine Anwendung in lichtelektrischen Zellen. Philips techn. Rdsch. 1937. S. 13···17. — Eine Photozelle mit Verstärkung durch Sekundäremission. Daselbst Bd. 5 (1940) S. 261···266. — WICHARDT, W.: Lichtelektrische Zellen. Siemens, Technische Mitt. d. Fernmeldewerks (1939).

[23c] *Sperrschichtzellen.* ATKINSON, J. R., N. R. CAMPBELL, E. H. PALMER, u. G. T. WINDE: Die Genauigkeit von Sperrschicht-Photozellen. Proc. phys. Soc., Lond. Bd. 50 (1938) S. 934···946. — V. AUWERS, O., u. H. KERSCHBAUM: Über Sperrschichtphotozellen. Ann. Phys., Bd. 399 (1930) S. 129···175. — BECKER, A., u. E. KRUPPKE: Zur Kenntnis des Selenphotoelements. Z. Phys. Bd. 107 (1937) S. 474···484. — BECKER, A.: Zur Kenntnis des Selenphotoelements. Verhalten bei

tiefer Temperatur. Z. Phys. Bd. 114 (1939) S. 342···353. — Behrendt, W.: Zur Erklärung des lichtelektrischen Effektes an Kupferoxydul. Phys. Z. Bd. 37 (1936) S. 886···901. — Selenphotoelemente und ihre Anwendung. Z. techn. Phys. Bd. 19 (1938) S. 92···97. — Bergmann, L.: Über die Verwendung der Selensperrschichtphotozelle zu physikalischen Messungen. Z. techn. Phys. Bd. 13 (1932) S. 568···573. — Bergmann, L., u. R. Pelz: Untersuchungen an Selenphotoelementen. Z. techn. Phys. Bd. 18 (1937) S. 177···191. — Duhme, E., u. W. Schottky: Über Sperr- und Photoeffekte an der Grenze von Kupferoxydul gegen aufgestäubte Metallschichten. Naturwiss. Bd. 18 (1930) S. 735···746. — Görlich, P.: Über die spektralen Empfindlichkeitsverteilungen von Selensperrschichtzellen. Z. Phys. Bd. 112 (1939) S. 490···500. — Zur Frequenzabhängigkeit der Sperrschichtphotozellen. Z. techn. Phys. Bd. 14 (1933) S. 144···145. — Gundlach, F. W.: Zur Frequenzabhängigkeit von Sperrschichtphotozellen. Arch. Elektrotechn. Bd. 30 (1936) S. 625···637. — Johannsen, K.: Photozellen und Photozellengeräte. Feinmech. u. Präz. Bd. 43 (1935) S. 183···190. — Lange, B.: Die Photoelemente und ihre Anwendung. Leipzig: J. A. Barth 1936. — Sandström, A. E.: Änderungen des inneren Widerstandes von Selensperrschichtzellen bei Belichtung. Phil. Mag. Bd. 28 (1939) S. 642···648. — Schottky, W., u. F. Waibel: Die Elektronenleitung des Kupferoxyduls. Phys. Z. Bd. 34 (1933) S. 858···864. — Schottky, W.: Über den Entstehungsort der Photoelektronen in Kupferoxydulphotozellen. Z. techn. Phys. Bd. 11 (1930) S. 458···461. — Sewig, R.: Sperrschicht-Photoelemente. Arch. techn. Messen J 392—1; Selenzellen ebd. J 393—1.

[*23d*] *Widerstandszellen.* Fuchs, O. P., u. H. Kottas: Über die Gesetzmäßigkeiten und Eigenschaftskennwerte von Widerstandszellen. Z. techn. Phys. Bd. 17 (1936) S. 47···54.

[*23e*] *Anwendung lichtelektrischer Geräte. Anonym:* Photoelektrische Abtastgeräte (Visomat). Helios Bd. 44 (1938) S. 708···710. — Benda, E. R.: Die Anwendung lichtelektrischer Einrichtungen in der Fertigung. Siemens-Z. Bd. 19 (1939) S. 283···287. — Briebrecher, H., u. H. Jüttner: Lichtelektrische Meßverfahren. VDE-Fachber. Bd. 11 (1939) S. 53···57. — Kluge, W.: Derzeitige praktische Benutzungsbereiche lichtelektrischer Organe. Arch. techn. Messen J 390—1. — Ott, A.: Lichtelektrische Steuerung. Z. VDI Bd. 83 (1939) S. 887···890. — Betriebs- und Fertigungskontrolle durch lichtelektrische Steuerungen. Masch.-Bau Betrieb Bd. 18 (1939) S. 341···343. — Quevron, M. L.: Emploi des flux de lumière dans les mesures. Rev. gén. Électr. Bd. 44 (1938) S. 265···268. — Schmid, C.: Die lichtelektrische Messung des Durchmessers feiner Drähte. ETZ Bd. 55 (1934) S. 785 bis 786. — *Siemens & Halske* AG.: Lichtelektrische Steuereinrichtungen. Siemens-Z. Bd. 19 (1939) S. 233···238. — Walsh, C.: Tubes and tooth paste — a case history. Electronics Bd. 13 (1940) S. 16···19. — Weil, W. S.: Photozelle schreibt Motorumdrehungen auf. Electr. Wld. Bd. 115 (1941) S. 1015.

[*24*] *Kapazitive Sender.* Brookes-Smith, C. H. W., u. J. A. Colls: The measurement of pressure, movement, acceleration and other mechanical quantities by electrostatic systems. J. sci. Instrum. Bd. 16 (1939) S. 361···366. — Fritsch, V.: Messung kleiner Kapazitäten. Arch. techn. Messen V 3531—1. — Gustafsson, G.: Ein verbessertes Ultramikrometer nach Dowling. Ann. Phys. Bd. 22 (1935) S. 507···512. — Hardung, V.: Mikrometrische Messungen mit elektrischen Wellen. Bull. schweiz. elektrotechn. Ver. Bd. 30 (1939) S. 188···191. — Johansson, C. H.: Neue Kondensatordruckkraftmesser. Ann. Phys. Bd. 27 (1936) S. 724···733. — Löffler, K.: Kapazitive Geber mit geradlinigem Kapazitätsverlauf über großen Meßbereich. Meßtechn. Bd. 13 (1937) S. 61···64. — Obata, J.: The ultramicrometer, a new instrument for measuring very small displacement or motion and its various applications. J. opt. Soc. Amer. Bd. 16 (1928) S. 419···432. Ref. Z. Instrumentenkde. Bd. 48 (1928) S. 614···616. — Pfannenmüller, H.: Zur Wirkungsweise schalt-

gesteuerter Gleichrichter. Wiss. Veröff. Siemens-Werke Bd. 13 (1934) S. 1···6. — Reisch, S.: Über eine neue elektrische Einrichtung zur Messung kleiner Verschiebungen. Z. Hochfrequenztechn. Bd. 38 (1931) S. 101···111. — Elektrisches Mikrometer. ETZ Bd. 57 (1936) S. 532. — Sell, H.: Eine neue kapazitive Methode zur Umwandlung mechanischer Schwingungen in elektrische und umgekehrt. Z. techn. Phys. Bd. 18 (1937) S. 3···10. — Thoma, H.: Aufzeichnung schneller Schwingungen. Z. VDI Bd. 73 (1929) S. 639···642. — Trendelenburg, F.: Objektive Klangaufzeichnung mittels des Kondensatormikrophons. Wiss. Veröff. Siemens-Werke Bd. 3 (1924) Heft 2 S. 41···65. — Über eine Methode zur objektiven Lautsprecher-Untersuchung. Wiss. Veröff. Siemens-Werke Bd. 4 (1925) Heft 2 S. 200···204. — Über Aufzeichnung und Wiedergabe von Herztönen und Atemgeräuschen. Wiss. Veröff. Siemens-Werke Bd. 5 (1927) Heft 3 S. 174···181. — Walter, C. H.: Über eine neue Gleichrichter-Meßanordnung. Z. techn. Phys. Bd. 13 (1932) S. 363···367. — Wulf, T.: Ein Zylinderkondensator zur Messung kleiner Kapazitäten. Phys. Z. Bd. 26 (1925) S. 353···356.

[25] *Induktive Sender.* Abrahams, S. L.: The application of duplex selsyn equipment to steering gear. Gen. Electr. Rev. Bd. 39 (1936) S. 274···279. — Coffman, M. C., u. C. H. Borneman: Measuring millionths of an inch in the gage room. Gen. Electr. Rev. Bd. 41 (1938) S. 502. Ref. ETZ Bd. 60 (1939) S. 369. — Corby, R. A.: The versatility of application of selsyn equipment. Gen. Electr. Rev. Bd. 33 (1930) S. 706···711. — Geyger, W.: Induktive Fernübertragung von Bewegungsvorgängen. Arch. techn. Messen V 3822—1/2. — Holder, L. F.: Principles of selsyn equipments and their operation. Gen. Electr. Rev. Bd. 33 (1930) S. 500···504. — Mershon, A. V.: Vibration recorder for electrically measuring and recording small mechanical movements. J. Amer. Inst. electr. Engr. Bd. 45 (1926) S. 820···823. — Recent applications of the electric micrometer. Gen. Electr. Rev. Bd. 31 (1928) S. 526···531. — Precision measurements of mechanical dimensions by electrical measuring devices. Gen. Electr. Rev. Bd. 35 (1932) S. 139···144. — Nowacki, L. M.: Induction motors as selsyn drives. Electr. Engng. Bd. 52 (1933) S. 848···853. — Pflier, P. M.: Fernanzeige von Flüssigkeitshöhen mit induktivem Geber. Siemens-Z. Bd. 7 (1927) S. 493···497. — Schmid, W., u. O. Kehrer: Fühlergesteuerte Werkzeugmaschinen. AEG-Mitt. 1939, S. 169···173.

[26] *Stellungsanzeige.* Hazen, H. L.: Electrical water-level control and recording equipment for model of Cape Cod canal. Electr. Engng. Bd. 56 (1937) S. 237 bis 244. — Jaekel: Ein neuer elektrischer Etagenzeiger für Förderanlagen. Helios, Lpz. Bd. 36 (1930) S. 125···128. — Kurtz, E. B.: Oszillographische Lastwinkelmessung an Synchronmaschinen. Gen. Electr. Rev. Bd. 43 (1940) S. 406···410. Ref. ETZ Bd. 62 (1941) S. 613. — Leonhardt, R.: Elektrische Pegelfernübertragung. Z. VDI Bd. 74 (1930) S. 1430···1432. — Osterdorf, W.: Einrichtung zur Messung elektrischer Winkel sowie räumlicher Winkel an umlaufenden Maschinen. ETZ Bd. 59 (1938) S. 689···693. — Reichel, W. A., u. R. C. Sylvander: Anwendung des Autosyn-Systems für Fernanzeige von Luftfahrtgeräten. Aeronautical Sciences Bd. 6 (1939) Nr. 11.

[27] *Elektrische Mikrometer. AEG:* Elektrische Meßlehren. AEG-Druckschrift J 5/1209 (1938). — Elektrische Meßlehre „Eltas". AEG-Druckschrift TPW/S. 6 (1938). — *Anonym:* Electronic micrometer and its use in mechanical measurements. Electronics 1940 (Sept.), S. 72. — *Anonym:* Elektrische Feinmeßlehre. Feinmech. u. Präz. Bd. 46 (1938) S. 292. — *Anonym:* Die neue Eltas-Feinmeßlehre als Toleranz- und Überwachungsgerät. Helios, Lpz. Bd. 47 (1941) S. 1489. — *Anonym:* Calibri, Minimetri e Micrometri elettrici. Rad. Televis. Bd. 5 (1941) S. 130···134. — Benda, E. B.: Die Anwendung lichtelektrischer Einrichtungen in der Fertigung. Siemens-Z. Bd. 19 (1939) S. 283···287. — Froböse, E.: Elektrische Meßlehre. AEG-Mitt. 1937, S. 405···411. — Froböse, E., u. K. Schönbacher: Elektrische

Messung kleiner Längenunterschiede. Arch. Elektrotechn. Bd. 33 (1939) S. 341 bis 346. — HAYNES, J. R.: Measuring displacements of microphone contacts. Bell Labor. Rec. Bd. 13 (1935) S. 337···342. — HERMANN, P. K.: Anwendung der elektrischen Meßlehre zum Messen und Steuern. AEG-Mitt. 1937, H. 11. — Selbsttätige Steuerung zur Ersparung von Meßarbeit in der Massenfertigung. Werkstattstechnik Bd. 34 (1940) S. 202···206. — JANZEN, S.: Neuzeitliche Meßgeräte in der Feinmechanik. Feinmech. u. Präz. Bd. 48 (1940) S. 191···198. — MERSHON, A. V.: Electric micrometer. Gen. Electr. Rev. Bd. 29 (1926) S. 815···817. — Vibration recorder, for electrically measuring and recording small mechanical movements. J. Amer. Inst. electr. Engr. Bd. 45 (1926) S. 820···823. — OEHLER, H.: Die Bestimmung der Zapfenform eines Passageinstrumentes mit dem lichtelektrischen Feindehnungsmesser nach LEHR. Astr. Nachr. Bd. 268 (1939) S. 98···115. — *Physicists Research Co.:* Surfaceroughness measuring instrument. Engineering Bd. 147 (1939) S. 699. — TUTTLE, C., u. W. BORNEMANN: A method of dimensional gaging with photoelectric cells. Instruments Bd. 12 (1939) S. 67···69.

[*28*] *Dickenmesser für Drähte, Bänder, Platten und Rohre. AEG:* Dickenmessung mit der AEG-Schichtlehre. AEG-Druckschrift TPW/S. 42 (1940). — *Anonym:* Measurement of thickness. Electr. Rev. Bd. 128 (1940) Nr. 3285 S. 3···5. — *Anonym:* Gauging steel plates and pipes. Electr. Tms. Bd. 97 (1940) S. 427···428. — DAHL, K., u. J. KERN: Ein schreibendes Meßgerät zur Messung der Querschnittschwankungen feiner Drähte. ETZ Bd. 57 (1936) S. 1423···1425. — DUBOIS, L.: Dickenmesser für Bandkaltwalzwerke. Metallwirtsch. Bd. 19 (1940) S. 28···29. — DE FOREST, A. V.: Thermoflux measures plate thickness. Iron Age Bd. 144 (1939) S. 82···85. Ref. Elektrotechn. Ber. Bd. 17 (1941) S. 369. — JELLINGHAUS, W., u. F. STÄBLEIN: Zerstörungsfreie Feststellung von Dopplungen in Blechen. Techn. Mitt. Krupp 1941 Heft 3 S. 31···36. — LOEBE, W. W., u. C. SAMSON: Beobachtung und Registrierung von Durchmesserschwankungen dünner Drähte. Techn. wiss. Abh. Osram Bd. 1 (1930) S. 156···164. — Z. techn. Phys. Bd. 9 (1928) S. 414···419. — SCHUCK, O. H.: Electrical measurements of silk thread diameter. Electr. Engng. Bd. 55 (1936) S. 991···996. — SMITH, B. M., u. W. E. ABBOTT: A gage for measuring the thickness of sheet steel. Gen. Electr. Rev. Bd. 44 (1941) S. 125···127. — STEVENSON, A. B.: A magnetic comparator metal thickness tester. J. sci. Instrum. Bd. 15 (1938) S. 156···158. — THORNTON, B. M., u. W. M. THORNTON: An electromagnetic method of measuring the thickness of boiler tubes in situ. Proc. Instn. mech. Engrs., Lond. Bd. 123 (1932) S. 745···760. — Measurement of the thickness of metal walls from one surface only. Engineering Bd. 146 (1938) S. 715···717. Ref. ETZ Bd. 60 (1939) S. 1403. — TROST, A.: Betriebsmäßige Wanddickenmessung mit Röntgendurchstrahlung und Zählrohr. Stahl u. Eisen Bd. 58 (1938) S. 668···670. Ref. ETZ Bd. 59 (1938) S. 1098. — WARREN, A. G.: Measurement of the thickness of metal plates from one side. J. Instn. electr. Engrs. Bd. 84 (1939) S. 91···95. Ref. ETZ Bd. 60 (1939) S. 1079.

[*29*] *Messung von Auftragsdicken. AEG:* Dickenmessung mit der AEG-Schichtlehre. AEG-Druckschrift TPW/S. 42 (1940). — *Anonym:* Electric thickness gage. Instruments Bd. 8 (1935) S. 341 (GEC). — Die Prüfung der Schichtdicke von Korrosions-Schutzüberzügen mit der magnetischen Antenne. Helios, Lpz. Bd. 41 (1935) S. 527. — BRENNER, A.: Magnetic method for measuring the thickness of nonmagnetic coatings on iron and steel. J. Res. Nat. Bur. Stand. Bd. 20 (1938) S. 357···368. — ELLWOOD, W. B.: Magnetic Ultra-Micrometer. Bell Labor. Rec. Bd. 19 (1940) S. 37···38. — RUSHER, M. A.: Varied applications of thickness gages for thin non magnetic layers. Gen. Electr. Rev. Bd. 42 (1939) S. 486···487. — STEPHENSON, G. H.: An electrical method of measuring the thickness of thick cellulose Films with special application to the hot Lacquer process. J. sci. Instrum. Bd. 16 (1939) S. 378···379. — TAIT, W. H.: An instrument for

measuring the thickness of coatings on metals. J. sci. Instrum. Bd. 14 (1937) S. 341···343.

[*30*] *Dehnungsmessung. Anonym:* Magnetic strain gauge for cable sheath. Bell Labor. Rec. Bd. 18 (1940) S. 181. — *Anonym:* Der Askania-Schweremesser, ein neues Gerät für die Lagerstättenforschung. Askania-Warte II (1939) S. 127···130. — *Askania:* Lichtelektrischer Feindehnungsmesser. Druckschrift Schwing 520. — *Askania:* Elektrodynamischer Dehnungsmesser mit Trägerfrequenz nach Lehr. Druckschrift Schwing 521. — Berg, S.: Dynamische Spannungsmessungen. Z. VDI Bd. 81 (1937) S. 295···298. — Bruin, S. L. de: Die Untersuchung schnell wechselnder mechanischer Spannungen mittels des Kathodenstrahloszillographen. Philips techn. Rdsch. Bd. 5 (1940) S. 25···28. — Chard, F. de la: Ein schreibender Dehnungsmesser. ETZ Bd. 55 (1934) S. 1276. — Egidi, C.: Direktanzeigender Dehnungsmesser mit schwingender Saite. Alta Frequ. Bd. 8 (1939) S. 516 bis 536. — Fuchs, R.: Elektromagnetische Betondehnungsmesser und Erddruckmeßdosen. Elektrotechn. u. Masch.-Bau Bd. 59 (1941) S. 224···226. — Hull, C. H.: Alternating stress measurements by the resistance strip method. Gen. Electr. Rev. Bd. 40 (1937) S. 379···380. — Langer, B. F.: An instrument for measuring small displacements. Rev. sci. Instrum. Bd. 2 (1931) S. 336···342. — Lehr, E.: Dynamische Dehnungsmessungen an einer Lokomotiv-Pleuelstange. Z. VDI Bd. 82 (1938) S. 541···545. — Meßverfahren und Meßeinrichtungen für Dehnungsmessungen in Siebel: Handbuch der Werkstoffprüfung Bd. 1/VI. Berlin: Springer 1940. — Meßverfahren und Meßeinrichtungen für Dehnungsmessungen. Arch. techn. Messen V 91122—1 (1941). — Lehr, E., u. H. Granacher: Dehnungsmeßgerät mit sehr kleiner Meßstrecke und Anzeige mittels Sperrschicht-Photozelle. Forsch. Ing.-Wes. Bd. 7 (1936) S. 66···74. — Ein neuer lichtelektrischer statischer Feindehnungsmesser mit 2 mm Meßstrecke. Askania-Warte 1938 Nr. 11 S. 18···20. — Löffler, K.: Messung rasch wechselnder Formänderungen. Z. VDI Bd. 80 (1936) S. 606. — Menefee, F. N.: Use of telemeter in finding force of and stresses due to instantaneous loads. J. Franklin Inst. Bd. 219 (1935) S. 167···185. — Oehler, H.: Die Bestimmung der Zapfenform eines Passageinstruments mit dem lichtelektrischen Feindehnungsmesser nach Lehr. Askania-Sonderdruck Schwing 529. — Ratzke, J.: Ein neuer elektrischer dynamischer Dehnungsmesser. Jb. dtsch. Luftfahrtforsch. 1937, Ausgabe Triebwerk II, S. 278···282. — Rusher, M. A., u. A. V. Mershon: The electric strain gauge. Electr. Engng. Bd. 57 (1938) S. 645···648. — Rusher, M. A., u. J. W. Matthews: The electric strain gage. Gen. Electr. Rev. Bd. 42 (1939) S. 176···178. — Thum, A., H. Svenson u. H. Weiss: Neuzeitliche Dehnungsmeßgeräte. Forsch. Ing.-Wes. Bd. 9 (1938) S. 229···234.

[*31*] *Drehmomentmesser.* Eilken, H.: Piezoelektrische Messungen an einer Freistrahlturbine. Z. VDI Bd. 83 (1939) S. 833. — Hassler, W.: Die Drehmoment-Meßnabe, Bauart B.B.C.-Heymann. Elektrotechn. u. Masch.-Bau Bd. 58 (1940) S. 209. — Himmler, C. R.: Drehmomentmessung von Flugmotoren in Höhenprüfständen und im Fluge. Z. VDI Bd. 84 (1940) S. 445···452. — Keinath, Gg.: Ein neuer elektrischer Verdrehungsmesser. Dinglers polytechn. J. Bd. 101 (1920) S. 265 bis 268. — Kurz, E. B.: Oszillographische Lastwinkelmessung an Synchronmaschinen. Gen. Electr. Rev. Bd. 43 (1940) S. 406···409. Ref. ETZ Bd. 62 (1941) S. 613. — Linckh, H. E.: Messung der mechanischen Leistung. Arch. techn. Messen V 161—1 (1941). — Merz, L., u. H. Scharwächter: Verdrehungsmessung. Arch. techn. Messen V 136—2. — Vieweg, R., u. F. Gottwald: Meßverfahren zur Bestimmung kleiner Reibungsmomente. Z. VDI Bd. 85 (1941) S. 417···419. Ref.: ETZ Bd. 63 (1942) S. 141.

[*32*] *Kraftmessung. Anonym:* Measuring the stresses in vibrating airscrews by electricity. Aeroplane Bd. 17 (1939) S. 281···283. — Emicke, O., H. Allhausen, u. W. Mauksch: Neuartige Verfahren zur Ermittlung der reinen Walzarbeit.

Siemens-Z. Bd. 12 (1932) S. 341···346. — ENGLISCH, C.: Meßgerät zur Bestimmung des radialen Anpreßdrucks von Kolbenringen. Autom.-techn. Z. Bd. 43 (1940) Heft 2 S. 42···43. — GIGLI, A.: Metodi elettrostatici per la misura di spostamenti forze e pressioni. Alta Frequ. Bd. 10 (1941) S. 516 ··· 557. — GOHLKE, W.: Messung der Eigenschwingungszahl piezoelektrischer Druckmeßgeräte. Z. VDI Bd. 84 (1940) S. 663···666. — HATHAWAY, C. M., u. M. MOHLER: Tension measurement and control in cold strip mills. Electr. Engng. Bd. 56 (1937) S. 1141···1144. — JANOVSKY, W.: Über die magnetoelastische Messung von Druck-, Zug- und Torsionskräften. Z. techn. Phys. Bd. 14 (1933) S. 466···472. — Magnetoelastische Messung von Druck-, Zug- und Torsionskräften. Arch. techn. Messen V 132—6/8. — KEINATH, GG.: Druckmessung mit der Kondensator-Meßdose. Arch. techn. Messen V 132—5. — KUTTERER, R. E.: Messung des Geschoßwiderstandes im Rohr. Wehrtechn. Mh. Bd. 39 (1935) S. 496 ··· 500 und S. 536···547. — MERZ, L.: Der Siemens-Schnittkraftmesser nach SCHALLBROCH und SCHAUMANN. Siemens-Z. Bd. 20 (1940) S. 5···12. — MERZ, L., u. H. SCHARWÄCHTER: Magnetoelastische Druckmessung. Arch. techn. Messen V 132—15. — MÜLLER, O.: Elektrische Druckmessung. Kapazitive Druckmeßdosen. Arch. techn. Messen V 132—16/17 (1939). — PFLIER, P. M.: Messung der Schwindkraft von Beton. Zement Bd. 26 (1937) S. 657···659. — SATTLER, H.: Druckmessung durch ein kapazitives Verfahren. Diss. Berlin 1938. — SCHEMMRICH, O.: Ein elektrisches Meßverfahren zur Integral- und Mittelwertbestimmung. Arch. Elektrotechn. Bd. 34 (1940) S. 415 bis 423. — WALLICHS, A., u. H. OPITZ: Neues Verfahren zur Messung schnellwechselnder mechanischer Kräfte. Stahl u. Eisen Bd. 51 (1931) S. 1478···1479. — WIESELSBERGER, C.: Elektrische Anzeige von Kräften durch Änderung einer Induktivität. Jb. dtsch. Luftfahrtforsch. 1937, Ausgabe Flugwerk I, S. 592···594.

[*33*] *Schnittkraftmesser.* GRUND, E., Kraftmeßanlagen mit elektrischen Meßdosen für Kraftmessungen bei spanabhebenden Vorgängen. Elektrotechn. u. Masch.-Bau Bd. 58 (1940) S. 139···142. — MERZ, L.: Der Siemens-Schnittkraftmesser nach SCHALLBROCH und SCHAUMANN. Siemens-Z. Bd. 20 (1940) S. 5···12. — RÖGNITZ, H.: Schnittkraftmessungen. Arch. techn. Messen V 132—18 (1941). — SCHALLBROCH, H., u. H. SCHAUMANN: Schnittkraftmessung beim Drehen. Masch.-Bau Betrieb Bd. 19 (1940) S. 235···239. — SCHALLBROCH, H., u. R. WALLICHS: Schnittkräfte bei der Zerspanung von Temperguß. Techn. Zbl. prakt. Metallbearb. Bd. 48 (1938) Nr. 23/24.

[*34*] *Druckindikatoren. Anonym:* Piezoelektrischer Motorindikator. Bahn-Ing. Bd. 56 (1939) S. 722···724. — BERNARD, P.: L'enregistrement piézo-électrique des pressions. Mém. Artill. franç. Bd. 17 (1938) S. 323. — BODLIN, K. H.: Beitrag zur inneren Ballistik gezogener Gewehre unter besonderer Berücksichtigung der Reibungsvorgänge. Z. ges. Schieß- u. Sprengstoffw. Bd. 37 (1939) H. 2. — BRANDT, R., u. H. WICHMANN: Der DVL-Glimmlampen-Indikator. ETZ Bd. 55 (1934) S. 376. — Z. Instrumentenkde. Bd. 54 (1934) S. 326. — CRANZ, C.: Lehrbuch der Ballistik. Ergänzungsband, S. 147···150. Berlin: Springer 1936. — ERNST, H.: Druckmessungen in der Einspritzleitung von Dieselmotoren. Jb. dtsch. Luftfahrtforsch. 1937, Ausgabe Triebwerk II, S. 273. — FAHRENTHOLZ, S., J. KLUGE u. H. E. LINCKH: Über neue Quarz-Druckmeßkammern für das piezoelektrische Meßverfahren. Phys. Z. Bd. 38 (1937) S. 73···78. — FIEBER, C. W.: Ein neuer elektrischer Indikator für schnellaufende Verbrennungskraftmaschinen. Autom.-techn. Z. Bd. 37 (1934) S. 523···528. — GLAMANN, W.: Indikatoren und Druckmesser nach dem Prinzip der Druckmessung mit Halbleitern. Arch. techn. Messen J 137—4. — GOHLKE, W.: Quarzdruckmeßgeräte hoher Eigenfrequenz. VDI-Forsch.-Heft 407 (1941). — HAGENDOORN, P. J., u. M. F. REYNST: Ein elektrischer Druckindikator für Verbrennungskraftmaschinen. Philips techn. Rdsch. Bd. 5 (1940) S. 356···364. — Aufnahme von Diagrammen mit dem elektrischen Druckanzeiger. Ebenda Bd. 6

(1941) S. 22···29. — HASSE, A.: Druckmeßgerät mit elektrischer Anzeige. Z. VDI Bd. 80 (1936) S. 563···564. — HERMANN, P. K.: Piezoelektrische Meßeinrichtungen. AEG-Mitt. 1939 S. 497···502. — HINTZE, H.: Ein piezoelektrischer Motorindikator und seine Anwendung für die Untersuchung von Brennstoffen. Petroleum 1938 H. 1 S. 1···6. — The piezoelectric indicator. Engineer Bd. 167 (1939) S. 152···153. — ILLGEN, H.: Neuere Anwendungen des piezoelektrischen Meßverfahrens in der Ballistik. Z. techn. Phys. Bd. 18 (1937) S. 470···474. — ILLGEN, H., u. H. HINTZE: Ein neues Verfahren zur Bestimmung des Zündverzugs bei Dieselmotoren. Autom.-techn. Z. Bd. 41 (1938) H. 8. — Beitrag zur Prüfung von Brennstoffen mittels des piezoelektrischen Indikators. Dtsch. Mot.-Z. 1937 H. 10 S. 234···238. — JOACHIM, H., u. H. ILLGEN: Gasdruckmessungen mit Piezoindikator. Z. ges. Schieß- u. Sprengstoffw. Bd. 27 (1932) S. 76···79; 121···125. — JUHASZ, K. J. DE: The engine indicator. Instruments Bd. 6 (1933) S. 4···6f. — KAMM, W., u. C. SCHMID: Das Versuchs- und Meßwesen auf dem Gebiete des Kraftfahrzeugs. Elektrische Indikatoren, S. 60. Berlin: Springer 1938. — KAUFMANN, W.: Druck in Flüssigkeiten. Arch. techn. Messen V 133—2. — LICHTENBERGER, F.: Klopfanzeiger nach dem Verfahren der Druckbeschleunigung. Z. VDI Bd. 86 (1942) S. 181···183. — Fernindizierung von Verbrennungsmotoren. ETZ Bd. 63 (1942) S. 134···139. — MEURER, S.: Indikatoren für schnelllaufende Verbrennungsmotoren. Z. VDI Bd. 80 (1936) S. 1447···1454. — Beitrag zum Bau piezoelektrischer Indikatoren. Forsch. Ing.-Wes. Bd. 3 (1937) S. 249···260. — Weiterentwicklung des piezoelektrischen Meßverfahrens. Forsch. Ing.-Wes. Bd. 11 (1940) S. 237···245. — Elektrischer Indikator für Verbrennungsmotoren. Z. VDI Bd. 68 (1942) S. 22. — MÖLLER, A.: Zur Theorie der Druckmeßdose. Forsch. Ing.-Wes. Bd. 10 (1939) S. 80···87. — NIELSEN, H.: Der piezoelektrische Indikator. Arch. techn. Messen J 137—3. — PASCHEN, G.: Die Vallier-Heydenreichschen Normalkurven für den Gasdruck und Geschwindigkeitsverlauf im Lichte von Piezoindikator-Diagrammen. Wehrtechn. Mh. Bd. 39 (1935) S. 456···458. — RATZKE, J.: Ein elektromagnetischer Indikator und Klopfmesser. Jb. dtsch. Luftfahrtforsch. 1938, Ausgabe Triebwerk II, S. 368···372. — SAWYER, H. T.: An indicator for high speed engines. Mech. Engng. Bd. 58 (1936) S. 283. — SCHNAUFFER, K.: Aufzeichnung rasch verlaufender Druckvorgänge mittels des Verfahrens der halben Resonanzkurve. Luftf.-Forsch. Bd. 6 (1930) S. 126 bis 136. — Indizieren von schnellaufenden Motoren. Z. VDI Bd. 74 (1930) S. 1066 bis 1067. — SIEGMUND, E.: Elektrischer Druckindikator zum Messen rasch veränderter Drücke. Helios, Lpz. Bd. 40 (1934) S. 1280···1281. — SIGRIST, W., u. C. MEYER: Ballistische Untersuchungen mit einem registrierenden Piezoquarz-Druckmesser. Helv. phys. Acta Bd. 9 (1936) S. 646···648. — TAYLOR, J.: Manomètre piézo-électrique pour cartouches de Fusil. Mém. Artill. franç. Bd. 17 (1938) S. 349. — TOPSØE-JENSEN: Larborg i Ballistik, S. 46···61. Kopenhagen 1938. — WATZINGER, A., u. R. SCHNELL-LARSEN: Erfahrungen mit elektrischer Druckaufnahme bei Wärmekraftmaschinen. Z. VDI Bd. 83 (1939) S. 899···901. — *Zeiss Ikon A.G.:* Piezoelektrischer Indikator für ballistische Messungen. Druckschrift In 796a.

[*35*] *Drehzahlmesser. AEG:* Lichtelektrischer Umdrehungszähler. Helios, Lpz. Bd. 42 (1936) S. 1513···1514. — *Anonym:* Elektrische Drehzahlmessung mit dem lichtelektrischen Drehzahl-Stichzähler. AEG-Mitt. 1936 S. 387···389. — BAKER, T. T.: Electrical tachometers. Electr. Rev. Bd. 128 (1940) S. 179···180 Nr. 3292. — BROWN, E. B.: Elektrischer Drehzahlmesser mit Zweiphasengenerator. J. Instn. electr. Engrs. Bd. 84 (1939) S. 499···502. — CARLTON, O. E., u. W. D. KETCHUM: Determination of generator speed. J. Amer. Inst. electr. Engr. Bd. 49 (1930) S. 428 bis 431. — ECKEL, F.: Messung kurzzeitiger Drehzahlschwankungen. Z. VDI Bd. 83 (1939) S. 381···382. Ref. ETZ Bd. 60 (1939) S. 1237. — GEYGER, W.: Messung von Drehgeschwindigkeiten mit ohmmetrischen Anzeige- und Schreibgeräten. Arch. Elektrotechn. Bd. 27 (1933) S. 505. — HOFMANN, W.: Elektrische Ferndrehzahl-

messer für Flugzeuge. Luftf.-Forschg. Bd. 13 (1936) S. 25···31. — HORN, E.: Ferndrehzähler auf Großflugzeugen. Z. Fernmeldetechn. Bd. 13 (1932) S. 138···139. — Fernmessung von Drehzahlen. Z. Fernmeldetechn. Bd. 13 (1932) S. 55···57. — Drehzahlmesser. Z. VDI Bd. 81 (1937) S. 1369···1373. — KEINATH, G.: Elektrische Drehzahlmesser. Arch. techn. Messen J 162—1. — KÖRFER: Drehzahlmessung mit Hilfe eines Lichtelements. Meßtechn. Bd. 9 (1933) S. 67···68. — KUHM, M.: Stichdrehzähler. Arch. techn. Messen J 162—5. — MORRIS, G., u. R. S. SILVER: A method for indicating speeds of rotation. J. sci. Instrum. Bd. 16 (1939) S. 149···150. — NIESIOLOWSKI-GAWIN: Geschwindigkeitsmessung. Handbuch der Physik Bd. 2, S. 282. Berlin: Springer 1926. — PFLIER, P. M.: Das Impulsfrequenz-Fernmeßverfahren. Arch. techn. Messen V 384—3. — UNTERBERGER, R.: Messung der mittleren Geschwindigkeit von ungleichförmig bewegten Systemen mit Tachometerdynamo. Arch. techn. Messen J 162—4. — WEIL, W. S.: Phototube charts motor revolutions. Electr. Wld. Bd. 115 (1941) S. 1015. — ZEITZ, E. F.: Eine Schaltung zur Messung tiefer Frequenzen auf lichtelektrischem Wege. Z. Fernmeldetechn. Bd. 20 (1939) S. 62···63.

[*36*] *Schlupfmessung.* BÖNING, P.: Schlupf- und Belastungsmesser mit stetiger Anzeige. Arch. techn. Messen V 3611—1. — ETZ Bd. 60 (1939) S. 491. — PFLIER, P. M.: Synchronisiergeräte. Arch. techn. Messen J 78—1/3. — REINHARDT, F.: Stroboskopisches Feinmeßgerät für Schlupf- und Drehzahl. ETZ Bd. 59 (1938) S. 957···960. — SCHMIEDER, K.: Neue Verfahren zur Schlupfmessung. ETZ Bd. 57 (1936) S. 1201···1204. — Messung von Relativ-, Längs- und Drehbewegungen nach Größe und Richtung mit einem Schlupfmeßmotor. ETZ Bd. 58 (1937) S. 5···9.

[*36a*] *Geschwindigkeitsmessung.* SPELMANS, P. E.: Le Parasurvitesse d'extraction. Extrait d. publ. de l'association des ingénieurs de l'école des mines de Mons. 1er fascicule (1937) No. 60.

[*37*] *Geschoßgeschwindigkeitsmessung.* BRADFORD, C. J.: A radio-frequency device for detecting the passage of a bullet. Proc. Inst. Radio Engrs. Bd. 29 (1941) S. 578···83. — CRANZ: Lehrbuch der Ballistik. Berlin: Springer 1936. — KÖMMNICK, J., u. E. WEHNELT: Ein Verfahren zur Messung des Anfangsdralls fliegender Geschosse. Z. techn. Phys. Bd. 22 (1941) S. 89···94. Ref.: ETZ Bd. 63 (1942) S. 119. — TEICHMANN, H.: Verfahren zur Bestimmung von Geschoßgeschwindigkeiten. ETZ Bd. 58 (1937) S. 627···628.

[*38*] *Drehbeschleunigungsmessung.* BÉHAR, M. F.: Speed and acceleration. Instruments Bd. 4 (1931) S. 377···394, 413···444f. — KLUGE, J., u. H. E. LINCKH: Messung des Anlaufmomentes von Asynchronmotoren durch ein neues elektrostatisches Meßverfahren. Phys. Z. Bd. 39 (1938) S. 367···372. — LUND, H.: Messung ungleichförmiger Drehbewegung mit piezoelektrischen Kristallen. AEG-Mitt. 1931 S. 694···697. — TREUSCH, W.: Über eine Gruppe von elektrischen Drehbeschleunigungsmessern. Techn. Mitt. Krupp 1940 S. 161···189. — YTTERBERG, A.: Eine neue Methode zur Bestimmung der Leerlaufverluste einer Maschine. ETZ Bd. 23 (1912) S. 1158.

[*39*] *Allgemeines Schrifttum über Beschleunigungsmesser. Anonym:* Nuovi dispositivi per l'esame e la misura delle vibrazioni meccaniche. Radio. Televis. Bd. 5 (1941) S. 194···197. — GÖRNER, J.: Beschleunigungsmessung durch Differentiation der Geschwindigkeit. Luftf.-Forschg. Bd. 16 (1939) S. 54—58. — GREENTREE, C. D.: Vibration measuring instruments. Electr. Engng. Bd. 56 (1937) S. 706···710. — HERRMANN, A.: Grundsätzliche Betrachtungen über piezoelektrische Beschleunigungsmesser. Z. Geophys. Bd. 15 (1939) S. 31···36. — HOFFMEISTER, O.: Schwingungsmeßgeräte. Ein Beitrag zu ihrer Theorie, Anordnung und Weiterentwicklung. Deutsche Kraftfahrtforschung. Zwischenbericht 39. Wirtschaftsgruppe Fahrzeug-Industrie. Berlin 1939. — KOCH, H. W., u. W. ZELLER: Schwingungsmeßverfahren und ihre Anwendung in der Praxis. Z. VDI Bd. 80 (1936) S. 1440···1446. — KÜSS-

NER, H. G.: Fortschritte der mechanischen Schwingungsforschung. Z. VDI Bd. 83 (1939) S. 149···155. — MEISTER, F. J.: Untersuchungen zur Schaffung geeigneter Kraftfahrzeug- und Flugzeug-Schwingungsmesser. Akust. Z. Bd. 3 (1938) S. 271 bis 283. — Schwingungsmessung mittels Trägerstrom. Z. Geophys. Bd. 16 (1940) S. 105···119. — Unterfrequenzgeräte der Schwingungsmessung. Arch. techn. Messen V 171—1 (1941). — Überfrequenzgeräte der Schwingungsmessung. Arch. techn. Messen V 172—1 (1941). — Untersuchungen zur Schaffung geeigneter Kraftfahrzeug- und Flugzeugschwingungsmesser. Akust. Z. Bd. 3 (1938) S. 271···283. — SCOTT, H. H.: Ein Schwingungsmesser für allgemeine Verwendung. J. acoust. Soc. Amer. Bd. 13 (1941) S. 46···50. — SELL, H., u. G. TURETSCHEK: Quantitative Messung von Erschütterungen. Z. techn. Phys. Bd. 15 (1934) S. 644···652. — SILVERMAN, D.: Measurement and analysis of noise and vibration. Instruments Bd. 12 (1939) S. 205···236. — STAIGER, K.: Unmittelbar anzeigender elektrischer Drehschwingungsschreiber. Luftf.-Forschg. Bd. 18 (1941) S. 356. — ZELLER, W.: Praktische und theoretische Untersuchung von Schwingungsmessern zur Aufnahme und Beurteilung von Verkehrserschütterungen. Z. Bauw. Bd. 80 (1930) S. 171···184.

[*40*] *Beschleunigungsmesser nach dem Widerstandsverfahren. Anonym:* Beschleunigungsmesser. Bahn-Ing. 1941 S. 382···384. — *Askania-Werke*, Berlin. Druckschrift Schwing. 124: Beschleunigungsmesser (1938). — BEHRMANN, H., u. F. RIXMANN: Antrieb von Rundschleifmaschinen. Ergebnisse von Schwingungsuntersuchungen. Masch.-Bau Betrieb Bd. 16 (1937) S. 609···610. — GERLOFF, G.: Über einen neuen Beschleunigungsmesser und Einschwingungsvorgänge bei Schwingungsmessern. Forsch. Bd. 8 (1937) S. 143···152. — HARM, W.: Die Schwingungsmeßeinrichtung der Lokomotiv-Versuchsabteilung Grunewald. ETZ Bd. 57 (1936) S. 811···812. — KOCH, H. W.: Schwingungsmeßgeräte in Flugzeugen. Z. techn. Phys. Bd. 16 (1935) S. 603···607. — MARTIN, H.: Empfindlichkeit und Frequenzcharakteristiken eines neuen elektrodynamischen Erschütterungsmessers. Phys. Z. Bd. 40 (1939) S. 577···583. — MAYER, F. H.: Dreikomponenten-Beschleunigungsmesser. Meßtechn. Bd. 4 (1928) S. 115···119.

[*41*] *Piezoelektrische Beschleunigungsmesser.* BAUMZWEIGER, B.: Anwendung der piezoelektrischen Schwingungsmeßdosen zu Messungen von Beschleunigung, Geschwindigkeit und Verschiebung. J. acoust. Soc. Amer. Bd. 11 (1940) S. 303. — FRÖHLICH, H.: Ein piezoelektrischer Beschleunigungsmesser. Meßtechn. Bd. 15 (1939) S. 113···117. — GONDET, H., u. P. BEAUDOUIN: Vibrographe-accélérographe piézoélectrique. Rev. gén. Électr. Bd. 37 (1935) S. 499···508. — HELLMANN, R. K.: Piezoelektrische Meßgeräte. Amerikanische Schwingungsmesser mit Seignette-Salz. Arch. techn. Messen J 766—1. — ETZ Bd. 60 (1939) S. 198···199. — KLUGE, J., u. H. E. LINCKH: Piezoelektrische Messung mechanischer Größen. Forsch. Ing.-Wes. Bd. 2 (1931) S. 153. — MASON, C. A., u. B. B. RAY: Piezo-electric vibration meter. Electrician Bd. 117 (1937) S. 565···567. — SCHILLING, W.: Schwingungsweiten- und Schwingungsbeschleunigungsmessungen mit Kristallgebern. AEG-Mitt. 1940 S. 86···87. — SCHILLING, W. G., u. A. THEIS: Schwingungs- und Dehnungsmessungen im Automobilbau. Autom.-techn. Z. 1941 Heft 2. — TURETSCHEK, G.: Beschleunigungs-Meßgeräte. Arch. techn. Messen J 163—1.

[*42*] *Kapazitive Beschleunigungsmesser.* SELL, H.: Eine neue kapazitive Methode zur Umwandlung mechanischer Schwingungen in elektrische und umgekehrt. Z. techn. Phys. Bd. 18 (1937) S. 3···10. — THOMA, H.: Aufzeichnung schneller Schwingungen. Z. VDI Bd. 73 (1929) S. 639···642.

[*43*] *Induktive und elektrodynamische Beschleunigungsmesser. Anonym:* The Heymann-Reutlinger Vibrograph. Engineering Bd. 143 (1937) S. 463. — EMICKE, O., u. H. BENAD: Schwingungsuntersuchungen an Walzenschleifmaschinen. Z. VDI Bd. 80 (1936) S. 1159···1162. — MEYER, E., u. W. BÖHM: Ein elektrodynamischer Erschütterungsmesser und seine Anwendung auf die Untersuchung von Gebäude-

erschütterungen. Z. techn. Phys. Bd. 16 (1935) S. 567···568. — REUTLINGER, G.: Mechanischer Schwingungsmesser hoher Empfindlichkeit. Z. techn. Phys. Bd. 16 (1935) S. 601···603. — SEVERS, J.: Ein elektrodynamischer Abnehmer für die Untersuchung von mechanischen Schwingungen. Philips Technisch Tijdskrift Bd. 5 (1940) S. 241···248. — SIEBER, F.: Ein elektromagnetischer Vibrograph, insbesondere für Turbogeneratoren. BBC-Mitt. Bd. 18 (1931) S. 248···251. — Erschütterungsmessung an Maschinen. Arch. techn. Messen V 171—2.

[*44*] *Synchronuhren.* ADELSBERGER, U.: Zeit- und Frequenzmessung hoher Genauigkeit. Elektr. Nachr.-Techn. Bd. 12 (1935) S. 83···91. — FETTER, C. H.: A new way of splitting seconds. Bell Teleph. Quart. Bd. 11 (1932) S. 293···300. — GIEBE, E., u. A. SCHEIBE: Über Leuchtresonatoren als Hochfrequenznormale. Hochfrequenztechn. Bd. 41 (1933) S. 83···96. — HILD, K., u. W. KEIL: Zeitmessung im Sport. Arch. techn. Messen V 142—3. — LINKE, H.: Kinematographische Zeitmessung. Meßtechn. Bd. 15 (1939) S. 159···161. — ROHDE, L., u. R. LEONHARDT: Quarzuhr und Normalfrequenzgenerator. Elektr. Nachr.-Techn. Bd. 17 (1940) S. 117 bis 124. — SCHEIBE, A.: Quarzuhren. Arch. techn. Messen J 153—1 ··· 4 (1941/42). — SCHEIBE, A., u. U. ADELSBERGER: Eine Quarzuhr für Zeit- und Frequenzmessung sehr hoher Genauigkeit. Phys. Z. Bd. 33 (1932) S. 835 ··· 841. — Frequenz und Gang der Quarzuhren der PTR. Ann. Phys., Lpz. Bd. 410 (1933) S. 1···25. — Die technischen Einrichtungen der Quarzuhren der PTR. Hochfrequenztechn. Bd. 43 (1934) S. 37—47. — STARK, G.: Der AEG-Sekundenmesser. AEG-Mitt. 1938 S. 130 bis 132. — TRITSCHLER, E.: Elektrische Kurzzeitmesser hoher Genauigkeit. ETZ Bd. 60 (1939) S. 1133···1134.

[*45*] *Zeitschreiber.* ARDENNE, M. VON: Die Kathodenstrahlröhre und ihre Anwendung in der Schwachstromtechnik. Berlin: Springer 1933. — BÉHAR, M. F.: Timing and scheduling instruments. Instruments Bd. 4 (1931) S. 279f. — DWOREK, O.: Lichtelektrischer Zeitnehmer. AEG-Mitt. 1932 S. 353···354. — GARDENER, G. F., u. H. L. NEWELL: The cycle recorder. Gen. Electr. Rev. Bd. 38 (1935) S. 384···395. — MARRISON, W. A.: The spark chronograph. Bell Labor. Rec. Bd. 18 (1939) S. 54···55. — OESINGHAUS, W., u. A. SEEFELD: Aufzeichnung von Schaltvorgängen mit einem Zeitschreiber. AEG-Mitt. 1939 S. 321···323.

[*46*] *Oszillographen. AEG:* Elektronenstrahl-Oszillograph. Arch. techn. Messen J 834—21 (1933), J 834—22 (1935). — ALBERTI, A.: Betrachtungen zur oszillographischen Kurvenaufnahme und Vorschläge zu ihrer Verbesserung. ETZ Bd. 58 (1937) S. 121···123. — *Anonym:* A featherweight oscillograph. Electr. J. Bd. 30 (1933) S. 513···514. — An oscillograph for 10000 cycles. Electr. Engng. Bd. 52 (1933) S. 623···625. — Der Polarkoordinaten-Oszillograph. Helios, Lpz. Bd. 42 (1936) S. 1059. — ARDENNE, M. v.: Ein neuer Polarkoordinaten-Elektronenstrahl-Oszillograph mit linearem Zeitmaßstab. Z. techn. Phys. Bd. 17 (1936) S. 660···666. — Über neue Doppelelektronenstrahlröhren. Arch. techn. Messen J 834—17 (1936). — BADER, W.: Der Koordinatenoszillograph. Arch. Elektrotechn. Bd. 31 (1937) S. 108···115. — BATCHER, R. R.: Interpretation of oscillograms. Instruments Bd. 9 (1936) S. 255 ··· 257. — High voltage oscillographs. Instruments Bd. 10 (1937) S. 213···217ff. — BIGALKE, A.: Nachbeschleunigungs-Elektronenstrahl-Oszillograph. Z. techn. Phys. Bd. 19 (1938) H. 6. — Elektronenstrahl-Oszillograph. Literatur bis Anfang 1939. Arch. techn. Messen J 834—24/25 (1939). — Geschichtliche Entwicklung. Ebenda J 834—26 (1939). — Elektronenstrahl-Oszillograph. Arch. techn. Messen J 834—27/28 (1939/41). — BLASCZYK, G.: Schleifenoszillographen mit großer Schreibgeschwindigkeit. Z. techn. Phys. Bd. 17 (1936) S. 242···243. — BORDEN, P. A., u. M. F. BÉHAR: Oscillography. Instruments Bd. 9 (1936) S. 313 bis 318ff. — BORRIES, B. v.: Der Kathodenstrahloszillograph. Z. VDI Bd. 80 (1937) S. 1135···1141. — BORRIES, B. v., u. E. RUSKA: Hochleistungsoszillographen mit abgeschmolzener Braunscher Röhre. Arch. Elektrotechn. Bd. 34 (1940) H. 2. —

Über die Beurteilung und den objektiven Vergleich der Meßleistung von Kathodenstrahloszillographen. Ebenda Bd. 34 (1940) S. 161···166. — Bruin, S. L. de, u. C. Dorsman: Ein Kathodenstrahloszillograph für den Maschinenbau. Philips Techn. Tijdskr. Bd. 5 (1940) S. 289···297. — Curtis, A. M.: An oscillograph for 10000 cycles. Bell Syst. techn. J. Bd. 12 (1933) S. 76···90. — Dantscher, J.: Über die neuere Entwicklung des Elektronenstrahloszillographen. Arch. Elektrotechn. Bd. 29 (1935) S. 833···841. — Dehler, H.: Elektrische Meßelemente und Zubehörteile für die optische Aufzeichnung mehrerer Meßgrößen. Meßtechn. Bd. 14 (1938) S. 153···157. — Eichler, F., u. W. Gaarz: Siemens-Universaloszillograph. Siemens-Z. Bd. 13 (1933) S. 197···203. — Ein neuer tragbarer Oszillograph. Siemens-Z. Bd. 14 (1934) S. 121···126. — Franz, K.: Der Stabilisator als Zeitmarkengeber für Oszillographen. ETZ Bd. 45 (1933) S. 938. — Gaarz, W., u. P. E. Klein: Der neue Siemens-Elektronenstrahl-Oszillograph. Siemens-Z. Bd. 17 (1937) H. 4. — Ganswindt, H.: Elektrotechnische Probleme beim Bau von Hochleistungsoszillographen. Arch. Elektrotechn. Bd. 35 (1941) S. 337···343. — Härtel, W.: Ein neuer Oszillograph zum Prüfen von Zündmaschinen. Siemens-Z. Bd. 19 (1939) S. 499···508. — Hathaway, C. M.: Quicker starting automatic oscillographs. Gen. Electr. Rev. Bd. 40 (1937) S. 98···100. — Hauffe, F., u. W. Philipoff: Ein Hochspannungsoszillograph für Projektion und Photographie. Z. Instrumentenkde. Bd. 53 (1933) S. 145···152. — Hofmann, W.: Die richtige Dämpfung der Oszillographenschleifen. Wiss. Veröff. Siemens-Konz. Bd. 12 (1933) S. 142 bis 155. — Hollmann, H. E.: Ultradynamische Übersteuerung von Kathodenstrahlröhren. Hochfrequenztechn. Bd. 52 (1938) S. 125···129. — Induni, G.: Kathodenoszillograph. Ausführungsbeispiele. Arch. techn. Messen J 834—18 (1937). — Kasai, K., u. J. Satoh: Dreifach-Kathodenstrahloszillograph. Arch. Elektrotechn. Bd. 31 (1937) S. 551···554. — Klein, P. E.: Die Anwendung des Elektronenstrahloszillographen in der Fernmeldetechnik. Meßtechn. Bd. 12 (1936) S. 197 bis 199. — Die praktische Verwendung des Elektronenstrahloszillographen. Berlin: Weidmann 1936. — Über Oszillographen. Meßtechn. Bd. 14 (1938) S. 1 bis 8. — Die deutschen Elektronenstrahloszillographen. Funk H. 22 (1939) S. 548···553. — Elektronen-Einstrahl-Oszillograph und seine Anwendung bei der Überwachung von Sendern. Meßtechn. Bd. 16 (1940) H. 10. — Ein neuer tragbarer Siemens-Elektronenstrahl-Oszillograph. Siemens-Z. Bd. 19 (1939) H. 7. — Knoll, M.: Kathodenoszillograph. Erzeugung und Sammlung des Elektronenstrahls. Arch. techn. Messen J 834—5 (1932). — Steuerung des Elektronenstrahls. Daselbst J 834—6. — Kathodenstrahl-Oszillograph. Literatur bis Mitte 1931. Arch. techn. Messen J 834—1 (1931). — Knoll, M., u. W. Kleen: Kathodenoszillograph. Aufnahmemethoden und Schaltungen für periodische Vorgänge. Arch. techn. Messen J 834—13/16 (1933/34). — Kuehni, H. P., u. S. Ramo: A new high speed cathode-ray oscillograph. Electr. Engng. Bd. 56 (1937) S. 721 bis 728. (Zahlreiche Schrifttumshinweise.) — Kurtz, E. B., u. G. F. Corcoran: A versatile oscillographic assembly. Gen. Electr. Rev. Bd. 39 (1936) S. 320···323. — Lennartz, H.: Wirkungsweise und Anwendung des Polarkoordinatenoszillographen. Funk H. 18 (1940) S. 285···288. — Messner, M.: Ein Kathodenstrahloszillograph zur unmittelbaren Aufnahme sehr hoher Gleich- und Wechselspannungen. Arch. Elektrotechn. Bd. 27 (1933) S. 335···340. — Morton, E. R.: A new timing motor for oscillographs. Bell Labor. Rec. Bd. 15 (1937) S. 229···231. — Oplinger, K. A.: A new portable multi-purpose Oscillograph. Electr. Wld., N. Y. Bd. 102 (1933) S. 16···17. — Philipoff, W. v.: Der piezoelektrische Oszillograph. ETZ Bd. 53 (1932) S. 405···408. — Pieplow, H.: Über die Meßgenauigkeit technischer Elektronenstrahl-Oszillographen. VDE-Fachber. Bd. 10 (1938) S. 92···95. — Bemerkungen zum Ausbau der neuzeitlichen Elektronenstrahl-Oszillographie. Arch. Elektrotechn. Bd. 35 (1941) S. 319···326. — Richardson, L. F.: Time marking on cathode-ray oscillograph by harmonics. Proc. phys. Soc. Bd. 47 (1935) S. 258···262. — ROGOWSKI, W.: Zur Kathodenoszillographie. Elektrotechn. u. Masch.-Bau Bd. 51 (1933) S. 249···254. — RÖTHLEIN, H.: Eine neuartige Oszillographenschleife. ETZ Bd. 59 (1938) S. 501···502. — SCHÜTZ, H.: Entzerrung von Schleifenoszillographen. Elektrotechn. u. Masch.-Bau Bd. 53 (1935) S. 174···177. — SHIRE, E. S.: A new oscillograph. J. sci. Instrum. Bd. 11 (1934) S. 379···384. — SELÉNYI, P.: Ein einfacher elektrographischer Oszillograph. Z. techn. Phys. Bd. 17 (1936) S. 487···491. — *Siemens & Halske AG.*: Tragbarer Oszillograph. Arch. techn. Messen J 035—5 (1934). — Schleifen-Oszillographen, ebenda J 035—6 (1937). — Tragbarer Oszillograph. Druckschrift SH 6074 (1940). — Versuche mit dem Siemens-Kleinoszillographen. Druckschrift SH 4986 (1937). — Universaloszillograph. Druckschrift SH 7774 (1939). — Tragbarer Elektronenstrahloszillograph. Beschreibung Ms. 166—B; 168—B. — Elektronen-Einstrahl-Oszillograph. Beschreibung M 170—B. — *Siemens & Halske AG.*, LEYBOLD, v. ARDENNE: Tragbare Elektronenstrahloszillographen. Arch. techn. Messen J 834—23 (1936). — SÖCHTING, F.: Die Bestimmung der Eigenfrequenz und Dämpfung von Oszillographenschleifen aus ihrer Frequenzkurve. Elektrotechn. u. Masch.-Bau Bd. 52 (1934) S. 381···384. — Berechnung und Konstruktion von Oszillographenschleifen. Arch. Elektrotechn. Bd. 31 (1937) S. 31···40. — STEENBECK, M.: Kathodenstrahl-Oszillograph. Entwicklung bis Mitte 1931. Arch. techn. Messen J 834—2 (1931). — SUNDT, E. V., u. G. H. FETT: A timing method for cathode-ray oscillographs. Rev. sci. Instrum. Bd. 5 (1934) S. 402···404. — TEUFERT, O.: Ein Vierfach-Meßgerät mit Lichtschrieb. Meßtechn. Bd. 11 (1935) S. 197···200. — THOMANDER, S.: An oscillograph for universal application. Electr. J. Bd. 32 (1935) S. 429···432. — VIEWEG, R.: Über die Aufzeichnung veränderlicher Vorgänge. Z. techn. Phys. Bd. 14 (1933) S. 441 bis 446. — WESTERMANN, E.: Ein empfindlicher Kaltkathodenoszillograph hoher Leistung für niedrige Erregerspannung. Arch. Elektrotechn. Bd. 30 (1936) S. 109 bis 122. — WILLIAM, F. G., u. J. P. WOLFENDEN: Time sweep of a cathode-ray oscillograph. Wireless Engr. Bd. 14 (1937) S. 315···317. — WOODRUFF, L. F.: Multielement operation of the cathode ray oscillograph. Electr. Engng. Bd. 54 (1935) S. 1045···1047.

[*47*] *Kurzzeitmesser.* BERRY, T. M.: A photoelectric time-interval meter measures short time intervals in mechanisms without interference with motion of system. Gen. Electr. Rev. Bd. 43 (1940) S. 137···138. — BÖTZ, K.: Der Lichtblitz-Zeitmesser, ein neues Kurz- und Langzeitmeßgerät. Z. techn. Phys. Bd. 21 (1940) S. 228 bis 232. — BRYAN, E. A.: The Lagometer, an instrument for measuring short intervals of time. Electr. Engr. Bd. 10 (1940) S. 76···77. — CRANZ: Lehrbuch der Ballistik. Berlin: Springer 1936. — GUNDLFINGER, K.: Schaltzeitmessung an Relais. T.N.-Nachrichten Bd. 7 (1938) S. 1599···1608. Ref. ETZ Bd. 60 (1939) S. 546. — LINKE, H.: Kinematographische Zeitmessung. Meßtechn. Bd. 15 (1939) S. 159···161. — MELZER, K.: Lichtelektrische Messungen von Zeit und Geschwindigkeit. Elektrotechn. u. Masch.-Bau Bd. 55 (1937) S. 173···176. — NIESIOLOWSKI-GAWIN: Methoden der Zeitregistrierung. GEIGER-SCHEEL: Handbuch der Physik Bd. 2, S. 242. Berlin: Springer 1926. — PÜSCHEL, B.: Elektrische Kurzzeitmessung mittels Kondensator und Thyratron. Arch. techn. Messen V 142—5 (1941). Ref. ETZ Bd. 63 (1942) S. 119. — REICH, J., u. H. TOOMIM: Electronic circuits for the measurement of time and speed. Rev. sci. Instrum. Bd. 8 (1937) S. 502. — A ballistic meter for measuring time and speed. Rev. sci. Instrum. Bd. 12 (1941) S. 96···98. — SCHARDIN, H.: Messen kurzer Zeiten. Forsch. Ing.-Wes. Bd. 7 (1936) S. 257···264. — SCHMUNDT, W.: Elektrische Methoden zur Messung kleiner Zeitintervalle. GEIGER-SCHEEL: Handbuch der Physik Bd. 2, S. 235. Berlin: Springer 1926. — STEENBECK, M., u. R. STRIGEL: Elektrische Kurzzeitmessung. Arch. techn. Messen V 142—2. — Ein Zeittransformator zur

automatischen Registrierung kurzer Zeiten. Arch. Elektrotechn. Bd. 26 (1932) S. 831···840. — STRIGEL, R.: Der Zeittransformator als Meßgerät der Hochspannungstechnik. Z. Instrumentenkde. Bd. 57 (1937) S. 65···73. — TOMMASI, A.: Particolari tecnici relativi al principio teoretico, al funzionamento, alla costruzione e alle possibili applicazioni del misuratore di tempi brevissimi Tommasi-May. Elettrotecnica Bd. 28 (1941) S. 63···70. — TORZO, G.: Contasecondi di precisione. Alta Freq. Bd. 12 (1941) S. 763···767. — UFFELMANN, F. L.: An accurate hard-valve counter chronograph. Proc. phys. Soc., Lond. Bd. 51 (1939) S. 1028···1033.

[*47a*] *Periodenzähler.* KLEMPERER, H., u. ERNST LÜBCKE: Steuerbedingungen von gittergesteuerten Gasentladungen. Arch. Elektrotechn. Bd. 26 (1932) S. 67···74. — LIFSCHUTZ, H.: A complete GEIGER-MÜLLER counting system. Rev. sci. Instrum. Bd. 10 (1939) S. 21···29. — LIFSCHUTZ, H., u. J. L. LAWSON: A Triode vacuum tube Scale-of-two circuit. Rev. sci. Instrum. Bd. 9 (1938) S. 83···89. — OHLIN, P.: Eine Methode zur Messung von Röntgenintensitäten mit dem Zählrohr. Phys. Z. Bd. 39 (1938) S. 567···570. — REICH, H. J.: New vacuum tube counting circuits. Rev. sci. Instrum. Bd. 9 (1938) S. 222···223. — STEVENSON, E. C., u. J. A. GETTING: A vacuum tube circuit for scaling down counting rates. Rev. sci. Instrum. Bd. 8 (1937) S. 414···416. — UFFELMANN, F. L.: A thyratron counter of high counting speed and its development as a recording chronograph. J. sci. Instrum. Bd. 15 (1938) S. 222···226. — An accurate hard-valve counter chronograph. Proc. phys. Soc., Lond. Bd. 51 (1939) S. 1028···1033.

[*48*] *Zeitwaagen. Anonym:* Un nouveau systeme de réglage rapide. Rev. int. l'Horlogerie et des branches annexes Bd. 37 (1936) S. 248. — BENNET, A. F.: Amplifying watch sounds. Bell Labor. Rec. Bd. 12 (1933/34) S. 89···91. Ref. Die Uhrmacherkunst Bd. 59 (1934) S. 36···37. — HIBBARD, F. H.: A Watch-Rate Recorder. Bell Labor. Rec. 1937 S. 202···206. — KEINATH, G.: Die Zeitwaage. Arch. techn. Messen J 154—3/5. — LOESKE, M.: Ein neues Schnellregulier-System. Die Uhrmacherwoche Bd. 41 (1934) S. 169···179. — Zeitmikroskop. Die Uhrmacherwoche Bd. 41 (1934) S. 303···304. — Ein neuer Schnellregulier-Apparat. Ref. Die Uhrmacherwoche Bd. 43 (1936) S. 258···260. — Druckschrift: Weco SP 88, Western Electric Watch-Rate Recorder. — LUCKEY, G. P.: Device for Accurately Timing Watches. Rev. sci. Instrum. Bd. 4 (1933) S. 504···506. — PFLIER, P. M.: Zeitwaagen. Arch. techn. Messen J 154—9. — SCHEIBE, A., u. U. ADELSBERGER: Eine Quarzuhr für Zeit- und Frequenzmessung sehr hoher Genauigkeit. Z. techn. Phys. Bd. 13 (1932) S. 591···592. — TAMM, R.: Die Zeitwaage, ein Gerät zum Messen des Gangunterschiedes von Uhren. Z. VDI Bd. 78 (1934) S. 556···558. — YANOUCHEVSKY, V.: Zeit und Frequenz. Televisione Bd. 1 (1937) S. 19···32.

Namenverzeichnis.

Sachverzeichnis.